"十三五"普通高等教育规划教材

电气与自动化类专业毕业设计指导

主　编　李阳
副主编　方红伟　刘雪莉
编　写　肖朝霞　祝丽花　张洁萍　尹建斌
主　审　杨庆新

中国电力出版社
CHINA ELECTRIC POWER PRESS

内 容 提 要

本书为“十三五”普通高等教育规划教材。

本书系统地介绍了电气与自动化类专业的毕业设计指导，共分专业技术基础篇和案例综合实践篇两篇十章，其中专业技术基础篇主要有毕业设计概述、电气与自动化类专业毕业设计基础、电气与自动化类专业技术基础和仿真工具，案例综合实践篇主要有基于下垂控制的微电网中分布式电源多环反馈控制器设计、民用建筑电气系统设计、无刷直流电动机二阶平滑滤波控制、单源多用户无线电能传输系统分析与实验研究、小车智能控制系统设计和智能交通控制器系统设计等实际案例。

本书内容具体，案例典型，既可作为高等院校电气工程及其自动化类和自动化类本、专科指导教师和学生专业毕业设计的教材和参考书，也可供相关专业人员学习参考。

图书在版编目（CIP）数据

电气与自动化类专业毕业设计指导/李阳主编. —北京：中国电力出版社，2016.5（2020.1重印）

“十三五”普通高等教育规划教材

ISBN 978-7-5123-8698-3

Ⅰ.①电… Ⅱ.①李… Ⅲ.①自动化技术-毕业设计-高等学校-教学参考资料 Ⅳ.①TP2

中国版本图书馆 CIP 数据核字（2015）第 314594 号

中国电力出版社出版、发行

（北京市东城区北京站西街 19 号 100005 http://www.cepp.sgcc.com.cn）

三河市百盛印装有限公司印刷

各地新华书店经售

*

2016 年 5 月第一版 2020 年 1 月北京第二次印刷

787 毫米×1092 毫米 16 开本 20 印张 488 千字

定价 **40.00** 元

随着传统行业的不断革新与众多新兴产业的相继涌现，电气与自动化类专业已涉及各行各业。电气与自动化类专业毕业生能够从事与电气工程有关的系统运行、自动控制、电力电子技术、信息处理、试验技术、研制开发、电子与计算机技术以及工程管理等领域的工作，具备宽口径复合型高级工程技术人才的特点。随着电气技术的迅速发展，行业需要大量的毕业生作为一线的工程技术人才，因此需加强专业的教育以满足社会的切实需求。

毕业设计是训练学生创新能力和专业技能的综合环节和最后保障，为了适应培养高素质合格人才，提高教学质量，尤其是工程实践能力，满足毕业设计系统指导和学习的需要，编写本毕业设计工具书。本书用通俗简明的语言系统地叙述了电气与自动化类专业学生毕业设计的基本程序、系统设计、专业基础知识和典型案例。

本书具有以下特点：

(1) 适用范围宽，适用于电气与自动化类专业及其相关专业的专科生、本科生的毕业设计指导。

(2) 突出实践性、综合性、先进性，对毕业设计过程综合分析，案例具体，富于实践，且与前沿科研结合，具有先进性。

(3) 本书的内容是从控制对象入手，按着"元件（包括控制器）→系统→仿真→应用案例"的逻辑层次讲述，思路清晰。

(4) 适应国家"十三五"科技发展战略规划要求，充实新能源技术、节能环保等方面的相关实验内容。

(5) 充分借鉴现有教材，务求精炼、典型、系统。

本书由天津工业大学李阳、刘雪莉、肖朝霞、祝丽花，天津大学方红伟，以及天津职业技术师范大学附属高级技术学校张洁萍等编写。天津工业大学杨庆新教授为本书的主审，对全书的体系结构、教材内容和章节安排等方面提出了非常宝贵的意见。尹建斌、杨晓博、张雅希等研究生也进行了大量的资料整理及编辑工作。在本书撰写过程中，参阅了许多相关文献资料，在此一并表示感谢。

限于编者水平，又试图在编写内容上做出较大更新和改进，本书不足及疏漏之处在所难免，敬请读者不吝赐教。

编　者

2016年2月

目　　录

第2篇　案例综合实践篇

第1篇　专业技术基础篇

第1章　毕业设计概述

通过本章内容的学习，读者可以了解毕业设计基本概念、选题、课题调研、文献检索以及毕业论文撰写和毕业答辩等信息，对毕业设计有一个整体印象。本章旨在指导学生在毕业设计之前加强对毕业设计的重视，引导学生做好毕业设计规划。

1.1　毕业设计基本概念

1.1.1　毕业设计定义

毕业设计是指学生在毕业前接受某项课题，并在指导教师的指导下独立完成该课题。指导教师可以是教师，也可以是厂、院、所的工程技术人员、设计人员及科研人员。毕业设计是学生在毕业前利用大学期间所学知识分析问题、解决问题的一次综合实践性教学环节。

根据课题内容，毕业设计可分为工程设计、科学实验和理论研究等类型。工程设计类的课题常常是设计一个系统、一个产品或者对某设备做技术改良；科学实验类的课题常常是针对某一科学性问题进行的实验研究，包括实验的设计、系统搭建和实验研究；理论研究类的课题常常表现为对某命题的调查分析或者对某一理论观点的探讨和研究。完成毕业设计后，需要通过撰写毕业论文（毕业设计说明书）来展现成果。

1.1.2　毕业设计目的与作用

毕业设计是高等学校本科生教学计划的重要组成部分，是理论与实践相结合，教学与科研、生产相结合的过程，是本科生必不可少的教学阶段，是对学生进行综合素质教育的重要途径，它有着任何课堂教学或教学实习所不可替代的功能，因而在培养高级专门人才过程中有着特殊的地位。随着社会对人才培养的期望值不断提高，毕业设计的作用会越来越大，目的性也会更突出，因此各学校也应该加强毕业设计过程的监管，防止毕业设计流于形式。

1.1.3　毕业设计特点与功能

毕业设计是依据研究方案的要求，以科学技术理论为指导，运用已学的科学技术知识和实践经验，进行构思，使研制方案物化的过程。而毕业论文与一般学术论文有着共同属性，但更强调论文的学术性、科学性和创造性。

在确定毕业设计课题时，首先要考虑符合教学基本要求，同时也要兼顾科学研究的需要。毕业设计有时间的限定性和学业的规定性，其任务规定为学生毕业前必须完成的必修科目。

毕业设计具有以下两种功能：

（1）教学与教育功能。毕业设计是高等学校教学计划的重要组成部分，是进行科学教育、强化工程意识、进行工程基本训练、提高工程实践能力的重要途径，是培养优良的思维品质，进行综合素质教育的重要途径，也是高等学校学生从事系统的科学研究的初步尝试，是在指导教师指导下取得科研成果的综合表述。通过毕业设计的教学过程，可培养学生综合运用多学科的理论知识和技能，解决具有一定复杂程度的工程实际问题和从事科学研究的能力，培养学生严肃认真的科学态度和严谨求实的工作作风，培养学生勇于实践、勇于探索和开拓创新的精神。通过毕业设计教学与教育功能的实现，有益于学生科学知识结构的形成及综合素质的全面培养。

（2）社会功能。毕业设计多以应用研究为主，其成果直接或间接为经济建设服务，为生产、科研服务，为社会服务，以实现毕业设计的社会功能。

1）毕业设计课题应力求来源于实际，一般为指导教师的科研项目任务或实验装备设计等，这是由于实际课题有着丰富的工作内涵，会遇到较为复杂的环境，涉及诸多因素，有利于学生深入生产实际与科研实际，促进理论与实际的结合，从而使基础理论知识得以深化、科学技术知识得以扩展、专业技能得以延伸。在解决实际问题的过程中，学习新知识、获取新信息，有益于提高学生解决工程实际问题的能力。

2）毕业论文既是面向社会发表研究成果的重要手段，也是信息交流及信息存储的重要工具，从而实现其社会功能。

3）毕业设计是对前瞻性技术的研究，属于技术的储备。

1.1.4 毕业论文的主要内容和基本要求

1. 主要内容

（1）题目。毕业论文的题目应当简短、明确，有概括性，能体现毕业设计的核心内容、专业特点和学科范畴。毕业论文题目不得超过25个字，不得设置副标题，不得使用标点符号，可以分行书写，用词必须规范。

（2）摘要。摘要应扼要叙述论文的主要内容、特点，文字要精练，是一篇具有独立性和完整性的短文，包括基本研究内容、研究方法、创造方法、创造性成果及其理论与实际意义。内容摘要中不应使用公式、图表，不标注引用文献编号，并应避免将内容摘要撰写成目录式的内容介绍。中文内容摘要应在400字以内，英文内容摘要（Abstract）应与中文内容摘要内容相同。

（3）关键词。关键词是供检索用的主题词条，应采用能够覆盖毕业设计主要内容的通用专业术语（参照相应的专业术语标准），一般列举3～5个，按照词条的外延层次（学科目录分类）从大到小排列。英文关键词（Key Words）应与中文关键词相同。

（4）目录。目录应独立成页，按2～3级标题编写，要求层次清晰，且要与正文标题一致，主要包括摘要（中、英文）、正文主要层次标题、参考文献、附录、致谢等，且标明对应页码。

（5）正文。正文包括绪论（引言）、论文主体和结论等部分，正文必须从页首开始。

绪论一般作为专业技术类论文的第1章，应综述前人在本领域的工作成果，说明毕业设计选题的目的、背景和意义，国内外文献资料情况以及所要研究的主要内容。

文管类论文的绪论（引言）一般作为论文的前言，内容包括对写作目的、意义的说明，对所研究问题的认识并提出问题。绪论（引言）一般要写得简明扼要，篇幅不应太长。

论文主体是全文的核心部分，应结构合理，层次清晰，重点突出，文字通顺、简练。

结论是对主要成果的归纳，要突出创新点，以简练的文字对所做的主要工作进行评价。结论一般为500字左右。

(6) 注释。注释是对所创造的名词术语的解释或对引文出处的说明。注释一律采用脚注形式。

(7) 参考文献。参考文献是论文不可缺少的组成部分，它反映了毕业论文工作中取材的广博程度。毕业论文的参考文献必须是学生本人真正阅读过的。参考文献数量理工类一般在8～10篇，其中学术期刊类文献不少于5篇，外文文献不少于2篇。引用网上文献时，应注明该文献的准确网页地址。网上参考文献不包含在上述规定的文献数量之内。

参考文献要在文中有引用标志，以说明文中哪段话是引用的参考文献，并非作者自己说的，更具有权威性。

产品说明、未公开出版或发表的研究报告等不列为参考文献，确需说明的可以在致谢中予以说明。

(8) 附录。对不宜放在正文中但对论文确有作用的材料、外文文献及中文译文、冗长公式推导、辅助性数学工具、符号说明（含缩写）、较大型的程序流程图、较长的程序代码段、图纸、数据表格等，可以编制成论文的附录。附录字数不计入论文应达到的文字数量，篇幅不宜太长，一般不要超过正文。

不论何种类型的论文，都要将其中与所撰写论文内容最直接相关的一篇外文文献译成中文，字数一般不少于3000字，并将外文文献原文以及对应的中文译文一并编入附录。

(9) 致谢。致谢是对整个毕业论文工作进行简单的回顾总结，对导师和对为毕业设计工作、论文撰写等提供帮助的组织或个人表示感谢。致谢内容尽量简洁明了，实事求是。

2. 基本要求

学生要在指导教师的指导下，独立完成一项给定的毕业设计任务，编写符合要求的毕业设计或毕业设计论文。

(1) 在知识要求方面，培养学生综合运用多学科的知识与技能，分析并解决工程问题，使得理论认识深化、知识领域扩展、专业技能延伸。

(2) 在能力培养要求方面，培养学生依据课题的任务，进行资料的调研、收集、加工与整理，正确使用工具书的能力，使学生掌握从事科学研究的基本方法和编写技术文件的能力；在此基础上还应掌握试验及测试的基本方法，锻炼学生分析与解决工程实际问题的能力。

(3) 在综合素质要求方面，培养学生严肃认真的科学态度和严谨求实的工作作风，使学生树立正确的工程观点、生产观点、经济观点和全局观点。

1.1.5 毕业设计的主要工作程序

1. 选题

毕业论文（设计）题目可在各学院提供的课题中选定，也提倡结合本人所在单位及从事的工作立题。学生在选定课题后向学院提出申请，学院审核批准后，正式立题。题目一经选定，原则上不予变更。如遇特殊情况，须变更课题，则由指导教师签署意见，报学院批准。

毕业设计的课题原则上每人一题，对较大系统的设计也可每人独立负责一个子系统的设计，对于较大的工程设计项目也可以将其分成硬件设计部分和软件设计部分，分别由两人独立完成。

2. 确定指导教师

题目确定后，由主管院系学术委员会确定题目的适应性，并确定指导教师资格，每位指导教师指导学生人数，理工类专业不得超过 8 名，人文社科类专业不得超过 10 人。指导教师必须具有中级以上专业技术职务，熟悉指导内容，能胜任指导工作，并有较强的工作责任心。若毕业设计题目是结合本单位工作的，可由所在单位推荐指导教师进行毕业设计指导。

3. 任务下达

指导教师根据考核大纲的要求给学生填写毕业设计任务书，任务书必须明确具体任务及技术指标，并有一定的工作量要求。同时要给学生提供一定数量的参考文献。

4. 调研、设计、指导

学生根据题目的研究方向、内容进行调研、设计。整个工作的过程，必须在指导教师指导下进行，学生要加强与指导教师的联系。指导教师要指导学生制订毕业设计的进度计划，定出具体的答疑时间，同时指导学生以正确的工作方法和严谨的科学态度来对待毕业设计（论文）。调研结束后，学生应提出三个以上的设计方案，在指导教师指导下确定最佳方案进行设计。指导教师在中期应对学生的进度进行检查，并写出中期检查意见。指导教师只负责提出设计的具体修改意见，设计必须由学生本人独立完成。学生完成毕业论文后，指导教师应对其毕业论文进行全面检查，并就其毕业论文的总体方案、质量、应用价值及工作态度等，在“毕业设计答辩表”上填写综合的评定意见。指导教师还应指导学生做好答辩准备工作。

1.2 毕业设计选题

1.2.1 指导教师资格认证及要求

1. 资格认证

（1）指导教师应具有中级（含中级）以上职称。

（2）初级职称人员不得独立指导毕业设计，但可协助指导。

（3）获得博士学位的教师可直接指导本科生毕业设计。

2. 要求

（1）对本学科的基本理论、基本知识和基本技能掌握得较为深厚、扎实。

（2）了解本学科发展的历史、现状和趋势。

（3）熟悉所指导课题的研究情况。

（4）熟悉毕业设计教学的要求和撰写毕业设计的基本要求。

（5）每位指导教师指导的学生人数，理工类专业不得超过 8 人，人文社科类专业不得超过 10 人。

1.2.2　毕业设计学生资格认证及要求

1. 毕业设计资格认证

（1）学生参加毕业设计必须经过资格认证。

（2）学生在进行毕业设计前，如果尚有8学分以上（含8学分）的课程需要重修的，不得参加毕业设计。

（3）在每届毕业设计开始之前，学校教务部负责统计不具备毕业设计资格的学生名单和必须重修的课程名称及学分数。

（4）各教研室要对不具备毕业设计资格的学生名单进行严格审查，核准后备案并通知学生本人。

（5）凡不具备参加毕业设计资格的学生，按有关规定可延长学制，并报教务部备案。在延长学制期间，经学院认定具备资格后，方可参加毕业设计（论文），开始时间由学院确定。

2. 对学生的要求

（1）根据所接受的毕业设计任务书查阅有关文献和社会调研，综合应用所学知识与技能，拟定毕业设计方案。

（2）在指导教师指导下，制定毕业设计进程表。

（3）按进程表进行毕业设计，按期提交符合规范要求的毕业论文，并在指定的时间和地点参加答辩。

（4）必须独立完成毕业设计工作，不得弄虚作假或抄袭，否则毕业设计成绩以不及格计。

（5）要注意安全，爱护仪器设备，严格遵守操作规程和各项规章制度。

（6）进行毕业设计期间，因故请假，须开具相关证明材料，经指导教师同意，并报主管院长签字批准，否则以旷课论处。一次请假不得超过一周，累计请假不得超过两周。

1.2.3　毕业设计选题程序及要求

（1）指导教师拟定课题时，要说明课题性质、课题基础及对从事本课题学生的基本要求，毕业设计地点、阶段性成果形式等内容。

（2）指导教师所在教研室的主任应全面审核教师拟定的课题并签字确认。

（3）指导教师所在教研室汇总审核各系确认的选题，并向学生公布。

（4）学生根据自己的情况和兴趣申报选择意向，由学院协调平衡后落实课题。

（5）学生选定课题后，指导教师以书面形式将毕业设计任务书发给学生。

（6）课题一经确定，不得随意改动，如因客观原因必须改变课题，须经教研室批准后，报教务处备案。

1.3　毕业设计任务书

毕业设计任务书是指导教师下达给学生的第一个文件，主要是向学生交代毕业设计的目的、意义、主要任务和进度要求等。表1-1是某大学毕业设计任务书，在“课题意义”一栏重点强调学生所选课题（已在“论文题目”里面标出）的目的和意义，让学生对自己所做课题感兴趣，提高其做课题的主动性；在“任务与进度要求”一栏指导教师要将整个毕业设计过程中每个环节的任务进行说明，尤其是时间的安排。

表 1-1　　×××大学毕业设计任务书

毕业设计题目					
学生姓名		学院名称		专业班级	
课题类型					
课题意义					
任务与进度要求					
主要参考文献					
起止日期					
备注					

1.4 毕业设计开题报告与中期报告

1.4.1 开题报告

开题报告就是当课题确定后，课题负责人在调查研究的基础上撰写的报请批准的选题计划。它主要说明这个课题应该进行研究、自己有条件进行研究以及准备如何开展研究等问题，也可以说是对课题的论证和设计。开题报告是提高选题质量和水平的重要环节，见表1-2。开题报告里面学生应重点说明该课题国内外研究状况、主要内容、目的、意义和时间进度。开题报告有利于指导教师对学生的研究思路进行审核、指导，确保其按照正确的研究方法和路线按质按量完成毕业设计。

表 1-2　　毕业设计开题报告表

××××年××月××日

姓名		学院		专业		班级	
题目						指导教师	

续表

进度及预期结果：		
起止日期	主要内容	预期结果
完成课题的现有条件		
审查意见	指导教师：________ ________年________月________日	
学院意见	主管领导：________ ________年________月________日	

1.4.2 中期报告

学生在进行毕业设计过程中，也应加强对其过程的监控和指导，表 1 - 3 所示是中期检查表，由老师组成的检查小组主要审核学生调研及查阅文献情况、毕业设计原计划有无调整、是否按计划执行工作进度、是否能独立完成工作任务、出勤情况及出勤考核办法、指导记录是否齐全等方面的情况。发现问题如实反映，并要求指导教师和学生采取相应的措施。

表 1 - 3　　毕业设计中期检查表

题目					
学生姓名			学生班级		
指导教师填写	任务书下达时间				
	学生调研及查阅文献情况				
	毕业设计原计划有无调整				
	学生是否按计划执行工作进度				
	学生是否能独立完成工作任务				
	学生的出勤情况				
	学生每周接受指导的次数及时间				
	毕业设计指导记录是否齐全				
	学生的工作态度（在相应选项划“√”）	认真		一般	较差
	尚存在的问题及采取的措施： 指导老师签字：________　　年　月　日				
系（教研室）意见： 负责人签字：					

1.5 课 题 调 研

1.5.1 课题调研的目的

（1）了解课题研究的对象及社会、生产、科研的实际。通过调研，使学生深入了解社会实际、生产全过程以及最新科学技术的应用等，丰富实践知识。

（2）加强理论与实际的联系，巩固所学知识。在调查研究过程中，学生应将在社会实际、生产现场、设计部门、科研单位遇到的问题与所学理论知识相互联系进行分析，以进一步深化对课题的理解。

（3）培养学生深入实际调查研究的作风。学生通过社会、生产、科研等第一线的调研，听取第一线人员的意见，有利于进行综合和比较，找出主要矛盾。

1.5.2 课题调研的要求

（1）要求学生尽可能利用一切方法和手段，了解本课题所涉及的社会、科研、生产、销售、使用等方面的实际情况，并收集有关的数据、图表和文献资料等。收集的资料要全面、准确、及时。

（2）通过各种渠道搜集和检索信息资料，并进行分析、归纳、整理及研究，以指导课题方案的确定。

（3）要求学生独立完成课题调研任务。

1.5.3 课题调研的方法

（1）到与课题有关的企业单位、高等院校、研究部门去了解、观察，弄清课题的来龙去脉以及各种影响制约的因素，再将直观的感受提高到理论的高度来分析，找到解决问题的关键所在。

（2）到与课题有关的展览会、展销会去考察，会上提供的往往是先进的设备与技术，从中可以了解科技发展的新动向及发展现状，对课题的研究提供最新的启迪和帮助，使课题思路开阔。

（3）到图书馆、资料室、专利所以及信息中心去查阅有关的学术杂志、简报、图纸、说明书、电子文献等资料，以了解前人的成果和正在进行中的研究，扩大知识面。

1.6 文献检索与外文文献翻译

1.6.1 文献检索的作用

文献检索的作用就在于使学生尽量多地了解与课题相关的知识，文献的阅读量对课题方案的制订、课题侧重点的选择、结果的正确性、论文撰写和答辩都有很大的影响。由于当前大学生教育已经由原先的精英教育逐步转化为专业基础素质教育，在对学生培养时也开始注重淡化专业、拓宽口径。在毕业设计时，特别是利用开题阶段，应尽可能地加大对所研究课题相关知识了解的广泛性，而不是“就事论事”地局限于当前小课题的解决，这对学生专业素质的培养具有一定的意义。

1.6.2 文献的分类

凡是承载有知识和信息的物体都可以称为文献，文献具有各种形式，如书籍、报纸、杂志、图纸、胶片、磁带、光盘及网络文件等。科技文献来源于科学技术的研究，又反过来推动和促进科学技术发展。一项科研工作，通常以利用现有文献开始，而以产生新的文献结束。科技文献按其所包含的知识结构，可划分为一次文献、二次文献和三次文献。

一次文献包括科技期刊、学位论文、会议论文、专利、科学技术报告、政策法规和技术标准等由作者在实践中直接产生的文献。它们包含的内容具有先进性、新颖性和创造性，是科技成果的直接体现，往往成为科技人员查阅资料的主要对象。

二次文献是将一次文献用一定的规则和方法加工、归纳和简化，组织成为系统的、便于查找利用的有序资料，常以目录、文摘、索引等形式出现，其目的是向读者提供文献线索。二次文献是检索一次文献的辅助工具。

三次文献是对一次文献所包含的知识和信息进行综合归纳、浓缩提炼而成的综合性文献。三次文献通常包括教科书、技术手册、辞典、译文、年鉴、专著、论丛、评论、综述报告等。

1.6.3 文献检索的方法与步骤

1. 文献检索的方法

检索文献时可通过查阅书名或文章名、作者姓名或按照文献分类号、文献序号查找，也可由主题词、关键词查找。在这些检索途径中，按照书名、文章名、作者姓名检索时，只要准确记住所要查找文献的书名或文章名，即可像查字典一样，快速查到所需的文献。同时，由于现代从事科研工作的个人或团体一般都有其相对稳定的专业范围，其研究专题具有延续性，因而根据作者姓名索引往往可以在同一标目下查阅到同类或相关的文献资料。

2. 文献检索的步骤

目前通常用得比较多的是CNKI（中国知识基础设施工程）和EI数据库，前者主要是中文文献的检索，后者主要是英文文献的检索。由于CNKI（中国知识基础设施工程）、EI数据库都是收费服务的，必须购买其使用权后方可使用，因此下文通过某大学网页入口进入为例。如果是其他单位也购买了此项服务，进入方式大同小异。

（1）CNKI（中国知识基础设施工程）的检索步骤。

1）打开大学官网主页，选择“数字资源”选项会出现图1-1所示的界面，里面包含中文数据库、外文数据库等不同类型的文件数据库。

2）单击“中文数据库”的“CNKI（中国知网）”，便弹出一个如图1-2所示新的网页，然后单击“http：//www. cnki. net”，进入中国知网。

3）打开的新界面如图1-3所示，打开“文献全部分类”的下拉菜单，会出现主题、篇名、作者、关键词等选项，可根据自己的需要进行筛选，一般篇名、关键词等是最常用到的。

4）例如输入关键词“无线电能传输”后单击检索，会出现所要查询的文献，如图1-4

图 1-1　数据库选择页面

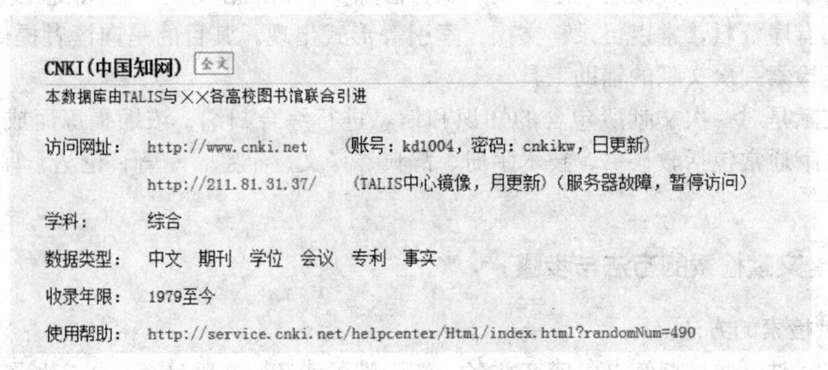
CNKI(中国知网) 全文

本数据库由TALIS与××各高校图书馆联合引进

访问网址：http://www.cnki.net (账号：kd1004，密码：cnkikw，日更新)

http://211.81.31.37/ (TALIS中心镜像，月更新)(服务器故障，暂停访问)

学科：综合

数据类型：中文 期刊 学位 会议 专利 事实

收录年限：1979至今

使用帮助：http://service.cnki.net/helpcenter/Html/index.html?randomNum=490

图 1-2　CNKI 数据库打开界面

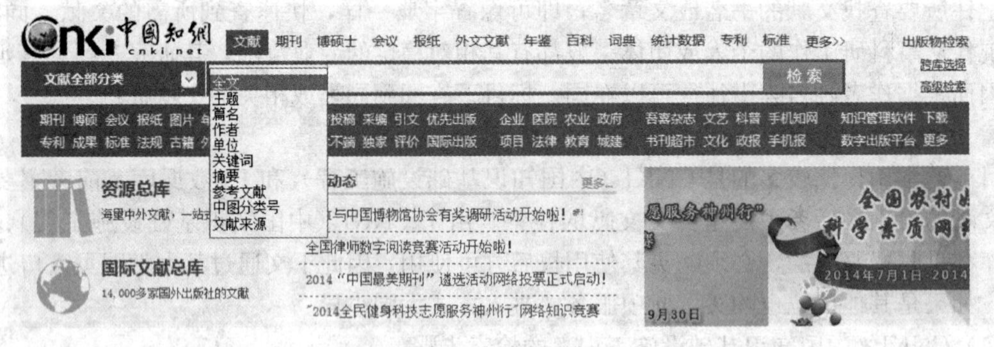

图 1-3　CNKI 数据库检索

所示。可根据自己需要有选择性地阅读下载。

(2) EI 的检索步骤。

1) 同 CNKI 开始步骤一样，选择“数字资源”选项，然后选择“外文数据库”，单击“more”按钮，会弹出一个新的界面，如图 1-5 所示。

2) 选择“Ei（工程索引）”，进入新打开的窗口，如图 1-6 所示。

3) 单击“http：//www. engineeringvillage. com”进入检索界面，如图 1-7 所示。

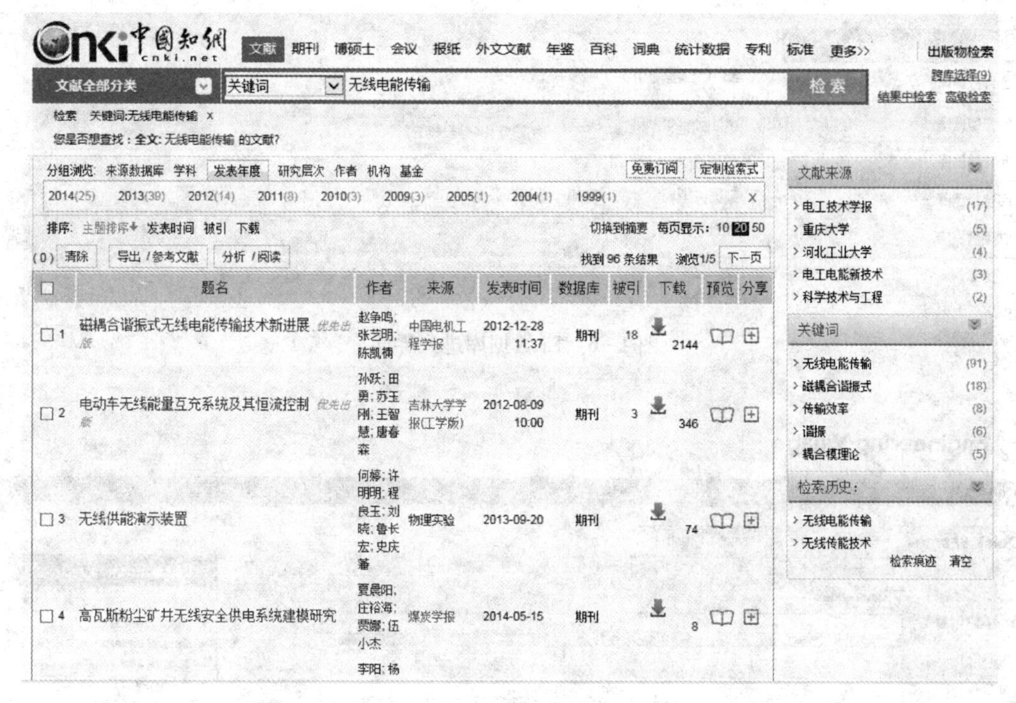

图1-4 CNKI数据库检索结果

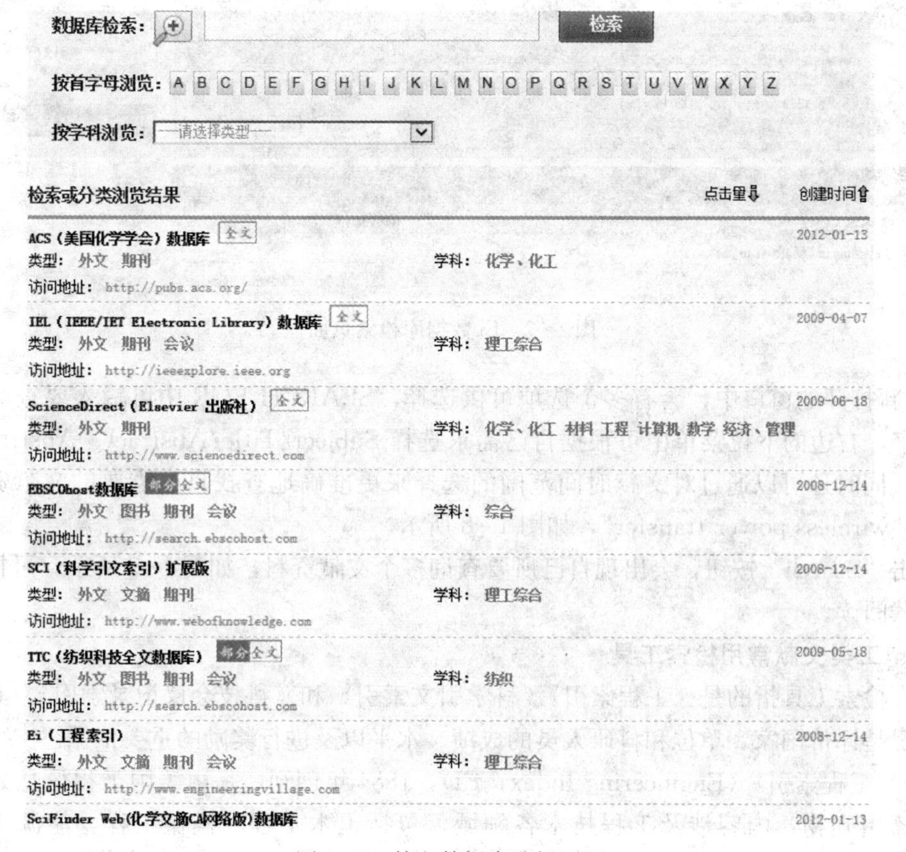

图1-5 外文数据库选择页面

图 1-6　Ei 数据库进入界面

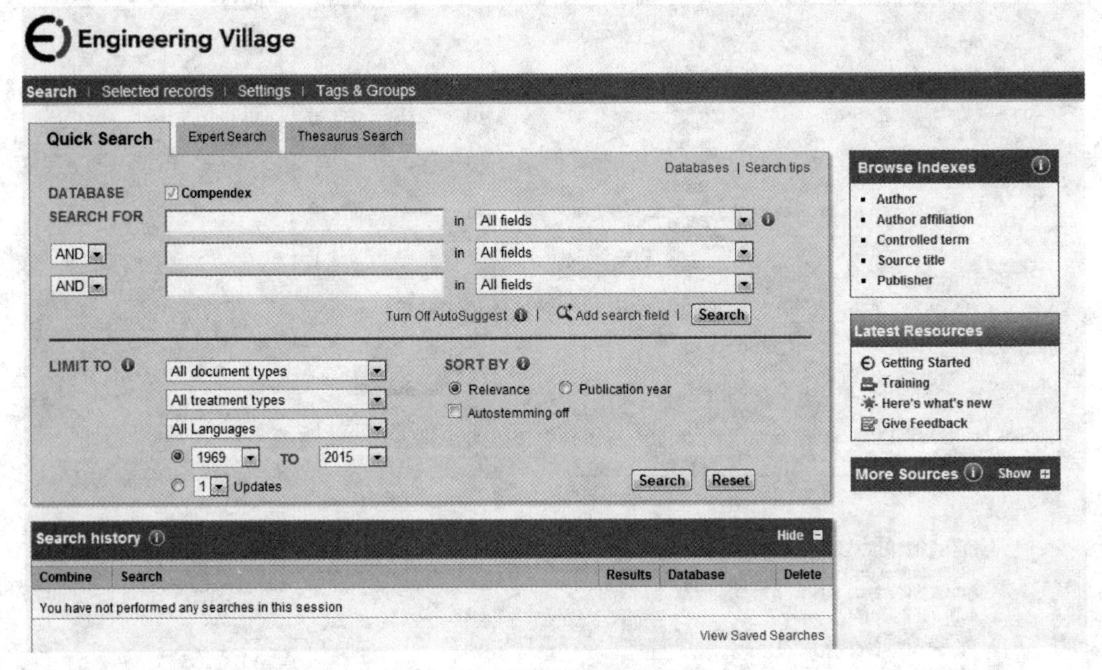

图 1-7　Ei 数据库检索页面

4）新打开的窗口中，会有多个选项可供选择，SEARCH FOR 中可输入要查询的文献的关键字，右边的下拉菜单中可根据自己需求选择 Subject/Title/Abstract、Abstract、Author 等，同时还可以通过对文献时间范围的选择来更准确地查找自己需要的文献资料。例如输入“wireless power transfer”，如图 1-8 所示。

单击“Search”按钮，会出现自己所要查询多个文献资料，如图 1-9 所示，可根据自身需要下载阅读。

3. 电工类文献常用检索工具

三大检索工具指的是《工程索引》《科学引文索引》和《科技会议记录索引》。其收录论文的状况是评价国家、单位和科研人员的成绩、水平以及进行奖励的重要依据。

(1)《工程索引》(Engineering Index，EI)，1884 年创刊，是由美国工程信息公司出版的著名索引刊物，内容涉及工程技术各领域，包括土木工程、机械工程、能源工程、材料工程、自动化工程、交通运输工程、宇宙航天工程等方面的论文、会议论文、科技报

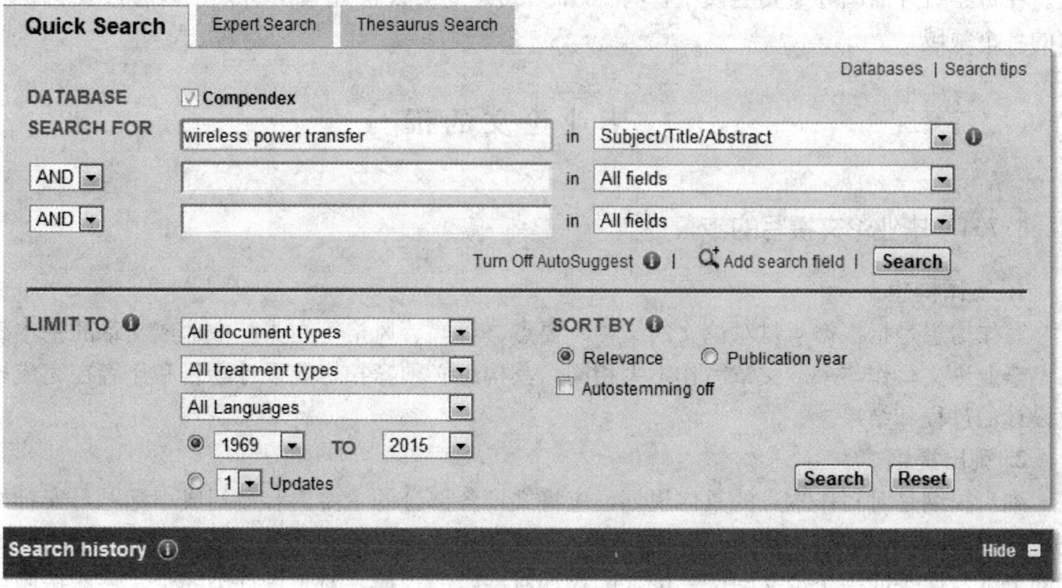

Quick Search | Expert Search | Thesaurus Search
Databases | Search tips
DATABASE Compendex
SEARCH FOR wireless power transfer in Subject/Title/Abstract
AND in All fields
AND in All fields
Turn Off AutoSuggest | Add search field | Search
LIMIT TO All document types
All treatment types
All Languages
1969 TO 2015
1 Updates
SORT BY Relevance Publication year
Autostemming off
Search Reset
Search history Hide

图 1-8 EI 数据库检索条件输入框

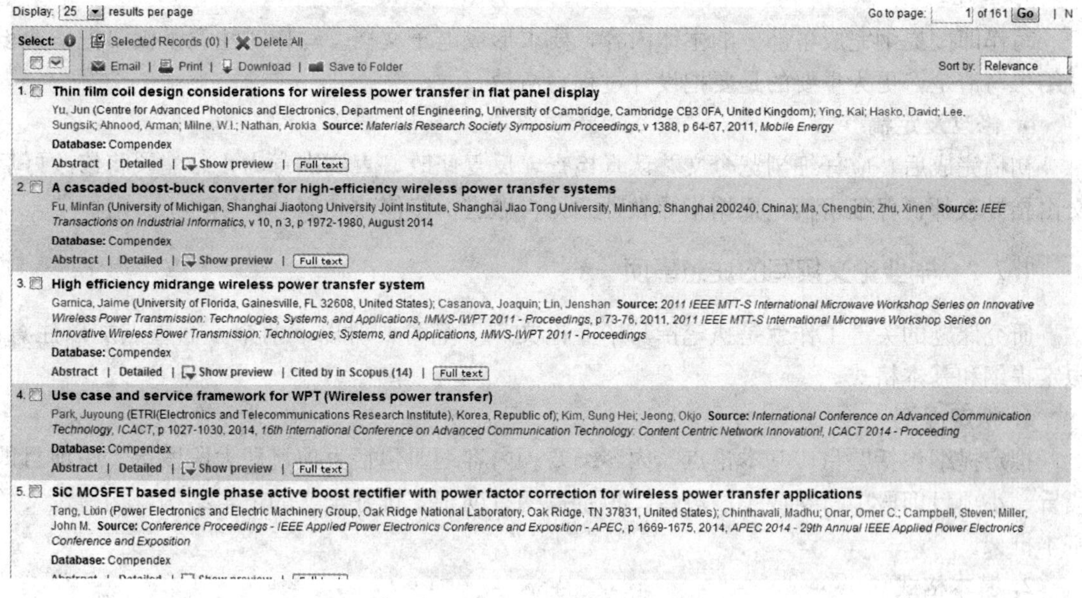

图 1-9 EI 数据库检索结果

告等。

(2)《科学引文索引》(Science Citation Index，SCI)，由美国科学信息所 1961 年创办并编辑出版，覆盖数、理、化、工、农、林、医及生物等诸多学科领域，其中以生命科学及医学、化学、物理所占比例最大，收录范围是当年国际上的重要期刊。SCI 的引文索引具有独特的科学参考价值，利用此索引可以检索某著者的论文被引用的情况。

(3)《科技会议录索引》(Index to Scientific&Technical Proceedings，ISTP)，也是由美国科学信息所（ISI）编辑出版的，1978 年创刊，收录全世界每年召开的科技会议的会议论文。在每年召开的国际重要会议中，有75%～90%的会议被此索引引录，内容涉及科学技术的各个领域。

1.7 毕业论文的撰写

1.7.1 毕业论文撰写的步骤

1. 写作构想

写作构想是指根据素材对论文的结构、要点、篇幅、风格等在头脑中形成文章的基本架构。毕业论文写作与一般文章写作不大相同，其构思必须紧扣毕业设计题目和作者在完成毕业设计的过程和结果。

2. 列出提纲

列出提纲是对写作本身的具体规划，应将文章各部分的主要内容概括成小标题，安排好先后次序，以使论文层次清晰、脉络分明。建议在列提纲之前阅读其他已经写好的论文，如从网上下载优秀的硕士论文阅读。论文的提纲有一定的规律，对于设计类的论文一般按照绪论、理论分析、设计、调试、结果或结论、参考文献等步骤进行。

3. 写作

写作即按提纲完成各部分的主体内容，要求形成电子文档。写作时注意不仅要把毕业设计结果写清楚，更为重要的是要把设计过程写清楚。

4. 修改及定稿

初稿完成后，应仔细浏览全文并认真检查，反复修改，直到满意为止。建议将修改好后交由指导教师再仔细审稿，根据指导教师意见再做进一步修改和润色。

1.7.2 毕业论文撰写的注意事项

研究课题的关键工作就是执笔撰写毕业论文。下笔时要对以下两个方面重点加以注意：拟定提纲和基本格式。

1. 拟定提纲

拟定提纲包括题目、基本论点、内容纲要。内容纲要包括大项目即大段段旨、中项目即段旨、小项目即段中材料或小段段旨。拟定提纲有助于安排好全文的逻辑结构，构建论文的基本框架。

2. 基本格式

一般毕业论文由标题、摘要（中、英文）、正文、参考文献4方面内容构成。标题要求直接、具体、醒目、简明扼要。摘要即摘出论文中的要点放在论文的正文之前，以方便读者阅读，所以要简洁、概括。正文是毕业论文的核心内容，包括引言、本论、结论三大部分。

从引言的功能来说主要是引出论证或引起论点，尽快引导读者进入论文的中心论题。引言的内容大致有：说明研究本课题的目的和意义；提出本课题要解决的问题，必要时简述一下他人或前人对此问题的研究状况，介绍本人将有哪些补充、纠正或发展；提示本文探讨的范围及文章的大体结构；介绍本文论证的方法。

本论部分是论文的主体，即表达作者的研究结果，主要阐述自己的观点及其论据。这部分要以充分有力的材料阐述观点，要准确把握文章内容的层次、大小段落间的内在联系。篇幅较长的论文常用推论式（即由此论点到彼论点逐层展开、步步深入的写法）和分论式（即把从属于基本论点的几个分论点并列起来，分别加以论述）两者结合的方法。

结论部分是论文的归结收束部分，写论证得到的结果。这一部分要对本论分析、论证的问题加以综合概括，引出基本论点，这是课题解决的答案。这部分要写得简要具体，使读者能明确了解作者独到见解之所在。或者写对课题研究的展望，提及进一步探讨的问题或可能解决的途径等。结论是论文的收束部分。

最值得注意的是，结论必须是引言中提出的，本论中论证的，自然得出的结果，毕业论文最忌论证得并不充分，而妄下结论。要首尾贯一，成为一个严谨的、完善的逻辑构成。

参考文献即撰写论文过程中研读的一些文章或资料，要选择主要的列在文后。

除了以上几点，还要特别注意以下几点：

(1) 使用的文字要规范，不可滥用、误用简化字、异体字；中文的标点要准确，标点符号要写在行内。

(2) 论文标题一律采用三号加黑宋体字，正文采用小四号宋体，英文及数字采用小四号Times New Roman字体。

(3) 文章标题层次及同级标题序码，必须段落分明、前后一致。

(4) 实验结果如已用图表示过一般不再列表，表中内容不必在正文中再做说明。

(5) 图题采用中文，字体为五号宋体。引用图应在图题右上角标出文献来源。图号以章为单位顺序编号。

(6) 表格应有相应的表题和表序，在表格上方居中书写，先写表序，不加标点，空一格接写表题，表题末尾不加标点。表格按章顺序编号，表内必须按规定的符号标注单位。

(7) 公式应另起一行居中书写。一行写不完的公式，最好在等号处转行，也可在数学符号（如“＋”、“－”号）处转行，数学符号应写在转行后的行首。公式的编号用圆括号括起放在公式右边行末，在公式和编号之间不加虚线。重复引用的公式不再另编新序号；公式序号必须连续，不得重复或跳缺。

(8) 列举参考文献资料必须注意：

1) 所列举的参考文献应是正式出版物，包括期刊、图书、论文集和专刊、科技报告等。

2) 列举参考文献的格式为：序号、作者姓名、书或文章名称、出版地出版单位、出版时间、章节与页码等。

3) 应按论文参考或引证的文献资料的先后顺序，依次列出。

4) 在论文中应用参考文献处，应注明该文献的序号。

1.8 毕业设计指导

1.8.1 指导教师的遴选

对指导教师一般有以下要求：

(1) 指导教师一般应由讲师（或工程师）以上有能力、有经验的教师（或工程技术人员）担任，其中教授、副教授等相应具有高级职称的教师应占一定的比例。初级职称的人员一般不单独指导毕业设计，需要时可协助指导教师工作。

（2）指导教师应有良好的工程素质、明确的工程概念、熟练的工程方法及丰富的技术知识，应熟练掌握课题的基本内容，并对专题研究有充分的准备。

（3）结合生产实际在生产单位进行的毕业设计，可聘请理论水平高、实际经验丰富的生产科研部门的专家或技术人员（工程师以上）担任兼职指导教师，参加毕业设计的指导工作，但必须有学校的专业教师参加联系和指导，以便掌握教学要求和毕业设计进度，保证毕业设计的质量。

（4）为确保指导效果，充分发挥指导教师作用，每名指导教师所带学生人数一般不宜过多。

1.8.2　毕业设计指导方式与方法

毕业设计是教学工作中的一个重要环节，为便于执行，不少学校拟出了应注意的事项，主要包括以下几个方面：

（1）指导教师在指导过程中，要结合业务指导，加强对学生的思想政治工作，教育学生遵守制度，尊敬他人，互谦互让，团结协作；培养学生树立严谨、求实、创新的学风，教育学生增强事业心。

（2）指导教师应引导学生以正确的思想方法、工作方法、科学态度来完成毕业设计课题；引导学生抓住重点、抓关键，对重要环节深思熟虑，仔细推敲，反复演算，对在毕业设计中出现的原则性错误要及早指出，以引起学生足够的重视和警觉。

（3）指导教师要善于启发诱导，因材施教，调动学生的积极性。

（4）指导教师应定期检查学生的工作进度及已完成工作的质量。对学生提出的方案、计算方法、实验结果等进行必要的审查，并给予方向性的指导，启发引导学生认真思考。定期检查可在毕业设计进程中恰当安排，并及时从中总结经验。

（5）指导教师应每周对学生进行指导、答疑。

（6）在毕业设计过程中指导教师应注重让学生相互进行学习并开展评议工作，即每进行到一定阶段，结合检查与指导，组织学生交流，针对设计研究中出现的设计思想和研究方法给予简要述评，一方面可以提高指导的功效，使优势互补，互相借鉴；另一方面也激励学生深入思考，从而有利于学生综合能力的培养以及毕业设计工作教学质量的提高。

（7）指导教师应对学生完成的毕业设计任务即全部书面资料进行审查，基本合格后方可参加毕业设计答辩。应帮助学生做好答辩的准备工作，包括表达的思路、必备的心理素质、语言的表述等。答辩的质量不仅可反映出学生的知识功底是否深厚，还可反映出毕业设计答辩的准备工作是否充分。

1.8.3　毕业设计指导面临形势与措施

毕业设计是学生综合运用大学所学知识独立分析问题、解决问题的一次锻炼，是学生提高自己能力的很好的一次机会，因此毕业设计对于每个即将毕业的学生至关重要。

1. 毕业设计面临的形势

（1）资料收集和观点提炼能力弱。虽然有学校图书馆作为支撑，但大部分学生并不善于利用这个庞大的数据库，甚至在外文翻译环节中找不到合适的文献。即使运用图书馆数据库，收集的资料也大多比较凌乱，缺乏筛选、整理的能力。

(2) 抄袭现象比较严重。不少学生对毕业论文重视不够，对导师布置的要求也不以为然，直到答辩或者要求交稿时才匆忙赶出一篇。内容东粘西贴，甚至很多直接复制过来以后格式或错码乱码都没检查。

(3) 论文不规范。论文不规范包括两部分：内容组织上的不规范以及格式方面的不规范。

1) 在内容上，有的学生论文结构不完整、松散，缺乏条理，文章的前后没有合理地组织联系起来。有的学生写作无计划，写到一点算一点，结果通篇下来毫无逻辑性可言，且文章中通常有不少的错别字，口语化现象严重。

2) 在格式上，现在的学生平时 Microsoft Word 使用的机会少，直到做毕业论文的时候才开始用，所以很多基本的操作都不会，光格式排版规范上就得修改很多次。

2. 改进方法

(1) 开设“文献检索”课程，强化学生查阅数据库的意识与能力。由于学生在进行毕业论文之前，未掌握基本的科学研究程序和方法，不知道如何去收集资料、分析资料，只能从有限的资料中归纳并提炼有用信息。针对这一点，在校期间，应开设“文献检索”“计算机应用基础”等课程，使学生能充分利用学校图书馆的数据资源解决问题。在专业课的教学过程中，不断强化学生科研意识，鼓励学生查阅图书馆的数据文献和互联网数据库资源，为以后写毕业论文资料收集提前做好准备。

(2) 教师加强指导以及监控，杜绝抄袭。对于学生毕业论文剪切和复制现象、相互之间抄袭现象，可以从以下几个方面来解决：首先指导教师要严格履行职责，在文献查阅、实验环节、数据处理以及结果分析等方面加以指导，特别注重学生科学态度、创新意识和创新精神的培养。具体表现为在确定选题后，严格按工作计划进行：查阅文献→撰写文献综述和开题报告→进行程序编写调试→分析数据→提交论文初稿、修改稿→答辩→定稿。各个环节加强监控，尤其是实验环节，必须要有自己的实验数据。另外在论文撰写上，也要避免长篇大论引用，尽量用自己的语言组织文字。对于不够自觉的学生，可以加强监督，比如严格执行重复率检测环节，重复率超过 30%，视为不合格论文。

(3) 合理选题，调动学生积极性以及强化学生规范训练。论文不规范，草草了事，可能很大原因是学生对选题不了解、没兴趣。所以首先在选题时，要帮助学生结合自己的特长、兴趣及所具备的能力来选题。选择一个具有丰富资料来源的课题或者选择自己感兴趣的课题，可以激发自己研究的热情，调动主动性和积极性，使学生能够以细心和耐心的态度去完成，很大程度上改善论文的不规范问题。另外，在格式方面，指导教师要辅导学生正确应用相关的标准，包括符号、图例、数据流程、文本等相关的书写规范，平时加强 Word 等工具的使用，培养基本操作能力，使论文能在格式上减少问题，做到格式规范化。

(4) 提高指导教师的专业水平，增强教师的积极性。毕业论文选题是影响毕业论文质量的重要因素。因此教师应在充分考虑学生客观条件和实际能力的基础上，注意选题内容与专业知识结构的联系，增强学生的适应性，调动学生的潜能。另外尽可能地选用与指导教师科研项目相结合的题目，保证教师自身的指导能力。

另外，加强毕业论文指导的激励政策，加大优秀毕业论文的奖励力度，提高教师对毕业论文管理的积极性。

（5）学校加强监控力度。学校管理部门应该加强对毕业论文工作的管理和监控力度。如果学校在论文质量和就业率压力之间偏重就业率，放松对毕业论文的要求，会使学生对毕业论文更加无所谓。因此，在面对学生就业与毕业之间，学校监管部分必须做到有法必依，保证论文的质量。

1.9 毕业设计的答辩与成绩评定

1.9.1 准备工作

1. 论文装订

毕业论文完成后，由学院统一设计封面，用A4纸打印，然后到指定印刷厂装订。

毕业论文必须按以下顺序装订：

（1）封面（包括课题名称、学生姓名、学生所在院（系）及专业、指导教师姓名、职称）。

（2）中文摘要、关键词。

（3）英文摘要、关键词。

（4）目录。

（5）前言。

（6）正文。

（7）结论。

（8）参考文献。

（9）附录（含外文资料及中文译文）。

（10）谢辞。

部分院校还在论文中装订了其他四部分内容：毕业设计任务书、毕业设计开题报告表、毕业设计评阅表、毕业设计成绩考核表。

2. 外审教师评阅

外审老师的评语与评阅标准一般和指导教师的评阅是相同的。

1.9.2 毕业设计的答辩

答辩是毕业设计工作的重要组成部分，本科生的毕业设计与论文都要通过答辩。答辩委员会（或答辩小组）由5名以上教师组成。

1. 答辩前的准备

（1）思想准备。明确目的、端正态度、树立信心。答辩是大学生毕业设计过程中的最后一个环节，也是必不可少的环节。它既是学校对毕业设计成绩进行考核、验收的一种形式，也是学生对自己的毕业设计进一步推敲、修改、深化的过程，对学生的分析能力、概括能力和表述能力的锻炼与提高大有好处。

（2）答辩内容准备。准备关于毕业设计的说明报告。在反复阅读、审查自己的毕业论文的基础上，写好供20分钟用的答辩报告，准备答辩委员会教师可能提问的有关资料。

（3）答辩辅助用品准备。主要准备参加答辩会所需携带的用品，如毕业论文的底稿及其说明的纲要，答辩问题提纲及主要参考资料。

2. 答辩的程序

（1）答辩内容和时间要求。学生向答辩小组报告自己毕业设计的简要情况，再由学生回答教师提问。报告内容包括：课题的任务、目的与意义；所采用的原始资料或指导文献等；毕业设计的基本内容及主要方法；成果、结论和对自己完成任务的评价。

（2）教师提问内容要求。答辩委员会教师提出问题一般包括以下3个方面的内容：需进一步说明的问题；毕业设计所涉及的有关基本理论、知识和技能；鉴别其独立工作能力。

3. 答辩注意事项

答辩时要做到掌握时间，扼要介绍，认真答辩。

（1）不要紧张，要以必胜的信心，饱满的热情参加答辩。

（2）仪容要整洁，行动要自然，姿势要端正，要有礼貌，答辩开始时要向老师敬礼，答辩结束时要向老师道谢，处处体现自己有较好的修养，给老师留下好的印象。

（3）向老师报告毕业设计的情况和回答老师的提问时，要沉着冷静，语气上要用肯定的语言，是即是，非即非，不能模棱两可，似是而非。内容上要紧扣题目，言简意赅。表述上要口齿清楚、流利，声音大小适中，要富于感染力，以取得答辩的最佳效果。

（4）对于老师提问，不管妥当与否，都要耐心倾听，不要随便打断别人的问话。对老师提出的问题，如果确实回答不出来时，应该态度坦然，直接向老师说明回答不出来，决不要答非所问。对没有把握的问题，不要强词夺理，实事求是，表明自己对这个问题还没有搞清楚，今后一定要认真研究这个问题。

4. 总结深化

答辩结束后要认真总结答辩。有哪些经验与教训，从总结经验教训入手，检查自己掌握各门课程的基础理论、基本知识和基本技能的情况，分析问题、解决问题的能力以及口头表达能力和文字表达能力的情况，找出薄弱环节采取补救方法和措施，把基础打扎实，以便日后向新的高度攀登。

1.9.3 毕业设计（论文）的成绩评定

评语内容一般可包括任务完成情况、论文水平质量、基本知识、基本操作与技能掌握情况、工作态度与毕业设计过程中的表现、答辩水平等。评语要明确、具体，避免千篇一律。

评分可参考如下标准掌握：

（1）优秀（90分以上）：

1）能出色地完成毕业设计任务，反映出基础理论扎实，分析解决问题能力强，在方案设计或数据处理计算等方面有一定的见解或独创性，有实际应用价值。

2）图文质量高，论文结论正确、论据充分、文理通顺。

3）实践、实验技能好，实验方案正确，数据准确。

4）完成了指定的文献阅读任务，外文翻译质量好。

5）在答辩中条理清楚、重点突出、回答问题准确。

6）在毕业设计过程中工作积极、态度认真。

（2）良好（80～89分）：

1）能较好地完成毕业设计任务，综合运用所学知识分析解决问题能力较强。

2）图文质量较好、论文结论正确，论据充分，文理通顺。

3）实践、实验技能较好，实验方案正确，数据可靠。

4）能基本完成指定文献阅读任务，外文翻译质量较好。

5）答辩中能正确回答问题。

6）在毕业设计过程中工作积极，态度认真。

（3）中等（70～79分）：

1）能完成毕业设计任务，所学理论知识基本掌握，有一定的分析解决问题的能力。

2）图文质量基本合格，论文结论基本正确，文理尚通顺。

3）实践、实验技能一般。

4）答辩中主要问题回答基本正确。

5）在毕业设计过程中工作态度较认真。

（4）及格（60～69分）：

1）能完成毕业设计主要任务。

2）图文质量尚可。

3）实践、实验技能尚可。

4）答辩中能回答一些问题。

5）工作态度一般。

（5）不及格（未达到60分）：

1）未完成毕业设计任务。

2）图文中有严重错误，实践、实验技能较差。

3）答辩中主要问题回答不出。

4）工作态度不认真。

参考文献

[1] 张天桥，李东方. 毕业论文（设计）信息检索与写作指南［M］. 北京：国防工业出版社，2012.

[2] 康万新. 毕业设计指导及案例剖析：应用电子技术方向［M］. 北京：清华大学出版社，2007.

[3] 王宗善，施盛威. 探索新形势下高校毕业设计（论文）工作的运行与管理模式［J］. 实验室研究与探索，2012，31（10）：383-385.

[4] 艾红. 自动化专业新形势下毕业设计过程与质量研究［J］. 实验室研究与探索，2011，28（3）：138-140，150.

[5] 王萍，黄皎，林善明. 浅论电气专业毕业设计与实际相结合［J］. 电气电子教学学报，2002，24（5）：105-106.

[6] 北京市教育委员会. 高等学校毕业设计（论文）指导手册：电工卷 [M]. 北京：高等教育出版社，2007.
[7] 孔令德. 毕业设计实例教程：从系统开发到论文写作 [M]. 北京：国防工业出版社，2008.
[8] 陈跃. 电气工程专业毕业设计指南：电力系统分册 [M]. 北京：中国水利水电出版社，2008.

第2章　电气与自动化类专业毕业设计基础

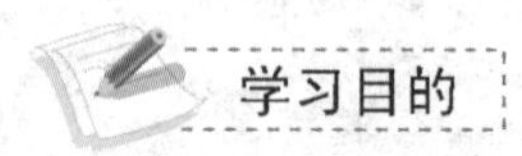

通过本章内容的学习，读者可了解电气与自动化类专业毕业设计的类型以及不同毕业设计类型的重点；掌握硬件系统设计方法与调试工具的使用，具体包括数字万用表、信号发生器、数字示波器、逻辑分析仪、频谱分析仪等的使用方法；熟练进行软件系统设计，并重点掌握KEIL、CCS等软件使用方法。

2.1　毕业设计类型及步骤

2.1.1　毕业设计类型

1. 工程设计型

工程设计型的毕业设计是一种常见的选题。所谓工程设计，是指在正式做某项工作之前，根据一定的目的要求，预先制订出方法或图样。因此，工程设计型毕业设计的特点是：根据给出的目的要求，参考有关资料后，能按照规定的技术指示，设计出工程图纸，编写出软件程序，并在一定的条件下，可根据设计出的图纸进行施工。

电工类工程设计型毕业设计项目多属于强电范畴，所涉及的学科领域主要包括电机、变压器、电力系统及其自动化、高电压工程、电气设备等方面。

2. 产品开发型

产品的开发是与生产、科研的实际紧密结合的工作，将其作为毕业设计的课题，是培养学生灵活运用所学知识，独立地分析、解决实际问题能力的最好办法。通过这种课题可以进一步训练和提高学生的工程绘图、结构设计、理论计算、加工工艺、实验调试和使用计算机的能力。

产品开发的全过程几乎包括了科研、生产的各个环节，甚至包括了市场调研、销售的内容。将产品开发作为毕业设计的课题，能使学生接触并熟悉科研、生产的实际，培养学生解决生产实际问题的能力。

毕业设计作为一个重要的实践教学环节是需要有相应的经济投入的。为了训练培养学生，让他们做一些虚拟的课题当然也是可以的，但在教育经费普遍不足的现阶段，怎样能更有效地利用这一有限的经济投入，使其发挥更大的经济、社会效益显然是一个应该考虑的问题。并且，大学高年级的学生也是科研的主力军，应该充分利用他们的聪明才智，让他们为社会做出贡献，而不应使他们的毕业设计劳而无功，成为束之高阁的东西。结合产品开发工作来做毕业设计既培养了学生，又为国家、社会做了有益的工作，可收到“一箭双雕”的效果。这种产品开发的课题往往可以得到企业的资助，这样既可解决毕业设计经费不足的问题，又可提高毕业设计的质量。有条件的导师也可引导学生进行前沿技术的探索或提前攻克某些技术难题，为将来的产品设计储备技术。

3. 实验研究型

实验研究型毕业设计（论文）是指其所选的课题包含探索和研讨性的内容，其中可能涉及新的论点、电路公式和控制规律，且有待通过实验研究的手段揭示其内在的本质，从而科学地得出正确的结果。实验研究型毕业设计（论文）课题可以是指导教师主持的科研项目的一部分，也可以是指导教师指导研究生撰写论文的组成部分。

实验研究型毕业设计（论文）的选题应注意下列情况：①要有相当的深度和难度，除对大学期间所学的知识进行应用验证外，还应有一定的引申和扩展程度；②课题应具有某些探讨和研究性质；③所完成的成果在理论上和实际应用上应有一定的新意或创新。

实验研究型毕业设计选题范围一般是结合指导教师的科研项目或科研方向进行研究和探讨、新的理论和实际装置的研究与探讨或研制新的实验装置和设备等。

4. 软件仿真型

用物理模型或数学模型代替实际系统进行试验的过程，称为仿真（也称模拟）。软件仿真就是以软件为平台，把实际系统的数学模型转化为能被数字计算机认可的仿真模拟，并在数字计算机上进行分析、研究的过程。

对系统进行分析、设计或预测研究时，需要对系统的特性进行试验。而实际系统尚未完成时，从经济性、安全性角度考虑，难以在实际系统上进行合理的实验，因而需要借助仿真技术来缩短产品开发周期，降低产品开发风险，减少产品开发费用。

电工类软件仿真型毕业设计选题所涉及的范围大致可分为电工原理、电力系统自动化、电磁测量、电机及其控制、电力电子学、电工材料、电热、电焊、照明等。

5. 调研评估型

调研评估型毕业设计是对大学生能力培养的一种新的形式。调研评估型毕业设计要求学生全面运用所学的基础理论、专业知识和基本技能，对实际问题或接近实际的问题进行调研总结的综合性训练。通过调研评估型毕业设计的训练，可以培养学生运用所学知识去获取有效信息、分析问题以及总结问题的能力，增强系统工程观念，以便更好地适应工作需要，为其将来走向社会、步入工作岗位提前做好准备。

一般来讲，调研评估型毕业设计应达到如下要求：熟悉国家的有关政策方针和有关技术规程、规定、导则等，树立实事求是、全面公正、以点带面和理论紧密联系实际的观点；巩固并充实所学的基本理论和专业知识，能灵活运用，解决实际问题；培养严肃认真、实事求是和刻苦钻研的工作作风；初步掌握电气工程领域调研方案设计流程以及研究方法，独立完成方案设计、信息获取、分析计算、撰写调研技术文件等相关研究任务，并能通过答辩。

2.1.2　不同类型毕业设计的步骤

1. 工程设计型

一般情况下，进行工程设计型毕业设计的步骤与需要完成的内容如下：

（1）教师应根据给定的任务，指导学生有针对性地收集国内外的有关资料，引导学生对他们所了解到的情况进行分析。

（2）在所掌握资料的基础上提出总体方案，仔细分析几种方案的可行性及优缺点。在对几种方案进行技术性和经济性比较的基础上，选择或综合出一个方案作为毕业设计课题的总体方案。

（3）总体方案确定后，就可以开始对各子系统、各部件和单元电路进行设计。设计时还应当考虑到产品对环境的影响等有关问题。

2. 产品开发型

产品开发型毕业设计大致可按照毕业设计的前期与初期工作、产品的设计与试制、样品的调试与试验、毕业论文的撰写等几步来进行。

（1）毕业设计的前期与初期工作。前期工作是指毕业设计正式开始以前应做的一些准备工作，包括毕业设计的选题、任务书的编写等。而初期工作则是指毕业设计正式开始后的最初阶段应做的工作，如调研和开题等。

1）毕业设计首先遇到的问题就是选题。一般来说，大多数学生缺乏科研的经验，与科研单位、企业的社会联系也较少，因此由学生自定选题比较困难，事实上选题工作多数要由教师来完成。选题一般应遵循科学性原则、创造性原则、必要性原则、可能性原则。

2）毕业设计任务书是指导学生进行毕业设计的基础文件，应该在毕业设计正式开始前书面下达给学生。

3）拿到任务书后，就要进行调研，调研的目的是为毕业设计收集所需的资料和信息，弄清题目的来龙去脉，以及它在经济、技术上所处的位置。调研一般可分为现场调查和查阅文献资料两种形式，按调研的内容又可分为市场调查和技术调查，具体的调研内容应根据题目来决定。通过调查研究，学生应该了解课题是怎样提出的，知道它的过去、现状以及未来发展的趋势，明确要解决的问题，深刻理解课题的意义和作用。还要提出完成设计任务的若干方案，并通过对不同方案的对比和论证，确定设计的思路。在此基础之上，学生应该提交书面的开题报告或开题综述。开题报告应包括课题的意义、文献的综述、方案的论证、设计的思路、开展工作的计划等内容。

（2）设计和试制。对于做产品开发型毕业设计的学生来说，从这里就开始进入实际动手的阶段，这一阶段是整个毕业设计工作的核心，相当于产品开发程序中的设计试制阶段。

对于毕业设计中遇到的关键问题、关键技术或自己很不熟悉、没有把握的主要技术。应该首先进行试验研究。因为不突破这一关，其他工作就可能无法开展。如果通过试验发现它不适用，也可及时修改整体方案，另辟蹊径，以免延误了时间。

产品设计应包括技术设计和工作图设计两个阶段。由于毕业设计受时间、条件和性质的限制，往往更偏重于技术设计的内容。对于比较简单的产品，可将技术设计和工作图设计合二为一。产品设计工作的最后结果就是“出图”，将所有的设计思想以图纸的形式表达出来。

（3）调试和试验。试制的样品是否达到设计要求的性能和质量，要通过对它的试验来检测、考核，并可由此发现问题，对设计和工艺进行修改。为了保证试验能安全、顺利地进行，试验前应做必要的检查和调试。

1）一般检查：①根据设计图纸检查系统中各个设备及元件、器件的型号和规格；②检查各动力线与操作线的型号、规格和数量是否符合图纸的要求；③检查各种设备及电器的接地线及整个接地系统是否符合设计要求，接地线要牢固并保证接触良好。

2）线路检查：①根据原理图或接线图检查各元器件与接线端子之间以及它们相互之间的连线是否正确；②检查所有的连接线头接触是否良好，应注意压接螺钉是否紧固，是否有虚焊或脱焊现象，接插点接触是否良好等。

（4）毕业论文的撰写。撰写毕业论文一般都要经过编写论文提纲、撰写论文初稿、修改和定稿等几个阶段。

编写提纲有助于理清思路，形成粗线条的论文框架。提纲确定之后，就应撰写初稿，这时可以按照提纲一个部分一个部分地写。在撰写每一个部分时都要把论点、论据、论证很好地组织起来，按照道理来论述，做到顺理成章。写的时候还应注意各个部分之间的联系，保持首尾呼应和思维的连贯性。

论文初稿写成后，还应冷静思考、反复推敲，不厌其烦地进行修改。修改工作应从大处着眼，从大到小。首先审查观点是否正确、是否需要修改，其次要审查文章中引用的材料是否需要增加、删节或调换，然后可对语言进行修改。对毕业论文，要求语言通顺、用词准确、言简意赅。

（5）产品开发型毕业设计质量评定应注意的问题。产品最终是要使用的，必须经得起实践的考验。因此在做产品开发型毕业设计时，有必要对所做设计进行检验，以保证设计的质量。在评定设计质量时，要重视实验结果及验证该设计的有关数据。没有条件进行全部实验的，至少也要提供某个局部的实验结果；无法实验的，可以利用计算机仿真技术等方法来检验设计的效果。实验结果及波形等应作为重要内容写入论文，是否有实验结果，在评分时有较大差别，这也有助于培养学生实事求是的科学态度。

开发一个产品，原理设计固然很重要，但它的可靠性、抗干扰性能、工艺性、成本也都是不容忽视的。实际上，开发者在这些方面所花费的气力远远超过原理设计，这正是产品开发的一大特点。学生受生活经历所限，一般在毕业设计中都比较重视原理设计，而忽视上述几方面的设计。在产品开发型毕业设计中应强调在这些方面下工夫，增强学生的工程观念和市场观念。

由于产品开发的周期往往比较长，产品开发型毕业设计经常采用“接力”或分工的方式，因此毕业论文中应该注明哪些工作是设计者本人做的，哪些工作是他人做的，以及本人做的主要工作及创新点。

3. 实验研究型

（1）搜集、掌握和分析课题的国内外现状和发展趋势。随着科学技术的发展，科技方面的信息、知识和数据量急剧增长，分工合作地建库、有效地共享数据和信息、合理地利用数据和信息，是当前科学研究的发展趋势，只有掌握该课题的国内外现状和发展趋势才能更好地开展本课题的研究。目前，许多核心技术之间的边界正在消失，交叉学科不断地出现。学科之间的相互作用正产生一些更加先进的技术，甚至获得重大的科技突破。在毕业设计开始之初，深入了解国内外该课题的现状和发展趋势，能开扩视野，少走弯路，在前人成果的基础上，有的放矢地开始新的研究工作。

（2）硬件电路设计、安装和调试。现代电工电子技术发展迅速，集成电路、单片机、微机等的应用已渗透到各个领域，因此从事电气技术的人员和电工类毕业生，必须掌握开发电工电子系统的能力。

硬件电路设计的任务是将已学过的“电气设备设计”“数字系统设计”“微机系统（接口）”“数据采集系统与接口”等课程知识和相应的各种实践环节的经验融会贯通，并运用系统设计方法设计出一个完整的应用电工电子系统，再借助于有关的各种器件手册，构成所要求的实用电工电子系统。

硬件电路设计涉及面是非常广泛，有数字系统、模拟系统、单片机、微机系统及有关的单元电路和装置，如传感器、显示装置、执行机构、开关设备等。设计的系统图、安装图以及局部安装图要绘于毕业论文中。对整个系统进行调整和测试之前，要先单独完成每个子系统的调整和测试。

(3) 软件流程和综合程序设计。软件是指与计算机系统的操作有关的程序、规程、规则及任何与之有关的文档和数据。软件可以分为系统软件和应用软件两类。

1) 系统软件是指计算机日常应用时经常要用到的一部分程序，其核心是计算机操作系统，也包括一些具有基础性、公用性的软件，如系统诊断软件等。它的作用是对硬件资源和软件资源进行管理，使计算机操作起来比较方便，因此可以把它们看作是计算机系统的一个组成部分。系统软件往往由计算机制造厂家直接提供（或单独购买）。

2) 应用软件是指针对某一种特定用途所编制的程序，这部分程序是由用户自己编制的，它的针对性强，因而通用性比较小。

(4) 计算机仿真（模拟）的研究。随着计算机技术的迅速发展，科学实验研究在方法上也发生了巨大变化。测试与计算机仿真相结合的科学研究方法，已经成为当代科学研究方法的主流。基于这种情况，在电工类毕业设计的实验中引入计算机仿真，并处理好测试与仿真实验的关系，已成为重要课题。

计算机仿真又称为计算机模拟，其意义和作用可以从实验的基本功能来分析。仿真实验借助计算机屏幕、打印机和绘图机的作用来增强感性认识，可验证理论或提升理论。仿真实验相对于实际测试有较大的自由度，便于发挥学生的想象力，有利于培养创新精神。

仿真实验虽然具有实验的基本功能，但并不意味它可以取代或削弱原有的测试实验，仿真实验只是实验的一个新组成部分，是一个补充。

(5) 完备资料与毕业设计的完成。学生从接受毕业设计任务开始，首先要制订方案、连接电路、进行测试与仿真试验，然后要根据产品线路图和有关规程文件安装调试产品，并按照行业规程要求，绘制出有关的图纸资料，整理好单元调试和整机调试数据及符合要求的实验记录，使资料完备，并完成论文。

当学生完成毕业设计后要参加毕业答辩时，指导教师应检查论文是否符合要求。论文完成时间一般为10～15天，教师应帮助学生做好安排。

4. 软件仿真型

(1) 系统定义。系统定义的具体内容包括以下几项：①确定研究对象的组成部分（如子系统、环节、部件、装置等）以及它们的连接关系；②确定研究对象的边界定位，如输入、输出、干扰的作用等；③根据研究问题的需要，确定应该考虑的因素和应该忽略的因素，并区分可控因素和不可控因素；④确定研究对象的约束条件；⑤确定研究对象的初始状态值。

在研究实际问题时，可采用研究对象的组成示意图、原理框图或等效电路图来直观地表示系统的组成及其边界情况，再附以适当的文字说明，就可形成对系统清晰而较完整的定义。

(2) 仿真模型的确认与修改。要建立一个完全真实地反映实际系统的仿真模型是不可能的，因为：①因为系统的数学模型只是近似地表达实际系统；②把数学模型转化为仿真模型的算法总是存在误差和一定的稳定域。因此，通常允许在仿真模型预计值与系统行为之间存在某个最大的可接受的差异。仿真模型确认与修改的目的是使所建立的仿真模型与实际系统的差异在可接受的范围内。仿真模型的确认与修改有时要反复几次才能达到要求。仿真模型确认时应主要考虑：①定性分析模型的有效性；②检查方法的正确性；③检验模型简化的有效性；④检查结果的正确性；⑤检验模型假设的合理性；⑥检查结论的正确性。

（3）仿真程序的设计与调试。选定仿真算法建立仿真模型之后，下一步工作就是依据仿真软件编写程序。仿真程序的设计过程：①流程图的设计，它可以是多个程序框图或几个可嵌套的程序框图；②各功能模块及其相互联系的初步设计；③程序详细设计；④按语法规则排程序；⑤功能块独立调试和程序统调。为了提高仿真的效率，应尽量选用操作方便、功能齐全的仿真软件系统进行仿真，把主要精力放在所要研究的问题上。

选用仿真软件进行编程仿真也可把重点放在研究仿真算法、仿真程序的设计与调试上，一般采用 C 语言或 FORTRAN 等计算机高级语言编程仿真。

设计或开发的仿真程序应该符合：①功能模块化设计；②程序的层次结构要清楚易懂；③程序尽量少占用空间；④尽可能减少运行时间；⑤程序易扩充和维护；⑥有详细而完备的程序说明和使用说明。

设计出来的仿真程序是否正确，只有通过调试来检验。事实上，程序编写出来后，总会存在 BUG，所以必须进行调试。调试程序就是要检查程序能否按预期要求执行，正确地表达模型。常用的调试方法有：①分模块调试；②追踪运行；③已知解对比检验；④灵敏性检验；⑤适应性调试。

（4）仿真试验与仿真结果分析。在确认模型并检验程序之后，就可以进行仿真试验。

1）仿真试验的内容：①分析并确定哪些因素对系统响应具有显著的影响，这项内容称为显著性分析；②在已确定好要研究的因素（系统结构、参数及环境等）的多组试验数据中，选取一组较好的数据进行试验，使系统的响应指标良好，或获得有效的试验结果数据；③在上述两项试验内容的基础上，寻找最佳试验条件，使响应指标达到最优。

2）仿真试验的方法：①根据所选的试验因素、试验目的及对试验结果的分析要求等，确定各组试验数据；②确定各次仿真试验的运行时间，这样既可以避免仿真试验时间过长造成浪费，又可防止试验时间不足而得不到足够的信息；③确定系统的初始条件；④安排各次仿真试验的环境条件；⑤观察并记录试验结果。

无论是研究系统的特性，还是研究设计系统的结构最佳化，对于仿真得到的结果、数据或图表都应该进行分析。通过对试验结果数据进行分析，检查此次试验是否满足要求。若不满足，重新安排试验；若满足要求，则进行后续试验。安排的所有试验均完成以后，再对各次有效的结果进行总体分析比较，从而得出研究结果。一般来说，对仿真结果进行分析有两个基本目标：①确定仿真试验中获得的信息是否充分；②把仿真数据精简、归纳并提供给管理人员（或部门）。如果仿真试验结果信息不充分，可能要探索新的方案，例如，改变模型的结构或参数，以确保仿真结果信息的可靠性。

5. 调研评估型

调研一般采取文献法、问卷法、座谈法和个案法等几种方法。

通过这几种方法可以获得大量的资料。

（1）资料分类。对于调研来说不仅资料的数量是重要的，资料的分类和管理也很重要。

资料的分类对信息的提取有重要的作用。好的分类习惯会使得有用信息的提取事半功倍。在调研前，对调研的内容进行一个大致的分类，以分类后的几块内容作为查找资料的目标提高工作效率。对资料分类以后，查找所需信息时就很容易了。

（2）阅读文献。阅读研究文献的方法一般有浏览、粗读和精读三种，这三种阅读方法各有所长和不足，均为非常有用的方法，都应当很好地掌握，并在研究过程中综合、灵活地运用。

（3）数据核实。对获得数据的核实是调研评估型毕业设计的一个重要步骤。一般来讲，通过实验直接获得的数据可以作为调研的原始数据，不需要进行核实工作。但对于大量的从网络和文献中间接得到的数据，就需要做好核实工作，以确保调研数据的真实性。这样，基于此数据得到的分析结论才是有意义的。

通过上述几个步骤得到了原始数据，对这些数据处理、分析，得出结论才是调研的真正目的。

2.2 硬件系统设计

2.2.1 硬件系统设计工具——Altium Designer

Altium Designer 是 Altium 公司在 2006 年推出的电路设计自动化（Electronic Design Automation，EDA）软件，是电路设计者的首选软件。电路设计自动化指的就是将电路设计中各种工作交由计算机来协助完成，如电路原理图（Schematic）的绘制、印制电路板（Printed Circuit Board，PCB）文件的制作、执行电路仿真（Simulation）等设计工作。随着电子科技的蓬勃发展，新型元器件层出不穷，电子线路变得越来越复杂，电路的设计工作已经无法单纯依靠手工来完成，计算机辅助设计已经成为必然趋势，越来越多的设计人员使用快捷、高效的 CAD 设计软件来进行辅助电路原理图、印制电路板图的设计，打印各种报表。

Altium Designer 除了全面继承包括 Protel 99SE、Protel DXP 在内的先前一系列版本的功能和优点外，还增加了许多改进和很多高端功能。该平台拓宽了板级设计的传统界面，全面集成了 FPGA 设计功能和 SOPC 设计实现功能，从而允许工程设计人员能将系统设计中的 FPGA 与 PCB 设计及嵌入式设计集成在一起，因此，对计算机的系统需求也更高了。

简单概括来说其主要功能包括原理图设计、印制电路板设计、FPGA 的开发、嵌入式开发、3D PCB 设计。

1. Altium Designer 配置要求

对计算机配置要求，Altium 公司推荐的系统配置如下：

（1）软件配置：Windows XP（专业版或家庭版）、Windows 2000 专业版、Windows Vista。

（2）硬件配置：至少 1.8GHz 微处理器，512MB 或 1GB 内存，至少 3GB 的硬盘空间；显示器屏幕分辨率至少为 1024×768，32 位真彩色，32MB 显存。

2. 操作界面介绍

Altium Designer 6 设计环境的打开窗口界面如图 2-1 所示，系统默认的工具栏和 Word 等办公软件的工具栏一致。

（1）浏览器工具栏（位于 Altium Designer 界面的上方右侧），包括浏览器地址编辑框、

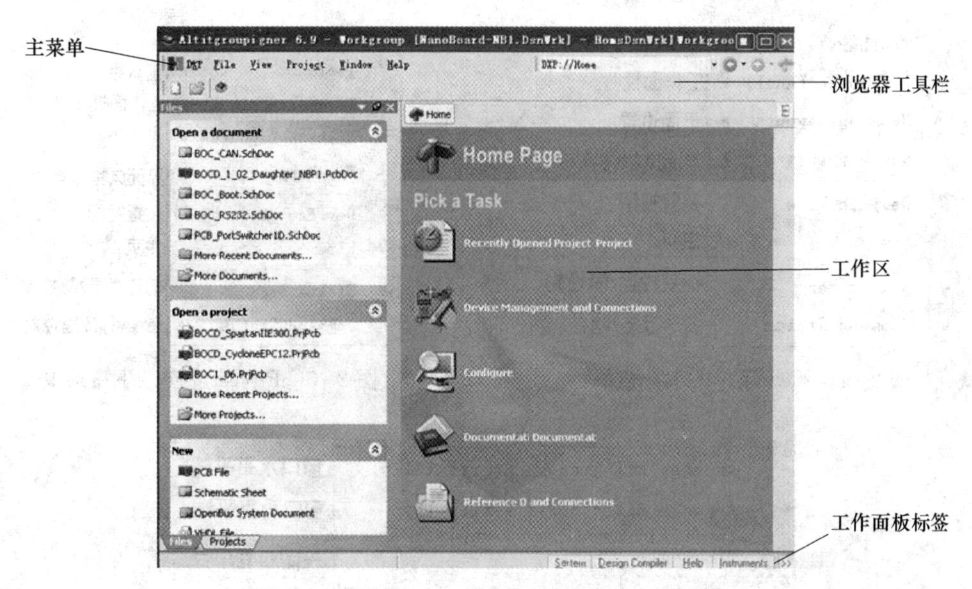

图2-1　Altium Designer 6 设计环境-工具栏

后退快捷按钮、前进快捷按钮、回主页快捷按钮等。

(2) 主菜单栏。Altium Designer 主菜单栏是图2-1上的 DXP File View Project Window Help 。

1) DXP 菜单。单击“DXP”，打开“DXP”(系统) 下拉菜单，如图2-2所示。

2) File 菜单。单击“File”，打开“File”(文件) 下拉菜单，如图2-3所示。

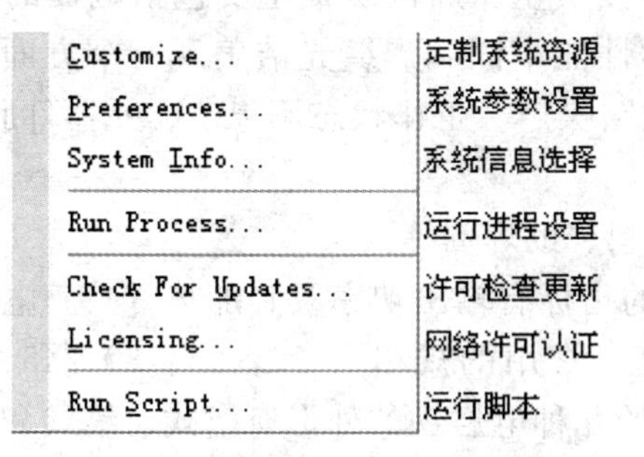

图2-2　系统菜单的下拉菜单

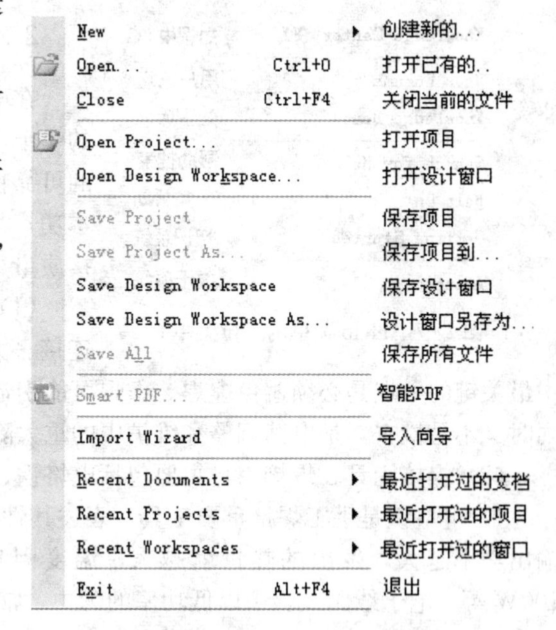

图2-3　File 菜单的下拉菜单

3) View 菜单。单击“View”，打开“View”(显示) 下拉菜单，如图2-4所示。

4) Project 菜单。单击“Project”，打开“Project”(项目) 下拉菜单，如图2-5所示。

5) Window 菜单。单击“Window”，打开“Window”(窗口) 下拉菜单，如图2-6所示。

6) Help 菜单。单击“Help”，打开“Help”(帮助) 下拉菜单，如图2-7所示。

本书仅对硬件设计工具做一简要介绍，对于其具体的使用方法，可参考相关书籍。

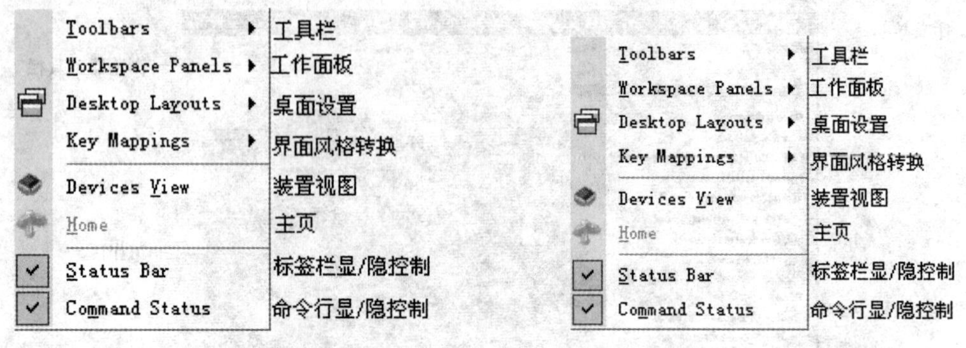

图 2-4 View 菜单的下拉菜单　　图 2-5 Project 菜单的下拉菜单

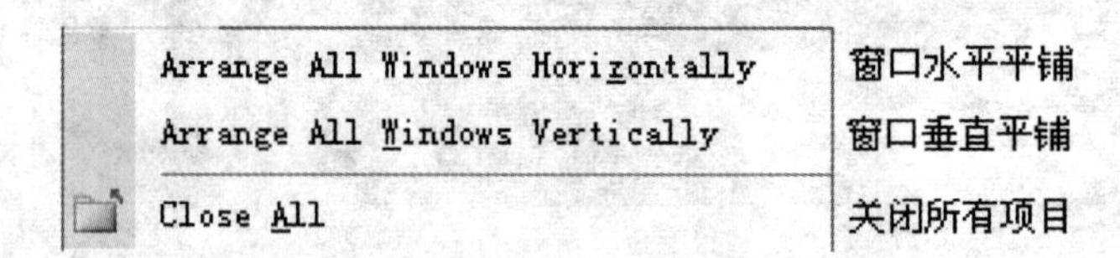

图 2-6 Window 菜单的下拉菜单

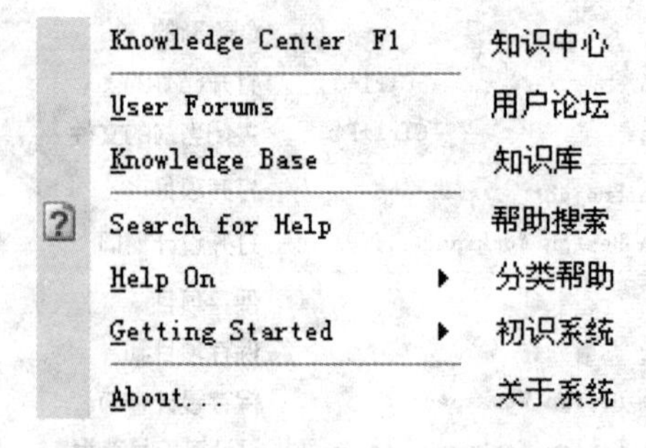

图 2-7 Help 菜单的下拉菜单

2.2.2 硬件系统制作工艺

在电路板制作过程中，元器件焊接是非常重要的一个工艺环节，焊接质量将直接影响到电路工作的可靠性。因此，焊接技术是从事电类工作者的基本功，只有熟练掌握焊接技术，才能保证电路的焊接质量，减少电路调试过程中不必要的故障隐患。

（1）焊接质量。焊接质量主要包括电器的可靠连接、力学性能牢固和焊缝光洁美观三个方面，其中最关键的一点是必须避免虚焊。虚焊可能引起电路噪声、工作状态不稳定、元器件脱落，同时又不易检查，是电路调整和维护中的重大隐患。

（2）焊接用具。焊接用具主要包括电烙铁、焊料、助焊剂等。

1）电烙铁是手工焊接重要工具，表述其性能的指标有输出功率及其加热方式。电烙铁输出功率越大，发出的热量就越大，温度则越高，常用的规格有 20、25、30、45、75、100W 等，电子线路试验中以低功率的为主。常用的几种电烙铁的外形有凿式、锥式和斜面复合式。凿式烙铁头多用于电器维修工作；锥式烙铁头适于焊接高密度的焊点和小面积怕热的元件，当焊接对象变化大时，可选用适合于大多数情况的斜面复合式烙铁头。为了保证可靠方便地焊接，必须合理选用烙铁头形状和尺寸。选择烙铁头的依据是使烙铁头的接触面积小于被焊点（焊盘）的面积。烙铁头接触面积过大，会使过量的热量传导给焊接部位，损坏元器件。一般来说，烙铁头越长越粗，则温度越低，焊接时间就越长；反之，烙铁头尖的温度越高，焊接越快。

2）焊料是用来熔合两种或两种以上的金属，使之成为一个整体的金属或合金。按组成成分分，焊料可分为锡铅焊料、银焊料和铜焊料；按熔点分，焊料分为软焊料（熔点在

450℃以下）和硬焊料（熔点在 450℃以上）。常用的是锡铅焊料，即焊锡丝，是锡和铅的合金，为软焊料。在焊锡丝中添加助焊剂松香，则称松香焊锡丝。

3）助焊剂是指在焊接工艺中能帮助和促进焊接过程，同时具有保护作用、阻止气氧化反应的化学物质。对助焊剂要求是：①熔点低于焊锡熔点；②有较高的活化性和较低的表面张力；③受热后能迅速而均匀地流动，不产生有刺激性的气味和有毒气体；④不导电、无腐蚀性，残留物无副作用，容易清洗、配制简单、原料易得、成本低。

助焊剂一般分无机系列、有机系列和树脂系列。常用的是松香酒精助焊剂，这种助焊剂松香和酒精的重量比一般为 3∶1。为了改善助焊剂的活性，可添加适量的活性剂，如澳化水杨酸、氟碳表面活性剂等。

（3）焊接方法。焊接步骤主要有：

1）上锡。电烙铁头长时间不用，其表面会有一层氧化物，使电烙铁头呈黑色状态，这时不易上锡，将电烙铁头在含水的海绵上摩擦几下，就可以去掉氧化层，烙铁头上就可以上锡，保持这层锡，就可以延长烙铁头的寿命。

2）加热。烙铁头加热被焊接面，注意烙铁头要同时接触焊盘和元器件的引线，时间大约为 1～2s。

3）送焊丝。焊接面被加热到一定温度时，焊锡丝从烙铁对面接触被焊接的引线（不是送到烙铁头上），时间为 1～2s。

4）移开。当焊丝熔化并浸润焊盘和引线后，同时移开焊锡丝和电烙铁，整个焊接过程约 2s 左右。

（4）焊点的质量检查。合格的焊点形状为近似圆锥面表面微凹，呈慢坡状，不仅没有虚焊，而且含锡量合适，大小均匀，表面有金属光泽，没有拉尖、气泡、裂纹等现象。表面有金属光泽是焊接温度合适的标志，也是美观的要求。不合格焊点甚至虚焊点表面往往呈凸形，有尖角、气泡、裂纹、结构松散、白色无光泽、不对称等现象。

（5）TQFP、LQFP 和 MLP 封装器件的焊接方法。

1）检查 QFP 的管脚是否平、直，如有不妥之处，可事先处理好。一只手用尖镊子或其他的工具小心地将 QFP 器件放在 PCB 上，另一只手用尖镊子夹 QFP 的对角无管脚处，使其尽可能与焊盘对齐（要保证镊子尖不弄偏管脚，以免矫正困难），确保器件的放置方向正确的（注意管脚 1 的方向）。

2）拿一个合适的辅助工具（头部尖的或是弯的）向下压住已对准位置的 QFP 器件。先在 QFP 两端的中部管脚上加上少量的助焊剂；然后再向下压住 QFP。将烙铁尖加上少许的焊锡，焊接这两点管脚，此时不必担心焊锡过多而使相邻的管脚粘连，目的是用焊锡将 QFP 固定住，这时再仔细观察 QFP 管脚与焊盘是否对得很正，如不正及早处理。

3）按上述方法，焊接另外两端中部的管脚，使其四周都有焊锡的固定，以防焊接时串位。这时便可焊接所有的管脚了。

4）焊接的顺序为将需要焊接的管脚涂上适量的助焊剂，在烙铁尖上加上焊锡。先焊一端的管脚，然后再焊接对面的管脚。依次焊接第三、四面管脚。焊完所有的管脚后，用助焊剂浸湿所有的管脚，以便清除多余的焊锡。

5）用 10 倍放大镜（或更高倍数）检查管脚之间有无粘连、假焊现象。如有必要，可重新焊接这些管脚。检查合格后，需清洗电路板上的残留助焊剂，以保证电路板清洁、完美，更能看清焊接效果。先将器件及电路板浸在装有无水乙醇（酒精）的容器里，或用毛刷浸上无水乙醇几分钟；然后，用毛刷沿管脚方向顺向反复擦拭，用力要适中，不要用力过大。要用足够的酒精在 QFP 管脚处仔细擦拭，直到焊接剂完全消失为止。

6）最后再用放大镜检查焊接的质量，焊接效果好的，在焊接器件与 PCB 之间应有一个平滑的熔化过度，看起来明亮，没有残留的杂物，焊点清晰。如发现有问题之处，再重新焊接或清理管脚。擦拭过的电路板，应在空气中干燥 30min 以上，使 QFP 下面的酒精充分挥发。

2.2.3 硬件系统调试仪表

1. 数字万用表

数字万用表是电子技术应用在测量领域的一种电子仪表，与指针式万用表相比，具有测量准确度高、测量速度快、输入阻抗大、过载能力强和测量功能多等优点。目前已成为电工电子领域的主要测量工具之一，下面以 VC9208 型数字万用表为例进行简要介绍。

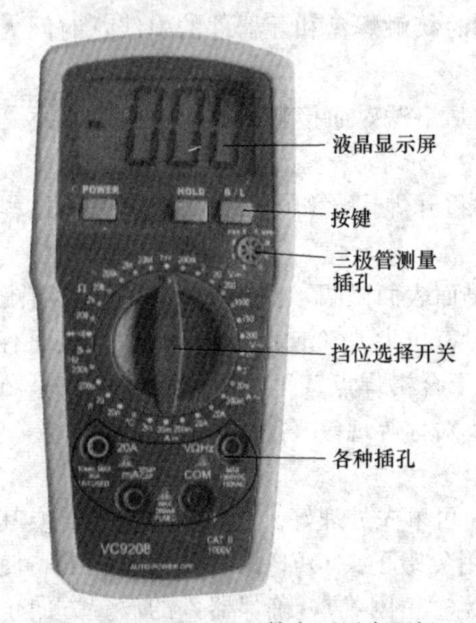

图 2-8 VC9208 型数字万用表面板

VC9208 型数字万用表面板如图 2-8 所示。从图中可以看出，数字万用表面板主要由液晶显示屏、按键、挡位选择开关和各种插孔组成。

（1）液晶显示屏：在测量时，数字万用表是依靠液晶显示屏（简称显示屏）显示数字来表示被测对象的数值大小。VC9208 型数字万用表的液晶显示屏可以显示 4 位数字和 1 个小数点，选择不同的挡位时，小数点的位置会改变。

（2）按键：VC9208 型数字万用表面板上有“POWER”“HOLD”“B/L” 3 个按键，“POWER”为电源开关键，按下时内部电源接通，万用表可以开始测量，弹起时关闭电源，万用表无法使用；“HOLD”为保持键，当显示屏显示的数字变换时，可以按下该键，显示的数字保持稳定不变。“B/L”为背光灯控制键，按下时开启液晶显示屏的背光灯，弹起则背光灯关闭。

（3）挡位选择开关：在测量不同的量时，挡位选择开关要置于相应的挡位。挡位有直流电压挡、交流电压挡、交流电流挡、直流电流挡、温度测量挡、电容测量挡、频率测量挡、二极管测量挡、欧姆挡和三极管测量挡。

（4）插孔：面板上有 5 个插孔。标有“VΩHz”的为红表笔插孔，在测电压、电阻和频率时，红表笔应插入该插孔。标“COM”的为黑表笔插孔。标“mA”的为小电流插孔，当测电容为 0～200mA 电流时，红表笔应插入该插孔；标“20A”的为大电流插孔，当测 200mA～20A 电流时，红表笔应插入该插孔。标有“PNP”字样的插孔测量 PNP 型三极管，它由 E、B、C、E 4 个插孔组成，两个 E 插孔内部是相通的，标有“NPN”字样的插孔来测量 NPN 型三极管。

2. 信号发生器

信号发生器是一种能产生正弦波、三角波、方波、矩形波和锯齿波等周期性时间函数波形信号的电子仪器。函数信号发生器在电路实验和设备检测中应用十分广泛，除在通信、广播、电视系统和自动控制系统大量应用外，还广泛用于其他非电量测量领域。下面以DG1000Z系列信号发生器为例介绍函数/任意波形发生器的使用方法。

DG1000Z系列函数/任意波形发生器是一款集函数发生器、任意波形发生器、噪声发生器、脉冲发生器、谐波发生器、模拟/数字调制器、频率计等功能于一身的多功能信号发生器，具有多功能、高性能、高性价比、便携式等特点。

(1) 基本原理。DG1000Z使用直接数字合成（DDS）技术，可自定义任意波形，输出频率范围100～200MHz，分辨率达到6bit/s，其原理如图2-9所示。每经过一个时钟周期，相位累加器（PAR）都向总相位中增加一个新相位，当前PAR中的所有相位都被用来访问参考波形存储器。PAR的容量一般要比波形存储器的容量大得多，其波形存储器的实际参考输出却是向上舍入或截断而访问下一个地址中的结果。增加了一定数量的连续相位之后，PAR将会溢出，每溢出一次，剩余相位会有不同取值，这就使得输出波形的地址在参考波形存储器中不断向前推进。尽管某一单个循环只是近似准确，但平均输出频率可达到非常高的分辨率。其相位抖动尤其是在高频输出状态下的相位抖动比传统的任意波形发生器中的多，所以基于DDS的任意波形发生器一般不适于用来产生高速任意波形。

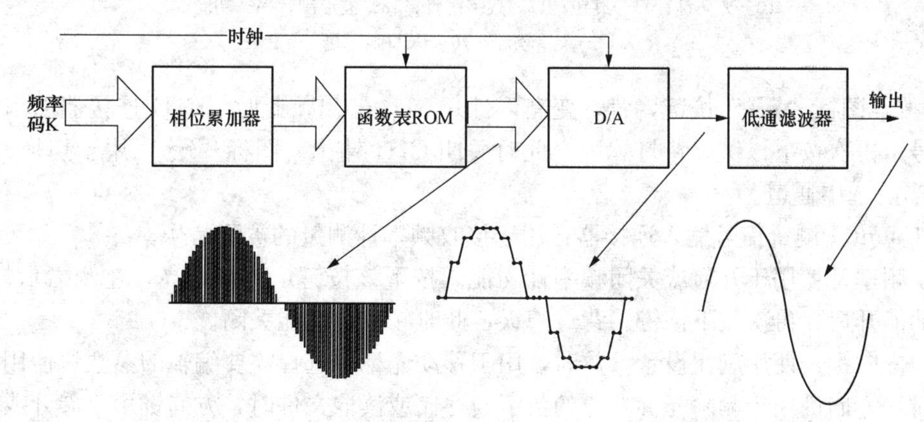

图2-9　VC92 DG1000Z系列信号发生器基本原理

(2) 前面板概述。DG1000Z的前面板如图2-10所示。

1) 电源键：用于开启或关闭信号发生器。

2) USB Host接口：可以支持U盘、RIGOL TMC数字示波器、功率放大器和USB-GPIB模块。读取U盘中的波形文件或状态文件，或将当前的仪器状态或编辑的波形数据存储到U盘中，也可以将当前屏幕显示的内容以图片格式（*.Bmp）保存到U盘。TMC示波器、功率放大器（选件）、USB-GPIB模块（选件）一般较少使用。

3) 菜单翻页键：用于打开当前菜单的下一页或返回第一页。

4) 返回上一级菜单：退出当前菜单，并返回上一级菜单。

5) CH1输出连接器：用于BNC连接器，标称输出阻抗为50Ω。

6) CH2输出连接器：与5功能一样。

7) 通道控制区：用于控制CH1的输出。

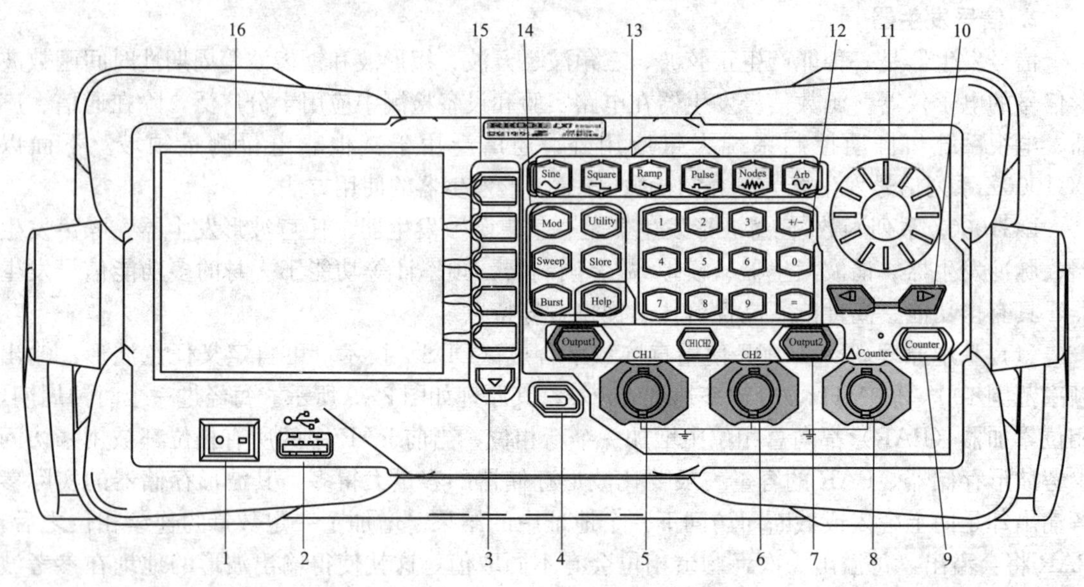

图 2-10　DG1000Z 前面板

1—电源键；2—USB Host 接口；3—菜单翻页键；4—返回上一级菜单；5—CH1 输出连接器；
6—CH2 输出连接器；7—通道控制区；8—Counter 测量信号输入连接器；9—频率计；
10—方向键；11—旋钮；12—数字键盘；13—波形键；14—功能键；
15—菜单软键；16—LCD 显示屏

8）按下图标“Output”按键，背灯变亮，打开 CH1 输出，此时，CH1 连接器以当前配置输出信号；再次按下该键，背灯熄灭，此时关闭 CH1 输出。图标“CH1CH2”用于切换 CH1 或 CH2 为当前选中通道。

9）Counter 测量信号输入连接器：用于接收频率计测量的被测信号。

10）频率计：用于开启或关闭频率计功能。按下该按键，背灯变亮，左侧指示灯闪烁，频率计功能开启；再次按下该键，背灯熄灭，此时频率计功能关闭。

11）方向键：使用旋钮设置参数时，用于移动光标来选择需要编辑的参数。使用键盘输入参数时，方向键用于删除光标左边的数字。存储或读取文件时，方向键用于展开或收起当前选中目录。文件名编辑时，方向键用于移动光标选择文件名输入区中指定的字符。

12）旋钮：使用旋钮设置参数时，用于增大（顺时针）或减小（逆时针）当前光标处的数值。存储或读取文件时，旋钮用于选择文件保存的位置或用于选择需要读取的文件。编辑文件名时，旋钮用于选择虚拟键盘中的字符。

13）数字键盘：包括数字键（0 至 9）、小数点（.）和符号键（+/−），用于设置参数。

14）波形键：图标“Sine”提供频率从 1μHz～60MHz 的正弦波输出，选中该功能时，按键背灯变亮，可以设置正弦波的频率/周期、幅度/高电平、偏移/低电平和起始相位。图标“Square”提供频率从 1μHz～25MHz 并具有可变占空比的方波输出。选中该功能时，按键背灯变亮，可以设置方波的频率/周期、幅度/高电平、偏移/低电平、占空比和起始相位。图标“Ramp”提供频率从 1μHz～1MHz 并具有可变对称性的锯齿波输出。选中该功能时，按键背灯变亮，可以设置锯齿波的频率/周期、幅度/高电平、偏移/低电平、对称性和起始相位。图标“Pulse”提供频率从 1μHz～25MHz 并具有可变脉冲宽度和边沿时间的脉冲波输出。选中该功能时，按键背灯变亮，可以设置脉冲波的频率/周期、幅度/高电平、偏移/低电平、脉宽/占空比、上升沿、下降沿和起始相位。图标“Noise”提供带宽为 60MHz 的高斯噪声输出。选中该功能时，按键背灯变亮，可以设置噪声的幅度/高电平和偏移/低电平。图标“Arb”提供频率从 1μHz～20MHz 的任意波输出。

15）功能键：图标“Mod”可输出多种已调制的波形，提供多种调制方式：AM、FM、PM、ASK、FSK、PSK 和 PWM。图标“Sweep”可产生正弦波、方波、锯齿波和任意波（直流除外）的 Sweep 波形。图标“Burst”可产生正弦波、方波、锯齿波、脉冲波和任意波（直流除外）的 Burst 波形。图标“Utility”用于设置辅助功能参数和系统参数。图标“Store”可存储或调用仪器状态或者用户编辑的任意波数据。图标“Help”为要获得任何前面板按键或菜单软键的帮助信息，按下该键后，再按下你所需要获得帮助的按键。

16）菜单软键：与其左侧显示的菜单一一对应，按下该软键可以激活相应的菜单。

17）LCD 显示屏：显示当前功能的菜单和参数设置、系统状态以及提示消息等内容。

（3）后面板概述。DG1000Z 的后面板如图 2 - 11 所示。

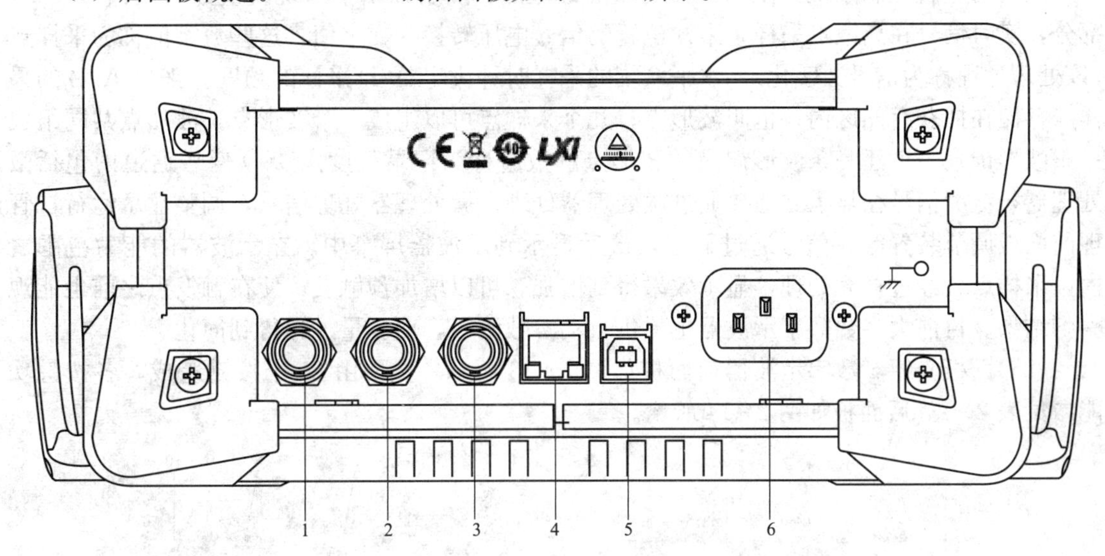

图 2 - 11　DG1000Z 后面板

1—CH1 同步/外调制/触发连接器；2—CH2 同步/外调制/触发连接器；
3—10MHz 输入/输出连接器；4—LAN 接口；
5—USB Device；6—AC 电源插口

3. 数字示波器

数字示波器是一种用途十分广泛的电工、电子测量仪器，能把各种电信号变换成直观的图像，便于人们研究各种电现象的变化过程。示波器利用狭窄的、由高速电子组成的电子束，打在涂有荧光物质的屏面上，就可产生细小的光点。在被测信号的作用下，电子束就好像一支笔的笔尖，可以在屏面上描绘出被测信号的瞬时值的变化曲线。利用示波器能观察各种不同信号幅度随时间变化的波形曲线，可以用它测试各种不同的电参数，如电压、电流、频率、相位差、调幅度等。以 DS4000 系列数字示波器为例，对其性能和使用方法加以介绍。

DS4000 是一款多功能、高性能的数字示波器。它实现了操作简单、技术指标优异及众多功能特性的完美结合，可帮助用户更快地完成工作任务，例如测试测量，远程控制等。

（1）工作原理。数字示波器工作原理与模拟示波器原理大不相同，数字示波器工作原理如图 2 - 12 所示。

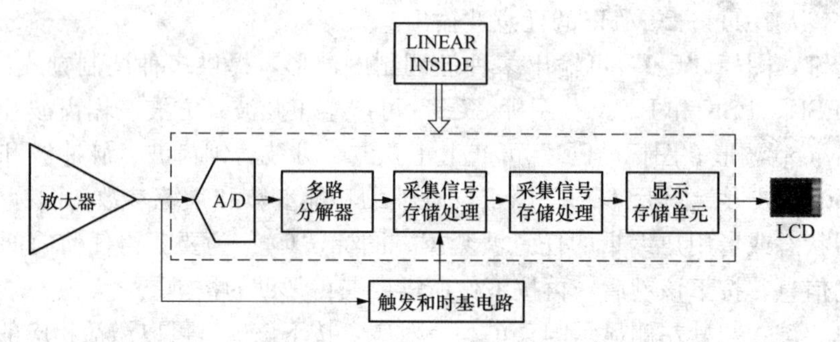

图 2 - 12　数字示波器工作原理

放大器垂直控制系统方便调整幅度和位置范围，然后在水平系统的模数转换器（A/D）部分，实时信号在离散点采样，采样位置的信号电压转换为数字值，这些数字值称为采样点(该处理过程称为信号数字化)。水平系统的采样时钟决定 A/D 采样的频度。来自 A/D 的采样点存储在捕获存储区内，也叫波形点；几个采样点可以组成一个波形点，波形点共同组成一条波形记录。创建一条波形记录的波形点的数量称为记录长度。DSO 信号通道中包括微处理器，被测信号在显示之前要通过微处理器处理。微处理器处理信号，调整显示运行，管理前面板调节装置等。信号通过显存，最后显示到示波器屏幕中。在示波器的能力范围之内，采样点会经过补充处理，显示效果得到增强。可以增加预触发，使在触发点之前也能观察到结果。目前大多数数字示波器也提供自动参数测量，使测量过程得到简化。

（2）面板介绍。数字示波器前面板如图 2 - 13 所示，主要由 20 个按键组成，各按键功能参见表 2 - 1。后面板如图 2 - 14 所示。

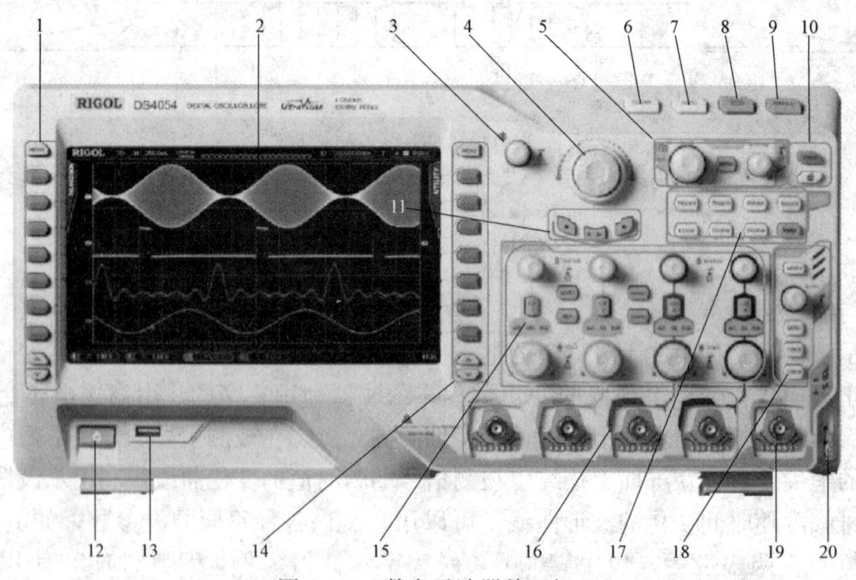

图 2 - 13　数字示波器前面板

表 2-1　　前面板按键功能

序号	说明	序号	说明
1	22 种参数测量菜单软键	11	波形录制按键
2	LCD	12	电源键
3	多功能旋钮	13	USB HOST 接口
4	导航旋钮	14	功能设置菜单软键
5	水平控制区	15	垂直控制区
6	全部清除键	16	模拟通道输入端
7	波形自动显示	17	功能菜单键
8	运行控制键	18	触发控制区
9	单次触发控制键	19	外触发输入端
10	默认配置/打印键	20	探头补偿器信号输出端/接地端

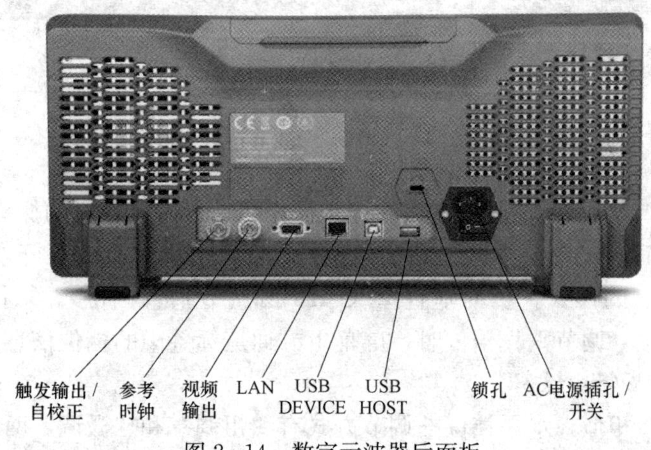

图 2-14　数字示波器后面板

(3) 功能简介。DS4000 示波器用户界面如图 2-15 所示，DS4000 示波器提供 922.86cm WVGA(800×480)160000 色 TFT LCD，提供 12 种水平(HORIZONTAL)和 10 种垂直(VERTICAL)测量参数。按下屏幕左侧的软键可以打开相应的测量项。不同通道用不同的颜色表示，通道标记和波形的颜色一致。状态包括 RUN(运行)、STOP(停止)、T'D(已触发)、WAIT(等待)和 AUTO(自动)。

DS4000 提供 4 个模拟输入通道 CH1～CH4，并且为每个通道提供独立的垂直控制系统。4 个通道的垂直系统设置方法完全相同，下面以 CH1 为例介绍垂直系统的设置方法：

将一个信号接入 CH1 的通道连接器后，按前面板垂直控制区（VERTICAL）中的 CH1 开启通道，此时面板上该键背灯变亮，同时如果菜单中对应的功能已打开，按键下方的字符“AC”“50”和“BW”变亮。注意，“AC”“50”或“BW”的亮灭不受通道开关状态的限制。

打开通道后，根据输入信号调整通道的垂直档位、水平时基以及触发方式等参数，使波形显示易于观察和测量。

本示波器支持普通无源探头和有源差分探头，并可以自动识别当前接入的探头类型和探

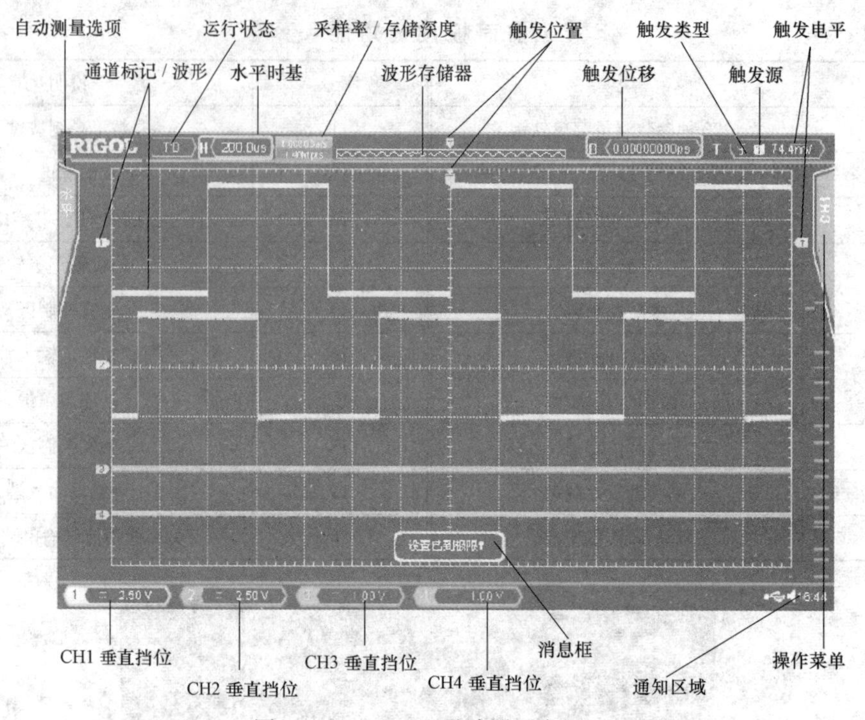

图 2-15 DS4000 示波器用户界面

头比。如不能识别，按下 CH1 探头，打开探头操作菜单，选择相应的探头比。

垂直挡位的调节方式有“粗调”和“微调”两种。选择“CH1”下拉菜单中“幅度挡位”选项，选择所需的模式。转动垂直“SCALE”调节垂直挡位，顺时针转动减小挡位，逆时针转动增大挡位。调节垂直挡位时，屏幕下方通道标签中的挡位信息实时变化。垂直挡位的调节范围为 1mV/div 至 5V/div。

与“垂直挡位”相似，水平挡位的调节方式有“粗调”和“微调”两种。选择前面板水平控制区（HORIZONTAL）中的“MENU”菜单中的“挡位调节”选项，选择所需的模式。转动水平“SCALE”调节水平挡位，顺时针转动减小挡位，逆时针转动增大挡位。调节水平挡位时，屏幕左上角的挡位信息实时变化。水平挡位的调节范围为1.000ns～50.00s。

当示波器已正确连接，并检测到输入信号时，按 AUTO 键启用波形自动设置功能并打开如图 2-16 所示的功能菜单。

AUTO 功能要求被测信号的频率不小于 50Hz，占空比大于 1%，且幅度至少为 20mV。若被测信号参数超出此限定范围，按下该键后，弹出菜单可能不显示快速参数测量选项。

DS4000 可以一键测量 22 种参数，按屏幕左侧的 MENU 键，可打开 22 种波形参数测量菜单，然后按下相应的菜单软键快速实现“一键”测量，测量结果将出现在屏幕底部。测量参数包括时间参数（周期、频率、上升时间、下降时间、正脉宽、负脉宽、正占空比、负占空比）、延迟和相位、电压参数（最大值、最小值、峰峰值、顶端值、底端值、幅度、平均值、均方根值）、频率计测量。

用户可将当前示波器的设置、波形、屏幕图像以多种格式保存到内部存储器或外部 USB 海量存储设备（如 U 盘）中，并可以在需要时重新调出已保存的设置或波形。保存屏

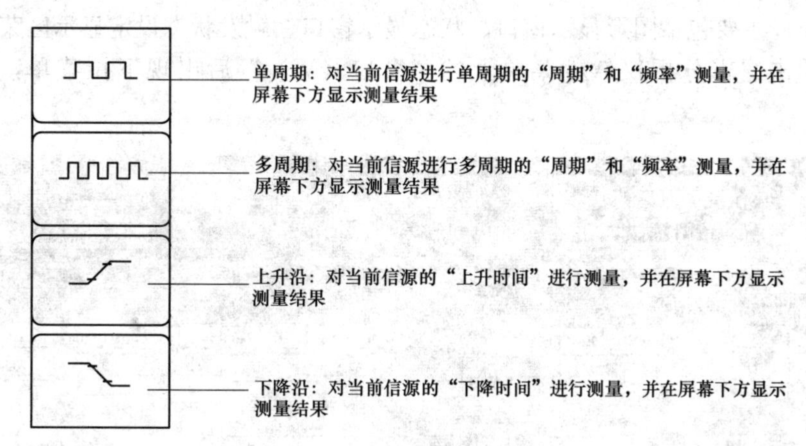

图2-16　自动测量功能

幕图像一般以“*.bmp”“*.png”“.jpeg”或“*.tiff”格式保存到外部存储器中。可以指定文件名和保存的路径，并可以使用相同文件名将对应的参数文件（*.txt）保存到同一目录下。

选择该类型后，按“图片格式”软键，选择所需的存储格式。按“参数保存”软键，打开或关闭参数保存功能。连接U盘后，按前面板上的“打印键”可以快速将当前屏幕图像以位图（*.bmp）形式保存到U盘根目录下。

4. 逻辑分析仪

逻辑分析仪是利用时钟从测试设备上采集和显示数字信号的仪器，主要用于时序判定。由于逻辑分析仪不像示波器那样有许多电压等级，通常只显示两个电压（逻辑1和0），因此设定了参考电压后，逻辑分析仪将被测信号通过比较器进行判定，高于参考电压为High，低于参考电压为Low，在High与Low之间形成数字波形。

整体而言，逻辑分析仪测量被测信号时，并不会显示出电压值，只是High跟Low的差别。如果要测量电压就一定需要使用示波器。除了电压值的显示不同外，逻辑分析仪与示波器的另一个差别在于通道数量。本节主要介绍LAP-C系列逻辑分析仪，其外观如图2-17所示。

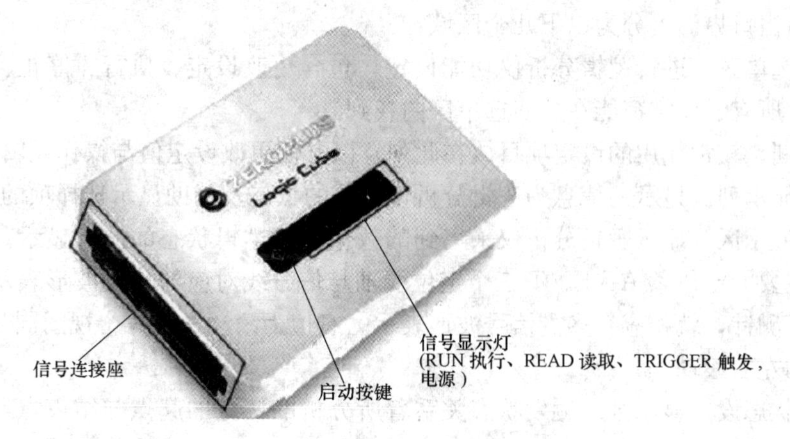

图2-17　LAP-C系列机型外观

其操作窗口主要包括图形显示窗口、状态显示窗口、触发状态设定显示区菜单和采样设定对话框。单击逻辑分析仪软件菜单上的“窗口（W）”后出现下拉菜单，如图 2 - 18 所示。

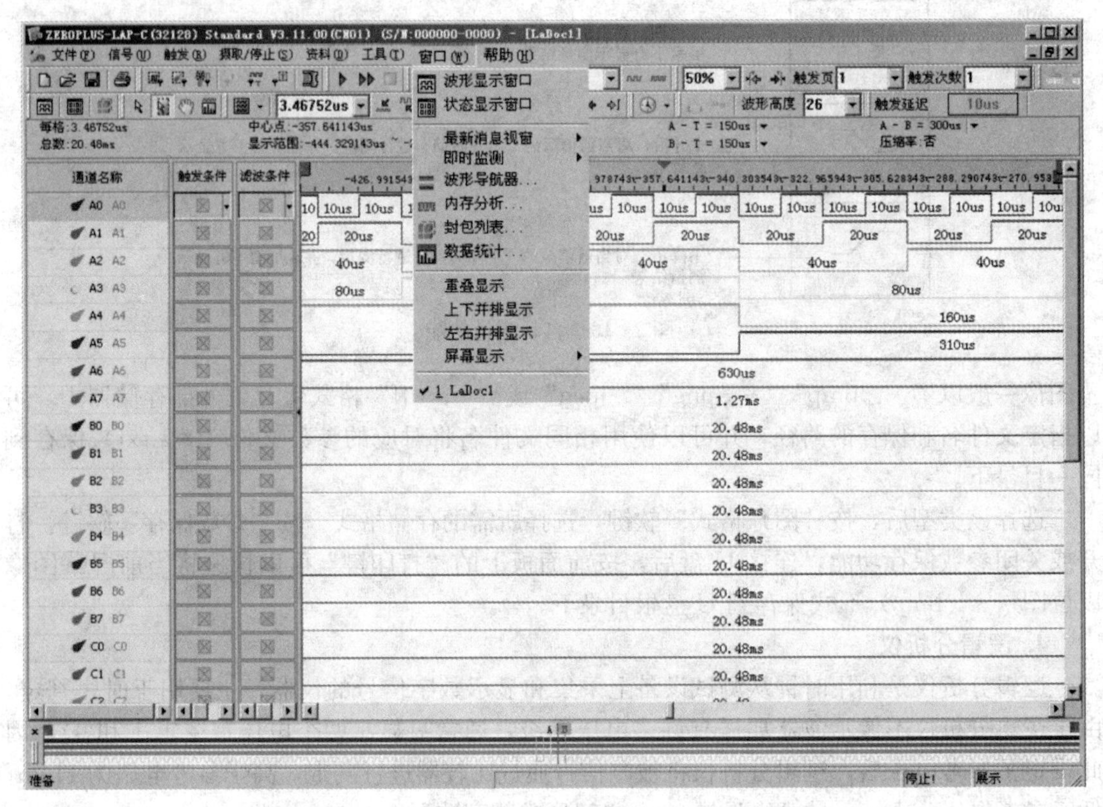

图 2 - 18　操作窗口选择

（1）波形显示窗口（Waveform Mode）。波形显示窗口直接反应逻辑分析仪采样的数字逻辑信号，逻辑 0 信号在波形显示为，逻辑 1 信号在波形显示为，未知信号线以预设为深灰的中间线表示，显示为，显示界面如图 2 - 19 所示。

波形显示窗口界面可分为以下几个区域：

1）功能选单区。进行逻辑分析仪功能设定，包含更改设定、执行、停止、变更名称颜色等选择项，所有的设定都能在功能选单区内找到。

2）工具列。较常使用的设定项目放在此列，以方便更改设定值与操作逻辑分析仪。

3）状态显示列。显示的信息为逻辑分析仪目前的状态及辅助显示选择项的功能简介。

4）波形显示区。显示逻辑分析仪采集到的数据，以逻辑状态的波形显示。波形图由上方的标尺，主要的定位条 A、B、T 三个定位线轴与信号线对应的信号波形表示区构成。设有多少信号探测针，就相应有多少信号波形表示。右边为滚动条，三个视图同步。底部滚动条负责波形的左右滚动。

5）触发状态设定显示区。触发状态关系着所分析的信号的起点与结束点，是分析数据的重要参数，触发状态在此区域显示出目前的设定状态及可由此区域来变更触发的设定值。对触发条件的设置，每一个信号线（Signal）对应有一触发条件设定按钮（Trigger Button），如图

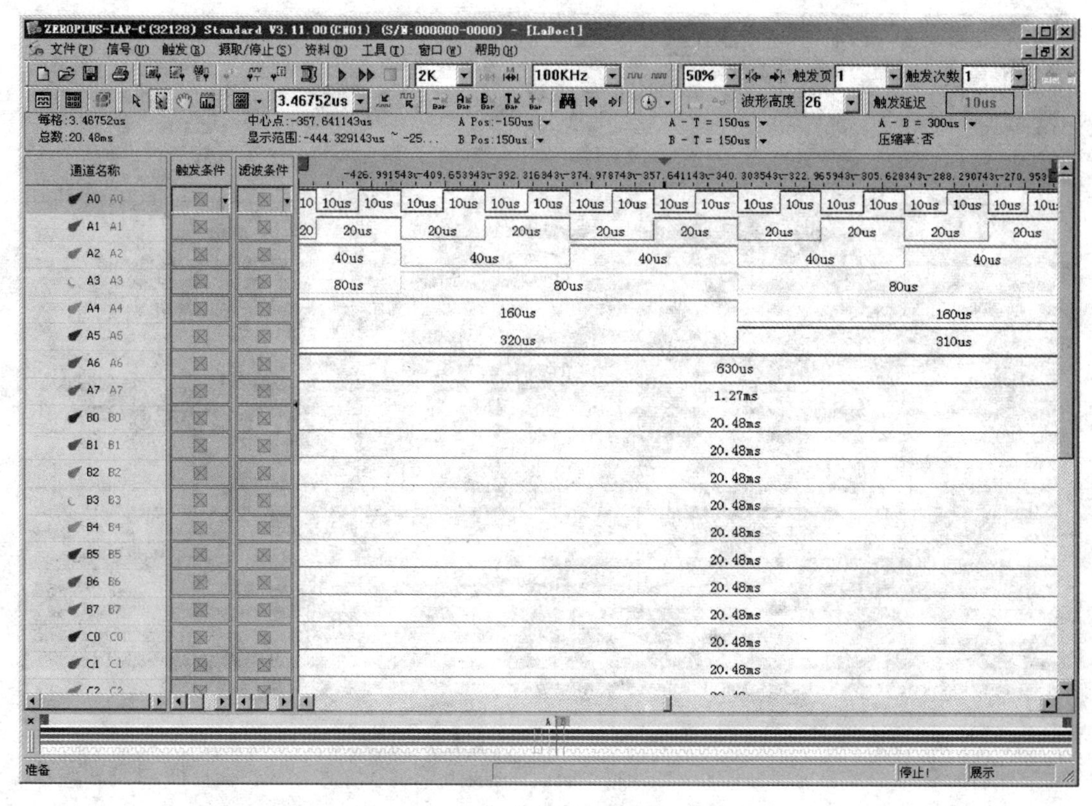

图 2-19　逻辑分析仪的波形显示窗口

2-20 所示。

6）信息显示区。展现目前波形显示区的格数所代表的模式（采样点模式、时间模式、频率模式），其中定位条 A（A Bar）、定位条 B（B Bar）与其他定位条线，在目前预设的时间模式下，可以自由设定所要量测波形的时间宽度。T、A 和 B 都是一些标记点。T 是作为触发器的标记，在显示波形或状态时是不能被使用者移动的，这个标记标示着触发的点。A 和 B 是一些在获取数据中，能随便放置在任何位置都可以的标志。使用这些标志的命令，能够迅速返回到指定数据的地方，并可作为量测点，可量测 A 与 B、A 与 T 或 B 与 T 二点间的时间间隔。信息显示区内，在有向下箭头的选项下，单击会弹出相对应功能的对话选单。

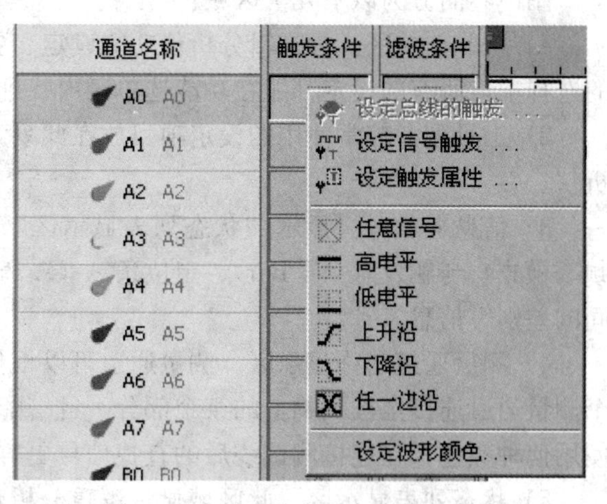

图 2-20　触发状态设定显示区菜单

（2）状态显示窗口（Listing Mode）。显示以逻辑状态为主的界面，直接反应逻辑分析仪采样的数字逻辑信号，逻辑 0 信号在波形显示为“0”，逻辑 1 信号在波形显示为“1”，未知信号显示为“U”，如图 2-21 所示。

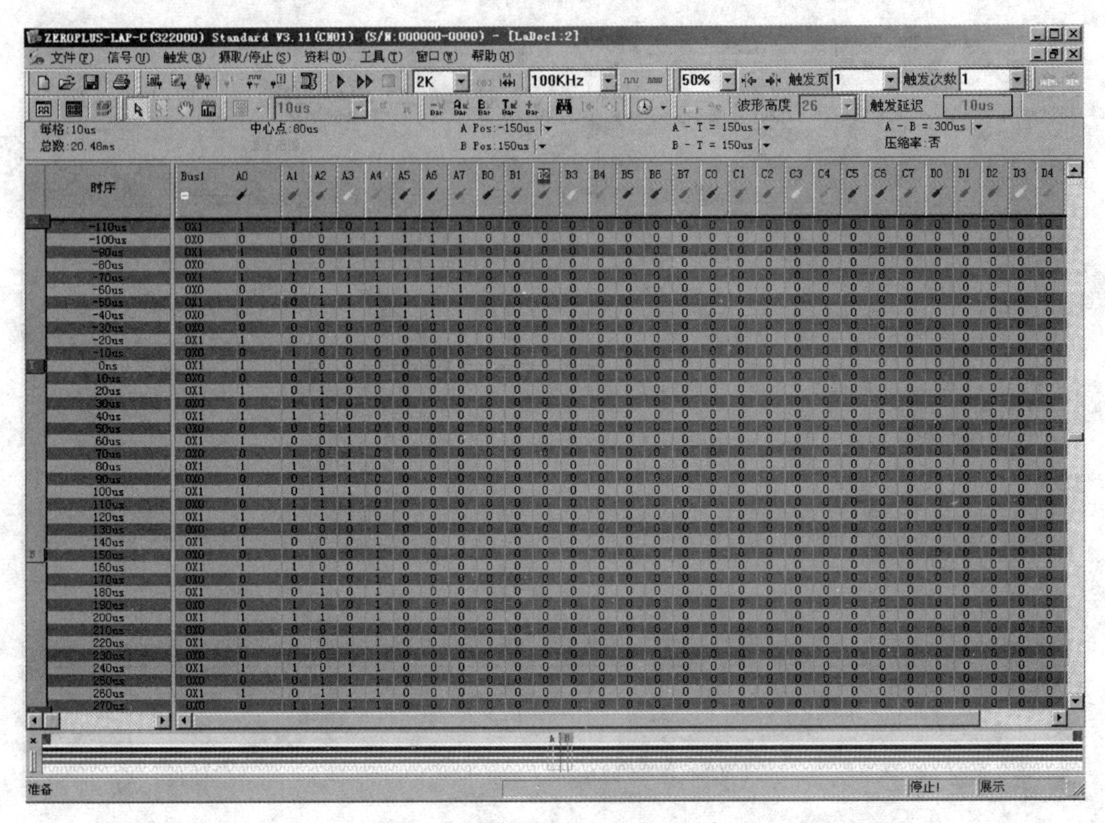

图 2-21　逻辑分析仪的状态显示窗口

图中界面分为以下几个区域：

1）功能选单区。为逻辑分析仪功能设定、更改设定、执行、停止、变更名称、颜色等的选择项，所有的设定都能在功能选单区内找到。

2）工具列。较常使用的设定项目放在此列，让使用者更方便更改设定值与操作逻辑分析仪。

3）信息显示区。显示“状态列表显示区”内，所在的模式（采样点模式、时间模式、频率模式）与触发点（T Bar）、定位条 A（A Bar）、定位条 B（B Bar）位置与各别定位条之间的差别等信息。

4）测量通道名称显示区。测量通道可以根据使用的需求进行移位，可清楚地知道哪一个测量通道连接至被测物上的某个部分，且搭配颜色的显示，更清楚此测量通道的连接线是使用何种颜色，在连接测试线后的查找信号更容易，也降低接错信号的概率。

5）状态列表显示区。此区域显示逻辑分析仪撷取到的数据，以逻辑状态显示出。每个量测通道采样的结果用数值来表示，1 表示高电位、0 表示低电位。

6）状态显示列。显示逻辑分析仪目前的状态及辅助显示选择项的功能简介。

（3）触发状态设定显示区菜单。触发状态设定显示区菜单见图 2-20。

1）设定总线的触发：打开设定总线的触发属性对话框。

2）设定信号触发：设定触发条件。

3）设定触发属性：设定触发电平、触发次数、触发内容、触发属性、触发范围页，进行触发页、触发位置、触发延迟、触发范围等。

4）任意信号：整个周期内采集信号，不做任何信号的触发判定。

5）高电平：选择的量测信道设定逻辑高电位为触发条件。

6）低电平：选择的量测信道设定逻辑低电位为触发条件。

7）上升沿：选择的量测通道设定上升沿为触发条件。

8）下降沿：选择的量测通道设定下降沿为触发条件。

9）任一边沿：选择的量测通道设定上升沿或下降沿两种为触发条件。

10）设定波形颜色：当前选择的通道选择颜色。

（4）“采样设定（Sampling）”对话框。“采样设定（Sampling）”对话框如图2-22所示。

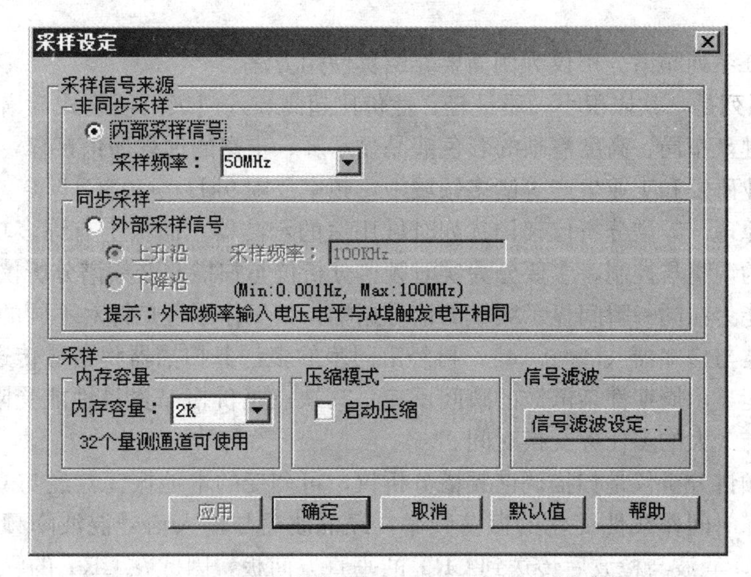

图2-22　“采样设定（Sampling）”对话框

1）非同步采样——内部采样信号：使用内部时钟，即逻辑分析仪自己内部设定的固定频率进行采样。

2）同步采样——外部采样信号：使用外部电路提供的时钟信号进行采样，输入外部频率的值至软件，软件便可依据输入值计算出信息模式为时间或频率时的相关数值，如信息显示区数值、时间标尺刻度及缩放率为时间模式时的值。

3）上升沿：只有在选择外部时钟模式时可用，上升沿到来时采样。

4）下降沿：只有在选择外部时钟模式时可用，下降沿到来时采样。

5）采样频率：可在0.001Hz～100MHz之间的范围自行输入，设定范围依产品型号而有所不同。

6）内存容量：每个通道的储存深度，不同机型最大内存也不同。

7）启动压缩：启动压缩，并压缩数据储存模式，选择后变成压缩模式。

8）信号滤波：信号滤波，并开启设定对话框，过滤功能的使用说明。此对话框主要实现对“信号滤波”功能中各项参数的设置并支持显示滤波间隔时间。在信号滤波中的滤波条件的设定，用单击，选择结果顺序依次为任意信号（Don't Care）、高电平（High）、低电平

(Low)；或者右击鼠标，在下拉菜单中选择滤波的条件。滤波条件延长或缩短项目中，首先设定是启动滤波延迟功能，如果启动，需再设定选择滤波的条件，以及延迟的起点，同时输入延迟时间。

5. 频谱分析仪

频谱分析仪是研究电信号频谱结构的仪器，用于信号失真度、调制度、谱纯度、频率稳定度和交调失真等信号参数的测量，可用以测量放大器和滤波器等电路系统的某些参数，是一种多用途的电子测量仪器。又可称为频域示波器、跟踪示波器、分析示波器、谐波分析器、频率特性分析仪或傅里叶分析仪等。现代频谱分析仪能以模拟方式或数字方式显示分析结果，能分析1Hz以下的甚低频到亚毫米波段的全部无线电频段的电信号。仪器内部若采用数字电路和微处理器，则具有存储和运算功能；如果配置标准接口，就容易构成自动测试系统。

以DSA800系列频谱分析仪为例简要介绍其使用方法。

DSA800系列是一款体积小、质量轻、性价比超高、入门级的便携式频谱分析仪。它拥有易于操作的键盘布局、高度清晰的彩色液晶显示屏、丰富的远程通信接口，可广泛应用于教育科学、企业研发和工业生产等诸多领域中，频率范围9kHz～1.5GHz。

(1) 基本原理。频谱分析仪架构犹如时域用途的示波器，面板上有许多功能控制按键，用于系统功能的调整与控制，主要分为实时频谱分析仪与扫描调谐频谱分析仪两种。实时频率分析仪的功能为在同一瞬间显示频域的信号振幅，其工作原理是针对不同的频率信号而有相对应的滤波器与检知器(Detector)，再经由同步的多任务扫描器将信号传送到CRT屏幕上，其优点是能显示周期性杂散波的瞬间反应，其缺点是价格昂贵且性能受限于频宽范围、滤波器的数目与最大的多任务交换时间。

最常用的频谱分析仪是扫描调谐频谱分析仪，可调变的本地振荡器经与CRT同步的扫描产生器产生随时间作线性变化的振荡频率，经混波器与输入信号混波降频后的中频信号(IF)再经放大、滤波与检波后传送到CRT的垂直方向板，因此在CRT的纵轴显示信号为振幅与频率的对应关系。DSA频谱仪基本原理如图2-23所示。

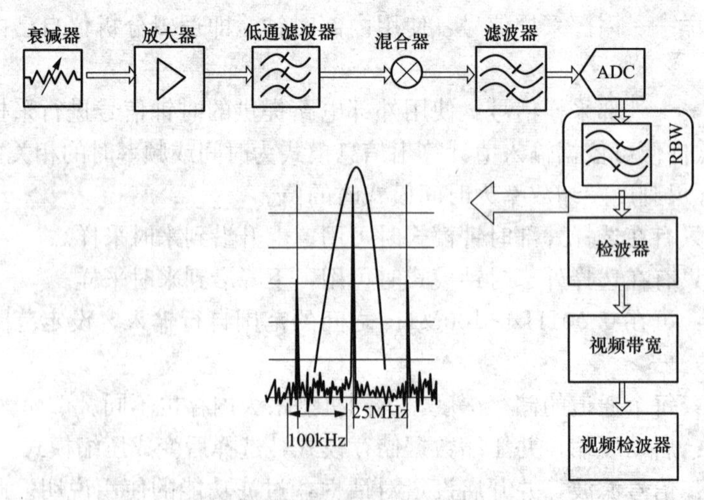

图2-23 DSA频谱仪基本原理

（2）面板介绍。DSA800 频谱仪前面板如图 2-24 所示，面板各部分功能见表 2-2，前面板功能键如图 2-25 所示。

前面板功能键主要作用：

1）FREQ：设置中心频率、起始频率和终止频率，也用于开启信号追踪功能。

2）SPAN：设置扫描的频率范围。

3）AMPT：设置参考电平、射频衰减器、刻度、Y 轴单位等参数。设置电平偏移、最大混频和输入阻抗。也用于执行自动定标、自动量程和开启前置放大器。

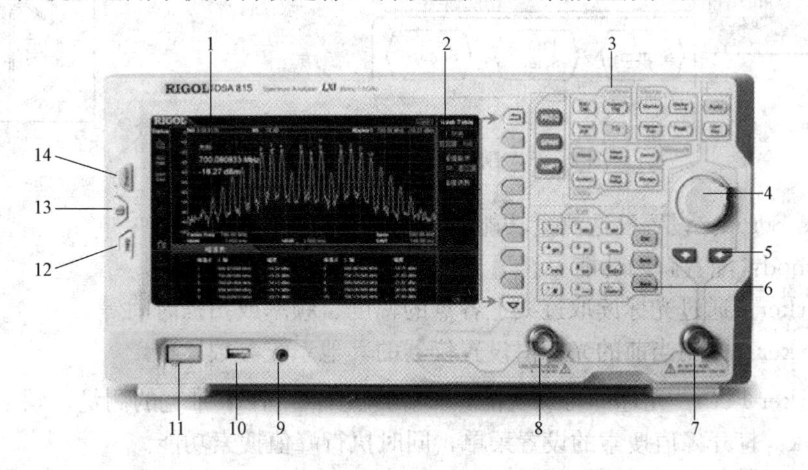

图 2-24　DSA800 频谱仪前面板

表 2-2　　**DSA800 频谱仪前面板说明**

序号	说明	序号	说明
1	LCD 显示屏	8	跟踪源输出
2	菜单软键/菜单控制键	9	耳机插孔
3	功能键区	10	USB Host
4	旋钮	11	电源开关
5	方向键	12	帮助
6	数字键盘	13	打印
7	射频输入	14	恢复预设设置

4）BW/Det：设置分辨率带宽（RBW）和视频带宽（VBW）。选择检波类型和滤波器类型。

5）Sweep/Trig：设置扫描和触发参数。

6）Trace/P/F：设置迹线相关参数；配置通过/失败测试。

7）TG：跟踪源设置。

8）Meas：选择和控制测量功能。

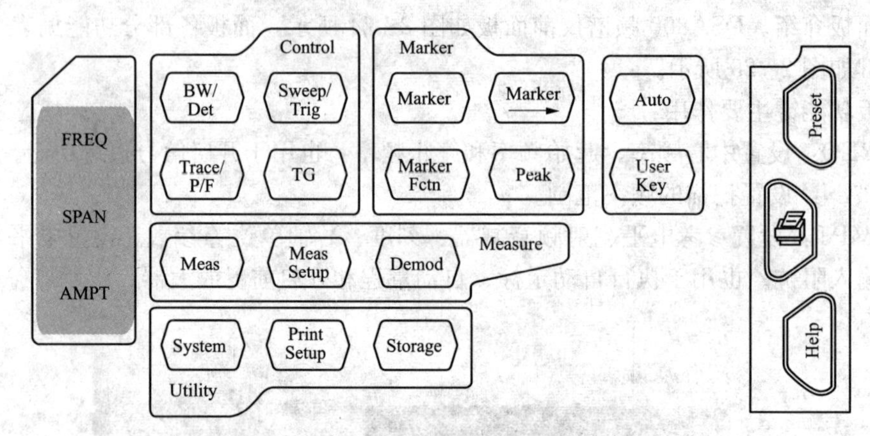

图 2-25 DSA800 频谱仪功能键示意图

9）Meas Setup：设置已选测量功能的各项参数。

10）Demod：配置解调功能。

11）Marker：通过光标读取迹线上各点的幅度、频率或扫描时间等。

12）Marker→：使用当前的光标值设置仪器的其他系统参数。

13）Marker Fctn：光标的特殊功能，如噪声光标、N dB 带宽的测量、频率计数器。

14）Peak：打开峰值搜索的设置菜单，同时执行峰值搜索功能。

15）System：设置系统相关参数。

16）Print Setup：设置打印相关参数。

17）Storage：提供文件存储与读取功能。

18）Auto：全频段自动定位信号。

19）User Key：用户自定义快捷键。

20）Preset：将系统恢复到出厂默认状态或用户自定义状态。

21）🖨|：执行打印或界面存储功能。

22）Help：打开内置帮助系统。

DSA800 频谱仪前面板提供一个数字键盘，如图 2-26（a）所示。该键盘支持中文字符、英文大小写字符、数字和常用符号（包括小数点、#、空格和正负号+/－）的输入，主要用于编辑文件或文件夹名称、设置参数。后面板如图 2-26（b）所示，后面板功能表见表 2-3。

表 2-3　　后 面 板 功 能 表

序号	说明	功　能
1	AC 电源连接器	支持的交流电源规格：100～240V，45～440Hz
2	熔丝座	熔丝熔断时可以进行更换熔丝
3	安全锁孔	可将仪器锁定在固定位置
4	USB Devise 接口	可作为“从设备”与外部 USB 设备连接

续表

序号	说明	功　能
5	LAN 接口	用于将频谱仪连接至局域网中以对其进行远程控制
6	TRIGGER IN	使用外部触发模式时，该连接器接收一个外部触发信号
7	10MHz OUT	可以使用内部参考源或外部参考源
8	10MHz IN	可以使用内部参考源或外部参考源
9	手柄	可以调整手柄至垂直位置以方便手提频谱仪

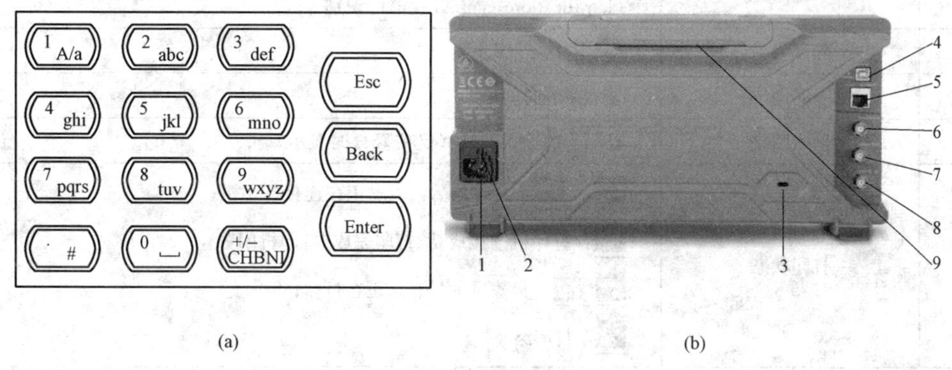

(a)　(b)

图 2-26　DSA800 频谱仪

(a) 数字键盘；(b) 后面板视图

（3）用户界面及功能说明。DSA800 频谱仪用户界面如图 2-27 所示，用户界面标识参见表 2-4。

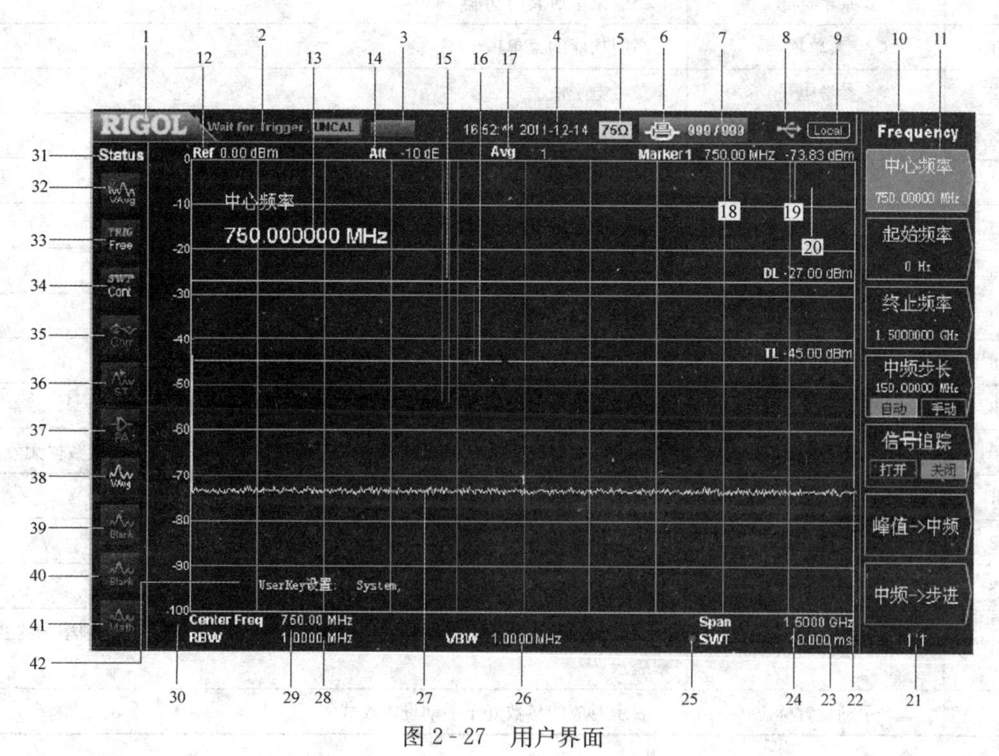

图 2-27　用户界面

表 2-4 用户界面标识

序号	名称	说明
1	RIGOL	公司商标
2	系统状态	Auto Tune：自动信号获取； Auto Range：自动量程； Wait for Trigger：等待触发； Calibrating：校准中； UNCAL：测量未校准； Identification…：LXI 仪器已识别
3	外部参数	Ext Ref：外部参数
4	时间	显示系统时间
5	输入阻抗	显示当前输入阻抗（仅在 75Ω 时显示）
6	打印状态	，：交替显示，表示正在连接打印机； ：打印机连接成功/打印完成/打印机闲置； ：交替显示，表示正在打印； ：打印终止
7	打印速度	显示当前打印份数和总打印份数
8	U 盘状态	显示 U 盘是否安装，如已安装显示
9	工作模式	显示本地 Local（本地）或 Rmt（远程）
10	菜单标题	当前菜单所属的功能
11	菜单项	当前功能的菜单项
12	参考电平	参考电平值
13	活动功能区	当前操作的参数及参数值
14	衰减器设置	衰减器设置
15	显示线	读数参考以及峰值显示的阀值条件
16	触发电平	用于视频触发时设置触发电平
17	平均次数	迹线平均次数
18	光标 X 值	当前光标的 X 值，不同测量功能下 X 表示不同物理量
19	光标 Y 值	当前光标的 Y 值，不同测量功能下 Y 表示不同物理量
20	数据无效标志	系统参数修改完成，但未完成一次完整的扫频，因此当前测量数据无效
21	菜单页号	显示菜单总页数以及当前显示页号
22	扫描位置	当前扫描位置
23	扫描时间	扫频的扫描时间
24	扫宽或终止频率	当前扫频通道的频率范围可以用中心频率和扫宽，或者起始频率和终止频率表示
25	手动设置标志	表示对应的参数处于手动设置模式

续表

序号	名称	说　明
26	VBW	视频带宽
27	谱线显示区域	谱线显示区域
28	RBW	分辨率带宽
29	中心频率或起始频率	当前扫频通道的频率范围可以用中心频率和扫宽，或者起始频率和终止频率表示
30	Y 轴刻度	Y 轴的刻度标注
31	参数状态标识	屏幕左一侧列图标为系统参数状态标识
32	检波类型	正峰值检波、负峰值检波、抽样检波、标准检波、RMS 平均检波、电压平均检波、准峰值检波
33	触发类型	自由触发，视频触发和外部触发
34	扫描模式	连续扫描或者单词扫描（显示当前扫描次数）
35	校正开关	打开或关闭幅度校正功能
36	信号追踪	打开或关闭信号追踪功能
37	前置放大器状态	打开或关闭前置放大器
38	迹线 1 类型及状态	迹线类型：清除写入、查看、最大保持、最小保持、视频平均、功率平均 迹线状态：打开时用与迹线颜色相同的黄色标识，关闭则用灰色标识
39	迹线 2 类型及状态	迹线类型：清除写入、查看、最大保持、最小保持、视频平均、功率平均； 迹线状态：打开时用与迹线颜色相同的紫色标识，关闭则用灰色标识
40	迹线 3 类型及状态	迹线类型：清除写入、查看、最大保持、最小保持、视频平均、功率平均； 迹线状态：打开时用与迹线颜色相同的浅蓝色标识，关闭则用灰色标识
41	MATH 迹线类型及状态	迹线类型：A－B、A＋C、A－C； 迹线状态：打开时用与迹线颜色相同的绿色标识，关闭则用灰色标识
42	UserKey 定义	显示 UserKey 按键的定义

（4）参数设置及测量功能。参数输入可通过数字键、旋钮或方向键完成。以设置中心频率为 800MHz 为例，介绍三种设置参数方法。

1）使用数字键盘：按 FREQ→中心频率→使用数字键输入数值“800”→按 Enter 键或在弹出的单位菜单中选择所需的单位“MHz”。

2）使用旋钮：在参数可编辑状态，旋转旋钮将以指定步进增大（顺时针）或减小（逆时针）参数。具体操作是按 FREQ→中心频率→旋转旋钮直到获得所需的参数值（800MHz）。

3）使用方向键：在参数可编辑状态，方向键可用于按一定的步进递增或递减参数值。具体操作是按 FREQ→中心频率→按上/下方向键直到获得所需的参数值（800MHz）。

电压驻波比测量界面如图 2-28 所示，图中测量结果为回波损耗、反射系数、电压驻波比。

时域功率测量界面如图 2-29 所示，图中测量结果为时域功率，即信号从起始线到终止线范围内的功率。测量参数包括平均次数、平均模式、功率类型、起始线和终止线。

邻道功率测量界面如图 2-30 所示，测量结果为主信道功率、前一信道与后一信道。主

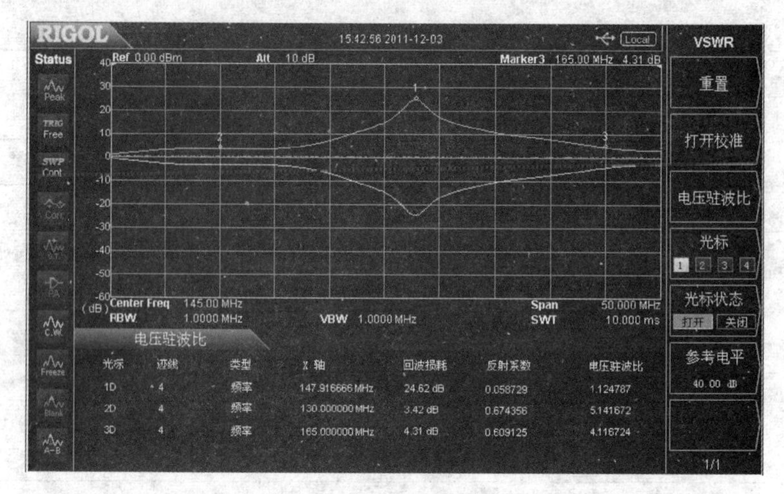

图 2-28 VSWR 测量界面

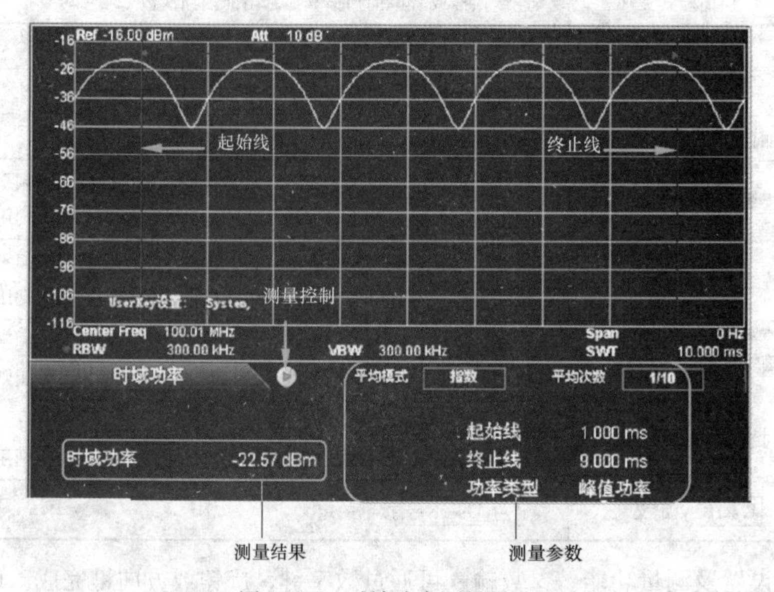

图 2-29 时域功率测量界面

信道功率显示主信道带宽内的功率值。前一信道显示前一信道的功率值及其与主信道的功率差（单位为 dBc）。后一信道显示后一信道的功率值及其与主信道的功率差（单位为 dBc）。测量参数包括平均次数、平均模式、主道带宽、邻道带宽和通道间距。

通道功率测量界面如图 2-31 所示，测量结果为通道功率和功率谱密度。通道功率是积分带宽内的功率。功率谱密度是积分带宽内的功率归一化到 1Hz 的功率（单位为 dBm/Hz）。测量参数包括平均次数、平均模式、积分带宽和通道扫宽。

发射带宽测量界面如图 2-32 所示，测量结果包括发射带宽，即扫宽内最高信号的幅度下降 x 时左、右两频点间的带宽。测量过程中，频谱仪首先确定扫宽内最大幅值点的频率 f_0，然后从 f_0 开始依次向左右寻找幅度下降 x 时的频点 f_1 和 f_2，则发射带宽为 f_2-f_1。测量参数包括平均次数、平均模式、最大保持、扫宽和 x。

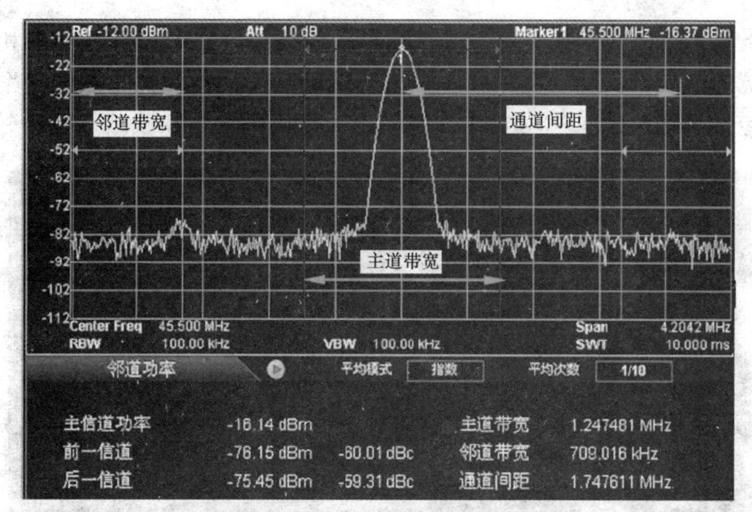

图 2-30　邻道功率测量界面

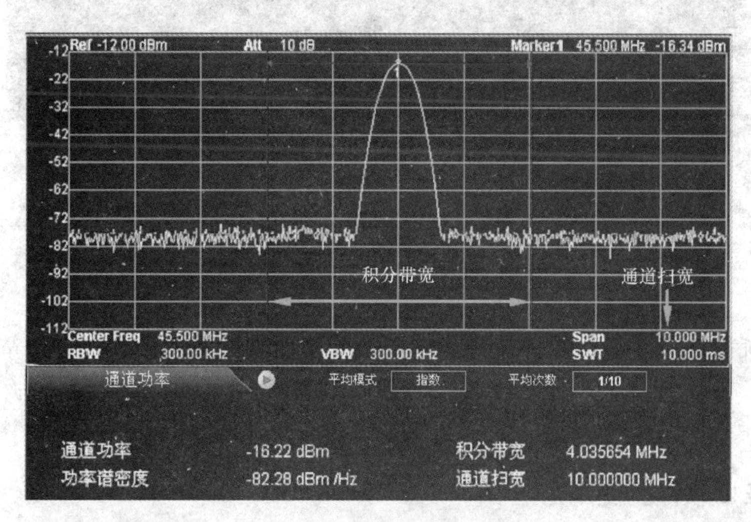

图 2-31　通道功率测量界面

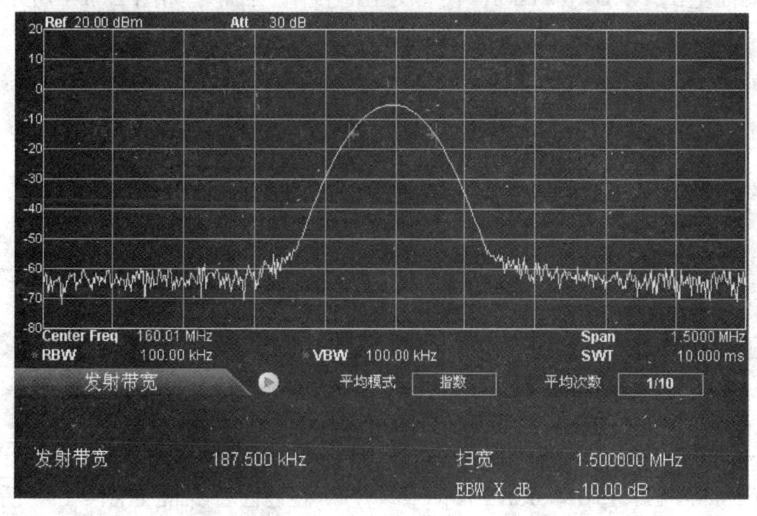

图 2-32　发射带宽测量界面

载噪比测量界面如图 2 - 33 所示，测量结果主要有载波功率、噪声功率和载噪比。载波功率指载波带宽内的功率。噪声功率指噪声带宽内的功率。载噪比指载波功率与噪声功率之比。测量参数包括平均次数、平均模式、偏移频率、噪声带宽和载波带宽。

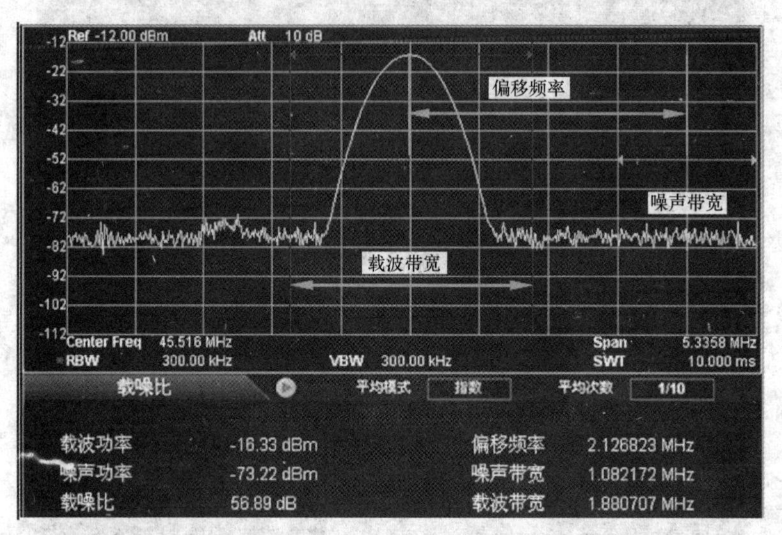

图 2 - 33 载噪比测量界面

2.3 软件系统设计

典型的系统设计主要包括硬件设计和软件设计，而软件系统设计首先要掌握设计软件的使用方法，本节主要介绍 KEIL（KEIL μVision4 版本）和 CCS（CCS3.3 版本）软件的使用方法。

2.3.1 KEIL 软件的使用方法

（1）双击桌面上的 KEIL μVision4 图标，出现启动界面，如图 2 - 34 所示。

图 2 - 34 启动界面

（2）单击 project→New μVision Project 新建一个工程，界面如图 2 - 35 所示。目前很多软件是以工程文件的形式进行管理，因此工程文件在软件系统设计中极为重要。

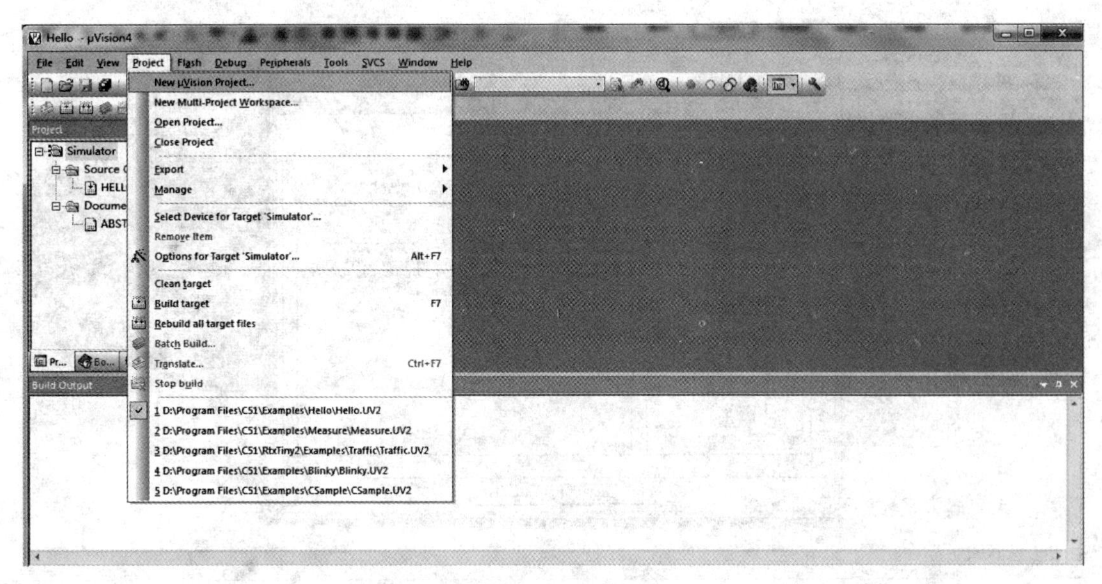

图 2-35　新建工程界面

(3) 如图 2-36 所示的对话框中，选择放在刚才建立的“Mytest”文件夹下，输入工程文件名后保存。后缀不需要填，注意默认的工程文件后缀为 uvporj，这与 μVision3 和 μVision2 版本不同。

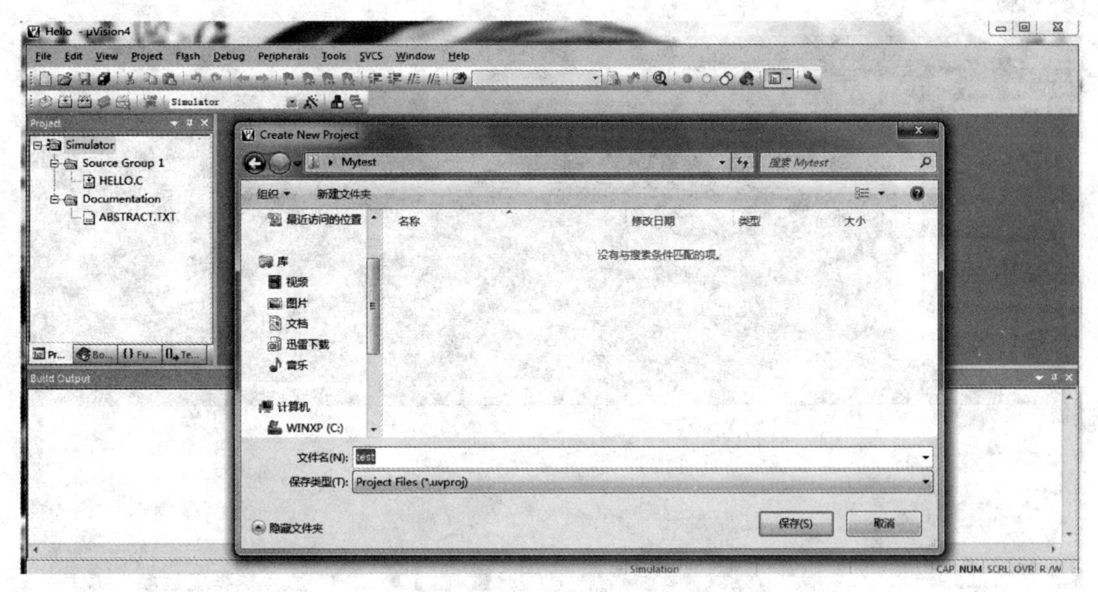

图 2-36　工程文件保存界面

(4) 完成上述步骤后弹出一个对话框，如图 2-37 所示，要求对系统 CPU 型号进行选择，以便进行环境编程配置。例如在 CPU 类型下找到并选中“Atmel”下的“AT89S51”或“AT89S52”（可以根据开发的单片机型号进行选择），然后单击“OK”按钮即可完成 CPU 型号选择。

(5) 工程文件是应用软件的主体框架，而要完成的某些任务是要依托工程文件下面包含

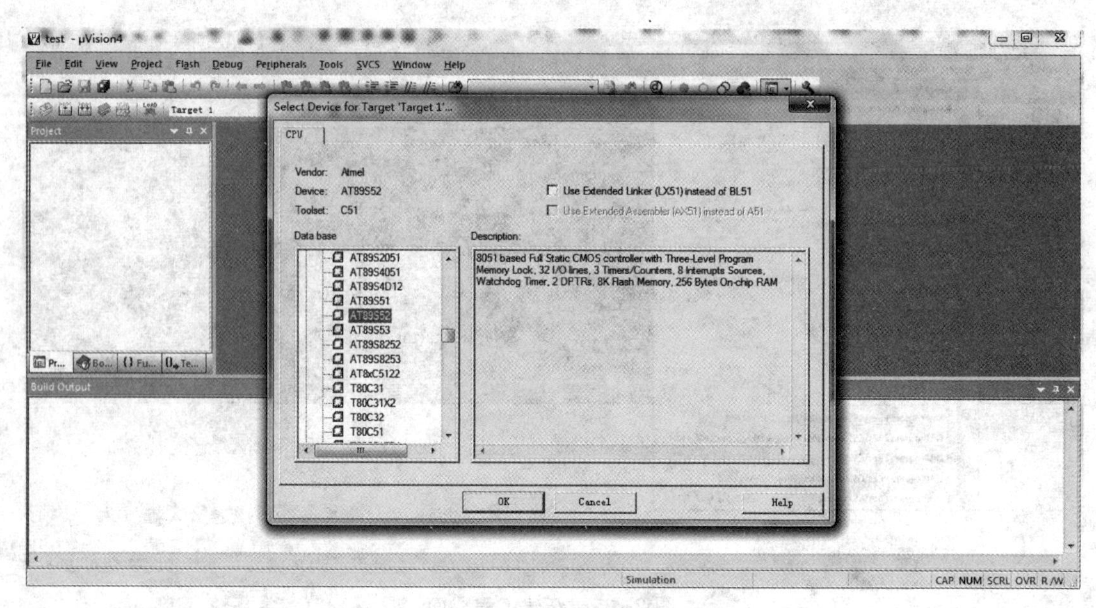

图 2-37　芯片型号选择界面

的多个子文件（也称为源文件）。一般需要将若干源文件依次添加进工程文件，如果没有现成的源文件，必须先建立该源文件。单击“File”菜单下的“New”按钮，即可创建源文件，如图 2-38 所示。

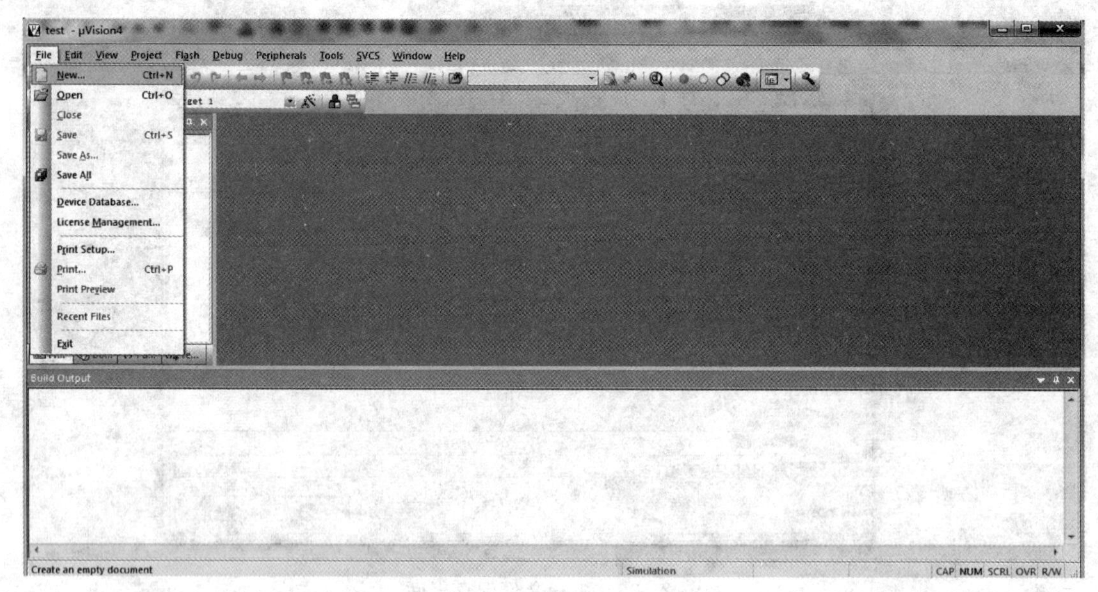

图 2-38　创建源文件界面

（6）在下面空白区的编辑区域写入或复制一个完整的 C 程序，如图 2-39 所示。

（7）如图 2-40 所示，输入源程序文件名名称，如输入“test”。注意：如果用汇编语言，源文件后缀一定是“. asm”；如果是 C 语言，则后缀是“. c”，然后单击“保存”按钮即可保存源文件，完成生成一个源文件。若应用系统比较复杂，可依此法依次创建多个源文件。

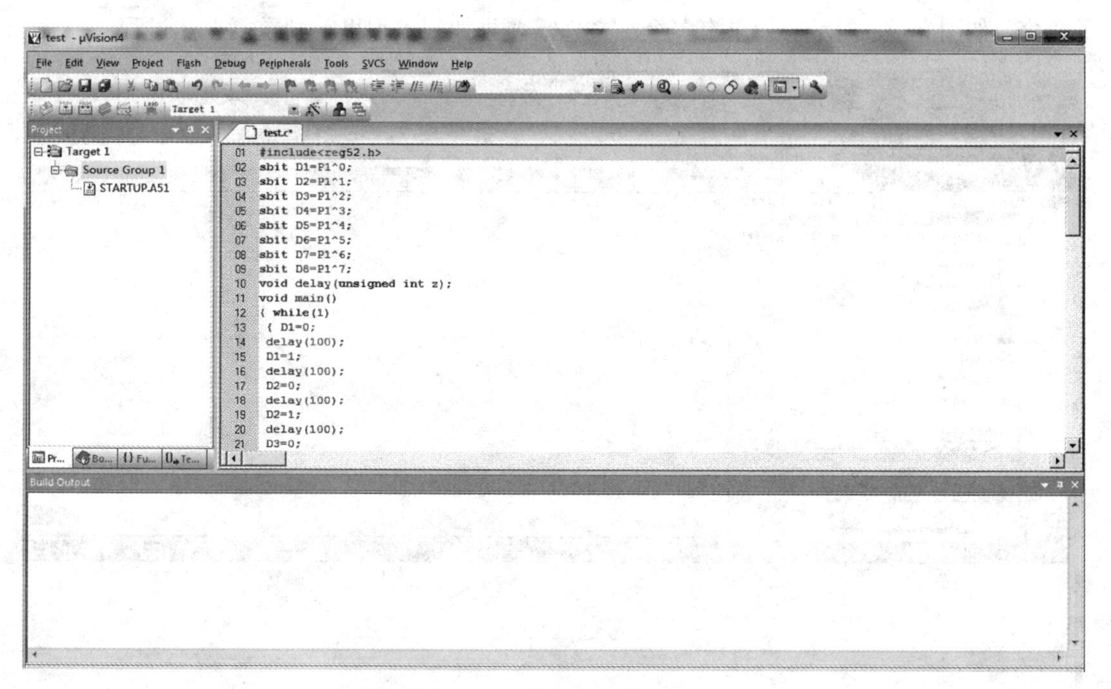

图 2-39 输入源文件界面

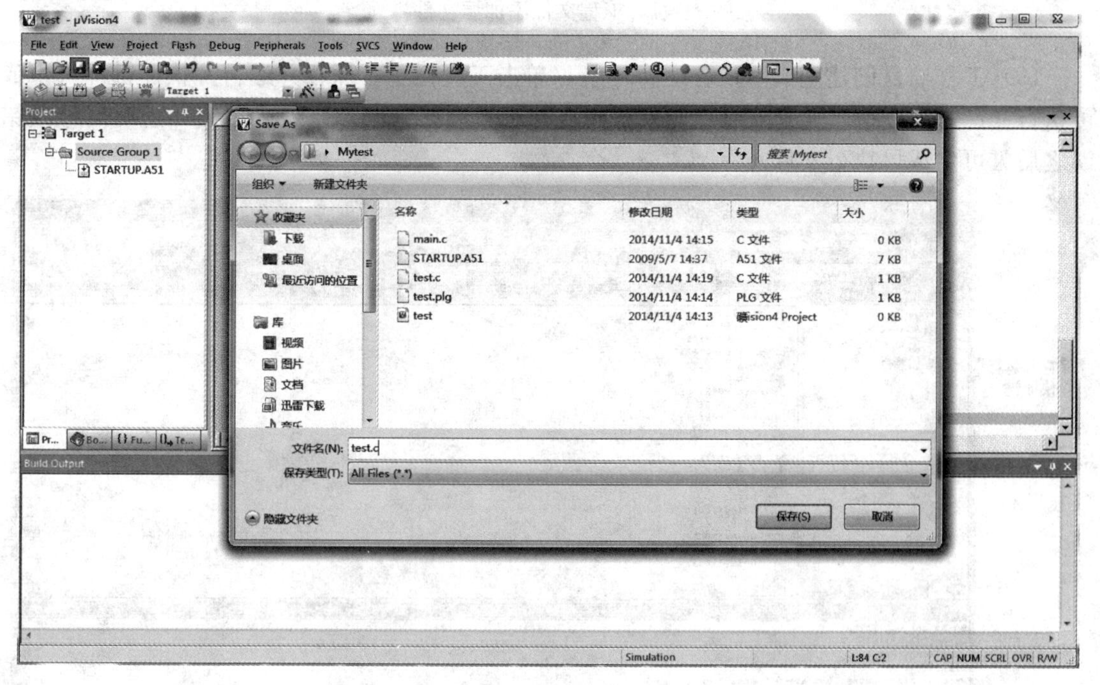

图 2-40 保存源文件界面

(8) 创建完源程序文件后，需要把新创建的源文件加入到工程项目文件中才能生效。加入方法如下：右击“Source Group 1”，在出现的下拉菜单中先单击“Add File to Source Group 1”选项，然后再单击“Close”关闭就行了，此时可以看到程序文本字体颜色已发生了变化，如图 2-41 所示。如果有多个源文件需要添加到工程里，则重复上述过程。

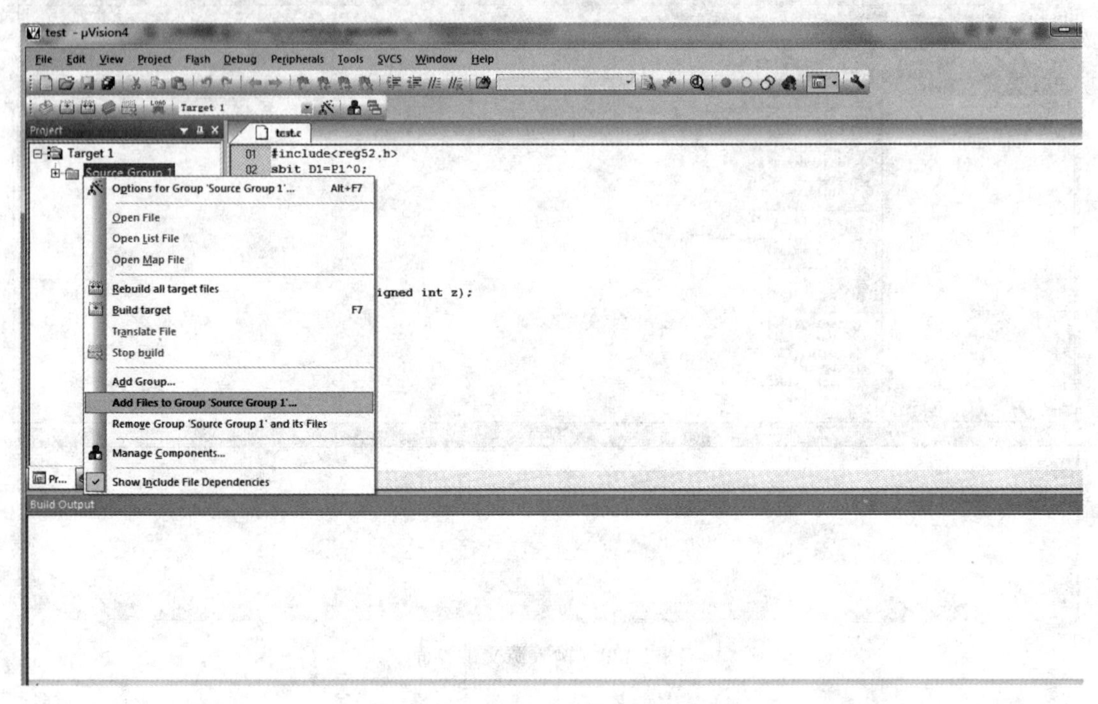

图 2-41　工程文件添加源文件界面

(9) 工程项目创建完成后设置运行环境，单击工具栏里“保存并运行”快捷键即可生成可执行文件如图 2-42 所示。但是如果程序存在逻辑性的错误，系统会报错，这时需修改错误之后方可生成可执行文件。

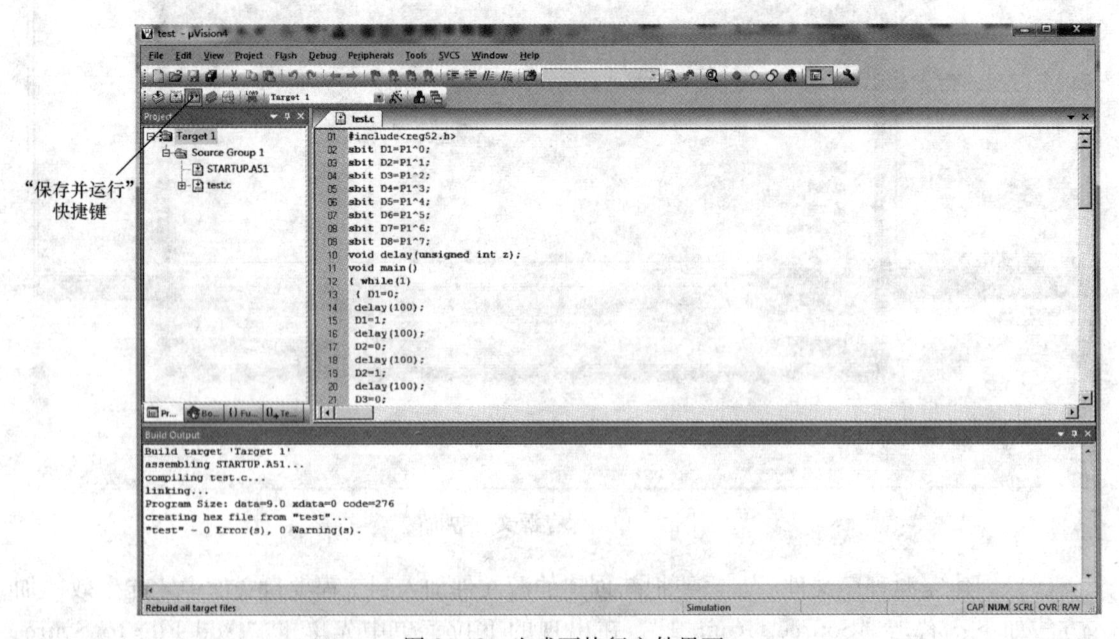

图 2-42　生成可执行文件界面

2.3.2　CCS软件的使用

本节以CCS 3.3版本为例，说明其使用方法。

1. 仿真环境设置

(1) 从“开始”菜单单击“Setup Code Composer Studio v3.3”，如图2-43所示，启动仿真环境设置软件。

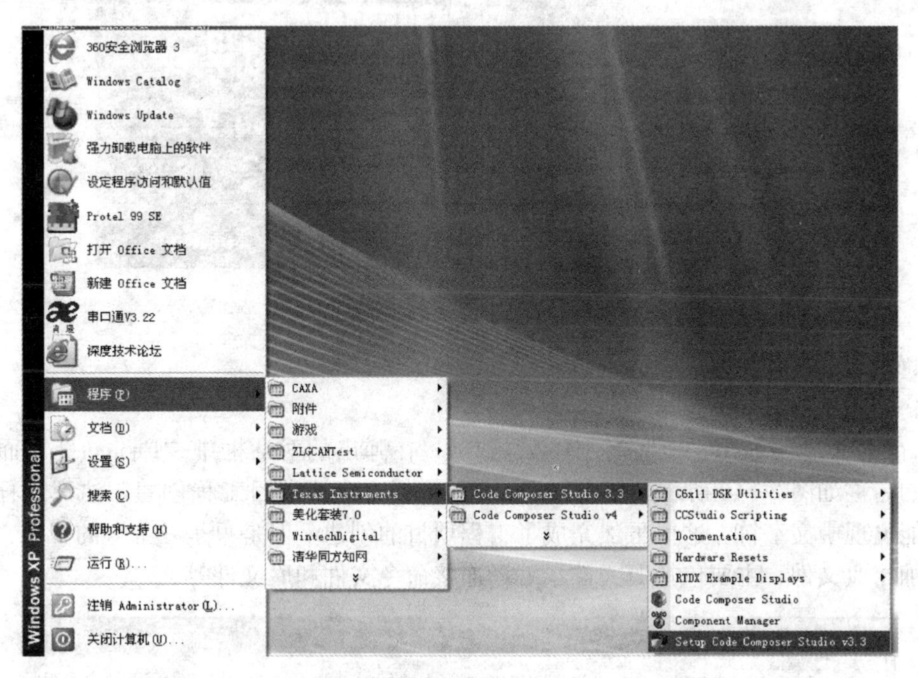

图2-43　启动仿真环境设置

(2) 使用硬件仿真器在目标板上进行仿真时，需要设置硬件仿真环境，如图2-44所示。在“Platform”中选择硬件仿真器的型号，这里选择“TDS510USB emulator”仿真器。同时在“Available Factory Boards”中选择目标芯片的型号，这里选择“F2812”。

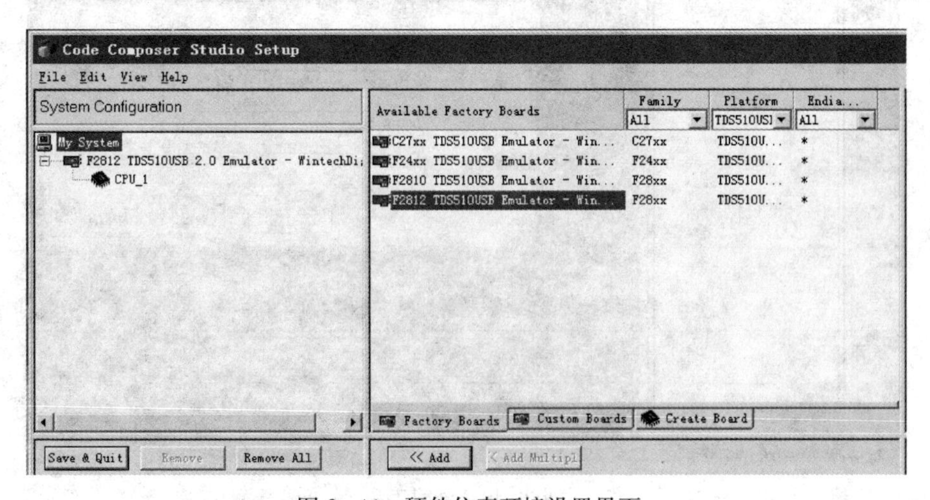

图2-44　硬件仿真环境设置界面

(3) 单击“Save & Quit”按钮，保存并退出，系统自动启动 CCS 软件，如图 2-45 所示。

图 2-45　启动 CCS 软件

2. CCS 3.3 使用方法

(1) 创建工程。

1) 在菜单“Project”中选择“New”选项，在弹出的对话框中“Project”后面填写工程项目的名称如图 2-46 所示，单击“Finish”按钮，完成项目工程创建，注意工程存放路径中不能出现中文字符。这里虽然完成了工程项目的创建，但是只是一个空的工程文件，还需要添加相应文件，主要包括源文件、编译连接命令文件和库文件等。

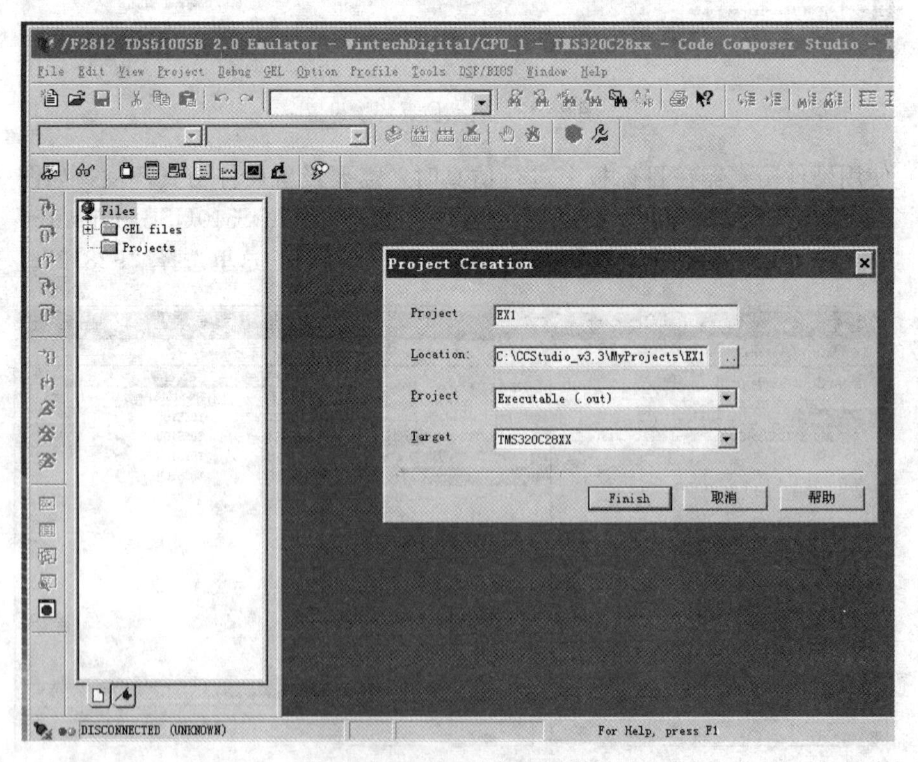

图 2-46　创建工程

2）源文件一般需要重新创建之后才能添加到工程项目中，因此先介绍源文件的创建。在“file”文件菜单中选择新建，软件自动弹出新的文件编辑框，如图 2-47（a）所示，可在编辑框中输入源程序代码。输入完要编写的软件程序后单击“保存”按钮，弹出文件设置对话框，图 2-47（b）所示。选择保存到工程项目的根目录下，输入文件名和扩展名，并单击“保存”按钮，即可完成源文件文件的保存。

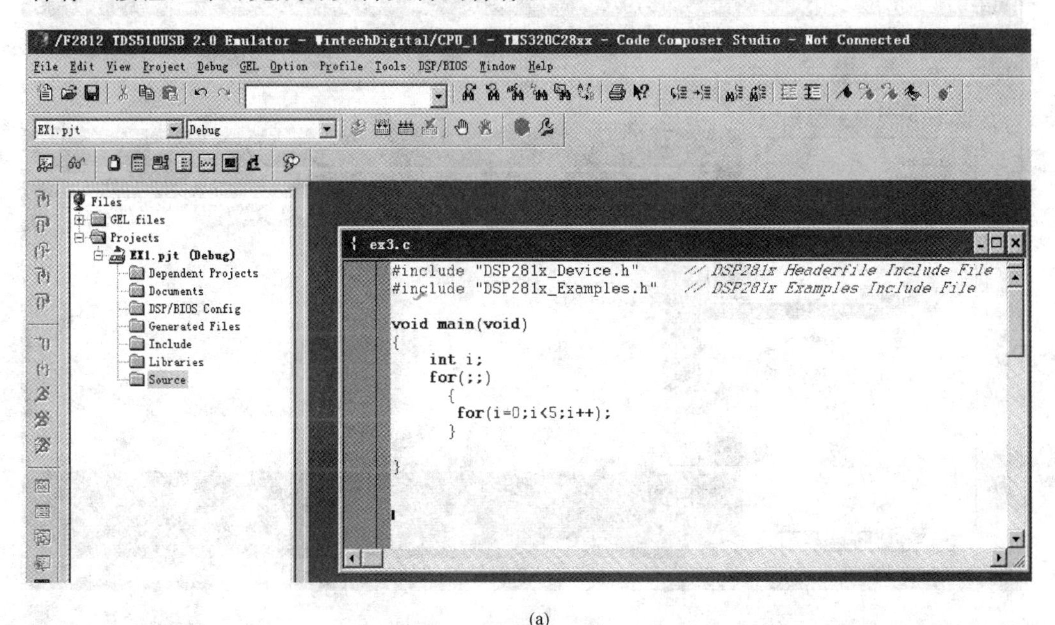

(a)

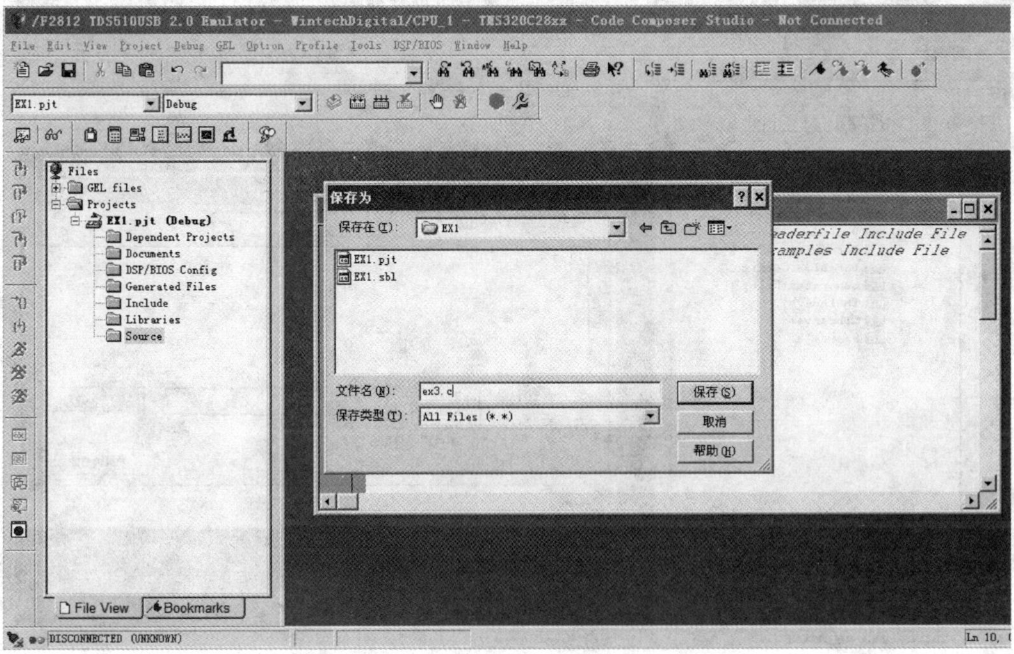

(b)

图 2-47　创建和保存源文件

（a）文件编辑框；（b）保存文件对话框

3）完成源文件的保存后，并不能独立工作，还要把其添加进工程项目中，才能生效。选择工程项目的“Source”选项，单击鼠标，选择添加文件选项“Add File to Project”，如图2-48（a）所示。随后在弹出的如图2-48（b）所示的对话框中选中源文件单击“打开”按钮即可将其添加到工程项目中。利用此法可添加多个源文件。

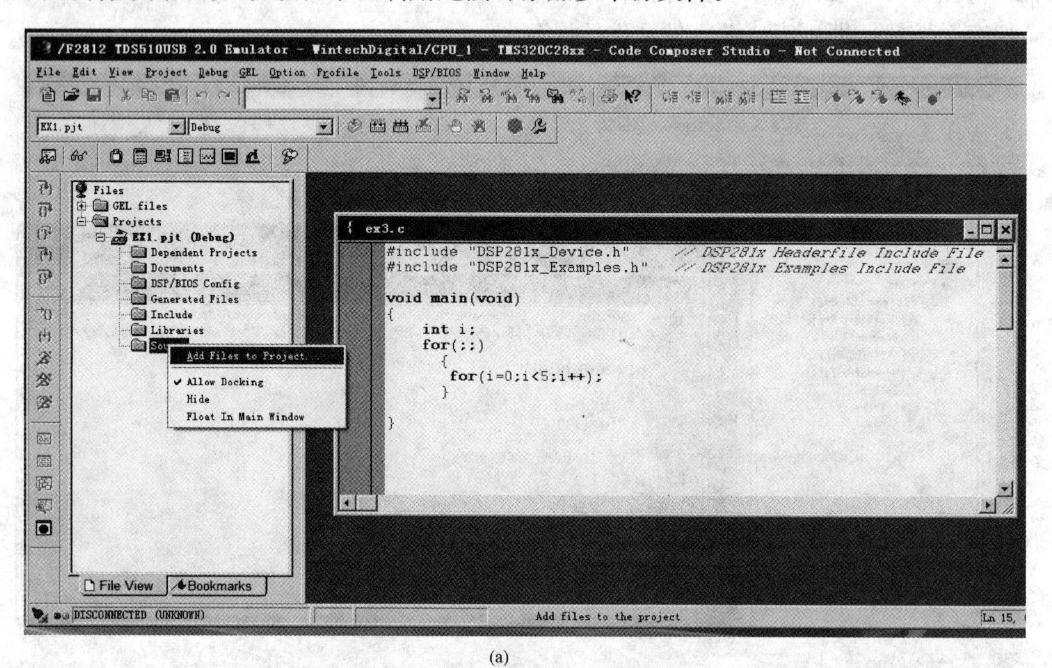

(a)

(b)

图2-48 添加源文件到工程项目中

(a) 添加文件对话框；(b) 打开文件对话框

（2）打开工程。

1）以同样的方法可以添加文件 2812. cmd、rts2800. lib 到工程中。添加成功后，在下面窗口中，可以看到 math. c、2812. cmd、rts2800. lib 文件已经加到工程文件中如图 2 - 49 所示。

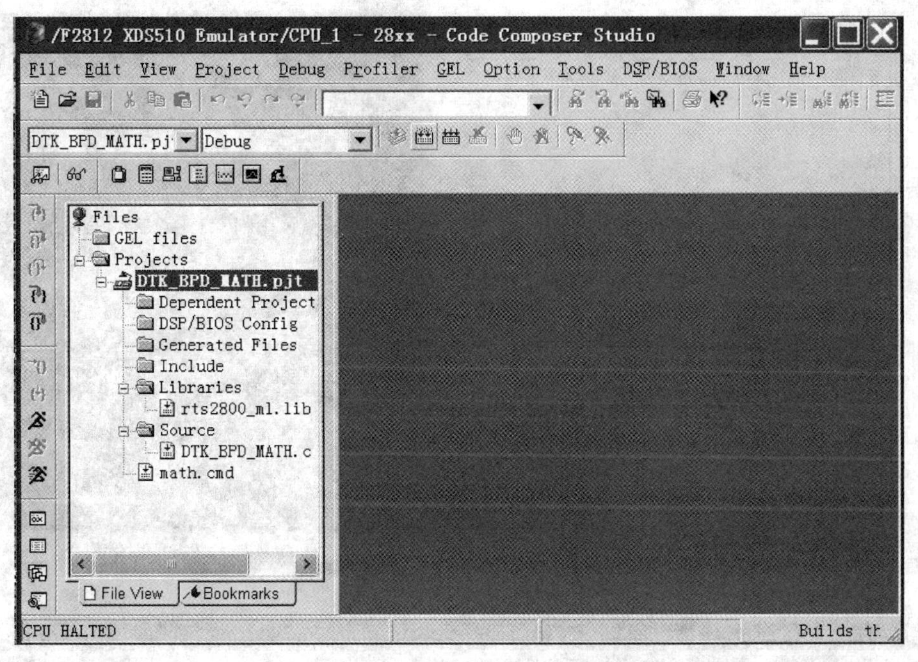

图 2 - 49　添加完文件后的工程项目

2）打开工程。

如图 2 - 50（a）所示，在菜单“Project”中选择“Open”选项，在弹出的对话框中选择扩展名为. pjt 的项目工程文件，单击“打开”按钮，项目文件全部加载到软件中，如图 2 - 50（b）所示。

（3）工程项目编译。在“Project”菜单选择“compile file”选项是文件编译，“Build”选项是建立目标文件，“Rebuild all”选项是重新建立所有文件，如图 2 - 51（a）所示。编译、建立完成后，会生成可执行文件如图 2 - 51（b）所示。

（4）硬件仿真。在“Debug”菜单中选择“Connect”选项，软件连接到硬件仿真器，如图 2 - 52 所示。软件的左下角显示“Connect”表明电脑、仿真器与 DSP 连接成功。

如果编译、建立完成并没有错误，便可以开始调试。在“File”菜单中选择“Load Progam”选项，在弹出的对话框中选择项目生成文件（后缀为. out 文件），如图 2 - 53 所示。单击“打开”按钮或双击目标文件即可将目标文件下载到 DSP 的内存中，就可以进行硬件仿真。

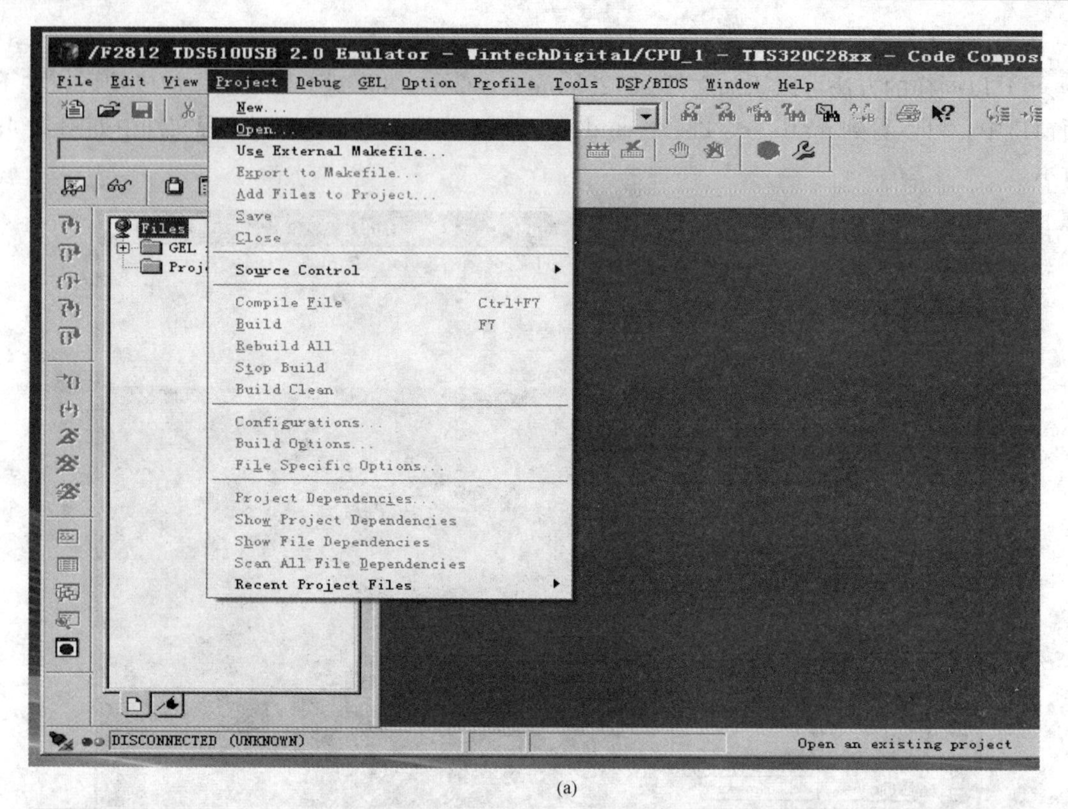

(a)

(b)

图 2-50 打开工程文件

(a) 选择“Open”选项；(b) 将项目加载到软件

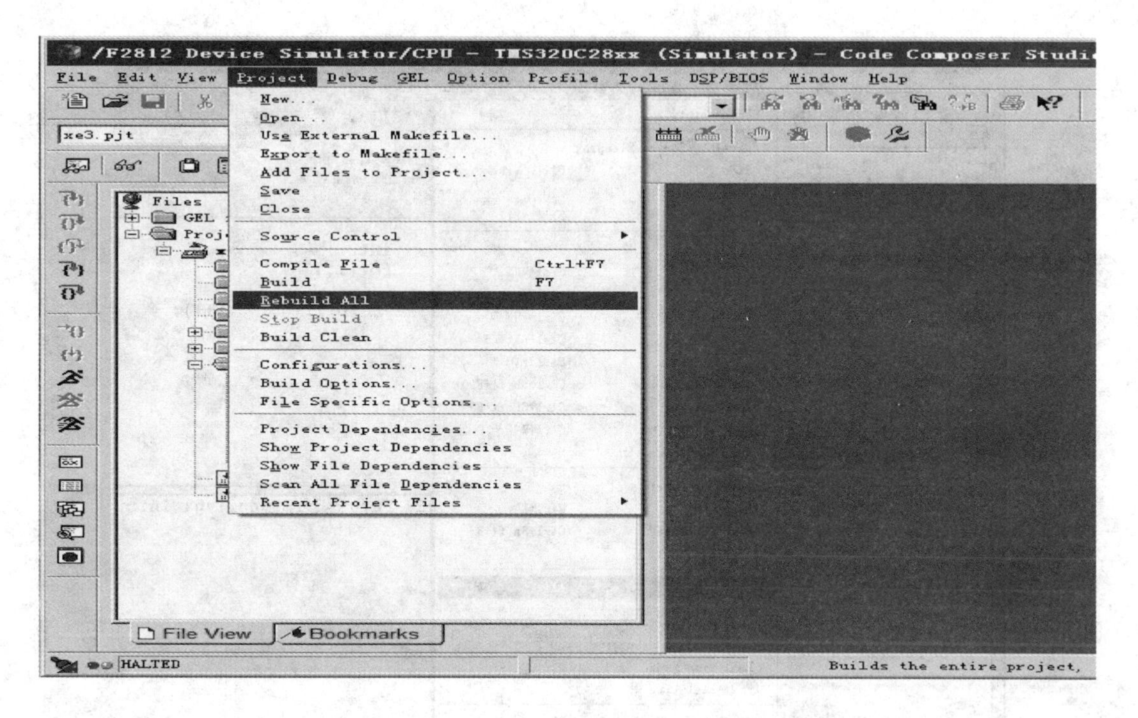

(a)

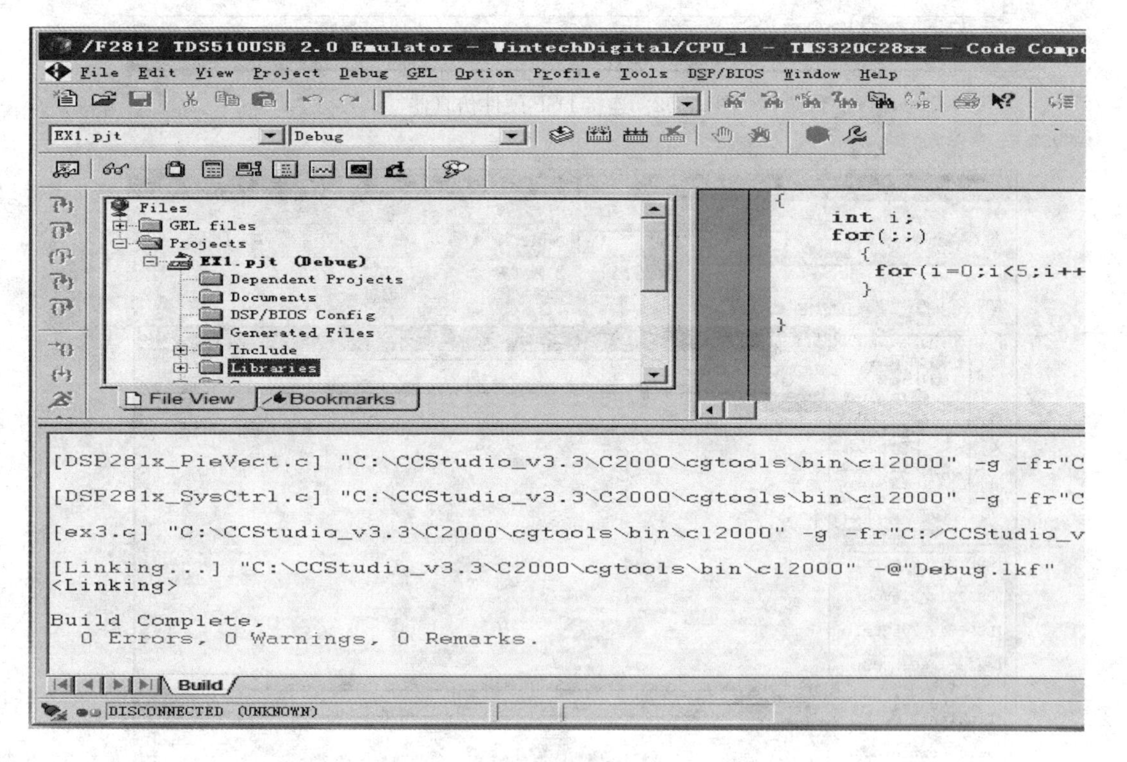

(b)

图 2-51　工程项目编译

(a) 重新建立所有文件；(b) 可执行文件

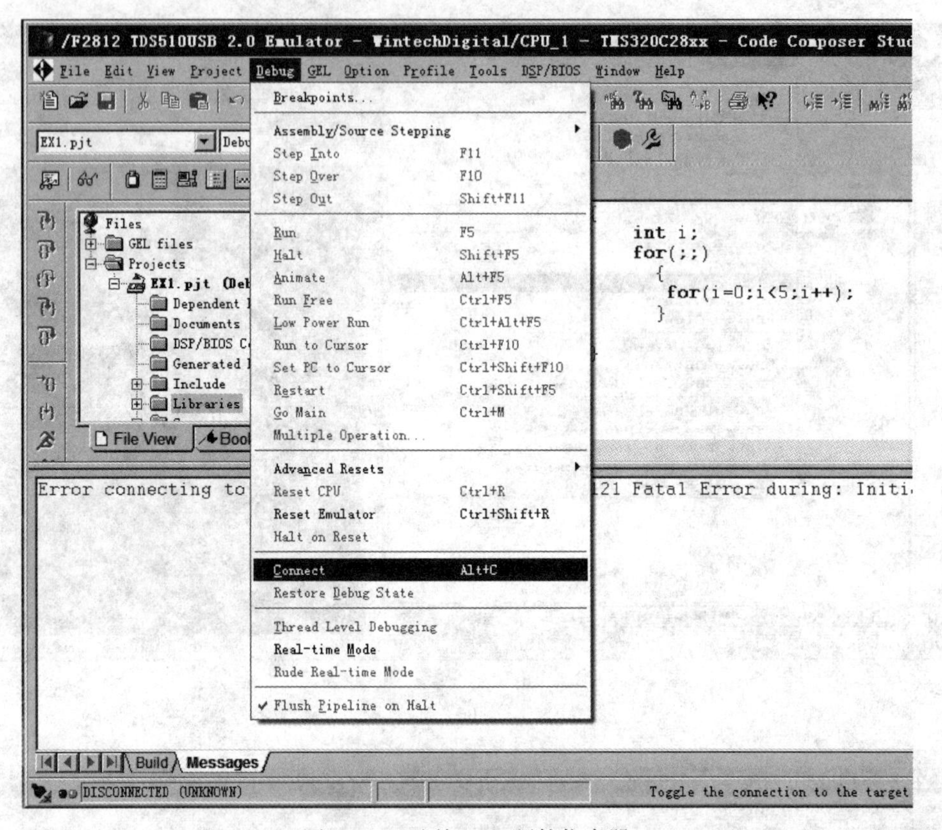

图 2-52 连接 DSP 硬件仿真器

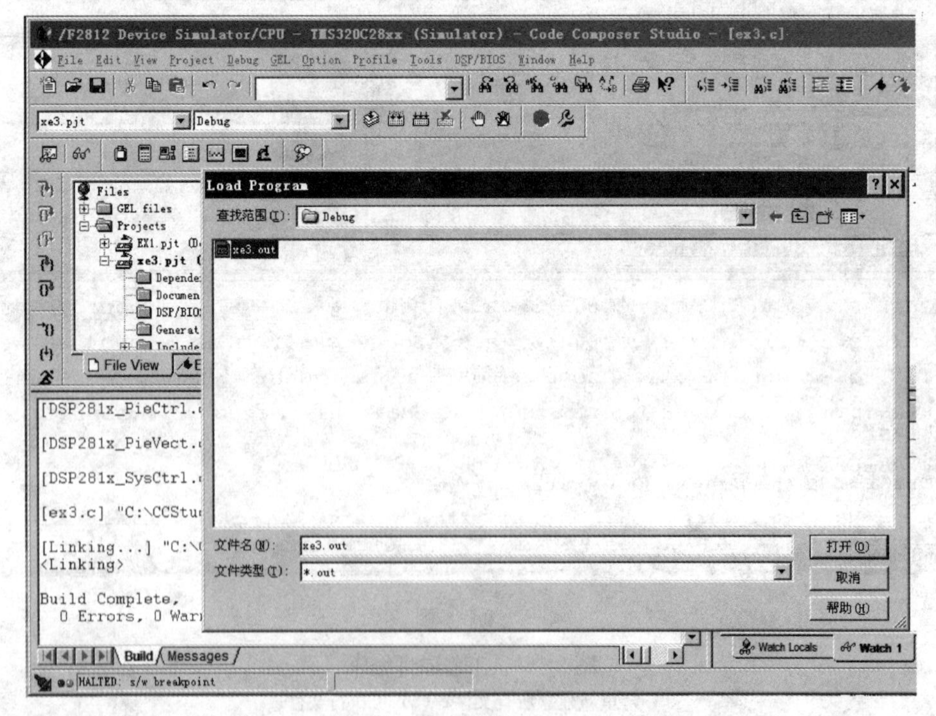

图 2-53 硬件调试

参 考 文 献

[1] 孔令德. 毕业设计实例教程：从系统开发到论文写作 [M]. 北京：国防工业出版社，2008.
[2] 陈跃. 电气工程专业毕业设计指南（电力系统分册）[M]. 北京：中国水利水电出版社，2008.
[3] 刘涳. 电气及自动化专业毕业设计宝典 [M]. 西安：西安电子科技大学出版社，2008.
[4] 北京市教育委员会. 高等学校毕业设计（论文）指导手册：电工卷 [M]. 北京：高等教育出版社，2007.
[5] 隋修武，张宏杰，李阳，等. 测控技术与仪器创新设计实用教程 [M]. 北京：国防工业出版社，2012.
[6] 穆秀春，宋婀娜，王国新. Protel DXP 基础教程 [M] 北京：清华大学出版社，2014.
[7] 周淇，周旭欣. 单片机原理及应用——基于 Keil 及 Proteus [M]. 北京：北京航空航天大学出版社，2014.
[8] 宁改娣，曾翔君，骆一萍. DSP 控制器原理及应用 [M]. 北京：科学出版社，2009.
[9] 庄严，周建明，廖炜. 嵌入式 ARM 系统工程师实训教程 [M]. 北京：清华大学出版社，2015.

第3章　电气与自动化类专业技术基础

通过本章内容的学习，掌握电气与自动化系统设计的基本知识和进行系统设计的基本方法，包括电子元器件的基础知识和使用技巧，常用控制电路、传感器、电源电路的原理及使用方法。

(1) 掌握电子元器件（如电阻、电容、电感、二极管、三极管、集成电路）的基础知识及使用方法和技巧。

(2) 掌握常用传感器的基本原理、使用方法和注意事项。

(3) 掌握常用线性集成电源的设计方法和常用基本电路的使用方法。

(4) 掌握常用控制器的基本电路原理及其使用方法。

3.1 电子元器件基础

3.1.1 电阻

电阻是电子线路不可缺少的器件之一，电阻的作用是阻碍电子的运动，即控制电流大小。电阻在电路中的作用主要有缓冲、负载、分压分流和保护。电阻是电路元件中应用最广泛的一种，在电子设备中约占元件总数的30%以上，其质量的好坏对电路工作的稳定性有极大影响。

1. 分类

电阻按阻值特性可以分为特种电阻（敏感电阻）和常用电阻。

常用电阻按阻值是否可调分为定值电阻和可调电阻。阻值大小不能调节的称为定值电阻或固定电阻；阻值大小可以调节的称为可调电阻；常见的可调电阻是滑动变阻器（例如收音机音量调节的装置），主要用于调整电压分配，也称为电位器。特种电阻主要包括光敏电阻、热敏电阻、压敏电阻、水泥电阻等。

(1) 特种电阻。

1) 光敏电阻的顶部有一个受光面，可以感受外界光线的强弱，当光线较弱时，其阻值很大，光线变强后，阻值迅速减小，利用光敏电阻的这个特性可以制作各种光控电路或光控灯。光敏电阻电气符号和实物图如图3-1所示。

2) 热敏电阻分为负温度系数（PTC）和正温度系数（NTC）两大类，常用于各种简单的温度控制电路中。热敏电阻器在电路中通常用字母"RT"表示，其电气符号和实物图如图3-2所示。

3) 压敏电阻通常用于各种保护电路中，当其两端电压较小时，其阻值接近无穷大，当其两端电压发生突变时，其阻值迅速减小，然后迅速分流，起到保护后续电路的作用。压敏电阻电气符号和实物图如图3-3所示。

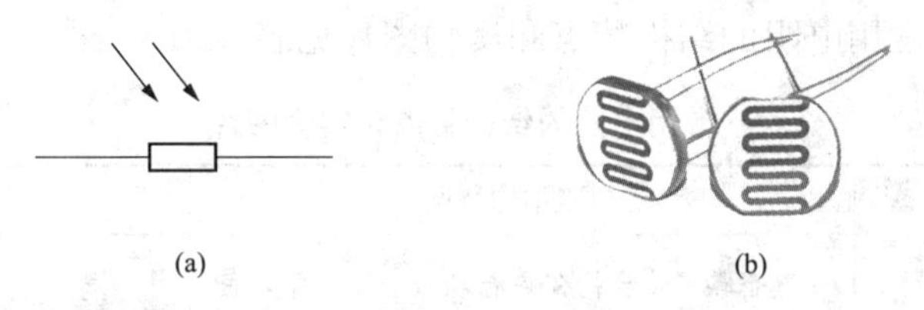

(a)　(b)

图3-1　光敏电阻电气符号和实物图

(a) 电气符号；(b) 实物图

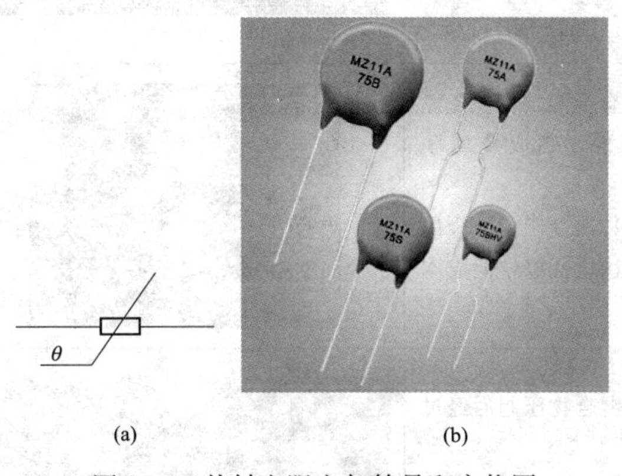

(a)　(b)

图3-2　热敏电阻电气符号和实物图

(a) 电气符号；(b) 实物图

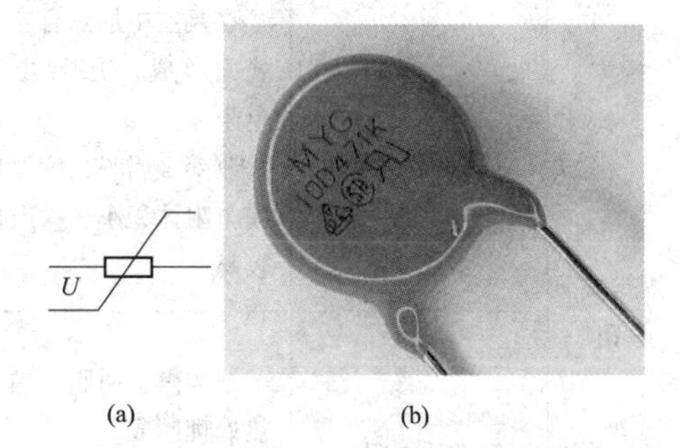

(a)　(b)

图3-3　压敏电阻电气符号和实物图

(a) 电气符号；(b) 实物图

4）水泥电阻是一种陶瓷绝缘功率型线绕电阻，按照其功率可以分为2、3、5、7、8、10、15、20、30、40W等规格。水泥电阻具有功率大、阻值稳定、阻燃性强等特点，在电路过流情况下会迅速熔断，起到保护电路的作用，图3-4所示为其实物图。将多个相同阻值的电阻集成在一个元件中就成了排阻，其一端连在一起，为公共端。排阻体积小，安装方便，适合多个电阻阻值相同而且其中一个引脚都是连在电路的同一位置的场合。图3-5所示为排阻实物图。

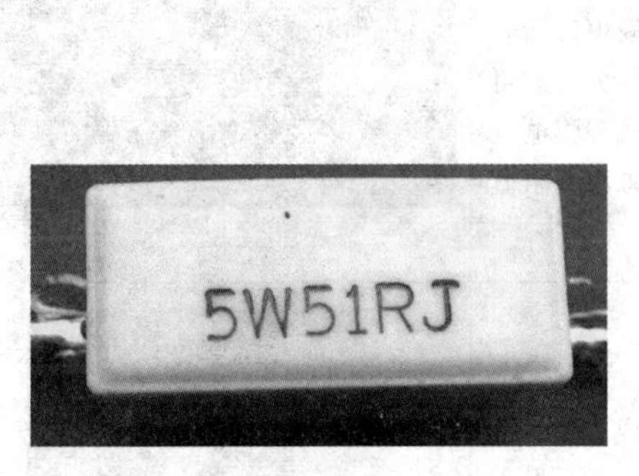

图3-4　水泥电阻实物图

图3-5　排阻实物图

（2）常用电阻。在电子电路中，常用电阻器有固定式电阻器和电位器。按制作材料和工艺不同，固定式电阻器可分为膜式电阻（碳膜RT、金属膜RJ、合成膜RH和氧化膜RY）、实心电阻（有机RS和无机RN）、金属线绕电阻（RX）、特殊电阻（MG型光敏电阻、MF

型热敏电阻）四种。常用电阻的结构特点和实物图片见表3-1。

表3-1　　常用电阻的结构特点和实物图片

电阻种类		电阻结构特点	实物图片
固定式电阻	碳膜电阻	气态碳氢化合物在高温和真空中分解，使碳沉积在瓷棒或者瓷管上形成结晶碳膜制成碳膜电阻。 改变碳膜厚度或改变碳膜长度，可以改变阻值。碳膜电阻成本较低，性能一般	
	金属膜电阻	在真空中加热合金，使合金蒸发，使瓷棒表面形成一层导电金属膜，制成金属膜电阻。 改变金属膜长度厚度可以改变阻值。金属膜电阻体积小、噪声低、稳定性好，但成本较高	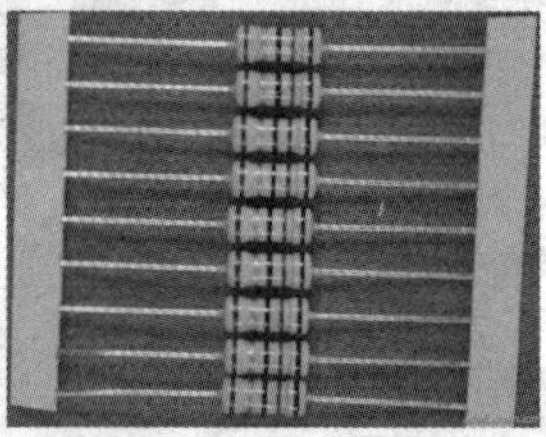
	碳质电阻	把碳黑、树脂、黏土等混合物压制后经过热处理制成。 在电阻上用色环表示它的阻值。这种电阻成本低、阻值范围宽，但性能差，很少采用	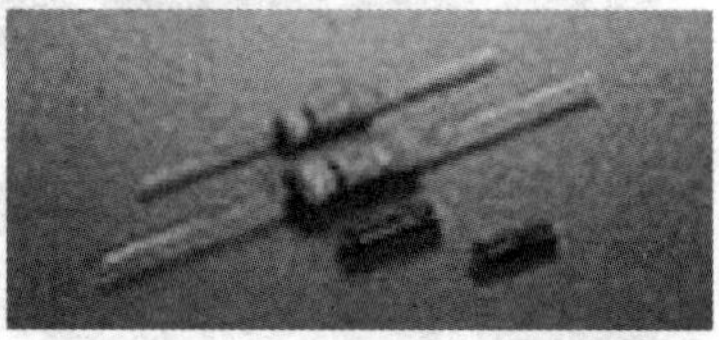
	线绕电阻	用康铜或者镍铬合金电阻丝，在陶瓷骨架上绕制成。 这种电阻分固定式和可变式两种。它的特点是工作稳定，耐热性能好，误差范围小，适用于大功率的场合，额定功率一般在1W以上	
电位器	碳膜电位器	在马蹄形的纸胶板上涂上一层碳膜制成。 它的阻值变化和中间触头位置的关系分直线式、对数式和指数式三种。碳膜电位器分为大型、小型、微型等，有的和开关一起组成带开关电位器。还有一种直滑式碳膜电位器，它是靠滑动杆在碳膜上滑动来改变阻值的。这种电位器调节方便	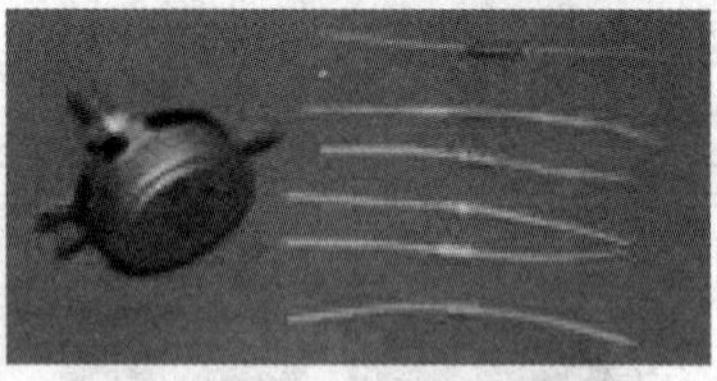
	线绕电位器	用电阻丝在环状骨架上绕制而成。它的特点是阻值范围小，功率较大	

2. 主要性能指标

(1) 额定功率：在规定的环境温度和湿度下，假定周围空气不流通，在长期连续负载而不损坏或基本不改变性能的情况下，电阻器上允许消耗的最大功率。为保证安全使用，一般选其额定功率比它在电路中消耗的功率高1～2倍。额定功率分19个等级，常用的有0.05、0.125、0.25、0.5、1、2、3、5、7、10W。

(2) 标称阻值：为了便于生产，同时满足实际使用的需求，一般将电阻阻值制造为标称阻值的10^n倍，n为整数，标称阻值见表3-2。

表3-2　标称阻值

允许误差	代号	标称阻值
5%	E24	1.0、1.1、1.2、1.3、1.5、1.6、1.8、2.0、2.2、2.4、2.7、3.0、3.3、3.6、3.9、4.3、4.7、5.1、5.6、6.2、6.8、7.5、8.2、9.1
10%	E12	1.0、1.2、1.5、1.8、2.2、2.7、3.3、3.9、4.7、5.6、6.8、8.2
20%	E6	1.0、1.5、2.2、3.3、4.7、6.8

(3) 允许误差：电阻器和电位器实际阻值对于标称阻值的最大允许偏差范围，表示产品的精度。允许误差的等级如表3-3所示。

表3-3　允许误差等级

级别	005	01	02	Ⅰ	Ⅱ	Ⅲ
允许误差(%)	0.5	1	2	5	10	20

(4) 最高工作电压：电阻器长期工作不发生过热或电击穿损坏时的电压。如果工作电压超过规定值，电阻器内部会产生火花，引起噪声，甚至损坏。表3-4是不同标称功率的碳膜电阻的最高工作电压。

表3-4　不同标称功率的碳膜电阻的最高工作电压

标称功率(W)	1/16	1/8	1/4	1/2	1	2
最高工作电压(V)	100	150	350	500	750	1000

(5) 稳定性：衡量电阻在外界条件（温度、湿度、电压、时间、负荷性质等）作用下电阻变化的程度。

1) 温度系数α_t，表示温度每变化1℃时，电阻器阻值的相对变化量，即

$$\alpha_t=\frac{R_2-R_1}{R_1}(1/℃)$$

式中　R_1、R_2——温度t_1和t_2时的电阻值。

2) 电压系数α_U，表示电压每变化1V时，电阻器阻值的相对变化量，即

$$\alpha_U=\frac{R_2-R_1}{R_1(U_2-U_1)}(1/V)$$

式中　R_1、R_2——电压为U_1和U_2时的电阻值。

(6) 高频特性：电阻器在高频条件下使用时，固有的电感和电容对电阻的影响。这时，

电阻器变为一个直流电阻（R_0）先与分布电感串联，然后再与分布电容并联的等效电路。非线绕电阻器的 $L_R=0.01\sim0.05\mu H$，$C_R=0.1\sim5pF$，线绕电阻器的 L_R 达几十微亨，C_R 达几十皮法，即使是无感绕法的线绕电阻器，L_R 仍有零点几微亨。

3. 单位标注

阻值在 1MΩ 以上，标注单位 M。如：1MΩ，标注 1M；2.7MΩ，标注 2.7M。

阻值在 1kΩ～100kΩ 之间，标注单位 k。比如 5.1kΩ 标注 5.1k；68kΩ 标注 68k。阻值在 100kΩ～1MΩ 之间，可以标注单位 k，也可以标注单位 M。比如 360kΩ 可以标注 360k，也可以标注 0.36M。

阻值在 1kΩ 以下，可以标注单位 Ω，也可以不标注。如：5.1Ω 可以标注 5.1Ω 或者 5.1；680Ω 可以标注 680Ω 或者 680。

4. 命名方法

电阻器、电位器的命名由四部分组成：第一部分为主称，用字母表示；第二部分为材料，用字母表示；第三部分为分类特征，用数字或字母表示；第四部分为序号。

电阻器的型号命名方法见表 3-5。

表 3-5 电阻器的型号命名方法

第一部分		第二部分		第三部分		第四部分
用字母表示主称		用字母表示材料		用数字或字母表示特征		序号
符号	意义	符号	意义	符号	意义	
R	电阻器	T	碳膜		普通	包括额定功率、阻值、允许误差、精度等级等
RP	电位器	P	金属膜	1	超高频	
		U	合成膜	2	高阻	
		C	沉积膜	3	高温	
		H	合成膜	4	精密	
		I	玻璃釉膜	7	高压电阻器	
		J	金属膜	8	特殊函数电位器	
		Y	氧化膜	9	特殊	
		S	有机实心	G	高功率	
		N	无机实心	T	可调	
		X	线绕	X	小型	
		R	热敏	L	测量用	
		G	光敏	W	微调	
		M	压敏	D	多圈	

例如 RJ71-0.125-5.1kⅠ型命名含义：R—电阻器；J—金属膜；7—精密；1—序号；0.125—额定功率；5.1k—标称阻值；Ⅰ—误差 5%。

3.1.2 电容器

电容器通常也叫电容，是一种储能元件，充电和放电是电容器的基本功能。在电路中电容器也用于调谐、滤波、耦合、旁路、能量转换和延时等。

电容器是由两个电极及其之间的介电材料构成。介电材料是一种电介质，被置于两块带有等量异性电荷的平行极板间的电场中时，由于极化而在介质表面产生极化电荷，遂使束缚在极板上的电荷相应增加，维持极板间的电位差不变。电容器中储存的电量 Q 等于电容量 C 与电极间的电位差 U 的乘积。电容量与极板面积和介电材料的介电常数 ε 成正比，与介电材料厚度（即极板间的距离）成反比。

1. 分类

常用的电容器按其结构可分为固定电容器、半可变电容器、可变电容器三种，按其介质材料可分为电解电容器、云母电容器、瓷介电容器、玻璃釉电容等。常用电容的结构和特点参见表 3－6。

表 3－6　　常用电容的结构和特点

种类		结构和特点
固定电容器	铝电解电容	由铝圆筒做负极，里面装有液体电解质，插入一片弯曲的铝带做正极制成。铝带需要经过直流电压处理，使正极片上形成一层氧化膜做介质。 其特点是容量大，但是漏电大、误差大、稳定性差，常用于交流旁路和滤波电路，在要求不高时也用于信号耦合回路。电解电容有正、负极之分，使用时不能接反
	纸介电容	由两片金属箔电极夹在极薄的电容纸中，卷成圆柱或者扁柱形芯子，然后密封在金属壳或者绝缘材料（如火漆、陶瓷、玻璃釉等）壳中制成。 其特点是体积较小，容量可以做得较大，但是固有电感和损耗都比较大，用于低频电路中
	金属化纸介电容	结构和纸介电容基本相同，是在电容器纸上覆上一层金属膜来代替金属箔制成。 其特点体积小，容量较大，一般用在低频电路中
	油浸纸介电容	把纸介电容浸在经过特别处理的油里制成，以增强其耐压。 其特点是电容量大、耐压高，但是体积较大
	玻璃釉电容	以玻璃釉作介质，具有瓷介电容器的优点，且体积更小，耐高温
	陶瓷电容	用陶瓷做介质，在陶瓷基体两面喷涂银层，然后烧成银质薄膜做极板制成。它的特点是体积小，耐热性好、损耗小、绝缘电阻高，但容量小，适宜用于高频电路。铁电陶瓷电容容量较大，但是损耗和温度系数较大，适宜用于低频电路
	薄膜电容	结构和纸介电容相同，介质是涤纶或者聚苯乙烯。涤纶薄膜电容，介电常数较高，体积小，容量大，稳定性较好，适宜做旁路电容。聚苯乙烯薄膜电容，介质损耗小，绝缘电阻高，但是温度系数大，可用于高频电路
	云母电容	用金属箔或者在云母片上喷涂银层做电极板，极板和云母一层一层叠合 后，再压铸在胶木粉或封固在环氧树脂中制成。它的特点是介质损耗小，绝缘电阻大、温度系数小，适宜用于高频电路
	钽、铌电解电容	它用金属钽或者铌做正极，用稀硫酸等配液做负极，用钽或铌表面生成的氧化膜做介质制成。它的特点是体积小、容量大、性能稳定、寿命长、绝缘电阻大、温度特性好。用在要求较高的设备中
半可变电容		也叫微调电容。它是由两片或者两组小型金属弹片，中间夹着介质制成。调节的时候改变两片之间的距离或者面积。它的介质有空气、陶瓷、云母、薄膜等
可变电容		它由一组定片和一组动片组成，它的容量随着动片的转动可以连续改变。把两组可变电容装在一起同轴转动，叫双连。可变电容的介质有空气和聚苯乙烯两种。空气介质可变电容体积大，损耗小，多用在电子管收音机中。聚苯乙烯介质可变电容做成密封式的，体积小，多用在晶体管收音机中

2. 主要性能指标

(1) 标称容量和允许误差：电容器的容量是指电容器储存电荷的能力，常用的单位是法(F)、微法（μF)、皮法（pF)。电容器上标有的电容数值是电容器的标称容量，标称容量和它的实际容量会有误差。常用固定电容允许误差的等级见表 3-7，常用固定电容的标称容量系列见表 3-8。一般的，电容器上都直接写出其容量，也有用数字来标志容量的，通常在容量小于 10000pF 的时候，用皮法（pF）做单位，大于 10000pF 的时候，用 μF 做单位。为了简便起见，大于 100pF 而小于 1μF 的电容常常不标注单位。没有小数点的数值，它的单位是 pF，有小数点的，它的单位是 μF。如有的电容上标有“332”（3300pF）三位有效数字，左起两位给出电容量的第一、二位数字，而第三位数字则表示在后加 0 的个数，单位是 pF。

表 3-7 常用固定电容允许误差的等级

允许误差	±2%	±5%	±10%	±20%	(+20%，-30%)	(+50%，-20%)	(+100%，-10%)
级 别	02	Ⅰ	Ⅱ	Ⅲ	Ⅳ	Ⅴ	Ⅵ

表 3-8 常用固定电容的标称容量系列

<table>
<tr><th>电容类别</th><th>允许误差</th><th>容量范围</th><th>标称容量系列</th></tr>
<tr><td rowspan="2">纸介电容、金属化纸介电容、纸膜复合介质电容、低频（有 极性）有机薄膜介质电容</td><td rowspan="2">5%
±10%
±20%</td><td>100pF～1μF</td><td>1.0、1.5、2.2、3.3、4.7、6.8</td></tr>
<tr><td>1μF～100μF</td><td>1、2、4、6、8、10、15、20、30、50、60、80、100</td></tr>
<tr><td rowspan="3">高频（无极性）有机薄膜介质电容、瓷介电容、玻璃釉电容、云母电容</td><td>5%</td><td rowspan="3">1pF～1μF</td><td>1.1、1.2、1.3、1.5、1.6、1.8、2.0、2.4、2.7、3.0、3.3、3.6、3.9、4.3、4.7、5.1、5.6、6.2、6.8、7.5、8.2、9.1</td></tr>
<tr><td>10%</td><td>1.0、1.2、1.5、1.8、2.2、2.7、3.3、3.9、4.7、5.6、6.8、8.2</td></tr>
<tr><td>20%</td><td>1.0 、1.5、2.2、3.3、4.7 、6.8</td></tr>
<tr><td>铝、钽、铌、钛电解电容</td><td>10%
±20%
+50～-20%
+100～-10%</td><td>1μF～1000000μF</td><td>1.0、1.5、2.2、3.3、4.7、6.8
(容量单位 μF)</td></tr>
</table>

(2) 额定工作电压：在规定的工作温度范围内，电容长期可靠地工作，它能承受的最大直流电压，就是电容的耐压，也叫电容的直流工作电压。如果在交流电路中，要注意所加的交流电压最大值不能超过电容的直流工作电压值。常用的固定电容工作电压有 6.3、10、16、25、50、63、100、2500、400、500、630、1000V。

(3) 绝缘电阻：由于电容两极之间的介质不是绝对的绝缘体，它的电阻不是无限大，而是一个有限的数值，一般在 1000MΩ 以上，电容两极之间的电阻叫绝缘电阻，或者叫漏电电阻，大小是额定工作电压下的直流电压与通过电容的漏电流的比值。漏电电阻越小，漏电越严重。电容漏电会引起能量损耗，这种损耗不仅影响电容的寿命，而且会影响电路的工作。因此，漏电电阻越大越好。

(4) 介质损耗：电容器在电场作用下消耗的能量，通常用损耗功率和电容器的无功功率之比，即损耗角的正切值表示。损耗角越大，电容器的损耗越大，损耗角大的电容不适于高频情况下工作。

3. 命名方法

电容器的命名由下列四部分组成：第一部分主称；第二部分材料；第三部分分类特征；第四部分序号。它们的型号及意义见表 3-9 和表 3-10。

表 3-9　　电容器型号命名方法

第一部分		第二部分		第三部分		第四部分
用字母表示主称		用字母表示介质材料		用字母表示特征		序号
符号	意义	符号	意义	符号	意义	
C	电容器	C	瓷			包括：品种、尺寸、代号、温度特性、直流工作电压、标称值、允许误差、标准代号
		I	玻璃釉			
		O	玻璃膜			
		Y	云母			
		V	云母纸			
		Z	纸	T	铁电	
		J	金属化纸	W	微调	
		B	聚苯乙烯	J	金属化	
		F	聚四氟乙烯	X	小型	
		L	涤纶	S	独石	
		S	聚碳酸酯	D	低压	
		Q	漆	M	密封	
		H	纸膜复合	Y	高压	
		D	铝电解	C	穿心式	
		A	钽电解			
		G	金属电解			
		N	铌电解			
		T	钛电解			
		M	压敏			
		E	其他材料			

其中第三部分是数字时，在各电容器中代表特征见表 3-10。

表 3-10　　第三部分是数字时所代表的特征

符号（数字）	特　征			
	瓷介电容器	去母电容器	有机电容器	电解电容器
1	圆片		非密封	箔式
2	管型	非密封	非密封	箔式

续表

符号（数字）	特征			
	瓷介电容器	去母电容器	有机电容器	电解电容器
3	迭片	密封	密封	烧结粉液体
4	独石	密封	密封	烧结粉固体
5	穿心		穿心	
6				
7				无极性
8	高压	高压	高压	
9			特殊	特殊

3.1.3 电感

电感也是一种储能元件，电感元件是电感、互感及变压器的总称，电感通常是指空心线圈或磁芯线圈，电感在电路中可与电容组成振荡电路，也用于能量转换等。

电感线圈是将绝缘的导线在绝缘的骨架上绕一定的圈数制成。为了增加电感量，提高品质因数和减少体积，通常在线圈中加入软磁性材料的磁芯。直流信号可通过线圈，直流电阻就是导线本身的电阻，压降很小；当交流信号通过线圈时，线圈两端将会产生自感电动势，自感电动势的方向与外加电压方向相反，阻碍交流信号通过，所以电感的特性是通直流阻交流。其对交流信号的阻碍作用称为感抗，感抗与交流信号的频率和电感量有关，表示为 $X_L=2\pi fL$，式中 f 表示交流信号的频率；L 表示电感量。

1. 电感分类

大电感全部是线绕的，按结构分为空心电感和磁芯电感。空心电感的线性度好，但受外界干扰严重；磁芯电感器存在磁饱和现象，磁化曲线的弯曲使得电感值不固定。带骨架的电感也是一种线绕电感，骨架起固定作用，如果骨架是磁芯，则为磁芯电感。

按电感量是否可调分为固定电感、可调电感、微调电感。固定电感如小磁环，小引线等；可调电感如中周等，中周在检波和发射中使用，必须带屏蔽罩，克服干扰。

微调电感可满足整机调试的需要，补偿电感生产中的分散性，一次调好后一般不再变动。

2. 电感的标识

电感标识一般有直标法、色标法和数值表示法。

（1）直标法：指在小型固定电感器的外壳上直接用文字标出电感器的主要参数。其中额定电流常用字母标注，小型固定电感器的工作电流和字母的关系如表 3 - 11 所示。

表 3 - 11　　小型固定电感器的工作电流和字母的关系

字母	A	B	C	D	E
最大工作电流（mA）	50	150	300	700	1600

（2）色标法：色标法是指不同颜色表示元件不同参数的方法，如："棕黑金金"表示 1μH、误差为 5%的电感。电感各道色环颜色的意义如表 3 - 12 所示。

表3-12　固定电感器的色环颜色意义

颜色	黑	棕	红	橙	黄	绿	蓝	紫	灰	白	金	银
第一、二数字	0	1	2	3	4	5	6	7	8	9	—	—
倍乘	10^0	10^1	10^2	10^3	—	—	—	—	—	—	0.1	0.01
允许误差	±20%	—	—	—	—	—	—	—	—	—	±20%	±10%

（3）数值表示法：用三位数字表示，前两位表示电感值的有效数字，第三位数字表示0的个数，小数点用R表示，单位μH。如：151表示150μH 2R7表示2.7μH，R36表示0.36μH。

3. 主要性能指标和参数

（1）电感量L：电感量是指电感通过变化电流时产生感应电动势的能力。其大小与磁导率μ、线圈单位长度中匝数n及体积V有关。当线圈长度大于直径时，电感量可表示为

$$L=\mu n^2 V \tag{3-1}$$

电感的基本单位为亨（H）。换算关系有：$1H=10^3mH=10^6\mu H$。

（2）品质因数Q：指电感在某一频率的交流电压作用下工作时，电感的感抗与本身直流电阻的比值。品质因数Q的大小反映电感传输能量的本领，Q越大，传输能量的本领越大，损耗越小，一般要求$Q=50\sim300$。

$$Q=\omega L/R \tag{3-2}$$

式中　ω——工作角频率；

L——线圈电感量；

R——线圈电阻。

（3）额定电流：指电感正常工作时允许通过的最大电流。额定电流主要对高频电感和大功率调谐电感而言。电流超过额定值时，电感将发热，严重时会烧坏。

（4）固有电容：电感线圈的匝与匝之间存在寄生电容，绕组和地之间、与屏蔽罩之间存在电容，这些电容是电感器之间固有的。

3.1.4　晶体二极管

二极管以符号VD表示。按制作材料分，晶体二极管可分为锗管和硅管两种。如图3-6是常用的二极管。

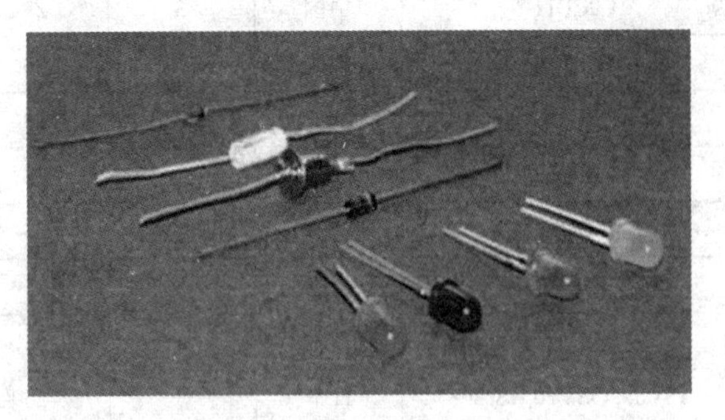

图3-6　常用二极管

1. 二极管分类

（1）整流二极管。将交流电源整流成为直流电流的二极管叫作整流二极管，它是面结合型的功率器件，因结电容大，故工作频率低。

通常，I_F在1A以上的二极管采用金属壳封装，以利于散热，见图3-7（a）；I_F在1A以下的采用全塑料封装，见图3-7（b）；由于近代工艺技术不断提高，国外出现了不少较大功率的二极管，也采用塑封形式。

（2）检波二极管。检波二极管是用于把叠加在高频载波上的低频信号检出来的器件，它

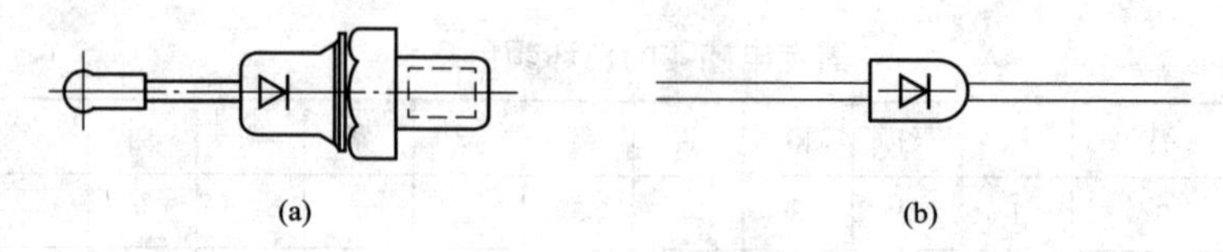

图 3-7　二极管封装

(a) 全密封金属结构；(b) 塑料封装

具有较高的检波效率和良好的频率特性。

(3) 开关二极管。在脉冲数字电路中，用于接通和关断电路的二极管叫开关二极管，它的特点是在正向电压作用下电阻很小，处于导通状态；在反向电压作用下电阻很大，处于截止状态。开关二极管是一种高频管，恢复时间短，能满足高频和超高频应用的需要。

(4) 稳压二极管。稳压二极管是由硅材料制成的面结合型晶体二极管，它是利用 PN 结反向击穿时的电压基本上不随电流的变化而变化的特点，来达到稳压的目的，因为它能在电路中起稳压作用，故称为稳压二极管，简称稳压管。

稳压管常用于限幅电路，电路利用稳压二极管反向击穿后的电压不变来稳定输出电压的幅度。因为一只稳压管的稳定电压为 4.5V，两只背靠背连接时输出电压约为±5V。

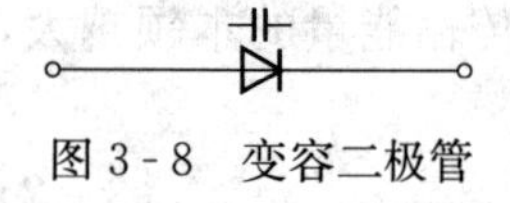

图 3-8　变容二极管图形符号

(5) 变容二极管。变容二极管是利用 PN 结的电容随外加偏压而变化这一特性制成的非线性电容元件，被广泛地用于参量放大器，电子调谐及倍频器等微波电路中。变容二极管主要是通过结构设计及工艺等一系列途径来突出电容与电压的非线性关系，并提高 Q 值以适合应用。其图形符号如图 3-8 所示。变容二极管的结构与普通二极管相似，其符号如图 3-8 所示，几种常用变容二极管的型号参数见表 3-13。

表 3-13　　变容二极管的型号参数

型号	产地	反向电压（V）		电容量（pF）		电容比	使用波段
		最小值	最大值	最小值	最大值		
2CB11	中国	3	25	2.5	12		UHF
2CB14	中国	3	30	3	18	6	VHF
BB125	欧洲	2	28	2	12	6	UHF
BB139	欧洲	1	28	5	45	9	VHF
MA325	日本	3	25	2	10.3	5	UHF
ISV50	日本	3	25	4.9	28	5.7	VHF
ISV97	日本	3	25	2.4	18	7.5	VHF
ISV59. OSV70/IS2208	日本	3	25	2	11	5.5	UHF

2. 主要参数

(1) 正向电流 I_F：在额定功率下，允许通过二极管的电流值。

(2) 正向电压降 U_F：二极管通过额定正向电流时，在两极间所产生的电压降。

(3) 最大整流电流（平均值）I_{OM}：在半波整流连续工作的情况下，允许的最大半波电流的平均值。

（4）反向击穿电压U_P：二极管反向电流急剧增大到出现击穿现象时的反向电压值。

（5）正向反向峰值电压U_{RM}：二极管正常工作时所允许的反向电压峰值，通常U_{RM}为U_P的三分之二或略小一些。

（6）反向电流I_R：在规定的反向电压条件下流过二极管的反向电流值。

（7）结电容C：在高频场合下使用时，要求结电容小于某一规定数值。

（8）最高工作频率F_M：二极管具有单向导电性的最高交流信号的频率。

3.1.5　三极管

半导体双极型三极管又称晶体三极管，通常简称晶体管或三极管，它是一种电流控制电流的半导体器件，可用来对微弱信号进行放大和作无触点开关。它具有结构牢固、寿命长、体积小、省电等一系列独特优点，故在各个领域得到广泛应用。

1. 三极管分类

晶体三极管在电路中的电气符号如图3-9所示，其中（a）为NPN三极管的电气符号，（b）为PNP三极管的电气符号。

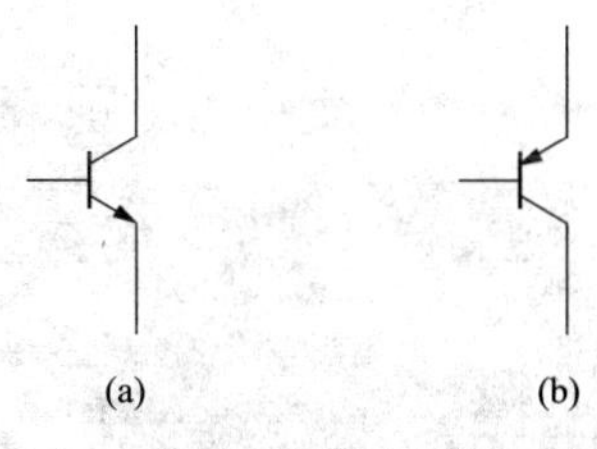

图3-9　三极管的电气符号

常见的三极管有以下几种：普通小功率三极管、中功率三极管、金属外壳三极管、大功率金属外壳三极管、贴片三极管等。

（1）普通小功率三极管通常采用TO-92封装，如图3-10所示为9013三极管，其引脚顺序为E、B、C（引脚向下，面向元件型号）。

（2）如图3-11所示为NPN型中功率三极管TIP41，其引脚顺序为B、C、E（引脚向下，面向元件型号），中功率三极管通常采用TO-220封装。

图3-10　小功率9013三极管

图3-11　中功率三极管TIP41

（3）如图3-12（a）所示为开关三极管2N2222A，该三极管为NPN型三极管，采用金属外壳封装TO-18或TO-39，其引脚顺序如图3-12（b）所示，引脚向下，从凸起位置依次为E、B、C。

（4）大功率金属外壳三极管如图3-13所示，其封装形式通常为TO-3，其外壳通常为集电极（C），另外两个引脚分别为基极（B）和发射极（C）。

（5）如图3-14为贴片三极管8550，8550为小功率PNP三极管，其贴片型号为2TY，引脚顺序如图3-14所示。

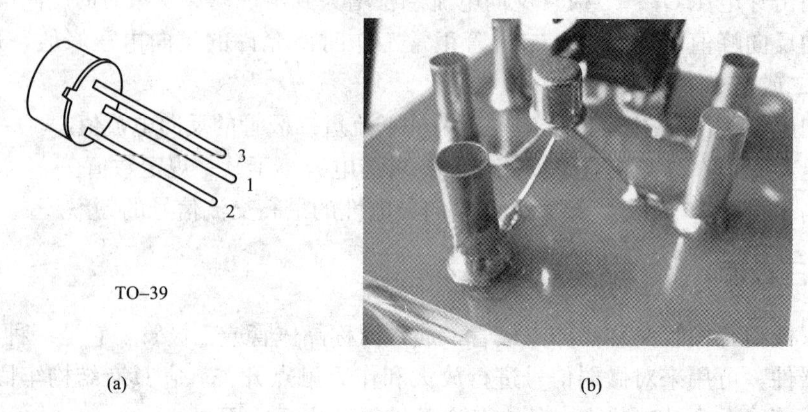

图 3-12　开关三极管 2N2222A

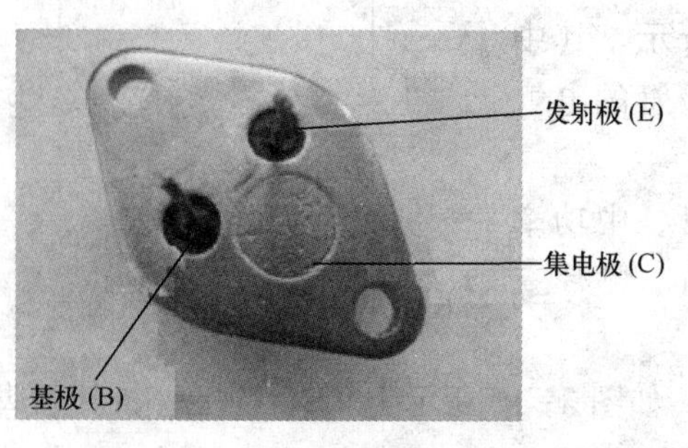

图 3-13　大功率金属外壳三极管

图 3-14　贴片三极管 8550

2. 三极管的命名方法

双结型三极管相当于两个背靠背的二极管 PN 结。按极性分，三极管有 PNP 和 NPN 两种，多数国产管用×××表示，其中每一位都有特定含义：如 3AX，第一位 3 代表三极管；第二位代表材料和极性，A 代表 PNP 型锗材料；B 代表 NPN 型锗材料；C 为 PNP 型硅材料；D 为 NPN 型硅材料；第三位表示用途，其中 X 代表低频小功率管；D 代表低频大功率管；G 代表高频小功率管；A 代表高频大功率管。

常用的进口管有韩国的 90××、80××系列，欧洲的 2S×系列，在该系列中，第三位含义同国产管的第三位基本相同。常用的中小功率三极管见表 3-14。

表 3-14　　常用中小功率三极管

型号	材料与极性	P_{cm}（W）	I_{cm}（mA）	BU_{cbo}（V）	f_T（MHz）
3DG6C	SI-NPN	0.1	20	45	＞100
3DG7C	SI-NPN	0.5	100	＞60	＞100
3DG12C	SI-NPN	0.7	300	40	＞300
3DG111	SI-NPN	0.4	100	＞20	＞100
3DG112	SI-NPN	0.4	100	60	＞100

续表

型号	材料与极性	P_{cm}（W）	I_{cm}（mA）	BU_{cbo}（V）	f_T（MHz）
3DG130C	SI-NPN	0.8	300	60	150
3DG201C	SI-NPN	0.15	25	45	150
C9011	SI-NPN	0.4	30	50	150
C9012	SI-PNP	0.625	−500	−40	
C9013	SI-NPN	0.625	500	40	
C9014	SI-NPN	0.45	100	50	150
C9015	SI-PNP	0.45	−100	−50	100
C9016	SI-NPN	0.4	25	30	620
C9018	SI-NPN	0.4	50	30	1.1G
C8050	SI-NPN	1	1.5A	40	190
C8580	SI-PNP	1	−1.5A	−40	200
2N5551	SI-NPN	0.625	600	180	
2N5401	SI-PNP	0.625	−600	160	100
2N4124	SI-NPN	0.625	200	30	300

3. 晶体三极管的选用

I_{CEO}的增大将直接影响三极管的工作稳定性，在使用中尽量选用I_{CEO}小的管子。在开关电路中，要充分考虑三极管的开关特性，一般NPN型三极管V_{BE}约为0.7V，PNP型晶体管V_{BE}为0.2～0.3V。在使用中防止电压电流超出最大值，也不允许两个参数同时达到极限。三极管的基本参数相同就能互相替换，性能高的可以代替性能低的。一般硅管、锗管不能互相替换。

3.1.6　集成电路

集成电路有TTL和MOS电路两种。在使用TTL和MOS电路时，要认真阅读产品有关资料，了解其引脚分布情况及极限参数，并注意以下问题：

（1）TTL电路为正逻辑系统，即高电平是大约3.4V的正电压，低电平0.2～0.35V。TTL器件有5400系列（军用）和7400系列（民用）两种，7400系列的电源电压范围为4.75～5.25V（5V±0.25V），工作温度范围0～70℃。

（2）CMOS电路是互补金属氧化物半导体集成电路的简称。我国最常用的CMOS逻辑电路为CC4000系列，其工作电压范围为3～18V。CC4000系列产品与国际标准相同，只要后四位的数字相同，均为相同功能、相同特性的器件，可以与国外CD、MC、TC等系列直接互换。

（3）不同供电电压的TTL器件在输入端具有5V容量限制的情况下可以直接接口；不同供电电压的CMOS器件由于电平不匹配不能直接连接。

国产模拟集成电路命名方法如表 3 - 15 所示。

表 3 - 15　　器件型号的组成

第 0 部分		第 1 部分		第 2 部分	第 3 部分		第 4 部分	
用字母表示器件符合国家标准		用字母表示器件的类型		用阿拉伯数字表示器件的系列和品种代号	用字母表示器件的工作温度范围		用字母表示器件的封装	
符号	意义	符号	意义		符号	意义	符号	意义
C	符合国家标准	T	TTL 电路	一般四位，与国际品种保持一致	C	0～70℃	W	陶瓷扁平
		H	HTL 电路		E	−40～85℃	B	塑料扁平
		E	ECL 电路		R	−55～85℃	F	多层陶瓷扁平
		C	CMOS 电路		M	−55～125℃	D	多层陶瓷双列直插
		F	线性放大器		…		P	塑料双列直插
		D	音响、电视电路				J	黑陶瓷双列直插
		W	稳压器				K	金属菱形
		J	接口电路				T	金属圆形
		B	非线性电路				…	
		M	存储器					
		…	…					

国外部分公司及产品代号如表 3 - 16 所示。

表 3 - 16　　国外部分公司及产品代号

公司名称	代号	公司名称	代号
美国无线电公司（BCA）	CA	美国悉克尼特公司（SIC）	NE
美国国家半导体公司（NSC）	LM	日本电气工业公司（NEC）	μPC
美国莫托洛拉公司（MOTA）	MC	日本日立公司（HIT）	RA
美国仙童公司（PSC）	μA	日本东芝公司（TOS）	TA
美国德克萨斯公司（TII）	TL	日本三洋公司（SANYO）	LA，LB
美国模拟器件公司（ANA）	AD	日本松下公司	AN
美国英特西尔公司（INL）	IC	日本三菱公司	M

3.2 常用传感器

传感器是能感受规定的测量量并按一定规律转换成可用输出信号的器件或装置。也就是说，传感器是一种按一定的精度，把被测量量转换为与之有确定关系的、便于应用的某种物理量的测量器件或装置，用于满足系统信息传输、存储、显示、记录及控制等要求。“可用输出信号”是指便于传输、转换及处理的信号，一般是指电信号，而“规定的测量量”一般是指非电信号。

传感器一般由敏感元件、转换元件、信号调理、转换电路和辅助电源等组成，如图3-15所示。

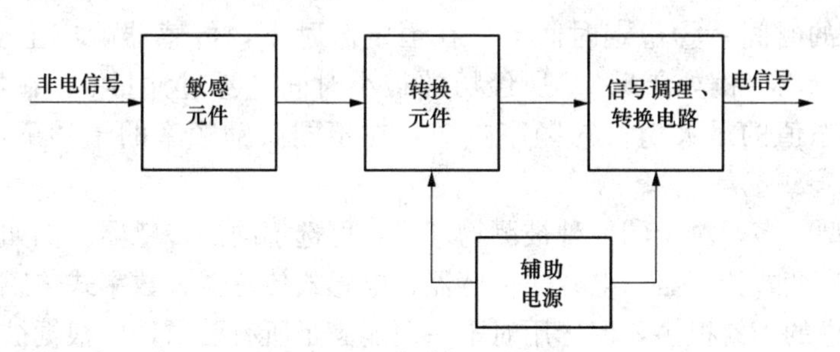

图3-15　传感器一般组成

传感器的图形符号是电气图用图形符号的一个组成部分。GB/T 14479—1993《传感器图用图形符号》规定，传感器的图形符号由符号要素正方形和等边三角形组成。GB/T 14479—1993给出了43种常用传感器的图形符号示例。图3-16中给出三种典型的传感器图形符号，图3-16（a）为电容式压力传感器，图3-16（b）为压电式加速度传感器，图3-16（c）为电位器式压力传感器。

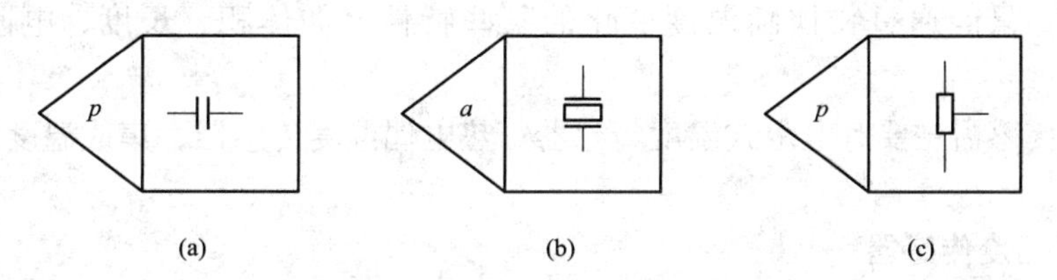

图3-16　典型的传感器图形符号

（a）电容式压力传感器；（b）压电式加速度传感器；（c）电位器式压力传感器

传感器性能特性一般包括两个方面：静态特性和动态特性。

（1）传感器的静态特性是指传感器在静态工作状态下的输入输出特性。传感器的主要静态性能指标：①灵敏度（sensitivity）：灵敏度表示传感器的响应的变化量Δy与相应的激励的变化量Δx之比；②精度（accuracy）：传感器测量结果与被测量的真值之间的一致程度，它反映了测量结构中系统误差与随机误差的综合；③线性度（linearity）：指其输出量与输入量之间的关系曲线偏离理想直线的程度，又称其为非线性误差；④分辨率（resolution）：传感器能检测到输入量最小变化量的能力称为分辨率；⑤稳定性（stability）：指在规定条件下，传感器保持其特性恒定不变的能力；⑥迟滞（hysteresis）：对于某一输入量，传感器在正行程时的输出量明显地、有规律地不同于其在反行程时在同一输入量作用下的输出量；⑦重复性（repeatability）：在相同的工作条件下，在一段短的时间间隔内，输入量从同一方向做满量程变化时，同一输入量值所对应的连续先后多次测量所得的一组输出量值，它们之间相互偏离的程度。

（2）传感器的动态特响应特性指在被测物理量随时间不断变化的情况下，传感器的输出跟随被测量的变化。输入信号随时间变化时，引起输出信号也随时间变化，这个过程称为响应。动态特性就是指传感器的响应特性，通常要求传感器不仅能精确地显示被测量的大小，而且还能复现被测量随时间变化的规律，这也是传感器的重要特性之一。

传感器的主要动态性能指标：①时间常数 τ：表示在恒定激励下，传感器响应从 0 达到稳态值的 63.2%所需的时间；②上升时间 t_r：在恒定激励下，传感器响应从稳态值的 10%～90%所需的时间；③稳定时间 t_s：在恒定激励下，传感器响应上下波动稳定在稳态值规定百分比以内（例如±5%）所经历的最小时间；④过冲量 δ：在恒定激励下，传感器响应超过稳态值的最大值；⑤频率响应：在不同激励频率的激励下，传感器响应幅值的变化情况。

传感器的类型很多，对于同一种被测物理量，可选不同的传感器。例如被测物理量是位移，可以选电阻应变式传感器、电容式传感器、电感式传感器、数字式传感器等。当然，选用传感器时应考虑的因素很多，但选用时不一定能满足所有要求，应根据被测参数的变化范围、传感器的性能指标、环境等要求选用。通常，选用传感器要分析和掌握被测对象和现场的工作环境，根据这些条件来确定选用的传感器类型，然后综合考虑传感器技术指标来确定所选传感器。

3.2.1 温度测量传感器

温度是表征物体冷热程度的物理量，它体现了物体内部分子运动状态的特征。温度是不能直接测量的，只能通过物体随温度变化的某些特性（如体积、长度、电阻等）来间接测量。

温度测量传感器主要有电阻式温度传感器、热电偶温度传感器、集成温度传感器、红外测温技术等。

1. 电阻式温度传感器

电阻式温度传感器是利用导体或半导体的电阻率随温度变化而变化的原理制成的，它将温度变化转化为元件电阻的变化，通过测量电阻间接地测量温度或者与温度有关的参数。按照其制造材料来分，电阻式温度传感器可分为金属热电阻（简称热电阻）及半导体热电阻（简称热敏电阻）两种。

（1）金属热电阻。常用金属热电阻主要有铂电阻和铜电阻。工业用的铂电阻体，一般由直径 0.03～0.07mm 的纯铂丝绕在平板形支架上，通常采用双线电阻丝，引出线用银导线。它能用作工业测温元件和作为温度标准，按国际温度标准 IPTS—68 规定，在－259.34～630.74℃的温度范围内，以铂电阻温度计作基准器。

铜电阻一般工作在－50～150℃范围内。铜电阻的缺点是电阻率较低，电阻的体积较大，热惯性也较大，当温度高于 100℃时易氧化。因此，铜电阻只能适于在低温和无侵蚀性的介质中工作。

铂电阻和铜电阻的技术参数参见表表 3 - 17 和表 3 - 18。

（2）半导体热敏电阻。半导体热敏电阻具有灵敏度高、电阻值高、结构简单、体积小，热惯性小，响应时间短等特点，响应时间通常为 0.5～3s。热敏电阻可根据使用要求加工成各种形状，特别是能够做到小型化，目前的珠状热敏电阻的直径仅为 0.2mm。

表 3-17　**铂电阻技术参数**

名称	等级	分度号	测温范围（℃）	允许偏差（℃）
铂热电阻	A	Pt10	−200～850	±（0.15+0.002｜T｜）
		Pt100		
	B	Pt10		±（0.30+0.005｜T｜）
		Pt100		

表 3-18　**铜电阻技术参数**

名称	分度号	测温范围（℃）	允许偏差（℃）	0℃时电阻值（Ω）
铜热电阻	Cu50	−50～150	±（0.30+0.006｜T｜）	50.000±0.050
	Cu100			100.00±0.10

此外半导体热敏电阻的化学稳定性好，机械性能好，价格低廉，使用寿命长。其缺点是阻值与温度呈非线性关系，且互换性差。

半导体热敏电阻主要有正温度系数热敏电阻（PTC）、负温度系数热敏电阻（NTC）和临界温度系数热敏电阻（CTR）。

2. 热电偶温度传感器

将两种不同的导体A和B串接成一个闭合回路，若导体A和B的两接点处的温度不同，两者之间便会产生电动势，这种现象称为热电效应。由此效应产生的电动势，通常称为热电动势。热电偶就是利用这一效应来工作的，热电偶的结构如图3-17所示，由导体A和B组成的叫热电偶回路，材料A和B称为热电极；T端称为测量端或工作端；T_0端称为参考端、冷端或自由端。如果材料A、B确定，当温度$T>T_0$时，则回路的总的热电势表示为

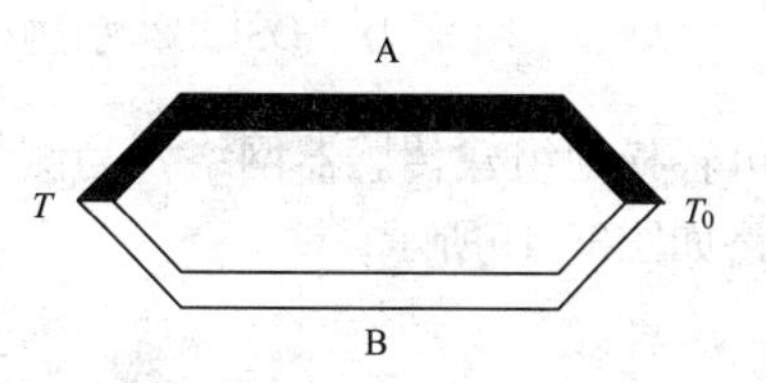

图3-17　热电偶结构图

$$E_{AB}(T,\ T_0)=f(T)-f(T_0)$$

热电势的大小只与热电偶两端接电的温度有关，如果T_0已知且恒定，则$f(T_0)$为常数，总回路热电势$E_{AB}(T,\ T_0)$只是工作端温度T的单值函数。热电势的大小只与热电极的材料和两端温度有关，与热电偶的几何尺寸、形状等无关。表3-19是标准化热电偶参数。

表 3-19　**标准化热电偶参数**

型号	电极材料	测温范围（℃）	型号	电极材料	测温范围（℃）
S	铂铑10-铂	−50～1768	N	镍铬硅-镍硅	−270～1300
R	铂铑13-铂	−50～1768	E	镍铬-康铜	−270～1000
B	铂铑30-铂铑6	0～1820	J	铁-康铜	−210～1200
K	镍铬-镍硅	−270～1372	T	铜-康铜	−270～400

3. 集成温度传感器

集成温度传感器包括模拟集成温度传感器和数字温度传感器两种。

(1) 模拟集成温度传感器主要分为两大类：一类为电压型集成温度传感器，另一类为电流型集成温度传感器。①电压型集成温度传感器是将温度传感器、基准电压、缓冲放大器集成在同一芯片上，制成一个两端器件；②电流型集成温度传感器是把线性集成电路和薄膜工艺元件集成在一块芯片上，再通过激光修版微加工技术，制造出性能优良的测温传感器。

(2) 数字温度传感器内部包含温度传感器、A/D 转换器、信号处理器、存储器和接口电路。其特点是能输出温度数据及相关的温度控制量，适配各种微控制器。

比较常用的数字温度传感器是基于 1-wire 接口的 DS18B20。DS18B20 是 DALLAS（达拉斯）公司生产的一款超小体积、超低硬件开销、抗干扰能力强、精度高、附加功能强的温度传感器。与传统的热敏电阻有所不同，数字温度传感器可以直接将温度转化成串行数字信号供微机处理，而且通过简单编程可以实现 9 位温度读取。

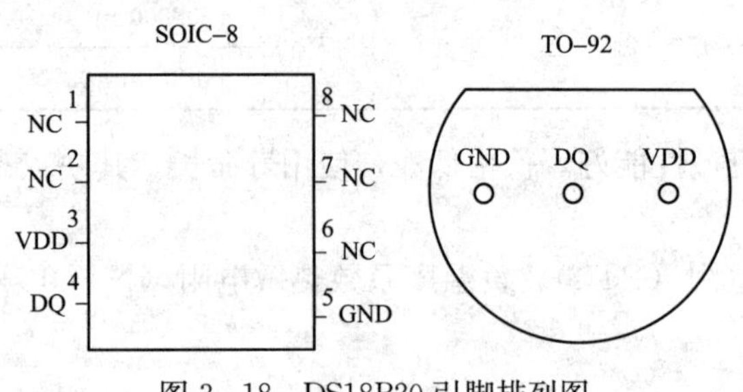

图 3-18　DS18B20 引脚排列图

图 3-18 是 DS18B20 引脚排列图，GND 为电源端，DQ 为数字信号输入/输出端，VDD 为外接供电电源输入端。

采用单总线的接口方式与微处理器连接时，仅需要一条口线即可实现微处理器与 DS18B20 的双向通讯。单总线具有经济性好，抗干扰能力强，使用方便等优点，适合于恶劣环境的现场温度测量，使用户可轻松地组建传感器网络，为测量系统的构建引入全新概念。DS18B20 构成的多点测温电路如图3-19所示。

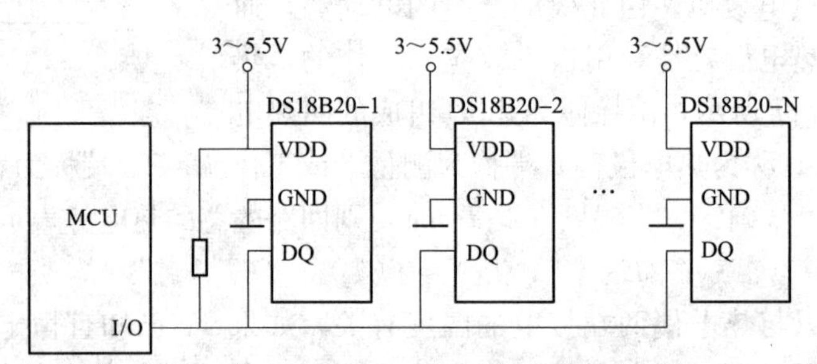

图 3-19　DS18B20 构成的多点测温电路

4. 红外测温技术

(1) 原理。红外辐射的物理本质是热辐射。自然界中的任何物体，只要它的温度高于绝对零度，都会有一部分能量以电磁波形式向外辐射，物体的温度越高，辐射出来的红外线就越多，辐射的能量就越强。

红外测温是辐射式测温的一种。在自然界中，一切温度高于绝对零度的物体都会辐射红外线，描述黑体辐射光谱分布的普朗克公式和黑体全辐射度与温度关系的斯蒂芬—玻尔兹曼定律，是辐射测温法的基本理论依据

通过测量物体自身辐射的红外能量可准确确定物体的表面温度，即按事先规定的时间周期把输入信号转变为光谱信号，再通过简单分析定性地得到物质的大概发射率，并计算出物体对应的黑体光强辐射度，从而得到实际物体的大概温度。

（2）核心设备。红外传感器一般由光学系统、红外探测器、信号调理电路及显示单元等组成。红外探测器是红外传感器的核心。红外探测器是利用红外辐射与物质相互作用所呈现的物理效应来探测红外辐射的。

红外探测器的种类很多，按探测机理的不同，可分为热探测器和光子探测器两大类。热探测器主要有四类：热释电型、热敏电阻型、热电阻型和气体型。

利用光子效应制成的红外探测器称为光子探测器。光子探测器的工作机理是利用入射光辐射的光子流与探测器材料中的电子互相作用，从而改变电子的能量状态，引起各种电学现象，这种现象称为光子效应。光子探测器有内光电和外光电探测器两种，后者又分为光电导、光生伏特和光磁电探测器三种。

（3）应用。目前应用红外诊断技术的测试设备比较多，如红外测温仪、红外热电视、红外热像仪等。红外热电视、红外热像仪等设备利用热成像技术将这种看不见的“热像”转变成可见光图像，使测试效果直观、灵敏度高、可靠性高。它能检测出设备细微的热状态变化，准确反映设备外部及内部的发热情况，对发现设备隐患非常有效。红外诊断技术对电气设备的早期故障缺陷及绝缘性能做出可靠的预测，实现对电气设备的预防性试验维修。红外状态监测和诊断技术具有远距离、不接触、不取样、不解体，又具有准确、快速、直观等特点。同时，实时在线监测和诊断技术几乎可以覆盖所有电气设备各种故障的检测。因此，红外检测技术的应用，对提高电气设备的可靠性与有效性，提高运行经济效益，降低维修成本都有很重要的意义。

3.2.2　力与压力传感器

力与压力传感器是工业实践中最为常用的一种传感器，其广泛应用于各种工业自控环境，涉及水利水电、铁路交通、智能建筑、生产自控、航空航天、军工、石化、油井、电力、船舶、机床、管道等众多行业。

1. 电阻式压力传感器

电阻式压力传感器可以分为金属电阻应变式传感器和压阻式传感器两种。

（1）金属电阻应变式传感器是利用应变效应原理制成的一种测量微小机械变化量的传感器，它是由弹性元件和电阻应变片构成。当弹性元件感受被测物理量时，其表面产生应变，粘贴在弹性元件表面的电阻应变片也产生应变，其阻值将随着弹性元件的应变而变化。这种因形变而使其电阻值发生变化的现象被称为应变效应。通过测量电阻应变片的电阻值，可以测算出被测的物理量。金属电阻应变传感器具有结构简单、测量精度高、使用方便、动态性能好等特点，被广泛应用于测量力、力矩、压力、加速度、重量等参数。

（2）尽管金属电阻应变式传感器具有性能稳定、精度较高等优点，但却存在一大弱点，就是灵敏系数低。在20世纪50年代中期出现了半导体应变片制成的压阻式传感器，其灵敏系数比金属电阻式传感器高几十倍，而且具有体积小、分辨率高、工作频带宽、机械迟滞小、传感器与测量电路可实现一体化等优点。

如图3-20所示为压阻式传感器的结构框图。弹性敏感元件将被测量Δx转换成为中间变量σ，压阻式变换器将其转换成电阻的变化量ΔR，通过ΔR

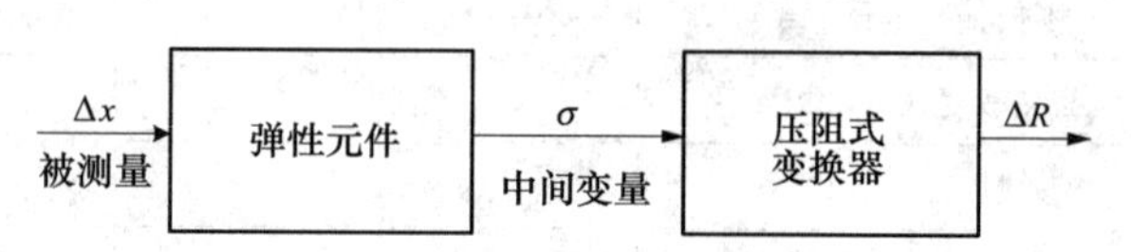

图3-20　压阻式传感器结构框图

的测量可以得到被测量。

2. 压电式传感器

压电式传感器是基于某些介质材料的压电效应原理工作的，是一种典型的有源传感器。由于压电式转换元件具有体积小、重量轻、结构简单、固有频率高、工作可靠以及信噪比高等特点，使它成为一种典型的力敏元件，被广泛地应用于压力、加速度、机械冲击和振动等诸多物理量的测量中。

压电效应是材料受到应力作用时所产生的电极化现象，是一种可逆效应。因此，当在材料两侧之间施加电压时，材料便产生应变。某些电介质物体在某方向受压力或拉力作用产生形变时，表面会产生电荷，外力撤销后，又回到不带电状态，这种现象称为压电效应。当作用力方向改变时，电荷极性随之改变，把这种机械能转化为电能的现象，称为正压电效应；反之，当在电介质极化方向施加电场，这些电介质会产生几何变形，这种现象称为“逆压电效应”。

压电式传感器的基本原理就是利用压电材料的压电效应这个特性，即当有力作用在压电元件上时，传感器就有电荷（或电压）输出。压电元件两电极间的压电陶瓷或石英都是绝缘体，因此就构成一个电容器，当压电元件受外力作用时，两表面产生等量的正、负电荷 Q，压电元件的开路电压 U 可以测出，即可测算出压力大小。

3. 集成压力传感器

所谓集成传感器就是采用集成电路技术及微机械加工技术，将敏感元件与信号处理电路集成在一起，或将多种敏感元件置于同一块基片上所成的传感器。传感器的集成化有两种途径：

（1）利用集成电路制造技术和微机械加工技术，将多个功能相同、功能相近或功能不同的单个敏感元件集成为一维线型传感器或二维面型（阵列）传感器，使传感器的检测可由点到面、甚至到体，从而实现信息多维化，变单参数检测为多参数检测；

（2）利用微电子电路制作技术和微型计算机接口技术，将传感器与调理补偿等电路集成在同一芯片上，使传感器由单一的信号变换功能扩展为兼具放大、运算、补偿等用途，从而实现横向和纵向检测的多功能化。

集成压力传感器用得较多的是 MPX 系列，表 3-20 是 MPX100 系列硅压力传感器主要技术参数。

表 3-20　MPX100 系列硅压力传感器主要技术参数

参数	最小值	典型值	最大值
压力（kPa）	0	—	10
电源电压（V）	—	3.0	6.0
满量程输出电压（mV）	45	60	90
零位偏差电压（mV）	0	20	35
灵敏度（mV/kPa）	—	0.6	—
线性度（%FSS）	−2.5	—	+2.5
压力迟滞（%FSS）	−0.1	—	+0.1

续表

参数	最小值	典型值	最大值
满量程温度系数（%/℃）	−0.22	−0.19	−0.16
电阻温度系数（%/℃）	0.21	0.24	0.27
输入阻抗（Ω）	400	—	550
输出阻抗（Ω）	750	—	1875
响应时间（ms）	—	1.0	—
稳定度（%FSS）	—	—	±0.5

4. 压磁式传感器

压磁式传感器（也称磁弹性传感器）是一种压力传感器。它的作用原理是建立在磁弹性效应的基础上，即利用这种传感器将作用力变换成传感器磁导率的变化，并通过磁导率的变化输出相应变化的电信号。

压磁式传感器有以下优点：①输出功率大，信号强；②结构简单，牢固可靠；③抗干扰性能好，过载能力强；④便于制造，工艺简单，成本低；⑤压磁式压力传感器既适于静态，又适于动态力测量；⑥与压电式传感器相比，信号放大电路简单，无须电荷放大器，无须特殊的同轴电缆，只用一般导线即可；⑦与电阻应变式传感器相比，无须粘贴，安装方法简单。

3.2.3　位移传感器

无论是科学研究还是生产实践中，需要进行位移测量的场合非常多。此外，还有许多被测物理量可以转化为位移进行测量，如压力、位置等都可以通过某种转换部件，先将它们转换为直线位移，然后通过测量位移间接得到被测量。在不同的场合、不同的应用领域，对位移测量传感器的要求差异也很大，比如测量范围、测量精度、动态响应等。因此，位移测量传感器的种类也是相当多，并且各自的特性也不相同。

位移传感器按照原理可以分为：电感式位移传感器、电涡流式传感器、电容式位移传感器、光栅传感器、霍尔传感器、微波传感器、超声波传感器等。

（1）电感式位移传感器是基于电磁感应原理，将输入量转换成电感变化量的一种装置。其原理图如图3-21所示，位移变化引起电感量L变化，反过来根据电感量L可以得出位移变化量。常配以不同的敏感元件用来测量位移、压力、振动等物理参数。

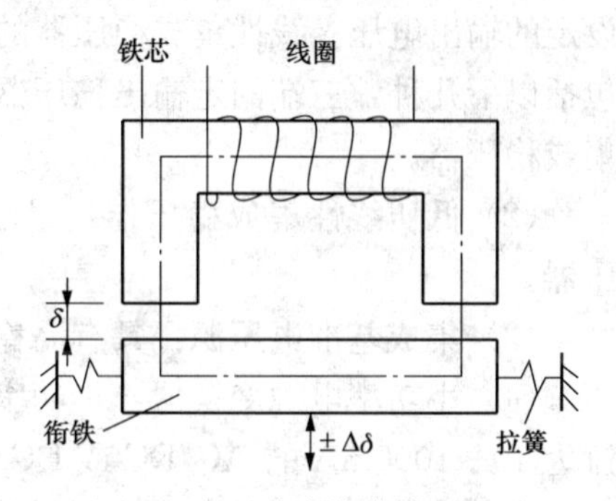

图3-21　电感式传感器原理图

（2）电涡流式位移传感器是基于法拉第电磁感应原理，其原理图如图3-22。当传感器线圈通以正弦交变电流I_1时，线圈周围空间将产生正弦交变磁场H_1，被测导体内产生呈涡旋状的交变感应电流I_2，称电涡流效应。电涡流产生的交变磁场H_2与H_1方向相反，它使传感器线圈等效阻抗发生变化。通常只要控制相关参数在一定范围内不变，则线圈的特征阻抗就成为位移的单值函数，从而由特征阻抗测得位移量。

(3) 电容式位移传感器原理是将被测非电量转换为电容量的变化，其原理图如图 3-23 所示。位移的改变使得极距 δ 和面积 A 发生变化，引起电容值变化。按照实现方式电容式位移传感器分为变面积型电容传感器、变介电常数型电容传感器。

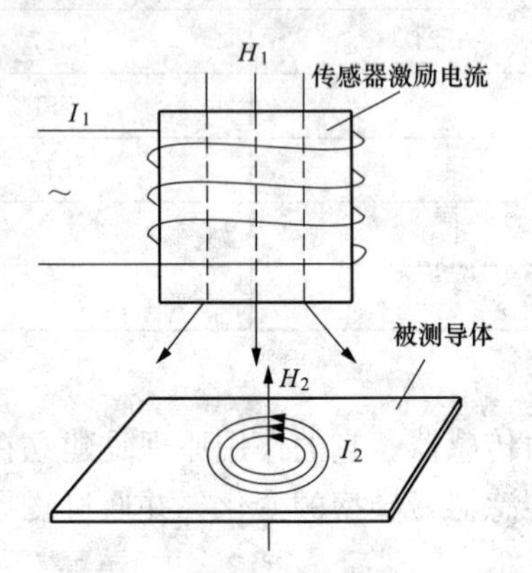

图 3-22 电涡流式传感器原理图

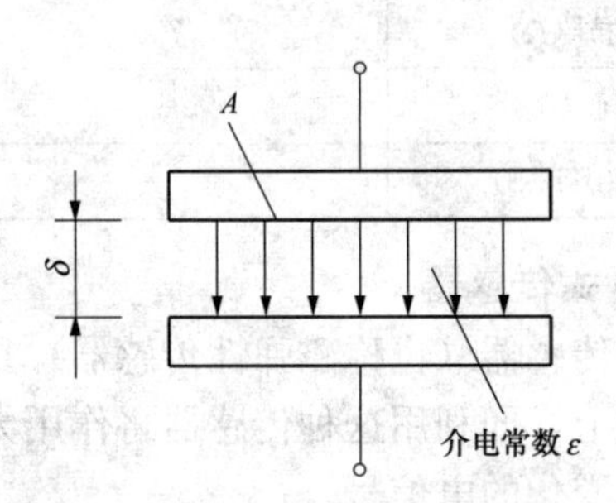

图 3-23 电容式位移传感器原理图

此外，位移传感器还有光栅传位移传感器、微波传感器、超声波传感器等几种。

3.3 常用线性集成电源电路

电源是电子设备的基础部件，为电路系统提供持续的、稳定的电能，直接影响电子产品的质量，因此电源的设计越来越重要。电源技术发展的标志之一是电源的集成化，集成电源使电源向小型化方向发展并提高电源效率。

集成电源是将电源电路中的部分电路（放大器、振荡器、比较器、控制电路、保护电路等）及元器件（二极管、三极管、电阻等）集成化，制作在一个硅片上，或将不同芯片组装在一个壳体内构成的电源集成电路。集成电源是集成电路的一个分支，他具有通用性强、体积小、稳定性高、输入阻抗低、温度特性好等优点，应用也十分广泛。

集成电源可以分为：

(1) 线性集成稳压器：线性集成稳压器利用有源器件导通电阻的可变性将输入电压降至设定的输出电压。线性集成稳压器的调整管工作在线性区，故称线性电源。线性集成稳压器包括以下几种：三端固定输出稳压器；三端可调输出稳压器；多端可调输出稳压器；跟踪式集成稳压器。

(2) 低压线性集成稳压器：最小压差小于 0.6V 的线性集成稳压器称低压线性集成稳压器。

(3) 集成基准电压源：具有高稳定度的电压源称基准电压源。

(4) 小功率电源变换器：小功率电源变换器是指输出功率为几毫瓦至十几毫瓦，输出电流为 10～1000mA 的 AC/DC 或 DC/DC 变换器，转换效率为 80%～95%。

(5) 脉冲调制器：由脉冲调制器可组成开关电源，开关电源的功率管工作在开关状态，故称开关电源。

(6) 单片机集成开关电源：单片式集成开关电源内含 PWM 调制器、功率开关管、偏置电路、保护电路、启动电路、补偿电路等。

（7）开关式集成稳压器：开关式集成稳压器内含基准电压源、锯齿波发生器、脉宽调制器、开关功率管及保护电路。

3.3.1　三端固定式正集成稳压器

三端固定式集成稳压器具有完善的过压、过流、过热保护功能。三端稳压器只有三个端子：输入端 U_1、输出端 U_0 和公共端 GND。其外围电路简单，不需要调整，应用方便。三端固定式集成稳压器是集成电源的主要分支，代表的产品有 78 系列（正输出）和 79 系列（负输出）。摩托罗拉公司生产的 78 系列三端固定正输出稳压器的主要参数见表 3-21。

表 3-21　各型号输出电压、电流及输入电压极限值

型号	U_O（V）	I_{Omax}	U_{Imax}（V）
MC7800	5、6、8、9、12、15、18	1.0A	35
	24	1.0A	40
MC78L00	5、8、9	100mA	30
	12、15、18	100mA	35
	24	100mA	40
MC78M00	5、6、8、12、15、18	500mA	35
	20、24	500mA	40
MC78T00	5、8、12	3.0A	35
	15	3.0A	40
TL780	5、12、15	1.5A	35

注　U_O 为标称输出电压；I_{Omax} 为最大输出电流；U_{Imax} 为输入电压的极限值（直流）。

78 系列三端集成稳压器的外形如图 3-24 所示。

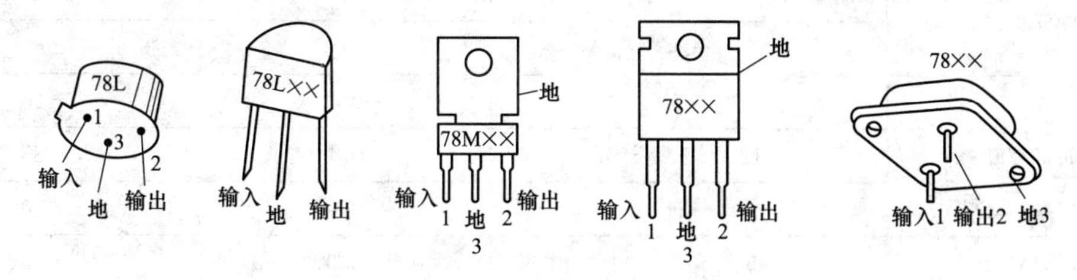

图 3-24　78 系列三端集成稳压器的外形

78 系列集成稳压器的标准应用电路如图 3-25 所示，图 3-25（a）为输出一个正电压的电路，图 3-25（b）为输出一个负电压的电路。图 3-25（a）电路原理是 220V 电压首先经过变压器降压，再将小电压经过整流由交流变为直流。该直流电压范围应符合 78 系列集成稳压器输入电压参考值。图 3-25（b）电路原理与图 3-25（a）电路基本相同，但是参考电压不同而出现负电压值。

图 3-26 所示为输出正、负电压的电路设计原理图。该原理图是综合了图 3-25（a）和（b）的功能，中间为基准地的参考点。

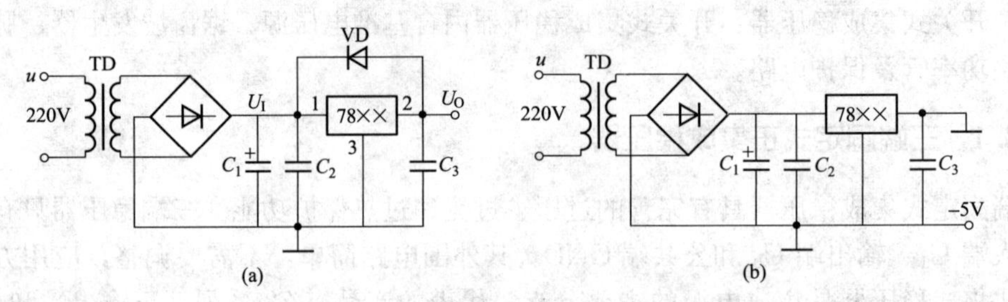

图 3-25　78 系列集成稳压器的标准应用电路

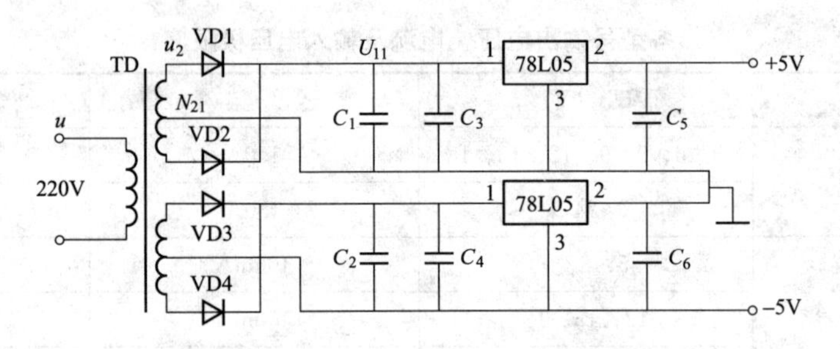

图 3-26　输出正、负电压的电路设计原理

3.3.2　三端固定式负集成稳压器

摩托罗拉公司生产的 79 系列三端固定式负输出稳压器的主要参数见表 3-22。79 系列三端集成稳压器的外形如图 3-27 所示。

表 3-22　　79 系列三端固定式负输出稳压器的主要参数

型号	U_O（V）	I_{Omax}（A）	U_{Imax}（V）
MC7900	−5，−6，−8，−12，−15，−18	1	−35
	−24	1	−40
MC79L00	−5	0.1	−30
	−12、−15、−18	0.1	−35
	−24	0.1	−40
MC79M00	−5、−12、−15	0.5	−35

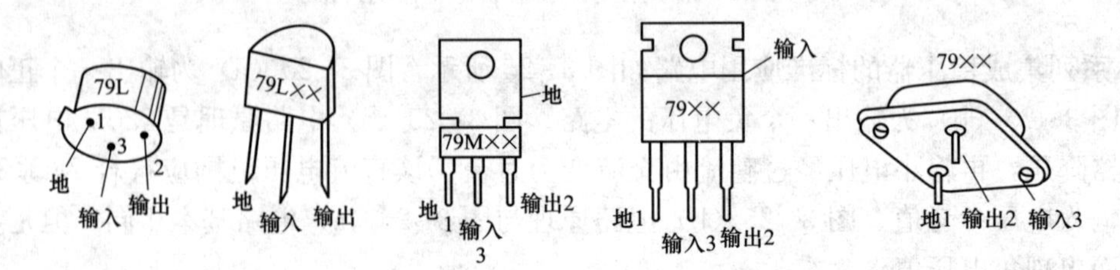

图 3-27　79 系列三端集成稳压器的外形

标准应用电路设计如图 3-28 所示，其原理与图 3-25（a）正电压电路设计原理相同。

基于79系列正负稳压电路如图3-29所示，其原理与78系列相同，其中图3-29（a）为两个7905组成的±5V电路；图3-29（b）为7805与7905的组合电路组成的±5V电路。

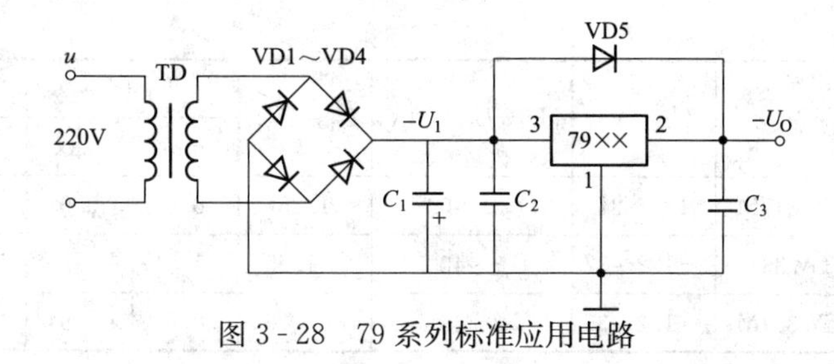

图3-28　79系列标准应用电路

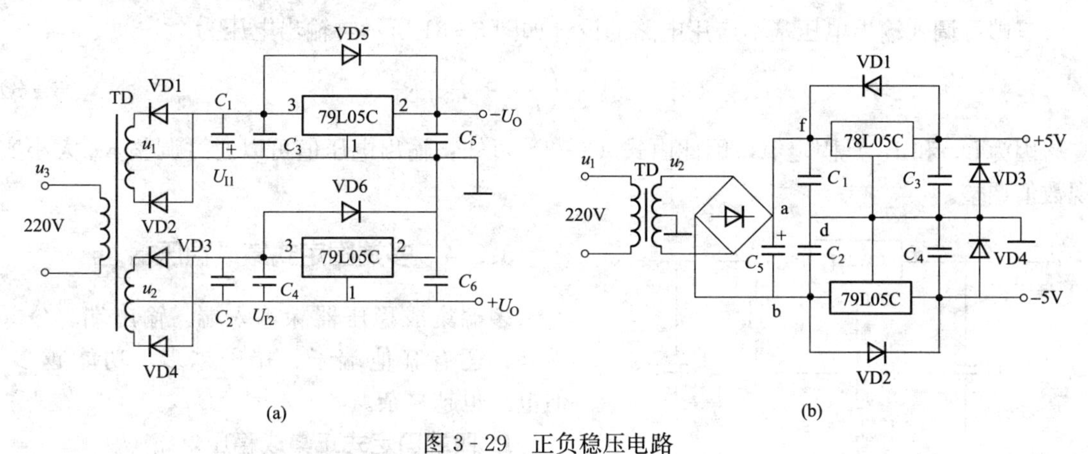

图3-29　正负稳压电路

3.3.3　三端可调式负集成稳压器

CW117/CW217/CW317系列三端可调式正集成稳压器和CW137/CW237/CW337系列三端可调式负集成稳压器是三端可调式集成稳压器的代表产品，其中CW117/CW337是军产品，CW217/CW237是工业产品，CW317/CW337是民用产品。

CW117/CW217/CW317的外形及管脚排列如图3-30所示，其主要参数见表3-23。

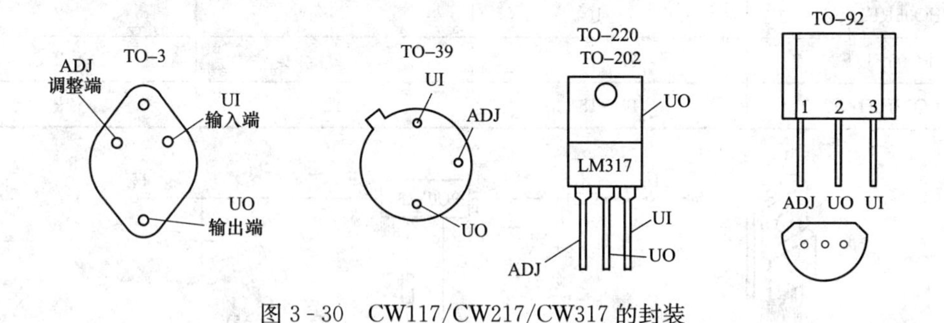

图3-30　CW117/CW217/CW317的封装

表3-23　**CW317/CW337系列主要参数**

参数 型号	U_O（V）	$\|U_I-U_O\|$（V）	U_{ref}（V）	I_O（A）		I_Q（μA）		测量条件	
				min	max	typ	max	$\|U_I-U_O\|$（V）	I_O（mA）
CW317	1.2～37	3～40	1.25	1.5	2.2	50	100	5	500
CW317L	1.2～37	3～40	1.25	0.1	0.2	50	100	5	40

续表

型号＼参数	U_O（V）	$\|U_I-U_O\|$（V）	U_{ref}（V）	I_O（A）		I_Q（μA）		测量条件	
				min	max	typ	max	$\|U_I-U_O\|$（V）	I_O（mA）
CW317M	1.2～37	3～40	1.25	0.5	0.9	50	100	5	100
CW337	−1.2～37	3～40	−1.25	1.5	2.2	65	100	5	500
CW337M	−1.2～37	3～40	−1.25	0.5	0.9	65	100	5	100

三端可调式输出电压基本应用电路的设计如图 3-31 所示，输出电压为

$$U_O=U_{ref}+\left(\frac{U_{ref}}{R_1}+I_Q\right)R_p \tag{3-3}$$

因为U_{ref}和 I_Q 是固定值，因此由式（3-3）可知：输出电压值可以通过调整 R_p 大小实现数值调整。

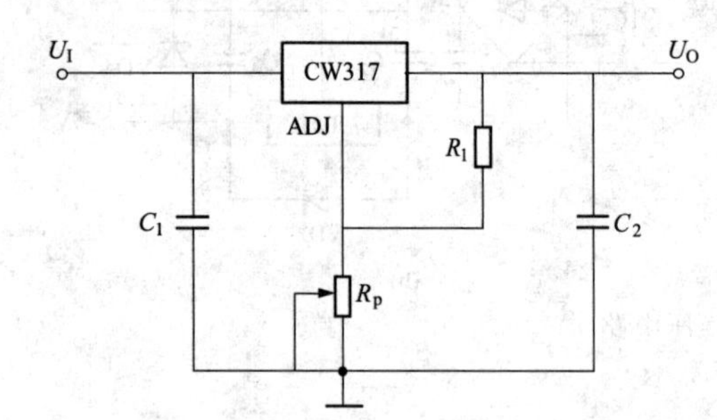

图 3-31　CW317 的标准应用电路

3.3.4　多端固定式集成稳压器

多端集成稳压器除输入端、输出端、公共端外，还有其他端子。端子越多，功能越多，但电路也越复杂。

1. 四端固定式正集成稳压电路

PQ 系列是常用的四端固定式正集成稳压器，其中主要参数见表 3-24，其外形如图 3-32（a）所示，其典型应用电路如图 3-32（b）所示。

表 3-24　　PQ 系列集成稳压器参数

型号	输入电压（V）	输出电压（V）	输出电流（A）
PQ05RF1/F2	7～10	5	2
PQ09F1/F2	11～15	9	2
PQ12RF1/F2	14～18	12	2

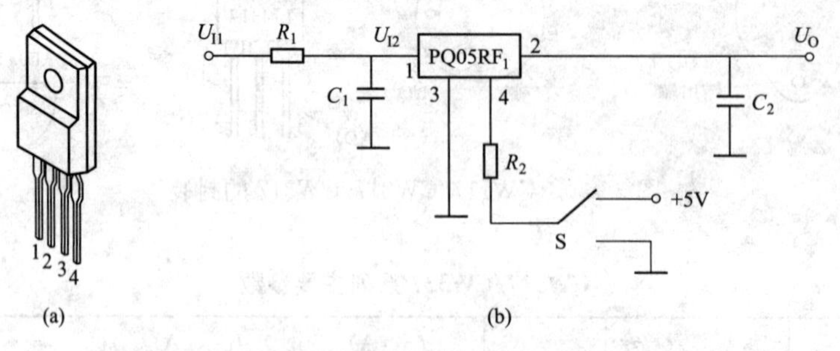

图 3-32　PQ 系列集成稳压器外形及典型应用电路

工作原理如下：管脚 1 为输入端（UI），管脚 2 为输出端（UO），引脚 3 为公共端（GND），引脚 4 为控制端。当控制端为高电平时，集成稳压器工作；当控制端为低电平时，

集成稳压器关断，输出电压为0V。

2. 五端固定式正集成稳压电路

LT1005型集成稳压器是五端固定式正集成稳压器。该集成稳压器有两路输出：主输出电压为5V，输出电流为1A，副输出电压为5V，输出电流为35mA，其外形如图3-33（a）所示。其典型应用电路如图3-33（b）所示，原理如下：管脚1为输出端（OUT），管脚2为控制端（EN），管脚3为公共端（GND），管脚4为副输出端（AUX），管脚5位输入端（IN）。当控制端（EN）为高电平时，主输出电压为5V；当控制端（EN）为低电平时，主输出电压为0V。

3. 多端固定式正集成稳压电路

LW80L系列集成稳压器是典型的多端固定式正集成稳压电路，其采用DIP-8封装形式，其外形如图3-34（a）所示。典型应用电路如图3-34（b）所示，管脚1、2和8为空，可以和公共端管脚3共同接地；管脚5、6分别为负输入端和正输入端；管脚4、7分别为负输出端和正输出端。

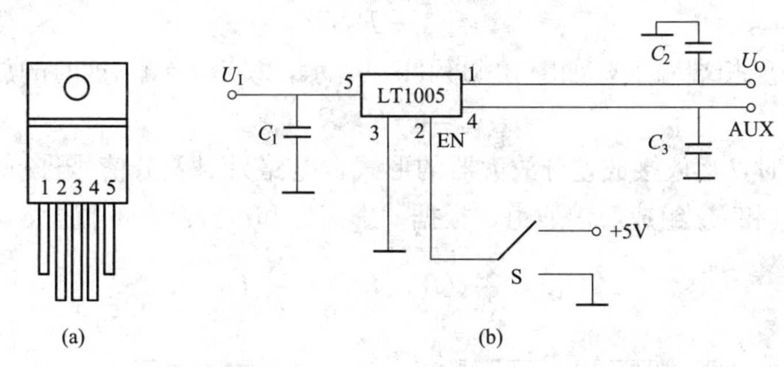

图3-33　LT1005的外形及典型应用电路

（a）外形；（b）典型应用电路

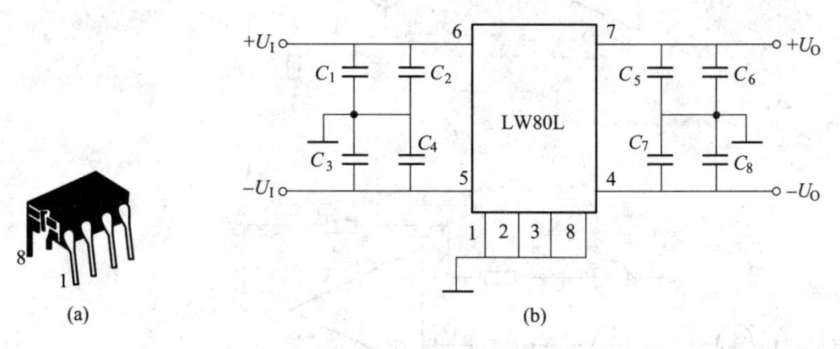

图3-34　LW80L的外形及典型应用电路

（a）外形；（b）典型应用电路

3.4　常用控制电路

在电气工程或自动化系统中，信号的放大、转换、解调、A/D转换以及干扰抑制等各种变换得到所希望的输出信号的处理过程，以及特定功能的实现都离不开控制电路。随着科技的进步和电子技术的快速发展，新产品、新技术层出不穷，控制电路综合性越来越高、集成性也越来越大。因此，本章对常用的几个基本测控电路进行分析和介绍，希望读者通过本书学习能拓宽思路、举一反三。

3.4.1 基本运算放大电路

集成运算放大器是内部具有差分放大电路的集成电路，其符号如图 3-35（a）所示，习惯的表示符号如图 3-35（b）所示，运放有两个信号输入端和一个输出端。两个输入端中，标“+”的为同相输入端，标“−”的为反相输入端。

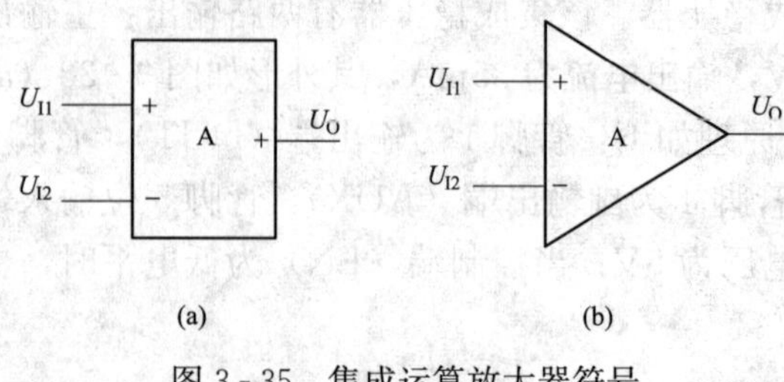

图 3-35 集成运算放大器符号

运算放大器最基本的用法如图 3-36 所示，（a）中输入电压 U_S 加在“+”端，输出电压 U_O 经电阻 R_1 和 R_2 分压后得到反馈电压 U_F 加到“−”端，构成负反馈，R_1 称为反馈电阻。应用运放“虚短”和“虚断”的概念，可得这种电压负反馈放大电路的放大倍数为

$$A_u = 1 + R_1/R_2 \tag{3-4}$$

信号也可以从反相端输入，如图 3-36（b）所示，设 $R_S=0$，这时的放大倍数为

$$A_u = -R_f/R_1 \tag{3-5}$$

存在共模电压时，运放接成差分放大器的形式，电路只对差分信号进行放大，如图 3-36（c）所示。电阻 R_1 和 R_2 组成反馈通道，根据“虚短”和“虚断”的概念，求得输出电压为：

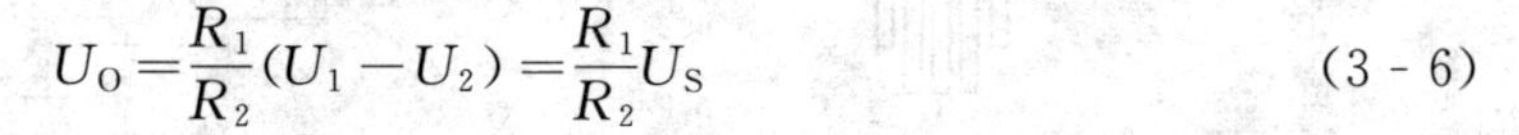

$$U_O = \frac{R_1}{R_2}(U_1 - U_2) = \frac{R_1}{R_2}U_S \tag{3-6}$$

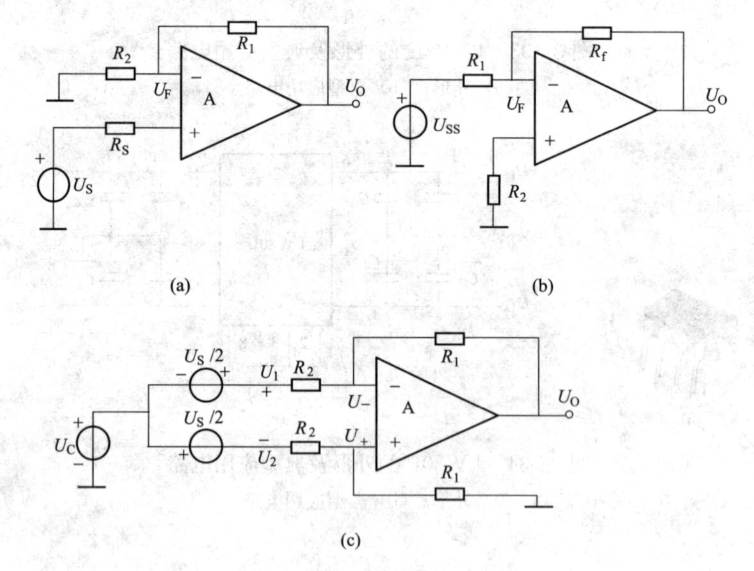

图 3-36 比例放大电路

（a）同相比例放大器；（b）反向比例放大器；（c）差分放大器

3.4.2 电压/电流变换电路（VCC）

电压/电流变换器（VCC）用来将电压信号变换为与电压成正比的电流信号。VCC 按负

载接地与否可分为负载浮地型和负载接地型两类。

1. 负载浮地型电压/电流变换器

负载浮地型电压/电流变换器常见的电路形式如图3-37所示。其中图3-37（a）是反相式，图（b）是同相式，图（c）是电流放大式。反相式负载浮地型VCC中，输入电压U_{I}加在反相输入端，负载阻抗Z_{L}接在反馈支路中，故输入电流i_{I}等于反馈支路中的电流i_{L}，即

$$i_{\mathrm{I}}=i_{\mathrm{L}}=\frac{U_{\mathrm{I}}}{R_1} \tag{3-7}$$

式（3-7）表明，负载阻抗中的电流i_{L}与输入电压U_{I}成正比，而与负载阻抗Z_{L}无关，从而实现了电压与电流变换。

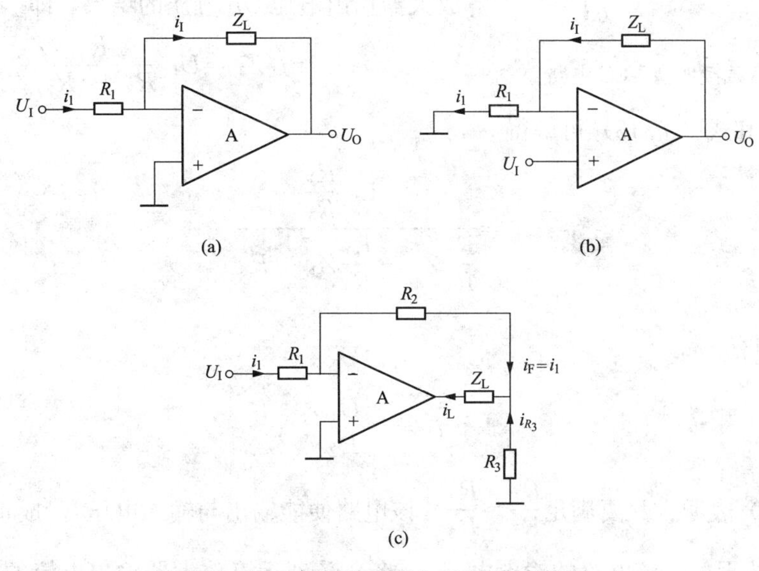

图3-37　负载浮地型电压/电流变换器

（a）反相式；（b）同相式；（c）电流放大式

图3-37（b）所示的同相式负载浮地型VCC中，信号接于运算放大器的同相端，由于同相端有较高的输入阻抗，因而信号源只要提供很小的电流，不难得出负载电流$i_{\mathrm{i}}=i_{\mathrm{L}}=\frac{U_{\mathrm{I}}}{R_1}$，即负载电流$i_{\mathrm{L}}$与输入电压$U_{\mathrm{I}}$成正比，且与负载阻抗无关。图3-37（c）所示为电流放大式负载浮地型VCC，在这个电路中，负载电流i_{L}大部分由运算放大器提供，只有很小一部分由信号源提供，且有

$$i_{\mathrm{L}}=i_{\mathrm{F}}+i_{\mathrm{R}} \tag{3-8}$$

式中，反馈电流i_{F}和电阻R_3中的电流i_{R3}为

$$i_{\mathrm{F}}=i_{\mathrm{I}}=\frac{U_{\mathrm{I}}}{R_1} \tag{3-9}$$

$$i_{R_3}=\frac{-U_0}{R_3}=\frac{U_{\mathrm{I}}\dfrac{R_2}{R_1}}{R_3} \tag{3-10}$$

分别代入式（3-7）中，则有

$$i_L = \frac{U_I}{R_1} + \frac{U_I R_2}{R_1 R_3} = \frac{U_I}{R_1}\left(1 + \frac{R_2}{R_3}\right) \tag{3-11}$$

由式（3-11）可知，调节 R_1、R_2 和 R_3 都能改变 VCC 的变换系数，只要合理地选择参数，电路在较小的输入电压 U_I 作用下，就能给出较大的与 U_I 成正比的负载电流 i_L。

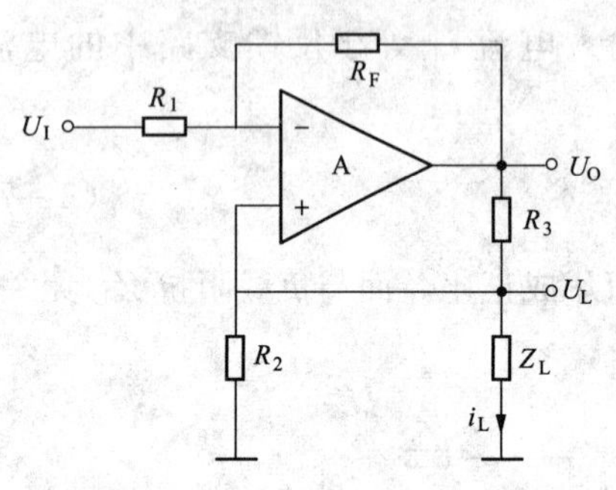

图 3-38　负载接地型 VCC 电路

2. 负载接地型电压/电流变换器

图 3-38 所示为一种典型的负载接地型 VCC 电路。利用叠加原理得到

$$U_o = U_I \frac{R_F}{R_1} + U_L\left(1 + \frac{R_F}{R_1}\right) \tag{3-12}$$

式中 U_L 为负载阻抗 Z_L 两端的电压，它也可看成是运算放大器输出电压 U_O 分压的结果，即

$$U_L = i_L Z_L = U_O \frac{R_2//Z_L}{R_3 + (R_2//Z_L)} \tag{3-13}$$

由式（3-12）和式（3-13）可解得

$$i_L = \frac{-U_1 \dfrac{R_F}{R_1}}{\dfrac{R_3}{R_2}Z_L - \dfrac{R_F}{R_1}Z_L + R_3} \tag{3-14}$$

若$\frac{R_F}{R_1} = \frac{R_3}{R_2}$，则有

$$i_L = -\frac{U_1}{R_2} \tag{3-15}$$

式（3-15）表明：只要满足$\frac{R_F}{R_1} = \frac{R_3}{R_2}$，该电路便能输出与输入电压 U_I 成正比的电流 i_L，而且与负载阻抗无关。该电路的输出电流 i_L 将会受到运算放大器输出电流的限制，负载阻抗 Z_L 的大小也受到运算放大器输出电压 U_O 的限制，在最大输出电流 i_{Lmax}时，应满足

$$U_{Omax} \geqslant U_{R3} + i_{Lmax} Z_L \tag{3-16}$$

3.4.3　电流/电压变换器（CVC）

电流/电压变换器（CVC）用来将电流信号变换为成正比的电压信号。图 3-39 所示为电流/电压变换器的原理图，图中 i_S 为电流源，R_S 为电流源内阻。理想的电流源的条件是输出电流与负载无关，也就是说电流源内阻 R_S 应很大。若将电流源接入运算放大器的反相输入端，并忽略运算放大器本身的输入电流 i_B，则有 $i_F = i_S - i_B \approx i_S$，即输入电流 i_S 全部流过反馈电阻 R_F，电流 i_S 在电阻 R_F 上的压降就是电路的输出电压 $U_O = -i_S R_F$。该式表明输出电压 U_O 与输入电流 i_S 成正比，即实现了电流/电压的变换。

3.4.4　波形变换电路

方波、三角波和正弦波是控制系统中常见的波形，也经常需要在其之间进行变换，如图 3-40 所示。波形变换的方法有很多，下面介绍几种经典的变换方法。

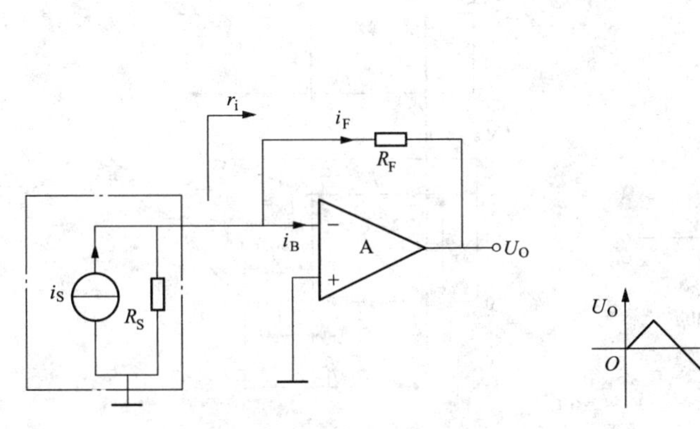

图3-39　电流/电压变换器原理图

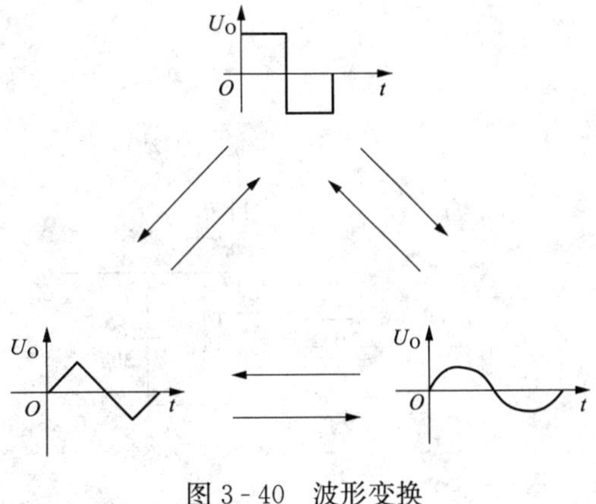

图3-40　波形变换

1. 三角波/正弦波的变换方法

对于周期性的三角波，按傅里叶级数展开时，有

$$U(\omega t)=\frac{8}{\pi^2}V_m\left(\sin\omega t+\frac{1}{3!}\sin3\omega t+\frac{1}{5!}\sin5\omega t+\cdots\right) \tag{3-17}$$

若用低通滤波器（积分电路）滤除三次以上的高次谐波，就可获得正弦信号输出。

2. 三角波或正弦波/方波的变换方法

三角波或正弦波/方波的变换只需采用输出钳位（限幅）的过零比较器即可，按照需要的方波幅值设计相应的钳位电路。

3. 方波/三角波或正弦波的变换方法

对于周期性的方波变换成三角波，可以直接采用图3-41所示的积分器。为了准确地实现变换，应该使图中元件的参数满足下式：

$$RC\gg\frac{1}{f} \tag{3-18}$$

式中：f 为方波的频率。RC 乘积（即积分常数 τ）越大，变换精度越高，但三角波的输出幅值越小。

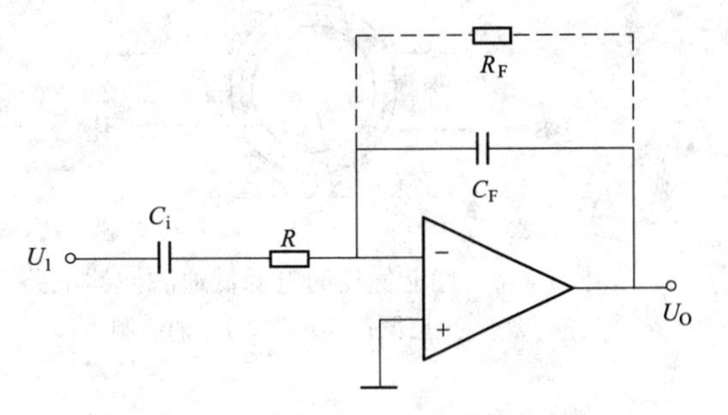

图3-41　方波/三角波变换电路

图3-41中的电阻 R_F 是为了提供直流负反馈而加上的。没有 R_F 会使电路的输出基线随着时间越来越偏离零点，所以 R_F 的取值应该尽量地大。同样，C_i 也是为了消除输入方波中的直流分量，避免电路的输出基线随着时间越来越偏离零点而加的。所以，C_i 的取值也应该尽量地大，同时要选用漏电小的电容。

对于周期性的方波变换成正弦波，也可以像三角波/正弦波的变换一样，采用低通滤波器滤除方波中三次以上的高次谐波，就可获得正弦信号输出。

3.4.5　锯齿波发生电路

简单的锯齿波发生器电路如图3-42（a）所示，它是利用三极管的开关特性和电容的充放电特性而设计的，其主要用作波形变换器、定时器等。如图3-42（b）所示为波形变化图。

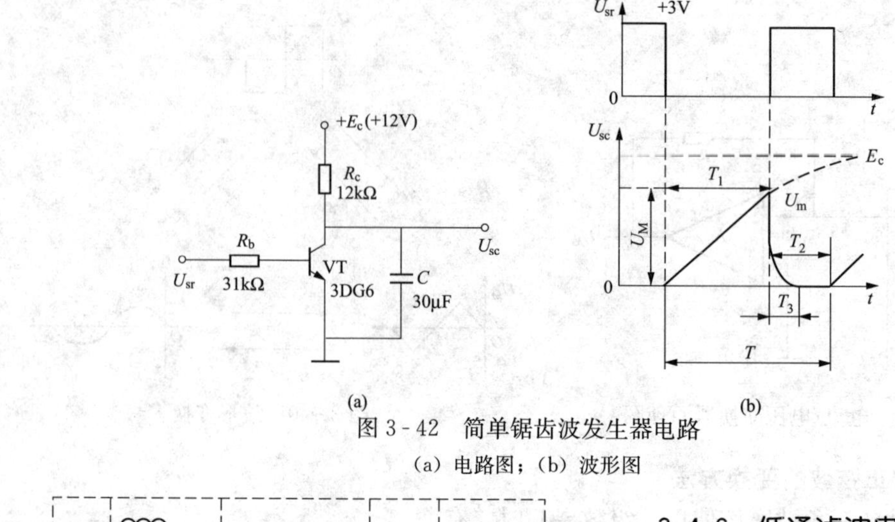

图 3-42 简单锯齿波发生器电路

（a）电路图；（b）波形图

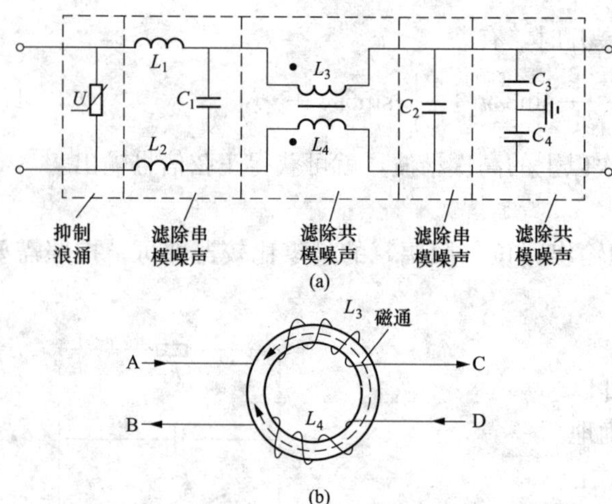

图 3-43 性能优良的电源低通滤波器电路

（a）电路图；（b）L_3、L_4 的绕制

3.4.6 低通滤波电路

一个好的交流滤波器，对在 20～30kHz 频率范围内的噪声抑制大于 60dB（优等品）或 40dB（合格品）。对于净化电源，在电源电路的输入与输出端分别设置电源滤波器。低通滤波器电路很多，此处举例说明一种性能优良的电源低通滤波器，电路如图 3-43 所示，滤波器元器件参数选择如下：L_1、L_2 为几至几十毫亨；L_3、L_4 为几百微亨至几毫亨；C_1～C_4 为 0.047～1μF，标称电压 U_{1mA} 为电源额定电压的 1.3～1.5 倍，通流容量可选 1～3kA。

3.4.7 施密特触发电路

施密特触发电路又称射极耦合触发器或整形器，是脉冲波形变换中经常使用的一种电路。其典型电路如图 3-44（a）所示，它是具有正反馈的两极反相器构成的电位触发器。施密特触发器主要用于波形变换、电压比较和脉冲幅度鉴别，如图 3-44（b）、（c）、（d）所示。

3.4.8 达林顿电流驱动电路

达林顿电流驱动器具有体积小，参数一致和可靠性高等优点，特别适用于高电压、强电流的外围驱动器，可直接驱动继电器、信号灯等负载，内设续流二极管，保证了与电感负载链接的安全。

MC14 系列达林顿电流驱动器的内部结构如图 3-45 所示，外引线排列如图 3-46 所示。通过达林顿电流驱动电路可以增大驱动电流，达到控制大电流设备。

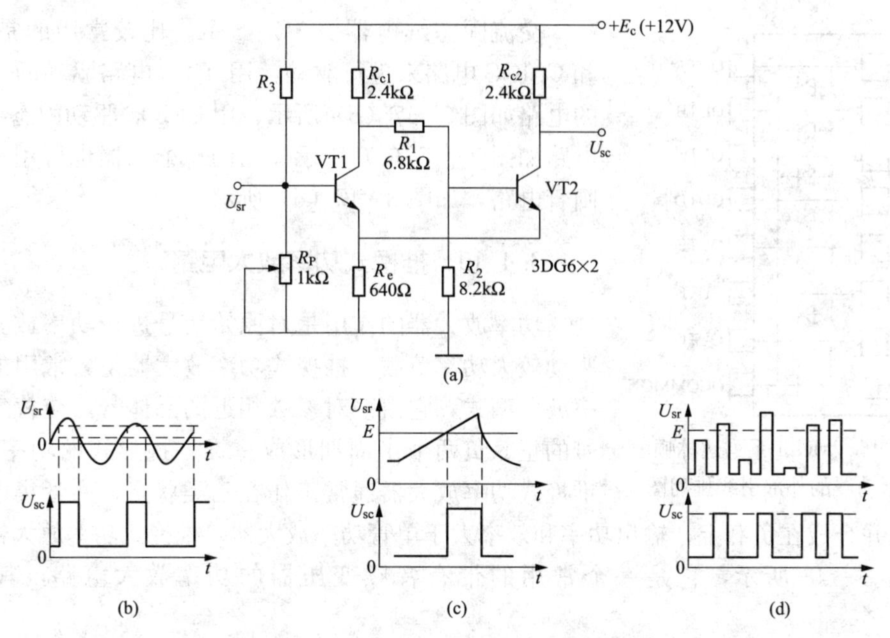

图 3-44 射极耦合触发器的电路和应用

（a）典型电路；（b）波形变换；（c）电压比较；（d）脉冲幅度鉴别

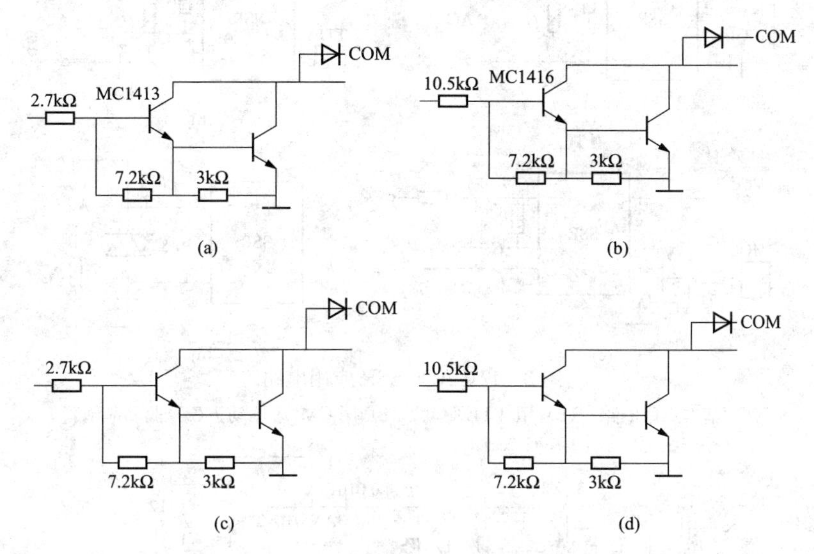

图 3-45 MC14 系列达林顿电流驱动器内部结构

（a）MC1411；（b）MC1412；（c）MC1413；（d）MC1414

3.4.9 固态继电器应用电路

固态继电器（SSR）是一种新型的电子继电器，其输入控制电流小，可作为单片机等控制器输出通道的控制元件；其输出利用晶体管或可控硅驱动，无触点。

交流固态继电器（AC-SSR）是固态继电器（SSR）的一种，其具有四个端口的器件，两个输入、两个输出，并且它们之间用光电耦合器隔离。交流固态继电器（AC-SSR）基本应用电路如图 3-47（a）所示，图中左边开关 S 的状态决定固态继电器右边的通断状态。

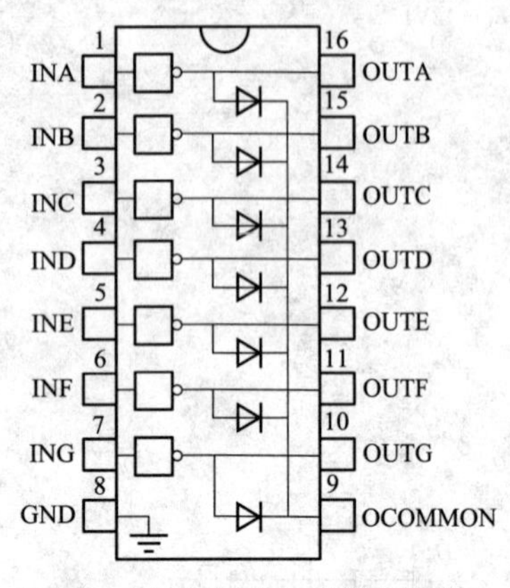

图 3-46　MC14 系列达林顿电流驱动器的外部引线排列图

交流固态继电器（AC-SSR）比较常用的是用 TTL 和 CMOS 电路来进行驱动，用 TTL 电路驱动固态继电器的电路如图 3-47（b）所示；用 CMOS 驱动固态继电器的电路如图 3-47（c）所示。而固态继电器也可用来驱动晶闸管电路，如图 3-47（d）所示。

3.4.10　推挽式功率放大电路

功率放大器的作用是对原始信号进行功率放大，用以驱动较大功率负载。推挽式功率放大器是较常用的一种功率放大型式，它由一对参数相近的晶体管，交替工作在信号的正、负两个半周期形成一推一挽形式的功率放大器。推挽式功率放大器通常工作在乙类状态，两管集电极电流交替出现并合成在负载上，输出功率和效率大于单管功率放大器。推挽式功率放大器常用的电路如图 3-48 所示，它是一个常用的带有音频变压器的功率放大电路，其效率为 65%～75%。

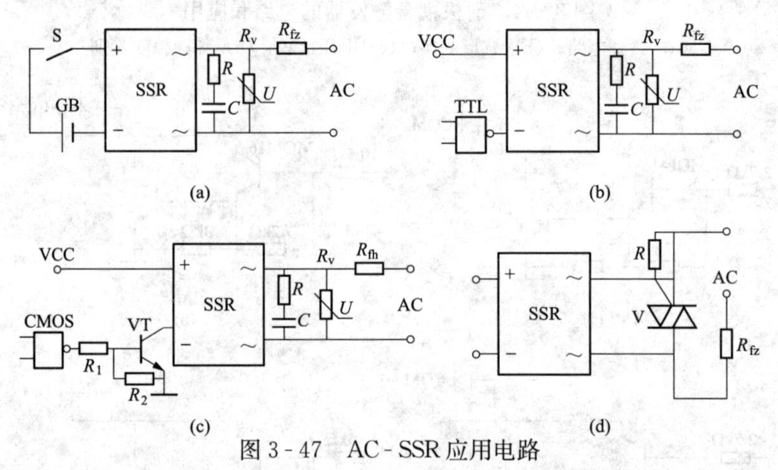

图 3-47　AC-SSR 应用电路

（a）基本应用电路；（b）用 TTL 驱动；（c）用 CMOS 驱动；（d）驱动晶闸管

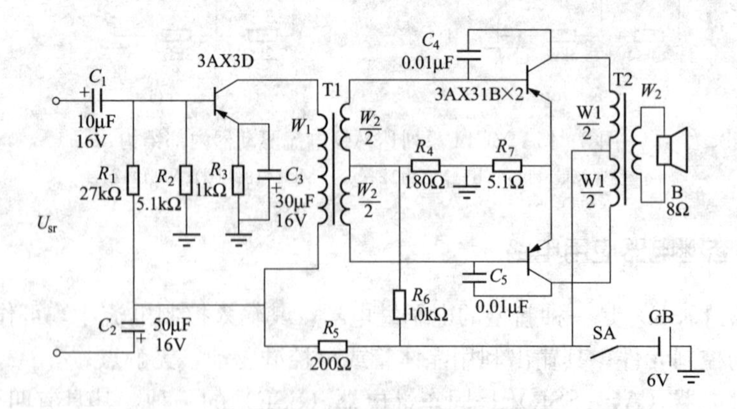

图 3-48　推挽式功率放大电路

T1—输入变压器（单端）；T2—输出变压器（推挽）

3.4.11　OTL 功率放大电路

OTL 低频功率放大器即无变压器功率放大器，是另一种常用的功率放大器，其性能优良，常用在要求高传真的扩音设备中，其电路如图 3-49 所示。

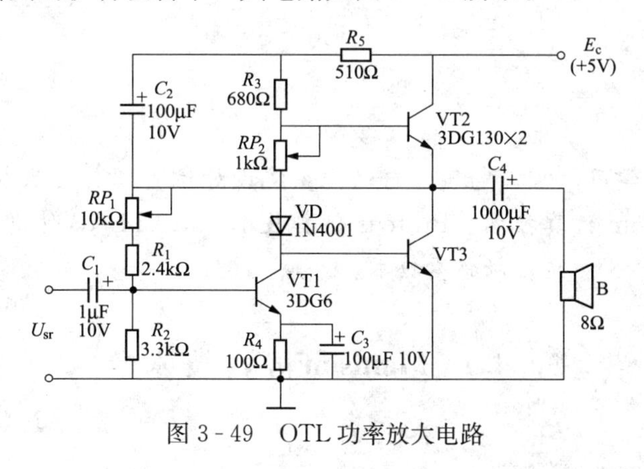

图 3-49　OTL 功率放大电路

参　考　文　献

[1] 方大千，方成，方力，等. 实用电工电子控制电路图集［M]. 北京：化学工业出版社，2012.

[2] 王昊. 线性集成电源应用电路设计［M］. 北京：清华大学出版社 2009.

[3] 孙建民，杨清梅. 传感器技术［M]. 北京：清华大学出版社，2005.

[4] 马修水. 传感器与检测技术［M]. 杭州：浙江大学出版社，2009.

[5] 松井邦彦. 传感器实用电路设计与制作［M]. 梁瑞林，译. 北京：科学出版社，2007.

[6] 赵广林. 常用电子元器件识别/检测/选用一读通［M]. 北京：电子工业出版社，2011.

[7] 隋修武，张宏杰，李阳，等. 测控技术与仪器创新设计实用教程［M]. 北京：国防工业出版社，2012.

[8] 沙占友. 集成化智能传感器原理与应用［M]. 北京：电子工业出版社，2004.

[9] 李晓莹. 传感器与测试技术［M]. 北京：高等教育出版社，2006.

[10] 刘爱华，满宝元. 传感器原理与应用技术［M]. 北京：人民邮电出版社，2006.

[11] 张洪润，张亚凡，张悦，等. 传感技术与应用教程［M]. 北京：清华大学出版社，2005.

[12] 赵负图. 现代传感器集成电路［M]. 北京：人民邮电出版社，2000.

[13] 培源，付扬. 光电检测技术与应用［M]. 北京：北京航空航天大学出版社，2006.

[14] 刘建清. 从零开始学电子元器件识别与检测技术［M]. 北京：国防工业出版社，2007.

[15] 刘迎春，叶湘滨，等. 传感器原理设计与应用［M]. 北京：国防工业出版社，2004.

[16] 王雪文，张志勇，等. 传感器原理及应用［M]. 北京：北京航空航天大学出版社，2004.

[17] 赵家贵，付小美，董平. 新编传感器电路设计手册［M]. 北京：中国电子计量出版社，2002.

第4章 仿 真 工 具

通过本章内容的学习，掌握电气与自动化系统设计仿真工具的基本使用方法和使用技巧，重点包括 Multisim 仿真技术、Proteus 仿真技术、MATLAB 仿真系统、COMSOL 多物理场仿真技术、ANSYS 电磁场仿真技术。

4.1 Multisim 仿真技术

4.1.1 Multisim 简介

Multisim 是美国国家仪器有限公司推出的以 Windows 为基础的仿真工具，适用于板级的模拟/数字电路板的设计工作。它包含了电路原理图的图形输入、电路硬件描述语言输入方式，具有丰富的仿真分析能力。工程设计人员可以使用 Multisim 交互式地搭建电路原理图，并对电路进行仿真。Multisim 提炼了 SPICE 仿真的复杂内容，工程设计人员无须深入了解 SPICE 技术就可以很快地进行捕获、仿真和分析新的设计。通过 Multisim 和虚拟仪器技术，印制电路板设计工程师可以完成从理论分析到原理图捕获与仿真再到原型设计和测试这样一个完整的综合设计流程。

Multisim 仿真的应用促进了教育模式的改革，可很好地解决理论教学与实际动手实验相脱节的问题。学生可以很好、很方便地把新学到的理论知识用计算机仿真真实地再现出来，并且可以用虚拟仪器技术设计出真正属于自己的仪表。因此，可极大地提高了学生的学习兴趣和积极性，使学生真正做到变被动学习为主动学习。

Multisim 仿真的特点如下：

(1) 通过直观的电路图捕捉环境，轻松设计电路。

(2) 通过交互式 SPICE 仿真，迅速了解电路行为。

(3) 借助高级电路分析，理解基本设计特征。

(4) 通过工具链，无缝地集成电路设计和虚拟测试。

(5) 通过改进、整合设计流程，减少建模错误并缩短上市时间。

Multisim 软件结合了直观的捕捉和强大的仿真功能，能够快速、轻松、高效地对电路进行设计和验证，应用 Multisim，可以创建具有完整组件库的电路图，并利用工业标准 SPICE 模拟器模仿电路行为。同时，借助专业的高级 SPICE 分析和虚拟仪器，可在设计流程中快速对电路设计进行验证，缩短建模循环。

Multisim 的电路设计界面如图 4-1 所示。

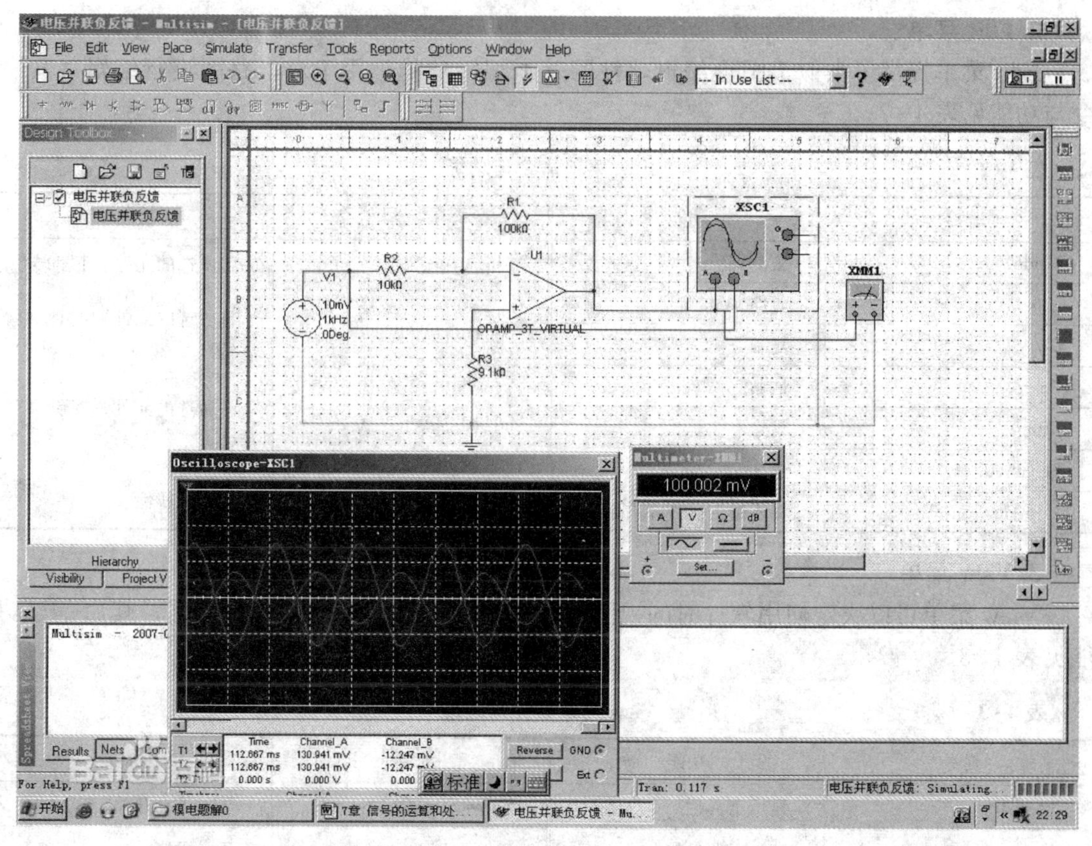

图 4-1　Multisim 电路设计界面

4.1.2　菜单栏

Multisim 电路设计界面中，菜单栏位于界面的上方（见图 4-1），通过菜单栏可以实现 Multisim 的所有功能。

1. File 菜单

File 菜单中包含了对文件和项目的基本操作以及打印等命令，其命令与功能见表 4-1。

表 4-1　File 菜单命令与功能

命令	功能	命令	功能
New	建立新文件	Close Project	关闭项目
Open	打开文件	Version Control	版本管理
Close	关闭当前文件	Print Circuit	打印电路
Save	保存	Print Report	打印报表
Save As	另存为	Print Instrument	打印仪表
New Project	建立新项目	Recent Files	最近编辑过的文件
Open Project	打开项目	Recent Project	最近编辑过的项目
Save Project	保存当前项目	Exit	退出 Multisim

2. Edit 菜单

Edit 菜单提供了类似于图形编辑软件的基本编辑功能，用于对电路图进行编辑，其命令与功能见表 4-2。

表 4-2 **Edit 菜单命令与功能**

命令	功能	命令	功能
Undo	撤消编辑	Flip Vertical	将所选的元件上下翻转
Cut	剪切	90° ClockWise	将所选的元件顺时针 90°旋转
Copy	复制		
Paste	粘贴	90° ClockWiseCW	将所选的元件逆时针 90°旋转
Delete	删除		
Select All	全选	Component Properties	元器件属性
Flip Horizontal	将所选的元件左右翻转		

3. View 菜单

View 菜单可以决定使用软件时的视图，并对一些工具栏和窗口进行控制，其命令与功能见表 4-3。

表 4-3 **View 菜单命令与功能**

命令	功能	命令	功能
Toolbars	显示工具栏	Show Simulate Switch	显示仿真开关
Component Bars	显示元器件栏	Show Grid	显示栅格
Status Bars	显示状态栏	Show Page Bounds	显示页边界
Show Simulation Error Log/Audit Trail	显示仿真错误记录信息窗口	Show Title Block and Border	显示标题栏和图框
Show XSpice Command Line Interface	显示 XSpice 命令窗口	Zoom In	放大显示
		Zoom Out	缩小显示
Show Grapher	显示波形窗口	Find	查找

4. Place 菜单

通过 Place 菜单，可以输入电路图，其命令与功能见表 4-4。

表 4-4 **Place 菜单命令与功能**

命令	功能	命令	功能
Place Component	放置元器件	Place Text Description Box	打开电路图描述窗口，编辑电路图描述文字
Place Junction	放置连接点		
Place Bus	放置总线	Replace Component	重新选择元器件替代当前选中的元器件
Place Input/Output	放置输入/输出接口	Place as Subcircuit	放置子电路
Place Hierarchical Block	放置层次模块	Replace by Subcircuit	重新选择子电路替代当前选中的子电路
Place Text	放置文字		

5. Simulate 菜单

Simulate 菜单中包括执行仿真分析命令，其命令与功能见表 4-5。

表 4-5 **Simulate 菜单命令与功能**

命令	功能	命令	功能
Run	执行仿真	Analyses	选用各项分析功能
Pause	暂停仿真	Postprocess	启用后处理
Default Instrument Settings	设置仪表的预置值	VHDL Simulation	进行 VHDL 仿真
Digital Simulation Settings	设定数字仿真参数	Auto Fault Option	自动设置故障选项
Instruments	选用仪表（也可通过工具栏选择）	Global Component Tolerances	设置所有器件的误差

6. Transfer 菜单

Transfer 菜单可以完成 Multisim 对其他 EDA 软件需要的文件格式的输出，其命令与功能见表 4-6。

表 4-6 **Transfer 菜单命令与功能**

命令	功能
Transfer to Ultiboard	将所设计的电路图转换为 Ultiboard（Multisim 中的电路板设计软件）的文件格式
Transfer to other PCB Layout	将所设计的电路图转换为其他电路板设计软件所支持的文件格式
Backannotate From Ultiboard	将在 Ultiboard 中所做的修改标记到正在编辑的电路中
Export Simulation Results to MathCAD	将仿真结果输出到 MathCAD
Export Simulation Results to Excel	将仿真结果输出到 Excel
Export Netlist	输出电路网表文件

7. Tools 菜单

Tools 菜单主要包括元器件的编辑与管理的命令，其命令与功能见表 4-7。

表 4-7 **Tools 菜单命令与功能**

命令	功能	命令	功能
Create Components	新建元器件	Database Management	启动元器件数据库管理器，进行数据库的编辑管理工作
Edit Components	编辑元器件		
Copy Components	复制元器件		
Delete Component	删除元器件	Update Component	更新元器件

8. Options 菜单

Options 菜单可以对软件的运行环境进行定制和设置，其命令与功能见表 4-8。

表 4-8 Options 菜单命令与功能

命令	功能	命令	功能
Preference	设置操作环境	Global Restrictions	设定软件整体环境参数
Modify Title Block	编辑标题栏	Circuit Restrictions	设定编辑电路的环境参数
Simplified Version	设置简化版本		

9. Help

Help 菜单提供对 Multisim 的在线帮助和辅助说明，其命令与功能见表 4-9。

表 4-9 Help 菜单命令与功能

命令	功能	命令	功能
Multisim Help	Multisim 的在线帮助	Release Note	Multisim 的发行申明
Multisim Reference	Multisim 的参考文献	About Multisim	Multisim 的版本说明

4.1.3 工具栏

Multisim 提供了多种工具栏，并以层次化的模式加以管理，用户可以通过 View 菜单中的选项方便地将顶层的工具栏打开或关闭，再通过顶层工具栏中的按钮来管理和控制下层的工具栏。通过工具栏，用户可以方便、直接地使用软件的各项功能。

顶层的工具栏有 Standard 工具栏、Design 工具栏、Zoom 工具栏、Simulation 工具栏。Standard 工具栏包含了常见的文件操作和编辑操作；Design 工具栏作为设计工具栏，是 Multisim 的核心工具栏，通过对该工作栏按钮的操作可以完成对电路从设计到分析的全部工作，其中的按钮可以直接打开其下层的工具栏；Zoom 工具栏方便用户调整所编辑电路的视图大小；Simulation 工具栏可以控制电路仿真的开始、结束和暂停。

Design 工具栏下层有 Component 工具栏和 Instruments 工具栏。Component 工具栏有 14 个按钮，每一个按钮都对应一类元器件，其分类方式和 Multisim 元器件数据库中的分类相对应，通过按钮上图标也可大致清楚该类元器件的类型。Instruments 工具栏集中了 Multisim 为用户提供的所有虚拟仪器仪表，用户可以通过按钮选择自己需要的仪器对电路及其仿真结果进行观测。

4.1.4 元器件管理

EDA 软件所能提供的元器件的多少以及元器件模型的准确性，直接决定了该 EDA 软件的质量和易用性。Multisim 为用户提供了丰富的元器件，并以开放的形式管理元器件，用户自己也可添加所需要的元器件。

Multisim 以库的形式管理元器件，通过菜单“Tools”→“Database Management”打

开"Database Management(数据库管理)"窗口，如图4-2所示，对元器件库进行管理。

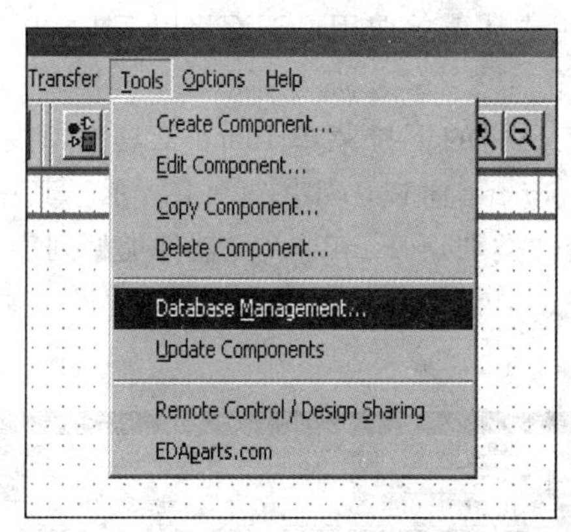

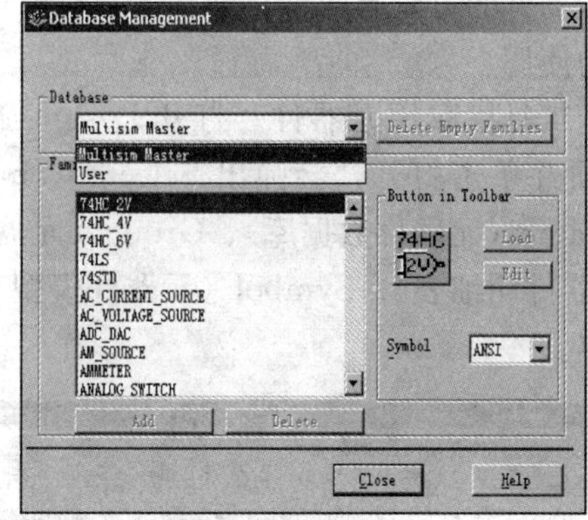

图4-2 打开元器件库管理窗口

在"Database Management"窗口中的"Database"列表中有"Multisim Master"和"User"两个数据库。其中"Multisim Master"库中存放的是软件为用户提供的元器件，"User"是为用户自建元器件准备的数据库。用户对Multisim Master数据库中的元器件和表示方式没有编辑权，但是用户可以通过选择User数据库对自建元器件进行编辑管理。

"Multisim Master"中有实际元器件和虚拟元器件。实际元器件是与现实中元器件的型号、参数值以及封装都相对应的元器件，在设计中选用此类器件，不仅可以使设计仿真与实际情况有良好的对应性，还可以直接将设计导出到Ultiboard中进行PCB的设计。虚拟元器件是该类器件的典型值，不与实际器件对应，用户可以根据需要改变器件模型的参数值，只能用于仿真，这类器件称为虚拟器件。在元器件工具栏中，虽然代表虚拟器件的按钮的图标与该类实际器件的图标形状相同，但虚拟器件的按钮有底色，而实际器件没有。在元器件类型列标中，虚拟元器件类的后缀标有"Virtual"。

4.1.5 输入和编辑电路

输入电路图是分析和设计工作的第一步，用户可从元器件库中选择需要的元器件放置在电路图中并连接起来，为分析和仿真做好准备。

1. 设置Multisim的通用环境变量

为了适应不同的需求和用户习惯，用户可以用菜单"Option"→"Preferences"打开"Preferences"对话框，如图4-3所示。

图4-3 "Preferences"对话框

该窗口有6个标签选项，可以就编辑界面颜色、电路尺寸、缩放比例、自动存储时间等内容做相应的设置。

2. 取用元器件

取用元器件的方法有两种，即从工具栏取用或从菜单取用。下面将以 74LS00 为例说明两种方法的使用。

（1）从工具栏取用元器件。打开 Design 工具栏的下拉菜单 Place 工具栏，找到 Componnet 选项并单击打开，会弹出 Selecta Component 窗口，如图 4 - 4 所示。其中包含有 Database name（元器件数据库）、Group（元器件类别）、Family（元器件类型列表）、Componet（元器件明细表）、Symbol（元器件模型）、Model manufacture/ID（生产厂家/模型标识）等内容。

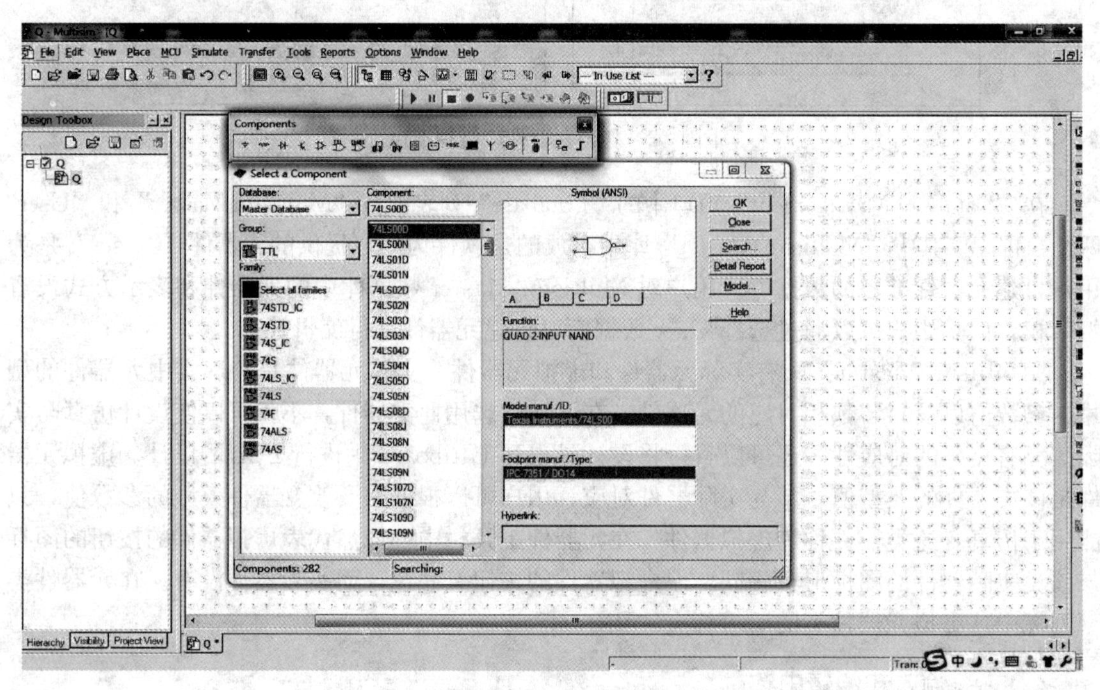

图 4 - 4　从工具栏取用元器件框图

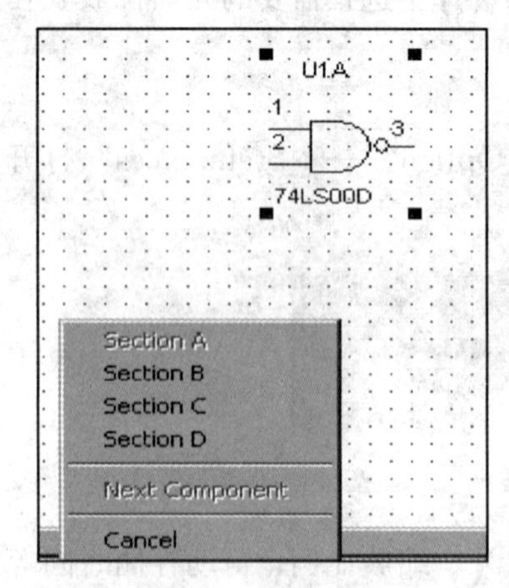

图 4 - 5　器件确定

（2）选中相应的元器件。在图 4 - 4 中“Component”下拉菜单中选择 74LS00D，单击“OK”按钮选中，出现如图 4 - 5 所示备选窗口。74LS00D 是四/二输入与非门，在窗口中的 Section A/B/C/D 分别代表其中的一个与非门，用鼠标选中其中的一个放置在电路图编辑窗口中。器件在电路图中显示的图形符号，可以在“Symbol”窗口中预览到。当器件放置到电路编辑窗口中后，就可以对其进行移动、复制、粘贴等编辑工作。

3. 将元器件连接成电路

将电路需要的元器件放置在电路编辑窗口后，用鼠标单击连线的起点并拖动鼠标至连线的终点，可以方便地将器件连接起来。在“Multisim”中，连线的起点和终点不能悬空。

4.1.6 虚拟仪器使用方法

对电路进行仿真运行，并对运行结果进行分析，判断设计是否正确合理是 EDA 软件的一项主要功能。Multisim 为用户提供了类型丰富的虚拟仪器，可以从“Design”工具栏中“Instruments”工具栏或用菜单命令“Simulate”→“Instruments”选用这 11 种仪表，如图 4-6 所示。选用后，各种虚拟仪表都以面板的方式显示在电路中。

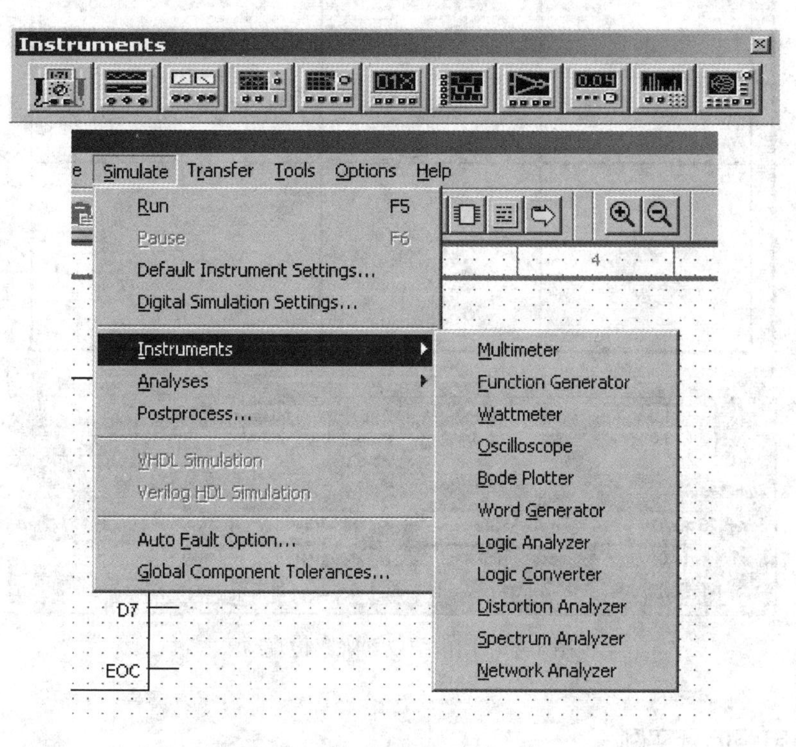

图 4-6 虚拟仪器选取

在电路中选用相应的虚拟仪器后，将需要观测的电路点与虚拟仪器面板上的观测口相连，就可以用虚拟示波器同时观测电路中两点的波形，如图 4-7 所示。

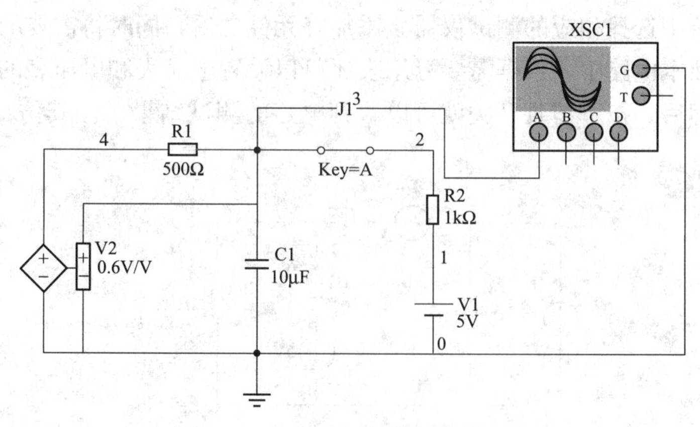

图 4-7 加入虚拟仪器的仿真电路

双击虚拟仪器就会出现仪器面板，面板为用户提供观测窗口和参数设定按钮。通过"Simulate"工具栏启动电路仿真，示波器面板的窗口中就会出现被观测点的波形，如图4-8所示。

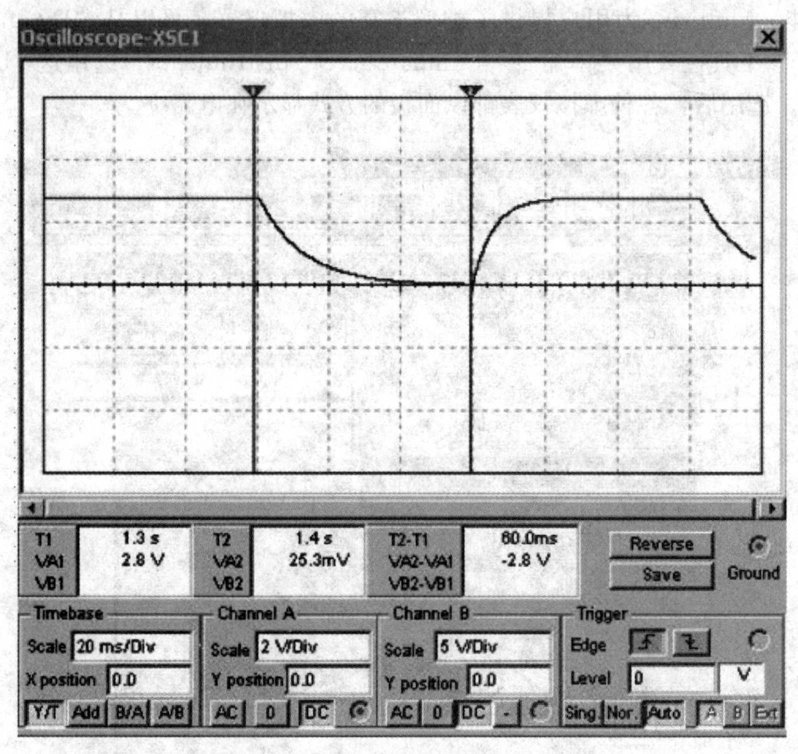

图4-8　用虚拟仪器观察仿真结果

4.1.7　电路仿真实例

Multisim的基础是正向仿真，它提供了一个软件平台，可对电路进行观测和分析。如，分析图4-9给出的电路，在此电路中要测量如图所示的4个物理量，则需要添加4个万用表来测量电流和电压。首先，添加4个万用表。可以从菜单栏中选择Simulate→Instrument，然后从出现的菜单中选择相应的测试仪器。添加好元件之后，同时将需要的测试仪器一同添加，统一连线。在本电路中，根据需要万用表还可以设置电流表和电压表的内阻、测量范围等。经过上述过程后，按下仿真开关就可以看到电路的测试结果了。其仿真结果如图4-10所示。

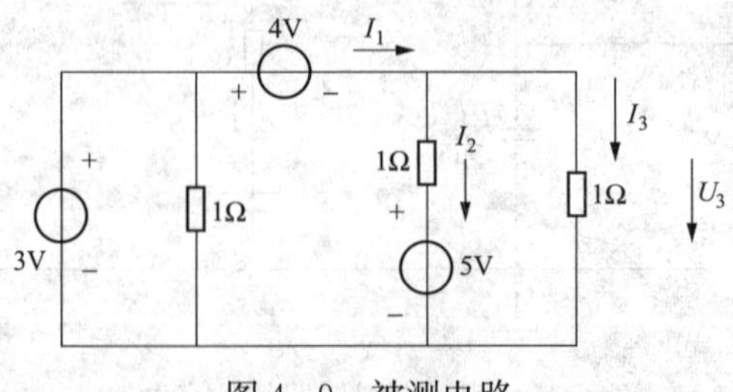

图4-9　被测电路

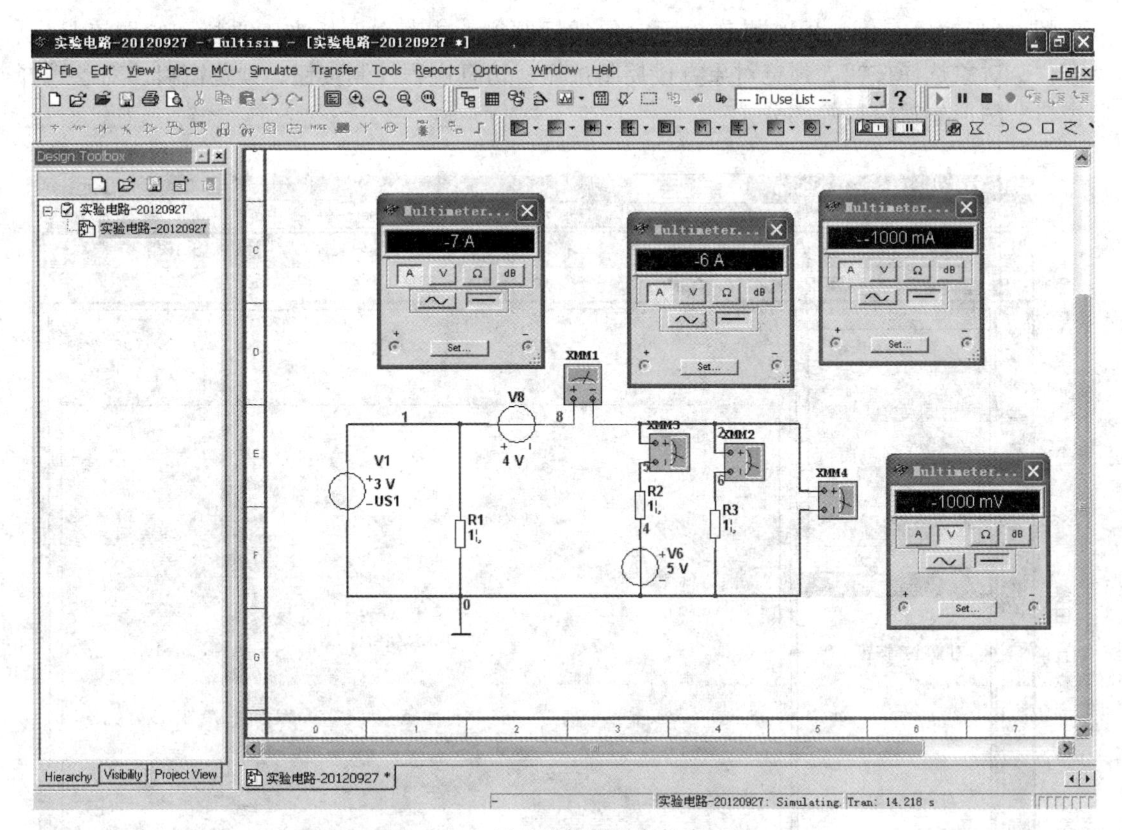

图 4-10　用虚拟仪器观察仿真结果

4.2　Proteus 仿真技术

4.2.1　Proteus 简介

Protues 是英国 Labcenter electronics 公司开发的 EDA 工具软件，可以仿真、分析各种模拟电路与集成电路，是目前最好的单片机及外围扩展电路仿真工具之一，该软件提供了大量模拟与数字元器件及外围设备，包括各种虚拟仪器，如电压表、电流表、示波器、逻辑分析仪、信号发生器等，对于单片机以及外围电路组成的综合应用系统具备交互仿真功能。

目前 Proteus 仿真系统支持的主流单片机有 ARM7（LPC21××）、8051/52 系列、AVR、PIC10/12/16/18/24 系列、HC11 系列等，支持第三方软件开发、编译和调试环境，如 AVR Studio、Keil uVision 和 MPLAB 等。

Proteus 主要由 ISIS 和 ARES 两部分组成，ISIS 主要完成原理图设计、交互仿真，其提供的 Proteus VSM 实现了混合式的 SPICE 电路仿真，它将虚拟仪器、高级图表应用、单片机仿真、第三方程序开发与调试环境有机结合，在搭建硬件模型之前在 PC 上完成原理图设计、电路分析与仿真以及单片机程序实时仿真、测试及验证。ARES 主要用于印制电路板设计。

图 4 - 11 为 Proteus ISIS 操作界面，包括标题栏、主菜单、标准工具栏、绘图工具栏、状态栏、对象选择按钮、预览对象方位控制按钮、仿真进程控制按钮、预览窗口、对象选择器窗口、图形编辑窗口等部分。

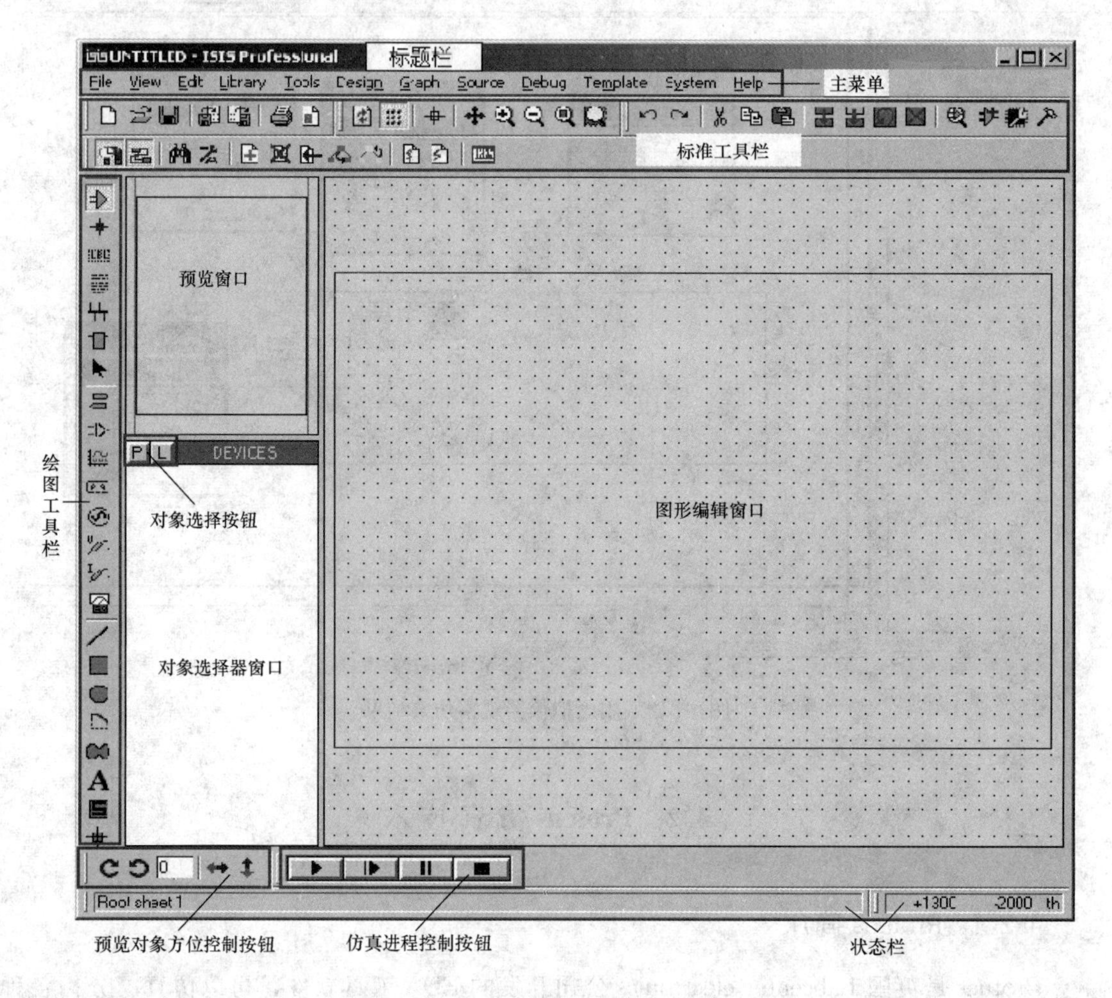

图 4 - 11 Proteus ISIS 操作界面

在图形编辑窗口内可以完成电路原理图的编辑和绘制。编辑窗口内有点状的栅格，可以通过“View”菜单的“Grid”命令在打开和关闭之间切换。点与点之间的间距由当前捕捉的设置决定。捕捉的尺度可以由“View”菜单的“Snap”命令设置。当鼠标指针指向管脚末端或者导线时，鼠标指针将会捕捉到这些物体，这种功能被称为实时捕捉，该功能可以方便地实现导线和管脚的连接。

预览窗口通常显示整个电路图的缩略图。在预览窗口上单击鼠标，将会有一个矩形蓝绿框标示出现在编辑窗口的中显示的区域。其他情况下，预览窗口显示将要放置的对象的预览。

在对象选择器窗口中，通过对象选择按钮从元件库中选择对象，并置入对象选择器窗口，供绘图时使用。显示对象的类型包括设备、终端、管脚、图形符号、标注和图形。

4.2.2 基本操作

1. 图形编辑的基本操作

（1）放置对象。放置对象的步骤如下：

1）根据对象的类别在工具箱选择相应模式的图标。

2）根据对象的具体类型选择子模式图标：①如果对象类型是元件、端点、管脚、图形、符号或标记，可从选择器里选择想要对象的名字（对于元件、端点、管脚和符号，需要先从库中调出）；②如果对象有方向，则会在预览窗口中显示，可以通过预览对象方位按钮对对象进行调整。

3）将鼠标移到编辑窗口并单击放置对象。

（2）选中对象。用鼠标指向对象并右击可以选中对象，选中后对象高亮显示，然后便可以进行编辑，选中对象时，对象上的所有连线同时被选中。

要选中一组对象，可以通过依次右击每个对象选中，也可以用右键拖出一个选择框的，位于选择框内的对象便可全部被选中。在空白处右击鼠标可以取消所有对象的选择。

（3）删除对象。用鼠标选中对象并右击可以删除该对象，同时删除该对象的所有连线。

（4）拖动对象。用鼠标选中对象并用左键拖曳可以拖动该对象。该方式不仅对整个对象有效，而且对对象中单独的标签也有效。

（5）调整对象大小。子电路、图表、线、框和圆可以调整大小。当选中这些对象时，对象周围会出现黑色小方块叫“手柄”，可以通过拖动这些“手柄”来调整对象的大小。

（6）编辑对象。许多对象具有图形或文本属性，这些属性可以通过一个对话框进行编辑，这是一种很常见的操作。

（7）移动所有选中的对象。移动对象的步骤是：选中需要的对象，把轮廓拖到需要的位置，单击鼠标左键放置。也可以使用块移动的方式来移动一组导线，而不移动任何对象。

（8）删除选中的对象。删除对象的步骤是：选中需要的对象，用鼠标单击“Delete”。如果错误删除了对象，可以使用“Undo”命令来恢复原状。

（9）画线。该系统没有画线的图标按钮，ISIS 在画线时进行自动检测，不用选择画线的模式。在两个对象间连线：先单击第一个对象连接点，再单击另一个连接点，ISIS 则会自动定出走线路径。

主窗口是一个标准 Windows 窗口，除具有选择执行各种命令的顶部菜单和显示当前状态的底部状态条外，菜单下方有两个工具条，包含与菜单命令一一对应的快捷按钮，窗口左部还有一个工具箱，包含添加所有电路元件的快捷按钮。工具条、状态条和工具箱均可隐藏。

2. 对象的添加放置和编辑

（1）对象的添加和放置。单击选中工具箱的元器件按钮，再单击“ISIS”对象选择器左边的“P”按钮，出现“Pick Devices”对话框，在这个对话框里可以选择元器件和一些虚拟仪器。例如添加单片机 AT89C51，在“Gategory（器件种类）”中选择“MicoprocessorIC”选项，对话框的右侧会出现大量常见的各种型号的单片机，找到单片机“AT89C51”双击即可将其添加到系统。

单击“AT89C51”元件，然后把鼠标指针移到右边的原理图编辑区的适当位置，再次单击鼠标，就可把 AT89C51 放到原理图区。

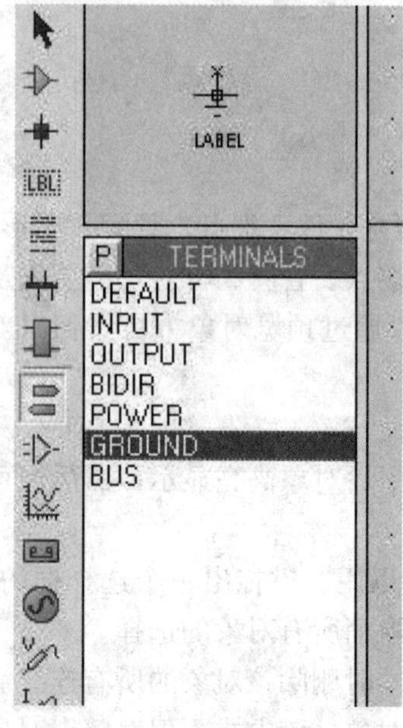

图 4-12　放置电源及接地符号

（2）放置电源及接地符号。如果需要加电源或接地可以单击工具箱的接线端按钮，这时对象选择器将出现一些接线端，如图 4-12 所示。在器件选择器里单击“GROUND”，鼠标移到原理图编辑区单击即可放置接地符号。同理，也可以把电源符号“POWER”放到原理图编辑区。

（3）对象的编辑。对象的编辑包括调整对象的位置和放置方向以及改变元器件的属性等，有选中、删除、拖动等基本操作，以及拖动标签、对象的旋转、编辑对象的属性等操作，方法很简单，不再详细说明。

3. 原理图的绘制

（1）画导线。Proteus 的智能化可以在画线时进行自动检测。当鼠标的指针靠近一个对象的连接点时，就会出现一个“×”号，鼠标单击元器件的连接点，然后再移动鼠标（不用一直按着左键），粉红色的连接线就会变成深绿色。如果想让软件自动定出线路径，只需单击另一个连接点即可，这就是 Proteus 的线路自动路径功能（简称 WAR）。如果单击两个连接点，WAR 将选择一个合适的线径。在此过程的任何时刻，可以按 ESC 键或者右击鼠标放弃画线。

（2）画总线。为了简化原理图，可以用一条导线代表数条并行的导线，这就是所谓的总线。单击工具箱的总线按钮，即可在编辑窗口画总线。放置总线将各总线分支连接起来。单击放置工具条中对应图标或执行“Place”→“Bus”菜单命令，这时工作平面上将出现十字形光标，将十字光标移至要连接的总线分支处单击，系统弹出十字形光标并拖着一条较粗的线，然后将十字光标移至另一个总线分支处，单击鼠标，一条总线就画好了。当电路中多根数据线、地址线、控制线并行时使用总线设计。

（3）画总线分支线。单击工具“Wire Label”按钮，画总线分支线，用来连接总线和元器件管脚的。画总线时，为了和一般的导线区分，一般画斜线来表示分支线，这时需要把 WAR 功能关闭。

4. 放置线路节点

如果在交叉点有电路节点，则认为两条导线在电气上是相连的，否则就认为它们在电气上是不相连的。ISIS 在画导线时能够智能地判断是否要放置节点，但在两条导线交叉时是不放置节点的，这时要想两个导线电气相连，需要手动放置节点。先单击工具箱的节点放置按钮，当把鼠标指针移到编辑窗口指向一条导线的时候，会出现一个“×”号，单击鼠标就能放置一个节点。

Proteus 可以同时编辑多个对象，即整体操作。常见的有整体复制、整体删除、整体移动、整体旋转几种操作方式。

4.2.3　仿真实例

下面以一个简单的单片机电路设计实例来完整地展示一个 KeilC 软件与 Proteus 软件相

结合的仿真过程。

如图 4 - 13 所示为单片机显示仿真电路，电路的核心是单片机 AT89C51，单片机的 P2 口 8 个引脚接 LED 显示器的段选码（a、b、c、d、e、f、g）的引脚上。设计相应的程序该仿真电路可以实现 LED 显示器显示字符。

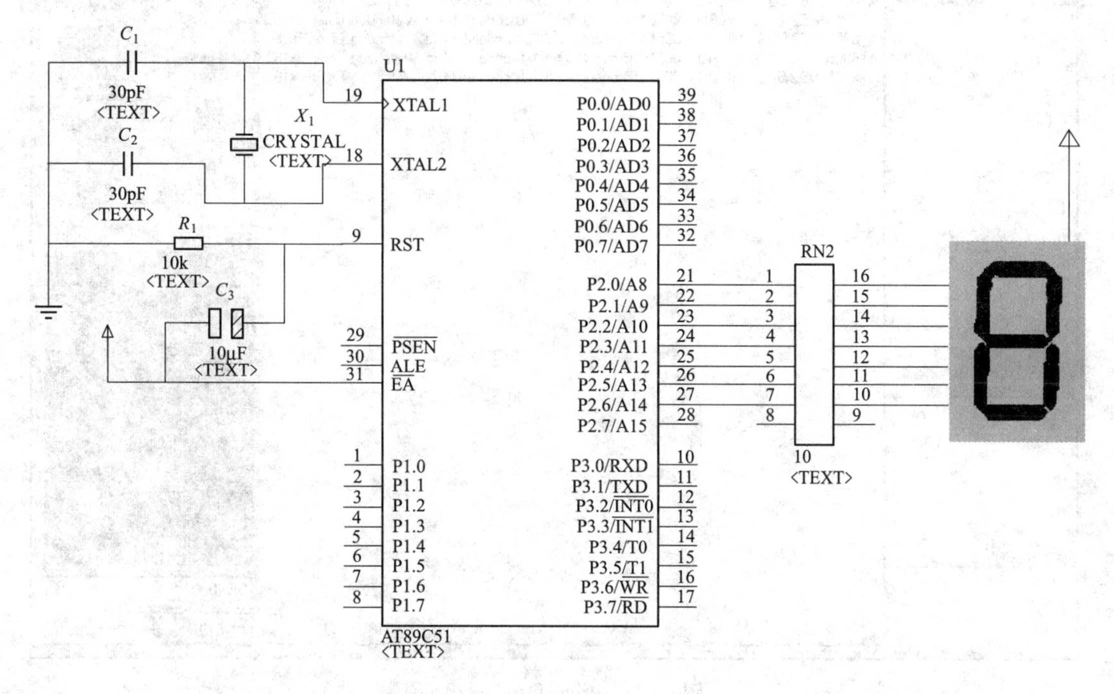

图 4 - 13 单片机显示仿真电路

1. 电路图的绘制

（1）将所需元器件加入到对象选择器窗口。

1）单击对象选择器按钮P，如图 4 - 14 所示。

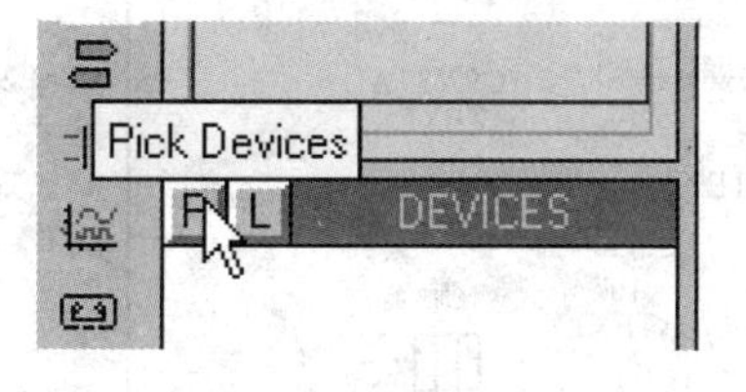

图 4 - 14 对象选择界面

2）打开“Pick Devices”对话框，在“Keywords”框中输入“AT89C51”，系统则会在对象库中进行搜索查找，并将搜索结果显示在“Results”栏中，如图 4 - 15 所示。

3）在“Results”栏的列表项中，双击“AT89C51”，则可将“AT89C51”添加至对象选择器窗口。

4）在“Keywords”栏中重新输入“7SEG”，按照上述方法可以将“7SEG - COM - AN - GRN”（共阳 7 段 LED 显示器）、RES、CAP、CAP - ELEC、CRYSTAL、RX8 等元器件对象添加至对象选择器窗口。

（2）放置元器件至图形编辑窗口。

1）在对象选择器窗口中，选中“AT89C51”，将鼠标置于图形编辑窗口该对象欲放的位置，单击鼠标完成放置。同理，将 7SEG - COM - AN - GRN、RES、CAP、CAP - ELEC、CRYSTAL、RX8 放置到图形编辑窗口中，如图 4 - 16 所示。

2）对象位置需要移动时，将鼠标移到该对象上右击，当该对象的颜色则变至红色，表

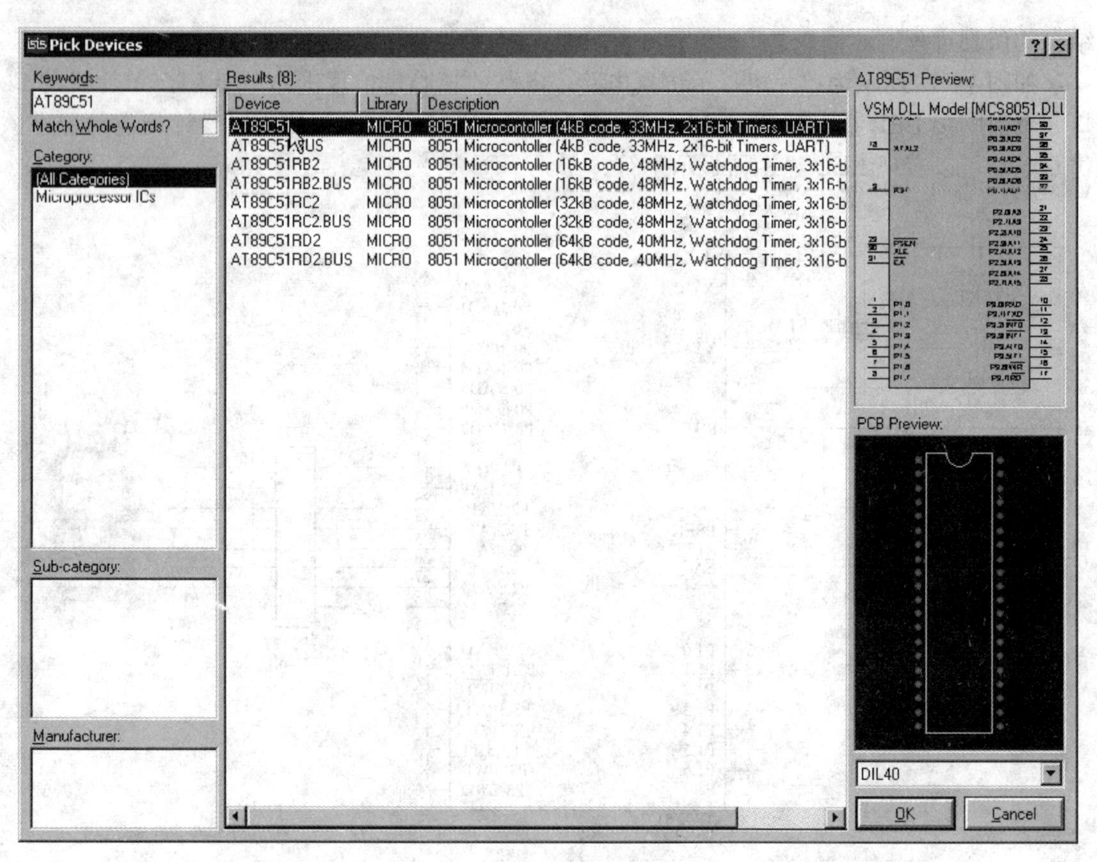

图 4 - 15　Pick Devices 界面

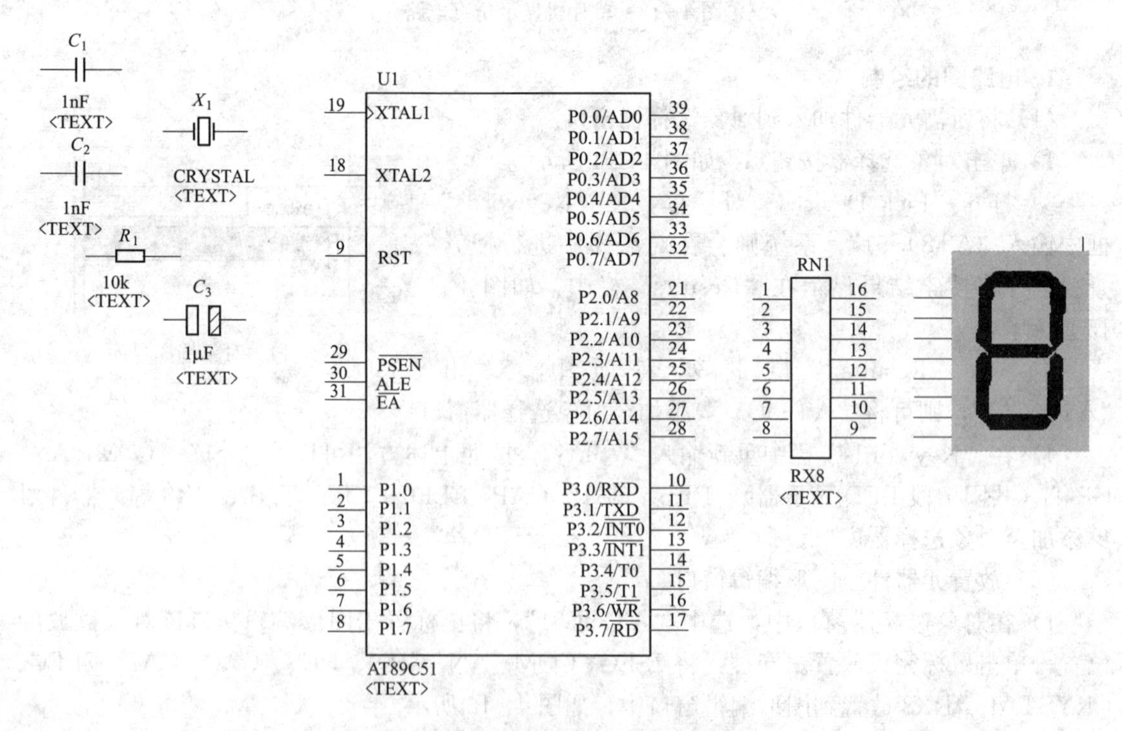

图 4 - 16　放置元器件至图形编辑窗口

明该对象已被选中，然后再单击鼠标，拖动鼠标将对象移至新位置后松开鼠标，完成移动操作。

（3）放置电源、接地至图形编辑窗口。单击绘图工具栏中的按钮，分别选择“POWER”“GROUND”将鼠标置于图形编辑窗口合适位置单击鼠标，则完成放置电源和接地，如图 4 - 17 所示。

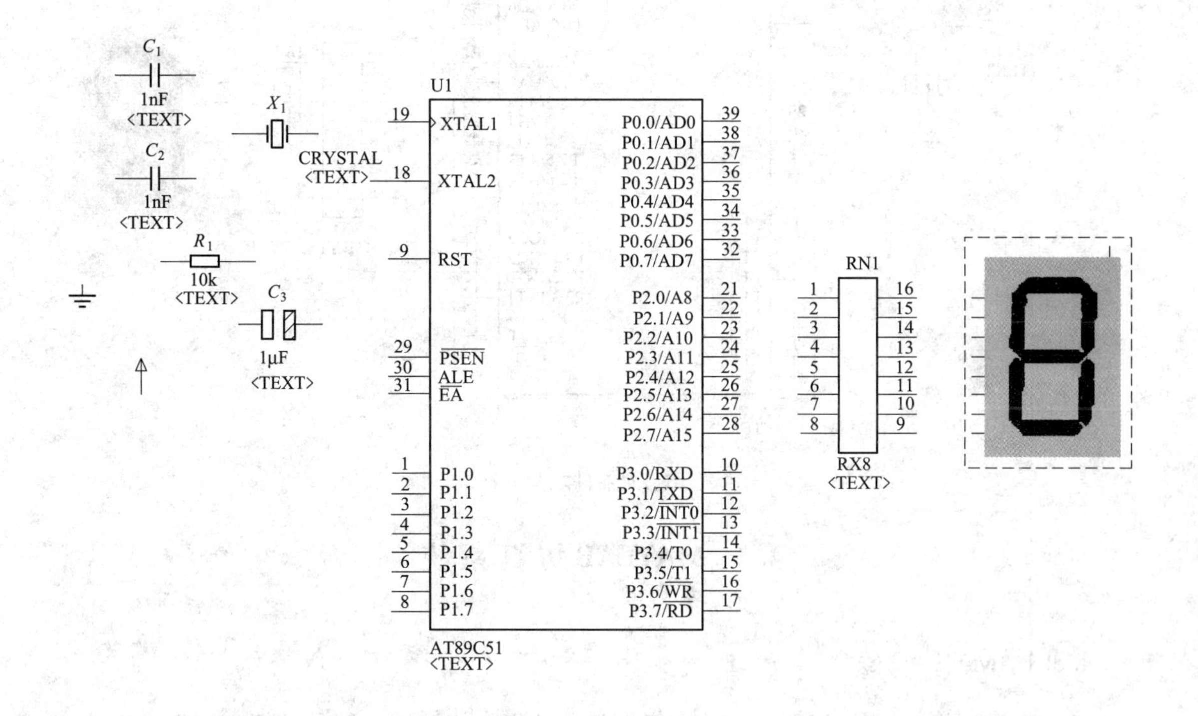

图 4 - 17 放置电源、接地至图形编辑窗口

（4）元器件之间的连线。将单片机 XTAL1 引脚连接到电容 C_1 右端操作：将鼠标的指针靠近 XTAL1 引脚连接点时，鼠标指针会出现一个“×”号，表明找到了 XTAL1 引脚的连接点，此时单击鼠标，再移动鼠标（不用拖动鼠标），将鼠标的指针靠近电容 C_1 右端的连接点，鼠标的指针会再次出现一个“×”号，表明找到电容 C_1 右端的连接点，同时屏幕上出现了连接线，单击鼠标即可确认此连接，完成画导线操作如图 4 - 18 所示。图 4 - 18 中连接过程中线形自动变成了 90°的折线，是因为选中了线路自动路径功能。

同理，可以完成其他连线。完成整个电路图的绘制。

2. 电路图的仿真

Porteus 仿真平台支持联合仿真，仿真实例的单片机程序采用 C51 设计开发。进行软件仿真之前，首先需要使用 KEIL c51 来生成仿真所需的文件 hex，然后在电路图中双击需要烧入程序的芯片将事先编译好的程序（该程序应该是 hex 文件）加载到该芯片即可进行联合仿真。

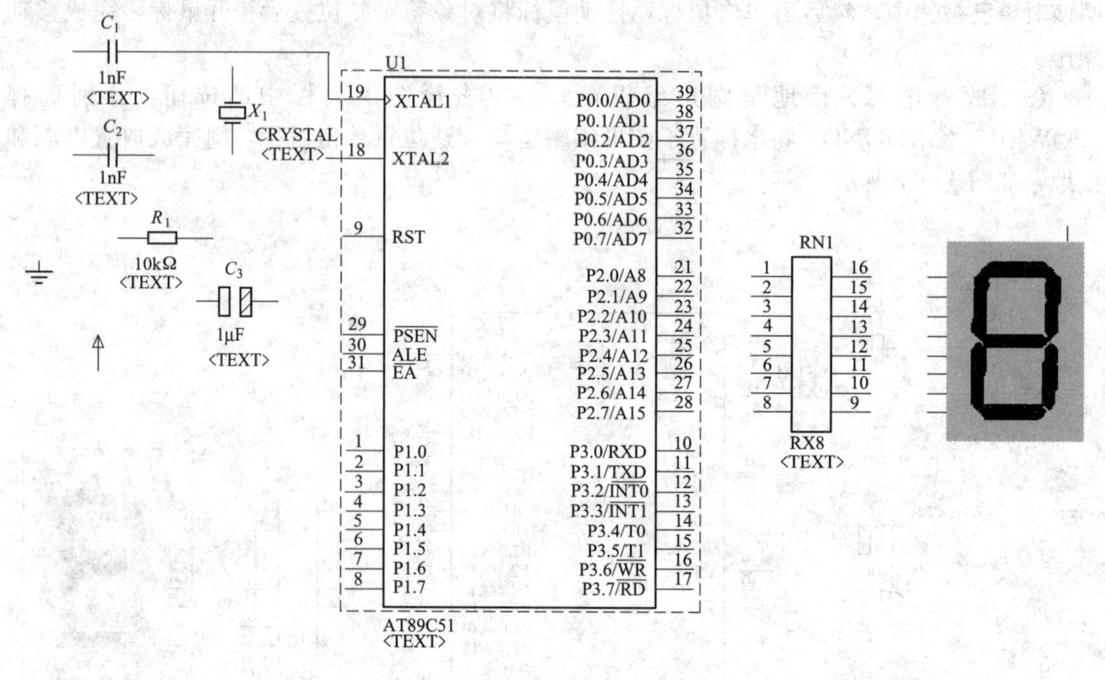

图 4-18 元器件之间的连线

4.3 MATLAB 仿真系统

4.3.1 MATLAB 简介

MATLAB 是美国 Math Works 公司开发的一种集数值计算、符号计算和图形可视化三大基本功能于一体的功能强大、操作简单的优秀工程计算应用软件。MATLAB 不仅可以处理代数问题和数值分析问题，而且还具有强大的图形处理及仿真模拟等功能，能够很好地解决实际的技术问题。

MATLAB 的含义是矩阵实验室（Matrix Laboratory），最初主要用于方便矩阵的存取，其基本元素是无须定义维数的矩阵。经过十几年的扩充和完善，现已发展成为包含大量实用工具箱（Toolbox）的综合应用软件，不仅成为线性代数课程的标准工具，而且适合具有不同专业研究方向及工程应用需求的用户使用。

MATLAB 最重要的特点是易于扩展。它允许用户自行建立完成指定功能的扩展 MATLAB 函数（称为 M 文件），从而构成适合于其他领域的工具箱，大大扩展了 MATLAB 的应用范围。控制界很多学者将自己擅长的 CAD 方法用 MATLAB 加以实现，因此出现了大量的 MATLAB 配套工具箱，如控制系统工具箱（control systems toolbox）、系统识别工具箱（system identification toolbox）、鲁棒控制工具箱（robust control toolbox）、信号处理工具箱（signal processing toolbox）以及仿真环境 SIMULINK 等。

MATLAB 的桌面系统由桌面平台以及桌面组件共同构成，桌面平台是各桌面组件的展示平台，如图 4-19 所示，它提供了一系列的菜单操作以及工具栏操作，而不同功能的桌面组件构成了整个 MATLAB 操作平台。

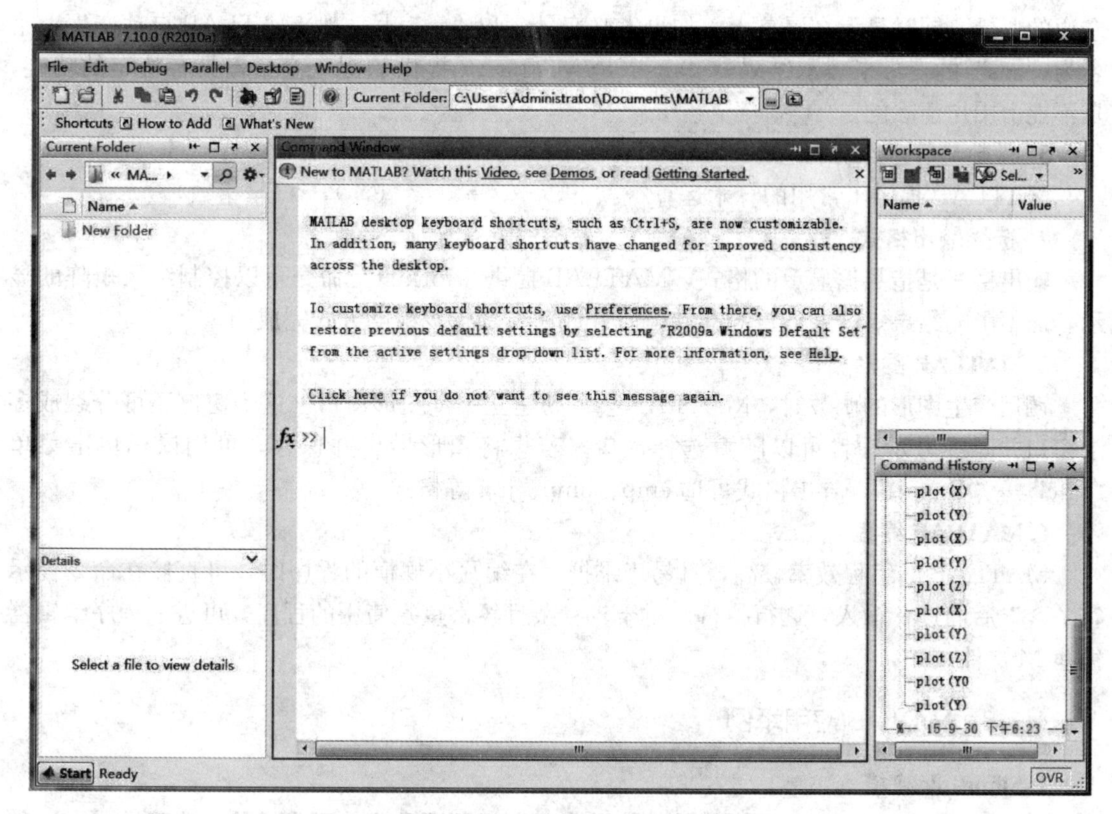

图4-19　MATLAB桌面平台

MATLAB可以认为是一种解释性语言，在MATLAB命令窗口中，标志“≫”为命令提示符，在命令提示符后面键入MATLAB命令时，MATLAB会立即对其进行处理，并显示处理结果。运行过程中的错误信息和运行结果显示在命令窗口中，整个程序的源代码可以保存为扩展名为“.m”的M文件。

4.3.2　MATLAB基本操作命令

1. 简单矩阵的输入

MATLAB是一种专门为矩阵运算设计的语言，MATLAB中处理的所有变量都是矩阵，因此MATLAB的数据形式矩阵或者数的矩形阵列。MATLAB语言对矩阵的维数及类型没有限制，即用户无须定义变量的类型和维数，MATLAB会自动获取所需的存储空间。

输入矩阵最便捷的方式为直接输入矩阵的元素，输入时需注意：①元素之间用空格或逗号间隔；②用中括号（[]）把所有元素括起来；③用分号（;）指定行结束。MATLAB的矩阵输入方式很灵活，大矩阵可以分成 n 行输入，并用回车符代替分号或用续行符号将元素续写到下一行。

在MATLAB中，矩阵元素不限于常量，可以采用任意形式的表达式。

2. MATLAB语句和变量

MATLAB语句的常用格式为“变量=表达式［;］”或“简化为：表达式［;］”。

表达式可以由操作符、特殊符号、函数、变量名等组成。表达式的结果为矩阵，它赋给左边的变量，同时显示在屏幕上。如果省略变量名和“=”号，则 MATLAB 自动产生一个名为“ans”的变量来表示结果，“ans”是 MATLAB 提供的固定变量，具有特定的功能，是不能由用户清除的。

3. 常数与算术运算符

MATLAB 提供了常用的算术运算符：+，-，*，/（\），^（幂指数）。

4. 选择输出格式

输出格式是指数据显示的格式，MATLAB 提供“format”命令可以控制结果矩阵的显示，而不影响结果矩阵的计算和存储。所有计算都是以双精度方式完成的。

5. MATLAB 图形窗口

调用产生图形的函数时，MATLAB 会自动建立一个图形窗口。这个窗口还可分裂成多个窗口并同屏显示，且可以随意选择窗口。若想将图形导出并保存，可用鼠标单击菜单“File”→“Export”，导出格式可选 emp、bmp、jpg 等格式。

6. MATLAB 编程

MATLAB 的编程效率较高，且易于维护。在编写小规模的程序时，可直接在命令提示符“≫”后面逐行输入，逐行执行。对于较复杂且经常重复使用的程序，可进入程序编辑器编写 M 文件。

4.3.3 MATLAB 应用举例

1. Simulink 建模

在一些实际应用中，如果系统的结构过于复杂，不适合用前面介绍的方法建模，在这种情况下，可以用 Simulink 程序建立新的数学模型，它具有 Simul（仿真）与 Link（连接）功能，即可以利用鼠标在模型窗口上“画”出所需的控制系统模型，并对系统进行仿真或线性化分析。建立系统模型的基本步骤如下：

（1）启动 Simulink。在 MATLAB 命令窗口的工具栏中单击按钮■或者在命令提示符“≫”下键入“Simulink”命令，回车即可启动 Simulink 程序。启动后软件自动打开 Simulink 模型库窗口，如图 4-20 所示。这一模型库中含有许多子模型库，如“Sources（输入源模块库）”、“Sinks（输出显示模块库）”、“Nonlinear（非线性环节）”等。若想建立一个控制系统结构框图，则应该选择“File”→“New”菜单中的“Model”选项，或选择工具栏上“new Model”按钮□，打开一个空白的模型编辑窗口。

（2）画出系统的各个模块。打开相应的子模块库，选择所需要的元素，用鼠标拖到模型编辑窗口的合适位置。

（3）给出各个模块参数。由于选中的各个模块只包含默认的模型参数，如默认的传递函数模型为 1/（$s+1$）的简单格式，必须通过修改得到实际的模块参数。要修改模块的参数，可以用鼠标双击该模块图标，则会出现一个相应对话框，可在该对话框中完成修改模块参数。

（4）画出连接线。当所有的模块都画出来之后，再画出模块间所需要的连线，构成完整的系统。

（5）指定输入和输出端子。在 Simulink 下允许有两类输入输出信号：第一类是仿真信号，可从“source（输入源模块库）”中取出相应的输入信号端子，从“Sink（输出显示模块库）”中取出相应输出端子即可；第二类是要提取系统线性模型，则需打开 Connection

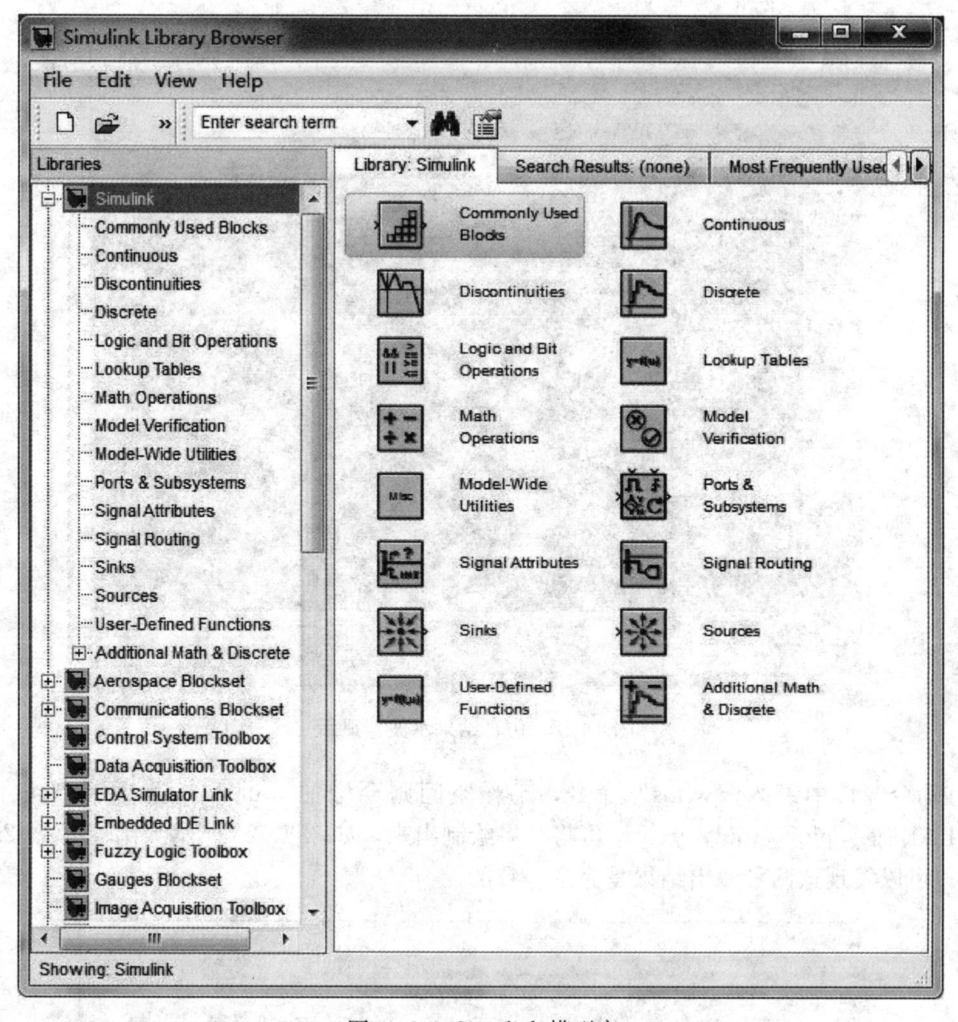

图 4-20 Simulink 模型库

(连接模块库)，从中选取相应的输入输出端子。然后再将所有模块用导线连接起来，组成如图 4-21 所示的系统仿真图。

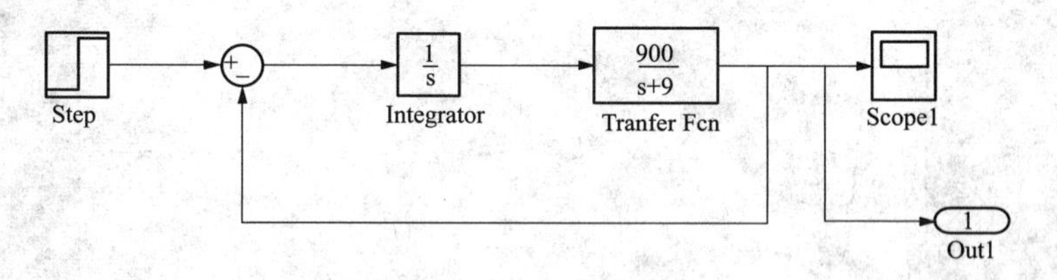

图 4-21 用 Simulink 实现的二阶系统仿真

在编辑窗口中单击“Simulation”→“Simulation parameters”菜单，会出现一个参数对话框，在 solver 模板中设置响应的仿真时间范围 StartTime（开始时间）和 StopTime（终止时间）、仿真步长范围 Maxinum step size（最大步长）和 Mininum step size（最小步长），最后点击“Simulation”→“Start”菜单或单击相应的热键启动仿真。双击示波器，在弹出的图形上会“实时地”显示出仿真结果，输出结果如图 4-22 所示。

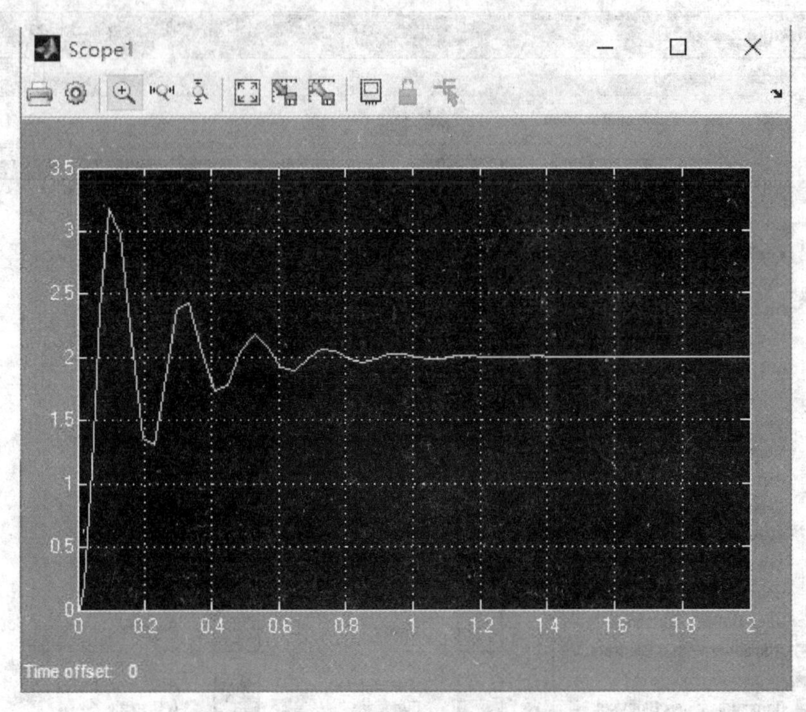

图 4-22　仿真结果示波器显示

在命令窗口中键入“whos”命令，工作空间则会增加 tout 和 yout 两个变量。利用 MATLAB 命令 plot（tout，yout）可将结果绘制出来，如图 4-23 所示。比较图 4-22 和图 4-23，可以发现这两种输出结果是完全一致的。

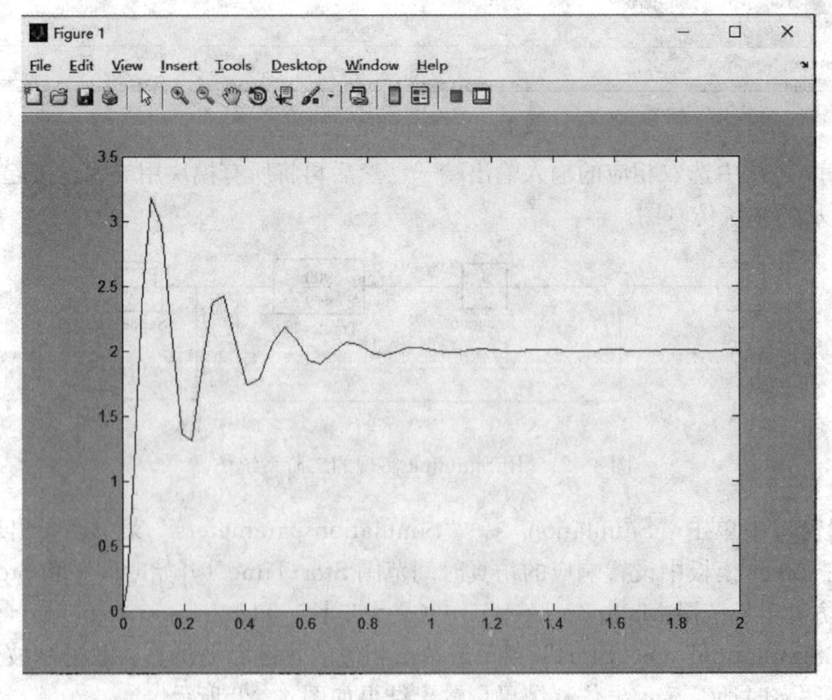

图 4-23　MATLAB 命令得出的系统响应曲线

2. MATLAB 的绘图

MATLAB具有丰富的获取图形输出的程序集。上例中已用命令“plot（tout，yout）”产生线性图形，还可用命令“loglog”、“semilogx”、“semilogy”或“polar”取代命令“plot”，用于产生对数坐标图和极坐标图。所有这些命令的应用方式都是相似的，它们只是在如何给坐标轴进行分度和如何显示数据上有所差别。

3. 用 MATLAB 求取稳定裕量

由MATLAB里“bode（）”函数绘制的伯德图也可以采用游动鼠标法求取系统的幅值裕量和相位裕量。游动鼠标法：在程序运行完毕后，用单击时域响应图线任意一点，系统会自动跳出一个小方框，小方框显示了这一点的横坐标（时间）和纵坐标（幅值）。按住左键在曲线上移动，可以找到曲线幅值最大的一点，即曲线最大峰值，此时小方框中显示的时间就是此二阶系统的峰值时间，根据观察到的稳态值和峰值可以计算出系统的超调量。此外，控制系统工具箱中提供了 margin（）函数来求取给定线性系统幅值裕量和相位裕量，该函数可以由“［Gm，Pm，Wcg，Wcp］＝margin（G）;”调用。

可以看出，幅值裕量与相位裕量可以由 LTI 对象 G 求出，返回的变量对（Gm，Wcg）为幅值裕量的值与相应的相角穿越频率，而（Pm，Wcp）则为相位裕量的值与相应的幅值穿越频率。若得出的裕量为无穷大，则其值为 Inf，这时相应的频率值为 NaN（表示非数值），Inf 和 NaN 均为 MATLAB 软件保留的常数。如图 4-24 所示为某三阶系统的奈氏图，图 4-25 为较理想的系统响应图。

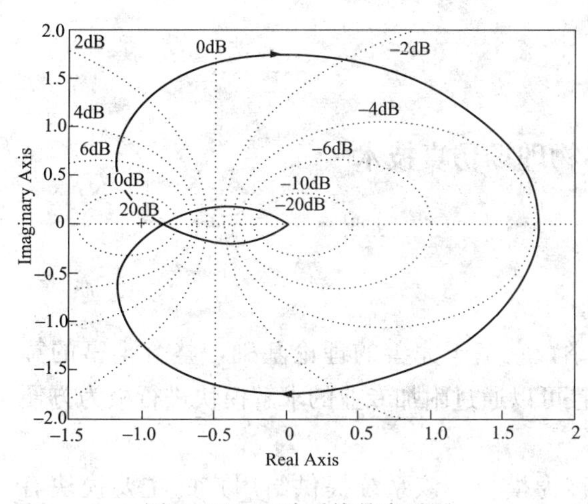

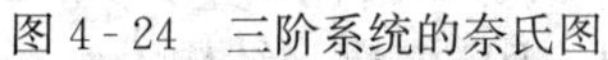
图 4-24　三阶系统的奈氏图

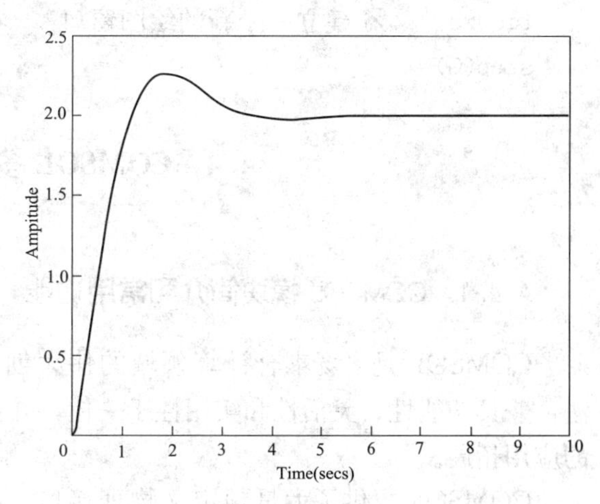

图 4-25　较理想的系统响应图

4. 时间延迟系统的频域响应

带有延迟环节 e^{-Ts} 的系统不具有有理函数的标准形式，在 MATLAB 中，建立这类系统的模型要由一个属性设置函数 set（）来实现。该函数的调用格式为：

set（H，'属性名'，'属性值'）

其中 H 为图形元素的句柄（handle）。在 MATLAB 中，当对图形元素做进一步操作时，只需对该句柄进行操作即可。

用 MATLAB 命令绘出的时间延迟系统奈氏图如图 4-26 所示，命令如下：

```
>> G=tf(1,[1, 1]);
```

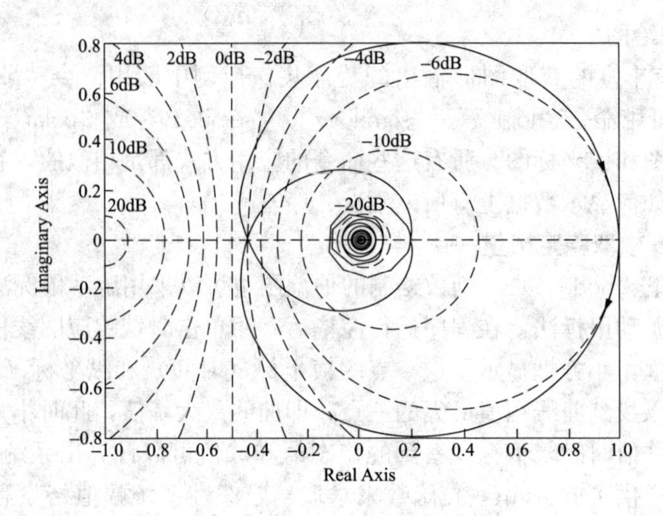

图 4-26 时间延迟系统奈氏图

```
T=[1];
w=[0, logspace(-3, 1, 100), logspace(1,2,200)];
set(G,'Td', T); % 延迟 1s
nyquist(G,w)
grid
figure    % 建立一个新的绘图窗口
step(G)
```

4.4 COMSOL 多物理场仿真技术

4.4.1 COMSOL 模块简介和常用功能

COMSOL 是多场耦合计算领域的伟大创举，它基于完善的理论基础，整合丰富的算法，兼具功能性、灵活性和实用性于一体，并且可以通过附加专业的求解模块进行极为方便的应用拓展。

COMSOL 提供了大量预定义物理接口，称为模块，该系统提供给用户的主要模块有 AC/DC 模块、传热模块、CFD 模块、化学反应工程模块、RF 模块、结构力学模块、微流模块、电池与燃料电池模块、MEMS 模块、岩土力学模块、多孔介质流模块、电镀模块、等离子体模块、声学模块、管道流模块、化学腐蚀模块、非线性力学模块、优化模块、材料库、CAD 导入模块等。

在这些模块中，电气与自动化及其相关专业最常用的是 AC/DC 模块。AC/DC 模块主要用于仿真电容器件、电感器件、电机系统以及传感器等。总的来说，这些器件的仿真分析都属于电磁场分析类型，但是实际上这些器件的工作会受到其他各种物理场的影响。比如：热效应可能会带来很多材料的电性参数发生变化，所以要考虑电磁场分析就必须同时考虑电热效应，这在变压器设计中很常见，在电机工程中也很典型。

AC/DC模块的功能包括静电场分析、静磁场分析、动态电磁场分析，可以输出各种相关的场变量，并且可以和其他物理模块自由耦合。如图4-27所示为COMSOL模拟永磁铁的磁通密度的仿真。

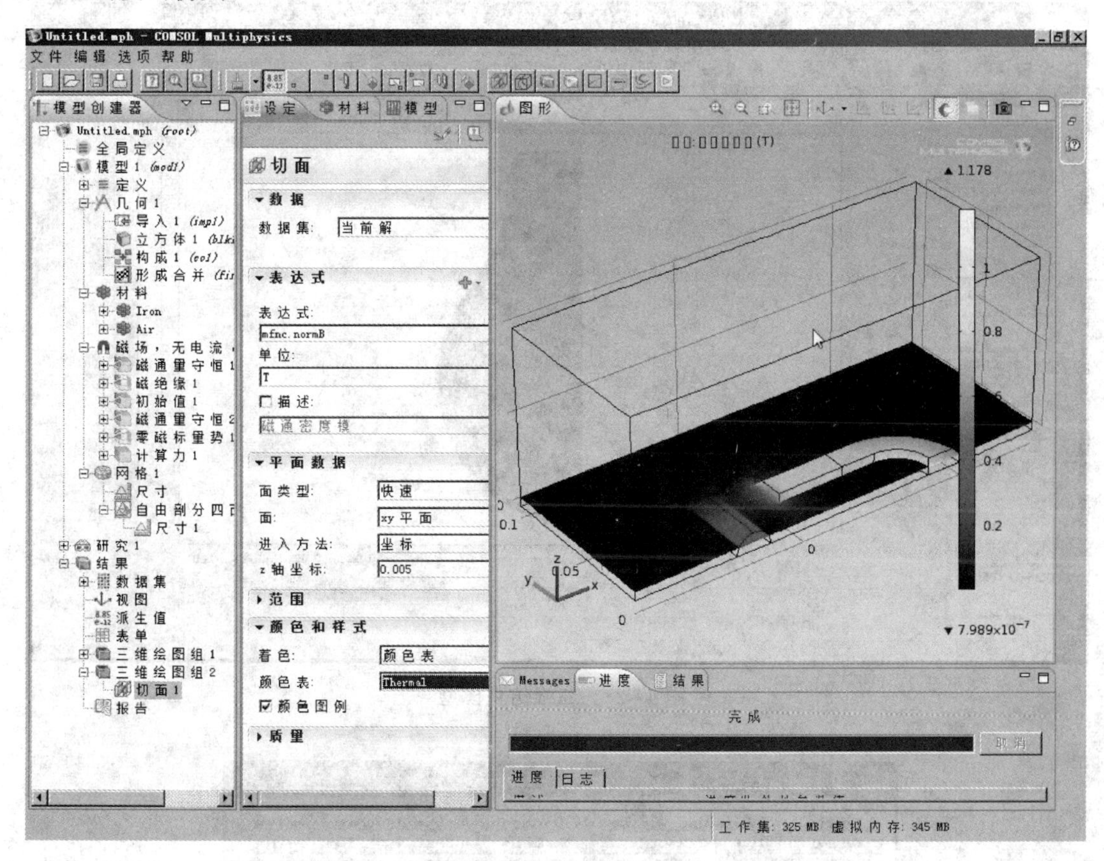

图4-27 COMSOL模拟永磁铁磁通密度的仿真

4.4.2 COMSOL常用功能

1. 利用耦合变量对结果进行扫掠

COMSOL支持多维度的耦合计算仿真，允许用户对一个物理问题做多维度的建模分析。也就是说，同一个仿真过程里可以包含多个几何结构，这些几何结构通常都是不同维度的，最常见的是一个完整的三维几何，一个或者多个二维的截面，以及一个或多个一维的线。在不同的几何上，用户都可以建立物理方程并同时求解，这些几何之间是通过COMSOL的耦合变量传递参数实现的。

COMSOL提供两种耦合方法实现这个功能：拉伸耦合变量、投影耦合变量。

（1）拉伸耦合变量的功能是把一个几何中的变量或者表达式，按照预定义或者用户自定义的坐标变换，直接传递到另一个几何中。如图4-28所示是针对灯泡热场分析的二维轴对称几何Geom1仿真模型图。利用拉伸耦合变量，其参数设置如图4-29所示，可将几何Geom1中的变量T传递过来，在同一模型下即可建立一个新的三维几何Geom2，这个三维的几何就是由二维轴对称的几何直接绕对称轴旋转而来。如图4-30所示，在三维的Geom2

模型树里可以清楚看到绕对称轴旋转的结果，在 Geom2 下面没有任何的方程，当然也就没有什么变量。

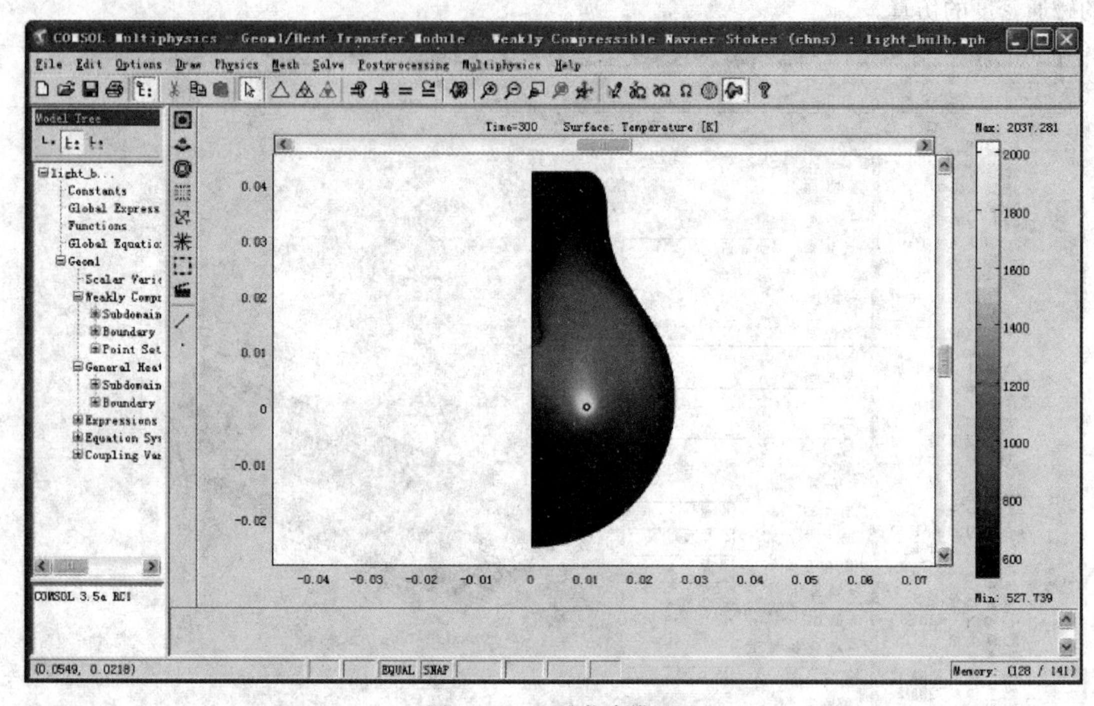

图 4-28　二维仿真模型

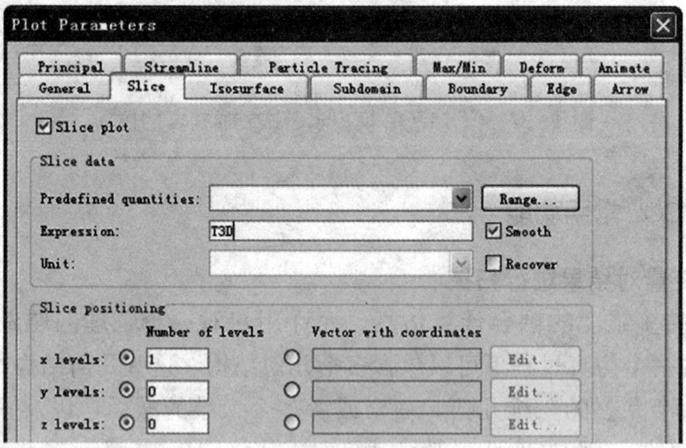

图 4-29　拉伸耦合变量参数设置

（2）投影耦合变量是积分耦合变量与拉伸耦合变量的合体。它的用法与拉伸耦合变量非常类似，只不过在跨几何传递参数的时候，拉伸耦合变量传递的就是变量或者表达式本身，而投影耦合变量传递的是变量或者表达式的积分。

2. 在非线性设置中调整瞬态求解器

当求解瞬态非线性问题时，为了提高收敛性和求解器的效率，可以手动调整求解器的一些参数，例如非线性求解器中的迭代步数、公差因子、阻尼衰减参数、Jacobian 修正方

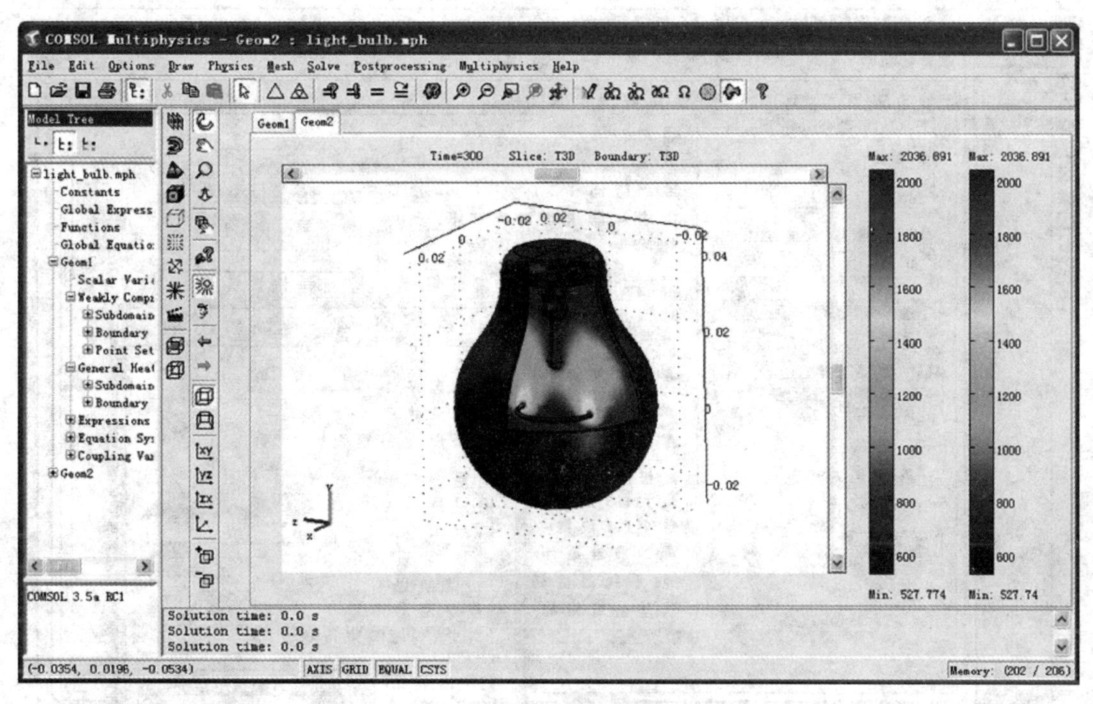

图 4-30 三维仿真模型

法等。

通常情况下，如果在迭代步数范围内收敛性较慢，未能在适当的迭代次数后得到结果，可以将迭代步数改大。但是这样做，有时候会产生较大的计算量。

当非线性较强时，可以将公差因子调小，这样做可以控制迭代时的步长，较小的步长受非线性的影响较小，可能会快速得到结果，但也有可能会产生较大迭代次数，增加计算量。阻尼衰减参数等可以根据实际情况进行调整，用户可以指定初始值、最小步长、以及最大步长。

Jacobian 修正方法也可以根据需要来修改，例如默认是采用最小值方法，用户可以修改成每个迭代都要修改，或每个时间长只进行一次修改，如图 4-31 所示。修改次数越多，意味着非线性的影响越小，同样也意味着计算量的增加。

3. 求解时绘图

边求解边绘图是 COMSOL 强大的后处理工具之一，它允许用户在求解的过程中，实时观测到某个变量或者表达式的结果图。如在求解相变析出的一类问题，使用边处理边绘图可以实时观察到相结构的演变。在 COMSOL 中要使用这个功能非常简单，只需要在“求解器参数”勾选“求解时作图”复选框即可，如图 4-32 所示。

4. 绘制探测图

在求解的同时，COMSOL 还可以做一种图，即探测图。这个功能允许用户在任意的位置放置观测点，随着求解的进行，实时掌握观测点上的某些变量或者表达式的取值变化。具体操作如下：在图 4-33（a）中“后处理”下拉菜单中选择“探测图参数…”选项系统会出现如图 4-33（b）所示“探测图参数”窗口，在“探测图定义”中选取“观测点”后单击“确定”按钮，即可在求解的过程中掌握该点的变化情况，结果如图 4-34 所示。

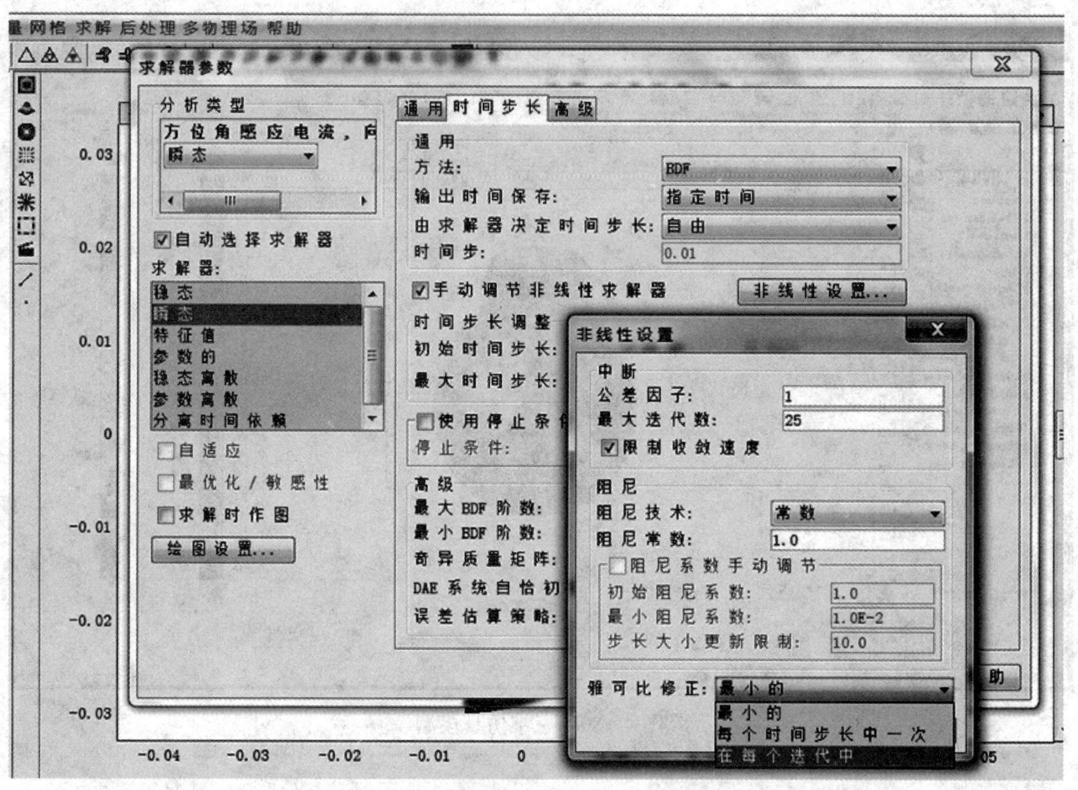

图 4-31　在非线性设置中调整瞬态求解器

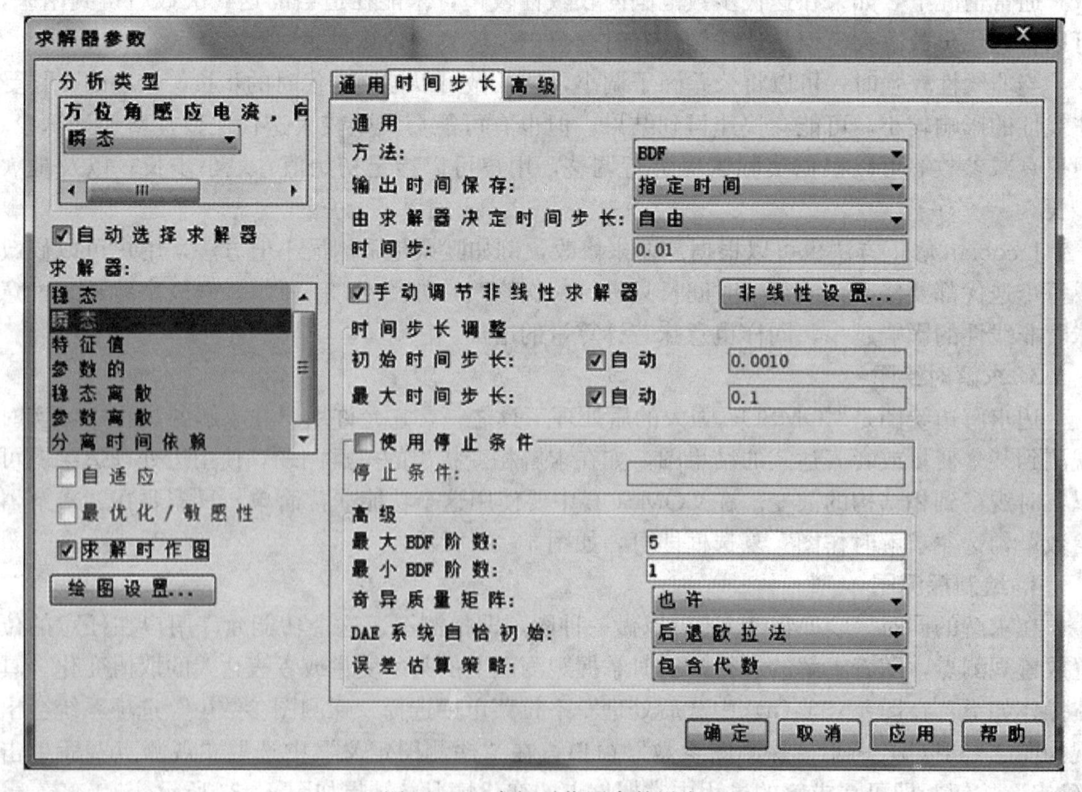

图 4-32　求解时作图参数设定

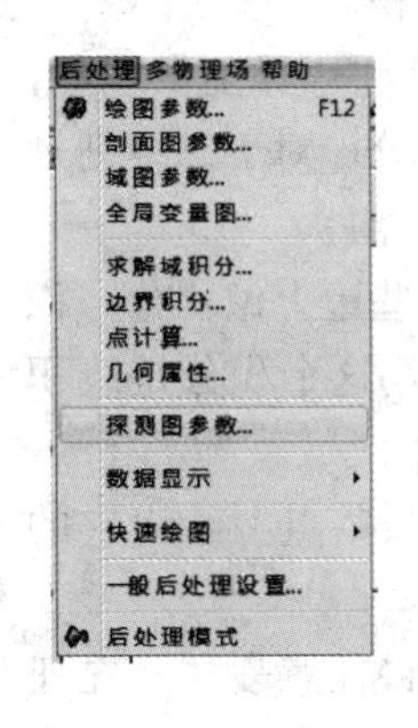

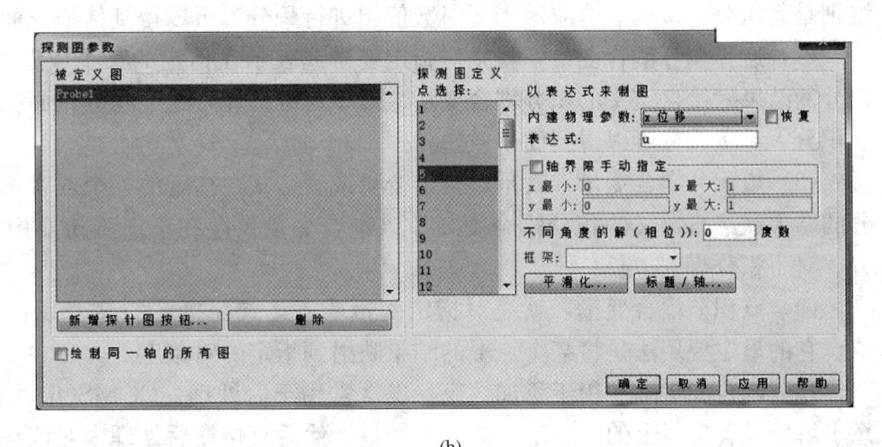

(a) (b)

图 4-33 求解时作图参数设定

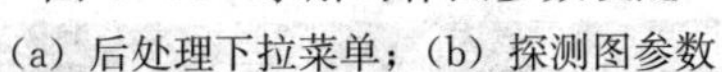
(a) 后处理下拉菜单；(b) 探测图参数

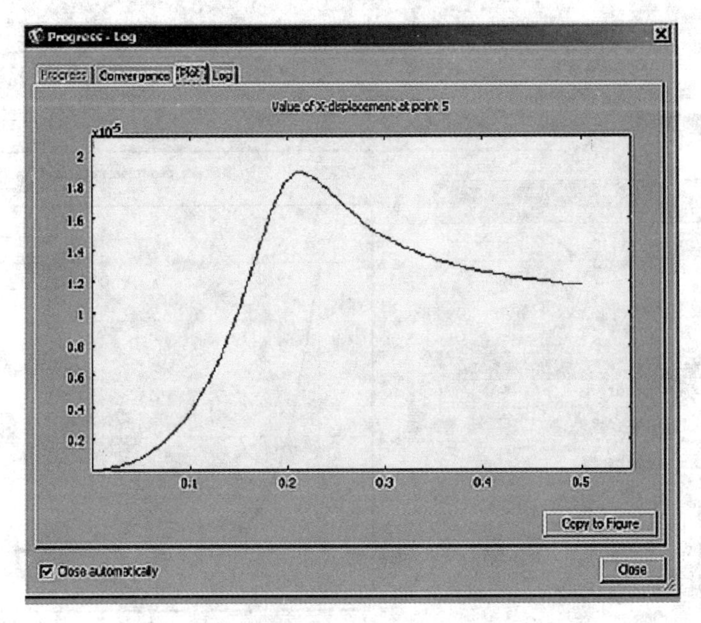

图 4-34 对某点探测绘图结果

5. 积分耦合变量

COMSOL 的语法中，变量 u 对空间的微分，分别默认为用 u_t、u_x、u_y、u_z 等来表示，这为仿真提供了极大的便利。COMSOL 提供了积分耦合变量来实现这一功能。

积分耦合变量分为四种：求解域（subdomain）积分耦合变量、边界（boundary）积分耦合变量、边（edge）积分耦合变量、点（point）积分耦合变量。根据模型的维度，会有相应的积分耦合变量。用户还可以指定得到结果后的作用域（如全局），或指定某些点、边、边界或求解域，从而可以将对积分耦合变量结果的访问限制在指定的对象上。

（1）求解域积分耦合变量，就是对指定变量或表达式在指定的某个或者某些求解域上做积分，积分的结果赋给自定义的积分耦合变量。对于三维仿真，这个积分是体积分；对于二维则是面积分。最典型的应用当属对数值1进行积分，可以得到体积或面积。

（2）边界积分耦合变量，就是对指定变量或表示在指定的某个或者某些边界上做积分，积分的结果赋给自定义的积分耦合变量。对于三维仿真，这个积分是面积分；对于二维则是线积分。对1积分可以得到面积或边长。

（3）边积分耦合变量，就是对指定变量或表达式在指定的某个或者某些边上做积分，积分的结果赋给自定义的积分耦合变量。该耦合变量仅存在于三维仿真中，这个积分是线积分，对1积分得到边长。

（4）点积分耦合变量，就是对指定变量或表达式在指定的某个或者某些点上给出它的值。它的最主要用法是将某个点上的结果映射到指定的对象上。

积分耦合变量除了用于添加约束，也常常用于后处理。COMSOL可将任意表达式在任意求解域或者边界上的积分定义为一个变量，然后直接在后处理中对该自定义的积分耦合变量做数据可视化操作，如图4-35所示。

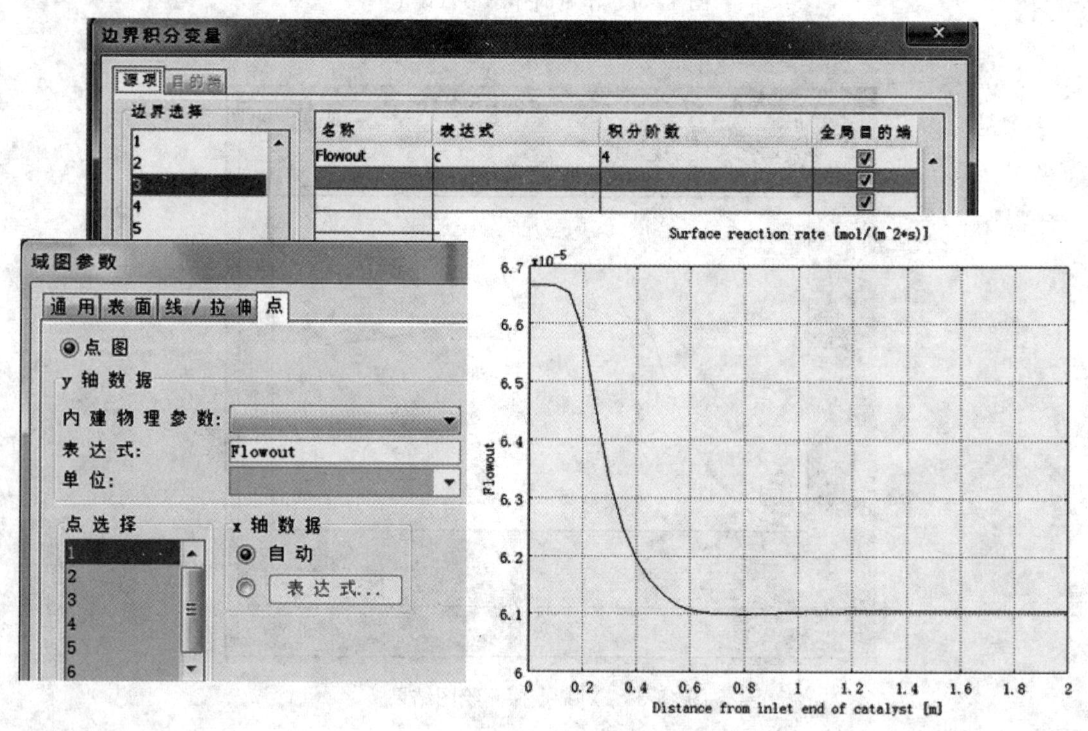

图4-35 边界积分变量可视化操作

6. 停止条件

在进行稳态求解时，COMSOL迭代求解以收敛条件满足作为计算的停止条件。但是在瞬态分析的情况下，计算何时停止就可自行选择。与其他仿真软件类似，COMSOL默认的瞬态分析停止条件就是遍历用户设定的时间范围后，计算停止。但是除此之外，COMSOL还可以提供一种更为灵活而且强大的功能，就是允许用户选择让软件自动检测计算结果中的某一变量或表达式，当该变量或表达式满足一定条件时，计算停止。

如图4-36所示是停止条件参数设定界面，COMSOL的停止条件使用的是布尔表达式。布尔表达式运算的结果大于零，则表示有效，此时停止条件满足，计算停止；当布尔运算结果小于或者等于零，则表示无效，停止条件不满足，计算继续进行。需要注意的是，这里的表达式，通常是对某个标量进行求解的结果。

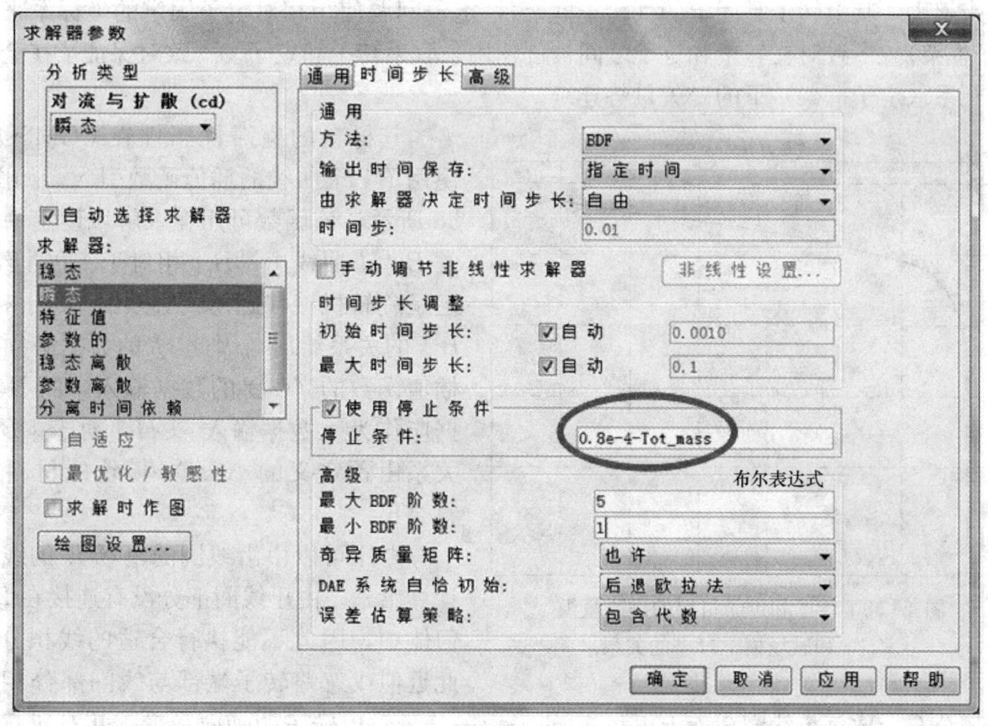

图 4-36 停止条件参数设定界面

4.4.3 COMSOL 应用实例

这里以带有永久磁铁的发电机为例，说明转子做圆周运动时在定子线圈内如何产生电动势。

转子的中心由退火处理过的中碳钢组成，中碳钢具有较高的相对磁导率。中心被几个由钐、钴做成的用来产生强磁场的永磁铁块包围。定子由与转子中心相同的导磁材料制成，可将磁场限制在通过线圈的闭环中。线圈缠绕在定子磁极上。如图 4-37 所示是具不完整定子的发电机结构示意图，从图中可看到转子、定子和定子线圈的构造以及线圈和转子分布情况。

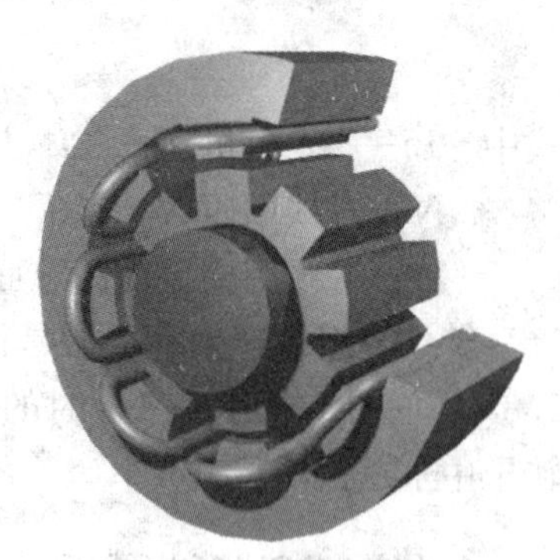

图 4-37 发电机结构示意图

发电机的 COMSOL 模型是发电机横截面关于时间的相关 2D 问题。这是一个时变模型，其中转子中磁源的运动被认为是定子和转子几何体的边界条件。因此，方程中没有洛伦兹项，偏微分方程为

$$\sigma\frac{\partial A}{\partial t}+\nabla\times\left(\frac{1}{u}\nabla\times A\right)=0 \tag{4-1}$$

其中磁位能仅仅有 z 分量。旋转使用预知的旋转机械物理接口来模拟。几何的中心部分（包括转子和气隙的部分）相对于定子坐标系旋转。转子和定子作为两个分离的几何对象导

入模型，因此使用装配体。其优点为：转子与定子之间的耦合是自动的，该部分网格剖分相对独立，允许在两个几何物体界面上的磁矢量势不连续（称为缝隙）。旋转问题使用旋转坐标系来解决，其中转子是固定的（转子框架），定子问题使用相对定子固定的坐标系来求解（定子框架）。一致对在转子和定子之间被创建用来联系转子和定子。一致对保证了在全局固定坐标系（定子框架）下的磁矢量势连续。

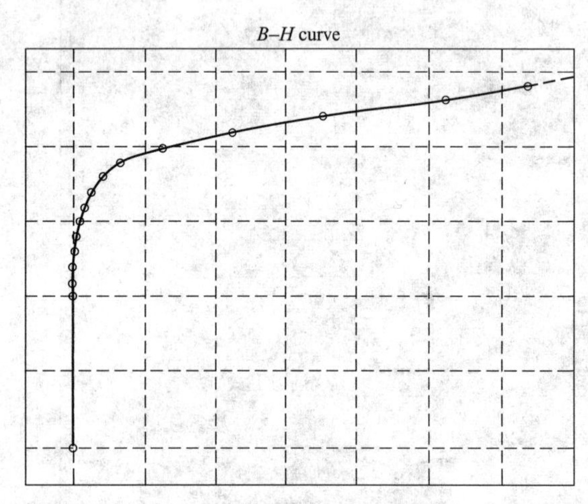

图 4-38　转子和定子材料的磁通量模 $|B|$ 和磁场模 $|H|$ 的关系

其材料的磁滞性属性在 COMSOL 中使用 B-H 曲线的插值函数引入，如图 4-38 所示，该函数可用在求解域设定中，通常 B-H 曲线由 $|B|$ 相对于 $|H|$ 给出，但是旋转机械和磁模式必须由 $|H|$ 对于 $|B|$ 的关系给出。因此 H 的数据必须作为插值函数的 $f(x)$ 的数据输入，而 B 的数据应作为 x 数据输入。$|H|$ 对于 $|B|$ 的关系由预定义的 AC/DC 模块的材料库材料给出。

电压可以由沿线圈的电场 E 的线积分计算出来。由于线圈部分没有连接在 2D 几何体中，因此不能执行合适的线积分。因此近似成忽略转子端部与线圈部分相连端的电压分布。取每个线圈截面上电场 E 的平均 z 分量乘以转子的轴向长度，并对所有线圈横截面求和来得到电压，即

$$U_i = NN \sum_{\text{windings}} \frac{L}{A} \int E_Z \mathrm{d}A \tag{4-2}$$

式中　L——发电机在第三维方向上的长度；

NN——线圈匝数；

A——线圈横截面的总面积。

转子绕组中产生的电压是正弦信号，对于单匝线圈，在转速为 60r/min 时该电压振幅为 2.3V，见图 4-39。0.20s 时的磁通量模 $|B|$ 和磁场线 B 如图 4-40 所示，较亮区域表明了转子中永磁铁的位置。

4.4.4　COMSOL 建模

1. 几何建模

（1）模型选择。

1）在“Model Wizard”窗口，选择“2D”，单击“Next”按钮。

2）在“Add physics”目录中，选择“AC/DC”→“Rotating Machinery, Magnetic（rmm）”，单击“Next”按钮。

3）在“Studies”目录下中，选择“Preset Studies”→“Stationary”，单击“Finish”按钮。

（2）全局参数设定。

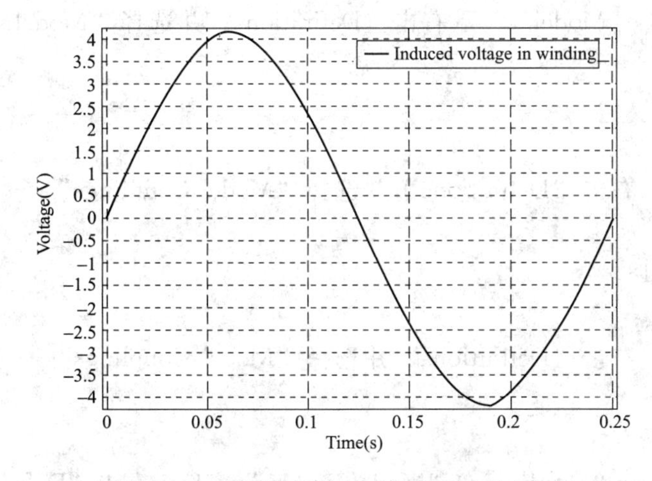

图 4-39 单匝线圈旋转 1/4 圈产生的电压

图 4-40 磁通密度和磁力线的分布

1）在“Model Builder”窗口，右击“Global Definitions”选择“Parameters”选项。

2）在“Parameters”设定窗口中，展开“Parameters”。

3）在列表中，输入以下设置：

NAME	EXPRESSION	DESCRIPTION
L	0.4 [m]	Length of generator
rpm	60 [1/min]	Rotational speed of rotor

（3）导入几何模型。几何模型可以新创建一个，也可以导入一个现有模型。利用该软件的导入功能导入发电机截面的外部 CAD 文件过程如下：

1）在“Model Builder”窗口的“Model 1”下右击“Geometry 1”，选择“Import”选项。

2）在“Import”设定窗口，展开“Import”。

3）单击“Browse”按钮。

4）浏览到模型的“Model Library”文件夹并双击“generator_2d. mphbin”文件。

5）单击“Import”按钮。

（4）组合几何模型。导入的几何由内部（表示转子）和外部（表示定子）两部分组成，根据这些部分组合一个装配体。使用此种方法，可自动创建连接共用边界的一致对。

1）在“Model Builder”窗口中，在“Model 1”→“Geometry 1”项中单击“Form Union”按钮。

2）在“Finalize”设定窗口中展开“Finalize”。

3）在“Finalization method”中，选择“Form an assembly”选项。

4）单击“Build All”按钮。

（5）积分域设定

1）积分域 1（Integration 1）设定。

(a) 在“Model Builder”窗口中，“Model 1”下右击“Definitions”并选择“Model Couplings”→“Integration”。

(b) 选择域5～8和13～16。

2) 积分域2 (Integration 2) 设定。

(a) 在“Model Builder”窗口中，右击“Definitions”并选择“Model Couplings”→“Integration”。

(b) 选择域3，4，9～12，17，和18。

3) 积分域3 (Integration 3) 设定。

(a) 在“Model Builder”窗口中，右击“Definitions”并选择“Model Couplings”→“Integration”。

(b) 选择域8。

4) 柱坐标系2域 (Cylindrical System 2) 设定。在“Model Builder”窗口，右击“Definitions”选择“Coordinate Systems”→“Cylindrical System”。柱坐标系用来定义永磁铁的磁场。

2. 材料 (MATERIALS) 域选择与属性设定

(1) 材料域选择。

1) 在“Model Builder”窗口，在“Model 1”中右击“Materials”选择“Open Material Browser”选项。

2) 在“Material Browser”窗口，展开“Materials”区域。

3) 在目录中，选择“Built - In”→“Air”。

4) 右击并且从菜单中选择“Add Material to Model”。

5) 在目录中，选择“AC/DC”→“Soft Iron (without losses)”。

6) 右击并从菜单中选择“Add Material to Model”。

7) 选择域2和28。

(2) 选择域约束方程选择。选择域约束方程选择是在“Rotating machinery，Magnetic (旋转机械，磁)”中进行的。

1) 对于本模型，首先要选择电机运动部分和设定运动速度，具体操作如下：

(a) 在“Model Builder”窗口中，右击“Model 1”→“Rotating Machinery，Magnetic”并选择域设置中的“Prescribed Rotational Velocity”选项。

(b) 选择域19～28。

(c) 在“Prescribed Rotational Velocity”设定窗口，展开“Prescribed Rotational Velocity”。

(d) 在“rps”区域，填入“r/min”。

2) 因为转子的永磁铁有旋转场，所以使用柱坐标系来指定其约束方程，具体操作如下：

(a) 在“Model Builder”窗口，右击“Rotating Machinery，Magnetic”选择域设置中的“Magnetic Fields”→“Ampère's Law”。

(b) 选择域20，23，24和27。

(c) 在“Ampère's Law”设定窗口，展开“Coordinate System Selection”。

（d）从“Coordinate system”列表中，选择“Cylindrical System 2”。

（e）展开“Magnetic Field”，从“Constitutive relation”列表中，选择“Remanent flux density”。

（f）指定Br为：

0.84 [T]	r
0	phi
0	a

（g）右击“Model 1”→“Rotating Machinery，Magnetic”→“Ampère′s Law 2”选择“Rename”。

（h）展开“Rename Ampère′s Law”对话框，在“New name”中输入“Permanent Magnets Outward”。

（i）单击“OK”按钮。

3）四个永磁铁是反向的，其约束方程设定具体操作如下：

（a）右击“Rotating Machinery，Magnetic”选择域设定“Magnetic Fields”→“Ampère′s Law”。

（b）选择域21，22，25和26。

（c）在“Ampère′s Law”设定窗口，展开“CoordinateSystemSelection”域。

（d）从“Coordinatesystem”列表中选择“CylindricalSystem2”。

（e）展开“MagneticField”区域，在“Constitutiverelation”列表中选择“Remanent-fluxdensity”。

（f）指定Br为：

−0.84 [T]	r
0	phi
0	a

（g）右击“Model 1”→“Rotating Machinery，Magnetic”→“Ampère′s Law 3”选择“Rename”。

（h）在“Rename Ampère′s Law”对话框中，在“Newname”区域输入“Permanent-MagnetsInward”。

（i）单击“OK”按钮。

4）选择域属性设定步骤如下：

（a）右击“Rotating Machinery，Magnetic”选择域设定“Magnetic Fields”→“Ampère′s Law”。

（b）在“Ampère′s Law”设定窗口，展开“Magnetic Field”区域。

（c）从“Constitutive relation”列表中，选择“HBcurve”。

（d）选择域2和28。

(e) 右击“Model 1”→“Rotating Machinery, Magnetic”→“Ampère′s Law 4”选择“Rename”。

(f) 展开“Rename Ampère′s Law”对话框，在“Newname”中输入“Iron”。

(g) 单击“OK”按钮。

5) 边界条件的设定：

(a) 右击“Rotating Machinery, Magnetic”选择边界条件“Pairs”→“Continuity”。

(b) 在“Continuity”设定窗口中，展开“Pair Selection”区域。

(c) 在“Pairs”列表中，选择“Identity Pair 1”。

3. 网格剖分

在模型创建窗口，在“Model 1”下右击“Mesh 1”，选择“Free Triangular, Size”尺寸具体设置如下：

1) 在“Model Builder”窗口，在“Model 1”→“Mesh 1”下选择“Size”。

2) 在“Size”设定窗口，展开“Element Size”区域。

3) 在“Predefined”列表中，选择“Finer”。

4) 单击“Custom”按钮。

5) 进入“Element Size Parameters”区域，在“Resolution of narrow regions”中输入“2”。

6) 单击“Build All”按钮。

4. 求解

(1) 在步骤1 (Step 1) 中设定求解时间：

1) 在“Model Builder”中，右击“Study 1”选择“Study Steps”→“Time Dependent”。

2) 在“Time Dependent”设定中，展开“Study Settings”区域。

3) 在“Times”编辑框内输入“range (0, 0.01, 0.25) ”。

(2) 在变量1 (Variables1) 进行全局变量定义：

1) 在“Model Builder”中，右击“Global Definitions”选择“Variables”。

2) 在“Variables”设定窗口，展开“Variables”区域。

3) 在表中输入以下

NAME	EXPRESSION	DESCRIPTION
A	mod1. intop3 (1)	Cross-sectional area of winding
Vi	mod1. intop1 (L * rmm. Ez/A) -mod1. intop2 (L * rmm. Ez/A)	Induced voltage in winding

最后在“Model Builder”窗口，右击“Study 1”选择“Compute”即可对所建模型进行求解。

5. 后处理

(1) 磁通密度的后处理。

1) 设定数据集 (Data Sets)。

(a) 在“ModelBuilder”中，扩大“Results”→“Data Sets”节点，单击“Solution1”。

（b）在“Solution”设定窗口，展开“Solution”区域。

（c）在“Frame”列表中，选择“Spatial（x，y，z）”。

2）对磁通密度（Magnetic flux density）进行设定

（a）在“ModelBuilder”中，在“Results”下单击“Magneticfluxdensity”。

（b）在“2D Plot Group”设定中，展开“Data”区域。

（c）在“Time”列表中，选择“0.2”。

（d）进入“PlotSettings”区域，从“Frame”列表中选择“Spatial（x，y，z）”。

（e）在“ModelBuilder”中，右击“Magneticfluxdensity”选择“Contour”。

（f）在“Contour”设定中单击“Expression”右上角的“ReplaceExpression”，在菜单中选择“RotatingMachinery，Magnetic（Magnetic Fields）”→“Magnetic”“Magnetic vector potential（Material）”→“Magnetic vector potential，Z component（Az）”。

（g）展开“ColoringandStyle”区域，在“Coloring”列表中，选择“Uniform”。

（h）在Color中选择Black。

（i）展开Levels区域，在Totallevels中输入12。

（j）单击“Plot”按钮即可出现如图4-41所示图形。

（2）在后处理中显示一维绘图。图4-41中绘图显示了$t=0.2$s时的转子位置，磁通密度模和磁钢线。下一步，绘制在四分之一周期中的感应EMF。该功能在一维绘图组2（1D Plot Group）中进行设定，步骤如下：

1）在“Model Builder”中，右击“Results”选择“1D Plot Group”。

2）在“1D Plot Group”设定中，展开“Title”区域。

3）在“Titletype”列表中，选择“Manual”。

4）展开“PlotSettings”区域，选择“x-axis label”。

5）选择“y-axis label”。

6）展开“Title”区域。在“Title”输入编辑框内输入“Induced voltage”。

7）在“PlotSettings”区域，在“x-axis label”编辑框内输入“Time（s）”。

8）在“y-axislabel”编辑框内输入“Voltage（V）”。

9）展开“Data”区域，在“Time selection”列表中，选择“Fromlist”。

10）右击“Results”→“1D Plot Group 2”选择“Global”。

11）在“Global”设定中，单击“y-Axis Data”右上角的“Replace Expression”，在菜单中选择“Definitions”→“Induced voltage in winding（Vi）”。单击“Plot”按钮即可出现如图4-41所示图形，绘图显示了幅值约为4.2V的感应EMF。

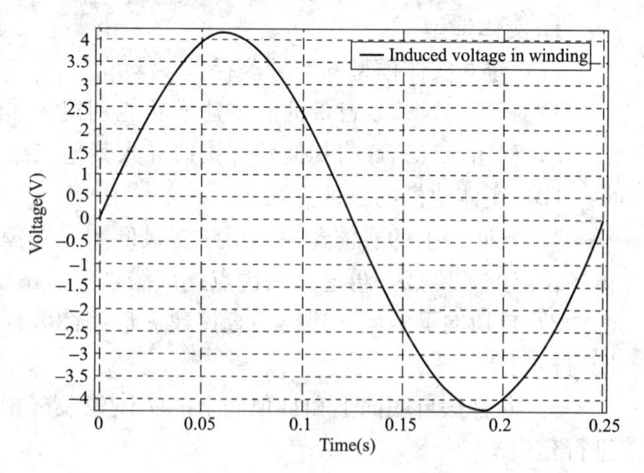

图4-41　一维绘图EMF后处理结果

4.5 ANSYS电磁场仿真技术

ANSYS软件是融结构、流体、电场、磁场、声场分析于一体的大型通用有限元分析软件。它能与多数CAD软件接口，实现数据的共享和交换，如Creo、NASTRAN、Alogor、I-DEAS、AutoCAD等，是现代产品设计中高级CAE工具之一。

ANSYS有限元软件包是一个多用途的有限元法计算机设计程序，可以用来求解结构、流体、电力、电磁场及碰撞等问题。因此它可应用于航空航天、汽车工业、生物医学、桥梁、建筑、电子产品、重型机械、微机电系统、运动器械等工业领域。

ANSYS软件主要包括前处理模块、分析计算模块和后处理模块三个部分。前处理模块提供了一个强大的实体建模及网格划分工具，用户可以方便地构造有限元模型。分析计算模块包括结构分析（可进行线性分析、非线性分析和高度非线性分析）、流体动力学分析、电磁场分析、声场分析、压电分析以及多物理场的耦合分析，可模拟多种物理介质的相互作用，具有灵敏度分析及优化分析能力。后处理模块可将计算结果以彩色等值线显示、梯度显示、矢量显示、粒子流迹显示、立体切片显示、透明及半透明显示（可看到结构内部）等图形方式显示出来，也可将计算结果以图表、曲线形式显示或输出。

软件提供了100种以上的单元类型，用来模拟工程中的各种结构和材料。该软件有多种不同版本，可以运行在从个人机到大型机的多种计算机设备上，如PC、SGI、HP、SUN、DEC、IBM、CRAY等。

4.5.1 建模

建模在ANSYS系统中包括广义与狭义两层含义，广义模型包括实体模型和在载荷与边界条件下的有限元模型，狭义则仅仅指建立的实体模型与有限元模型。建模的最终目的是获得正确的有限元网格模型，保证网格具有合理的单元形状，单元大小密度分布合理，以便施加边界条件和载荷，保证变形后仍具有合理的单元形状和清晰的场量分布描述等。

1. 实体造型

（1）建立实体模型的两种途径：

1）利用ANSYS自带的实体建模功能创建实体建模。

2）利用ANSYS与其他软件接口导入其他二维或三维软件所建立的实体模型。

（2）实体建模的三种方式：

1）自底向上的实体建模。由建立最低图元对象的点到最高图元对象的体，即先定义实体各顶点的关键点，再通过关键点连成线，然后由线组合成面，最后由面组合成体。

2）自顶向下的实体建模。直接建立最高图元对象，其对应的较低图元面、线和关键点同时被创建。

3）混合法自底向上和自顶向下的实体建模。根据需要与实际情况，同时采用两种方法进行建模。

2. ANSYS的坐标系

ANSYS为用户提供了以下几种坐标系，每种都有其特定的用途。

1）全局坐标系与局部坐标系：用于定位几何对象（如节点、关键点等）的空间位置。

2）显示坐标系：定义了列出或显示几何对象的系统。

3）节点坐标系：定义每个节点的自由度方向和节点结果数据的方向。

4）单元坐标系：确定材料特性主轴和单元结果数据的方向。

4.5.2 划分网格

几何实体模型并不参与有限元分析，所有施加在有限元边界上的载荷或约束，必须最终传递到有限元模型上（节点和单元）进行求解。因此，在完成实体建模之后，要进行有限元分析，需对模型进行网格划分——将实体模型转化为能够直接计算的网格，生成节点和单元。

1. 网格类型

总的来说，ANSYS的网格划分有两种：自由网格划分（Free meshing）和映射网格划分（Mapped meshing）。自由网格划分主要用于划分边界形状不规则的区域，它所生成的网格相互之间呈不规则排列。复杂形状的边界常常选择自由网格划分，它对于单元形状没有限制，也没有特别的应用模式，缺点是分析精度不够高。与自由网格划分相比较，映射网格划分对单元形状有限制，并要符合一定的网格模式。映射面网格只包含四边形或三角形单元，映射体网格只包含六面体单元。

一般来说，映射网格比自由网格划分得到的结果要更加精确，而且在求解时对CPL和内存的需求也相对低一些。如果希望用映射网格划分模型，创建模型的几何结构必须由一系列规则的体或面组成，这样才能应用于映射网格划分。因此，如果确定选择映射网格，需要从建立几何模型开始就对模型进行比较详尽的规划，以使生成的模型满足映射网格的规则要求。

2. 划分网格的过程

在ANSYS程序当中，有限元的网格是由程序来完成的，用户所要做的就是通过给出一些参数和命令来对程序实行宏观调控。网格划分过程的3个步骤如下：

1）定义单元属性：主要包括定义单元类型、实常数等。

2）定义网格划分控制：ANSYS程序提供了大量的网格生成控制，用户可以根据模型的形状和单元特点选用。此设置有时不需要，因为默认网格控制对许多模型都是适用的。

3）生成网格。

4.5.3 逻辑选择

若用户只对模型的某一部分进行操作处理，如加载、有选择性地观察结果等，则可利用选择功能。选择功能可以选择节点、单元、关键点、线、面、体等子集，以便能够在该部分实体上进行操作。

所有的ANSYS数据都在数据库内，利用选择功能可以方便地选择数据的某部分进行操作。利用选择功能的典型例子包括施加载荷、列出子集结果或者是绘制所选实体等。选择功能的另一个功能是能够选择实体的子集并给这个子集命名。

1. 选择实体

（1）实体类型。

运行选择实体的操作命令GUI：Utility Menu>Select>Entities，弹出实体选择对话框。

实体类型包括 Nodes、Elements、Volumes、Areas、Lines、Keypoints。

（2）选择准则。

选择准则与实体类型有关，不同的实体类型对应不同的选择准则。如选择节点的准则有：

1）ByNum/Pick：通过实体号或通过拾取操作进行选择。

2）Attached to：通过实体的隶属关系进行选择。

3）By Locafion：根据 x、y、z 坐标位置选择。

4）By Attributes：根据材料号、实常数号等进行选择，不同的实体所用的属性不相同。

5）Exterior：选择模型外边界的实体。

6）By Results：根据结果数据选择。

（3）选择方式。

选择实体的方式有 7 种，各项的含义为：

1）From Full：从整个实体集中选择一个子集，阴影部分表示活动子集。

2）Reselect：从选中的子集中再选择一个子集，逐步缩小子集的选择范围。

3）Also Select：在当前子集中添加另外一个不同的子集。

4）Unselect：从当前子集中去掉一部分，与 Reselect 的选择刚好相反。

5）Select All：恢复选择整个全集。

6）Select None：选择空集。

7）Invert：选择当前子集的补集。

2. Component/Assembly 功能

此项为构件和部件的创建和选择功能菜单，可以将一些常用实体组合构造成一个构件 Component，并给这个构件赋予一个构件名。也可以将多个构件组合构造成一个部件集合 Assembly，部件也有自己的名字。在选择实体模型时，可以随时通过该项对应的名称来访问构成这些构件和部件的实体。

操作命令如下：

GUI：Utility Menu>Select>Comp/Assembly

Component/Assembly 子菜单中各功能选项如下：

（1）Create Component（生成构件）。命令如下：

GUI：Utility Menu>Select>Comp/Assembly>Create Component

在执行上述操作之前，必须先选择实体类型如节点、单元等。当选择组成元件的实体，执行该命令后，会弹出“Create Component”的对话框，输入创建的构件名，单击“OK”按钮结束命令。

（2）Create Assembly（生成部件）。命令如下：

GUI：Utility Menu>Select>Com/Assembly>Create Assembly

选定要构成部件的所有构件，运行上述命令，弹出“Create Assembly”对话框，在此窗口输入所要创建部件的名字，即可创建由这些构件构成的部件。

（3）Edit Assembly（编辑部件）。命令如下：

GUI：Utility Menu>Select>Comp/Assembly>Edit Assembly

运行上述命令，弹出“EditAssembly”对话框可以对部件进行编辑。选定要编辑的部件，可以对其中的构件进行删除操作，也可以向部件中添加构件。

（4）Select Comp/Assembly（选择构件/部件）。命令如下：

GUI：UtilityMenu>Select>Comp/Assembly>Select Comp/Assembly

运行上述命令，弹出“Select Component Assembly”窗口，可以对先前定义的构件或者部件进行选取。

（5）ListComp/Assembly（列出构件/部件）。命令如下：

GUI：Utility Menu>Select>Comp/Assembly>ListComp/Assembly

4.5.4　加载与求解

施加载荷是有限元分析中关键的一步，可以对网格划分之后的有限元模型施加载荷，也可以直接对实体模型施加载荷。当对模型进行了划分网格和施加载荷之后，就可以选择适当的求解器对问题进行求解。

1. 载荷的分类

ANSYS中载荷（Loads）包括边界条件和模型内部或外部的作用力。在不同的学科中，载荷的定义如下：

1）结构分析：位移、力、压力、弯矩、温度和重力。

2）热分析：温度、热流率、对流、内部热生成、无限远面。

3）磁场分析：磁通势、磁流通、磁电流段、源电密度、无限远面。

4）电场分析；电动势（电压）、电流、电荷、电荷密度、无限远面。

5）流场分析：速度、压力。

在ANSYS中，载荷主要分为六大类：DOF约束（自由度约束）、力（集中载荷）、表面载荷、体载荷、惯性力及耦合场载荷，它们的含义如下：

1）DOF约束（DOF constraint）：用户指定某个自由度为已知值。在结构分析中约束是位移和对称边界条件；在热力学分析中约束是温度和热流量等。

2）力（集中载荷）（Fome）：施加于模型节点的集中载荷，如结构分析中的力和力矩，热分析中的热流率。

3）表面载荷（SurfaceLoad）：作用在某个表面上的分布载荷，如结构分析中的压力，热分析中的对流和热流量。

4）体载荷（Body loads）：作用在体积或场域内，如结构分析中的温度和重力、热分析中的热生成率。

5）惯性载荷（Inertia loads）：结构质量或惯性引起的载荷。如重力加速度、角速度和角加速度，主要在结构分析中使用。

6）耦合场载荷（Coupled - field loads）：它是一种特殊的情况，从一种分析中得到的结果用作另一种分析的载荷，如热分析中得到的节点温度可作为结构分析中的体载荷施加到每一个节点。

2. 载荷步、子步和平衡迭代

载荷步是指分步施加的载荷，在线性静态或稳态分析中，可以使用不同的载荷步施加不同的载荷组合。子步是指在一个特定的载荷步中每一次增加的步长，也称为时间步，代表一段时间。在一个载荷步中，有两个或者两个以上的载荷步子步时，就必须选择所施加的载荷应该为阶跃载荷还是为坡度载荷。①阶跃载荷是指在第一个子步全部施加上去了，载荷在以后的每个子步中保持不变；②坡度载荷是指在每一个载荷步子步，载荷值都是递增的，直到最后一个载荷步子步，全部的载荷才施加上去；③平衡迭代是指在给定子步下为了收敛而计算的附加解。平衡迭代仅应用于收敛起着很重要作用的非线性分析（静态或瞬态）中的迭代修正。

4.5.5 后处理

对模型进行有限元分析后，通常需要对求解结果进行查看、分析和操作。检查并分析求解的结果的相关操作称为后处理。用ANSYS软件处理有限元问题时，建立有限元模型并求解后，并不能直观地显示求解结果，必须用后处理器才能显示和输出结果。检查分析结果可使用通用后处理器POST1和时间历程后处理器POST26两个后处理器。结果的输出形式有图形显示和数据列表两种。

POST1模块用来查看整个模型或者部分选定模型在某一个时刻（或频率）的结果。对前面的分析结果能以图形、文本形式或者动画显示和输出，如各种应力场、应变场等的等值线图形显示、变形形状显示以及检查和解释分析的结果列表。另外还提供了很多其他功能，如误差估计、载荷工况组合、结果数据计算和路径操作等。

进入通用后处理器的命令为：

GUI：Main Menu>General Postproc

1. 将数据结果读入数据库

要想查看数据，首先要把计算结果读入到数据库中。这样，数据库中首先要有模型数据（节点和单元等）。若数据库中没有数据，需要用户单击工具栏上的“KESUM DB”按钮（或输入“XRESUME”命令，或通过GUI：Utility Menu>File>Resume Jobname. db）读取数据文件Jobname. db，数据库包含的模型数据应与计算模型相同，否则可能会无法进行后处理。

默认情况下，ANSYS会在当前工作目录下寻找以当前工作文件命名的结果文件，若从其他结果文件中读入结果数据，可通过如下步骤选定结果文件 。

选择“Main Menu”→“General Postproc”→“Data & File Opts”命令，弹出“Dataand File Options”（数据和文件选项）对话框。在此对话框中选择后处理中将要显示或列表的数据，如节点/单元应力、应变。此外，还要选择包含此结果的数据文件，对于结构分析模型，选择“* rst”文件，单击“OK”按钮则所选择的文件读入到数据库。

一旦模型数据已经存在于数据库中，执行GUI：Main Menu>General Postproc>Read Results命令，可将结果文件读入数据库。

2. 图像显示结果数据

POST1具有强大的图形显示能力，所需结果存入数据库后，可以将读取的结果数据通过不同的形式用图形直观地显示出来。

（1）等值线显示：表现了结果项（如应力、变形等）在模型上的变化，它用不同的颜色表示结果的大小，具有相同数值的区域用相同的颜色表示。因此通过等值线显示，可以非常直观地得到模型某结果项的分布情况。

（2）变形后的形状显示：在结构分析中可用它观察在施加载荷后的结构变形情况，显示变形的方式有三种选项：①Def Shape only，仅显示变形后的形状；②Def＋undeformed，显示变形前后的形状；③Def＋underedge，显示变形后的形状及未变形的边界。

（3）矢量显示：可用箭头显示模型某个矢量大小和方向的变化。结构分析中的位移、转动、主应力等都是矢量。

（4）路径显示：路径图是显示某个变量（例如位移、应力、温度等）沿模型上指定路径的变化图。沿路径还可以进行各种数学运算，得到一些非常有用的计算结果。

参 考 文 献

[1] 周润景，托亚，王亮，等. Multisim 和 LabVIEW 电路与虚拟仪器设计技术 [M]. 北京：北京航空航天大学出版社，2014.

[2] 马向国，刘同娟，陈军. MATLAB & Multisim 电工电子技术仿真应用 [M]. 北京：清华大学出版社，2013.

[3] 聂典，丁伟. 基于 Multisim 10 的 51 单片机仿真实战教程：使用汇编和 C 语言 [M]. 北京：电子工业出版社，2010.

[4] 薛山. MATLAB 2012 简明教程 [M]. 北京：清华大学出版社，2013.

[5] 尚涛. MATLAB 基础及其应用教程 [M]. 北京：电子工业出版社，2014.

[6] 隋修武，张宏杰，李阳，等. 测控技术与仪器创新设计实用教程 [M]. 北京：国防工业出版社，2012.

[7] 刘德全. Proteus 8 电子线路设计与仿真 [M]. 北京：清华大学出版社，2014.

[8] 兰建军，伦向敏，关硕. 单片机原理、应用与 Proteus 仿真 [M]. 北京：机械工业出版社，2014.

[9] 段进，倪栋，王国业. ANSYS 10.0 结构分析从入门到精通 [M]. 北京：兵器工业出版社，2006.

[10] 张乐乐. ANSYS 辅助分析应用基础教程 [M]. 北京：北京交通大学出版社：清华大学出版社，2014.

第2篇　案例综合实践篇

第5章　基于下垂控制的微电网中分布式电源多环反馈控制器设计

学习目的

通过本章内容的学习，可以知道外环功率控制器采用下垂特性设计，实现有功无功的自动调节，并提供三相电压的参考值内环为电压电流控制器，电压环节采用PI控制器稳定负荷电压，同时采用比例控制器的电流环节提高系统动态响应。所设计的多环控制器使微电网联网运行时可以调节其与电网同一频率运行并输出一定的功率。当电网发生故障，微电网由联网模式转到孤岛模式时，其所有微型源自动调节功率输出，实现功率共享且不同模式之间的转换无缝连接。学生通过本章内容的学习，既能学习微电网方面的相关知识，也能体会该类课题设计的过程和毕业设计要达到的指标。

5.1　引　　言

5.1.1　微电网系统概况

1. 微电网简介

由于世界各国发展微电网的侧重点有所不同，所以对微电网的定义也有所差别。

(1) 美国电力可靠性技术解决方案协会（CERTS）给出的定义为：①微电网是一种由负荷和微型电源共同组成的系统，可同时提供电能和热量；②微电网内部的电源主要由电力电子器件负责能量的转换，并提供必需的控制；③微电网相对于外部大电网表现为单一的受控单元，并同时满足用户对电能质量和供电安全等要求。

(2) 欧盟科技框架计划（Framework Programme，FP）给出的定义为：①利用一次能源；②使用微型电源，并可冷、热、电三联供；③配有储能装置；④使用电力电子装置进行能量调节；⑤可在并网、独立两种方式下运行。

(3) 加拿大给出的定义为：微电网是一个含有分布式电源并可接入负荷的完整的电力系统，可以运行在并网、独立两种模式下。微电网的主要优点在于它加强了供电可靠性和安全性等。微电网可统一控制分布式电源，向负荷提供可靠用电，且在并网与独立运行的切换过程中保证微电网稳定。

(4) 新加坡给出的定义为：微电网是低压分布式电网的重要组成部分，它包含分布式电源（如燃料电池、风电及光伏发电等）、电力电子设备、储能设备和负荷等，可以运行在并网或独立两种模式下。

(5) 韩国给出的定义为：微电网是由分布式电源、负荷、储能设备、热恢复设备等构成的系统。它主要有以下优点：①可并网运行；②可充分利用电能和热能；③可独立运行。

(6) 日本的微电网研究在世界范围内处于领先地位，其给出的定义为：微电网是指在一定区域内利用可控的分布式电源，根据用户需求提供电能的小型系统。

（7）我国对微电网的定义为：微电网是通过本地分布式微型电源或中、小型传统发电方式的优化配置，向附近负荷提供电能和热能的特殊电网，是一种基于传统电源的较大规模的独立系统；在微电网内部通过电源和负荷的可控性，在充分满足用户对电能质量和供电安全要求的基础上，实现微电网的并网运行或独立自治运行。微电网对外表现为一个整体单元，并且可以平滑并入主网运行。

微电网架构组成如图 5-1 所示。

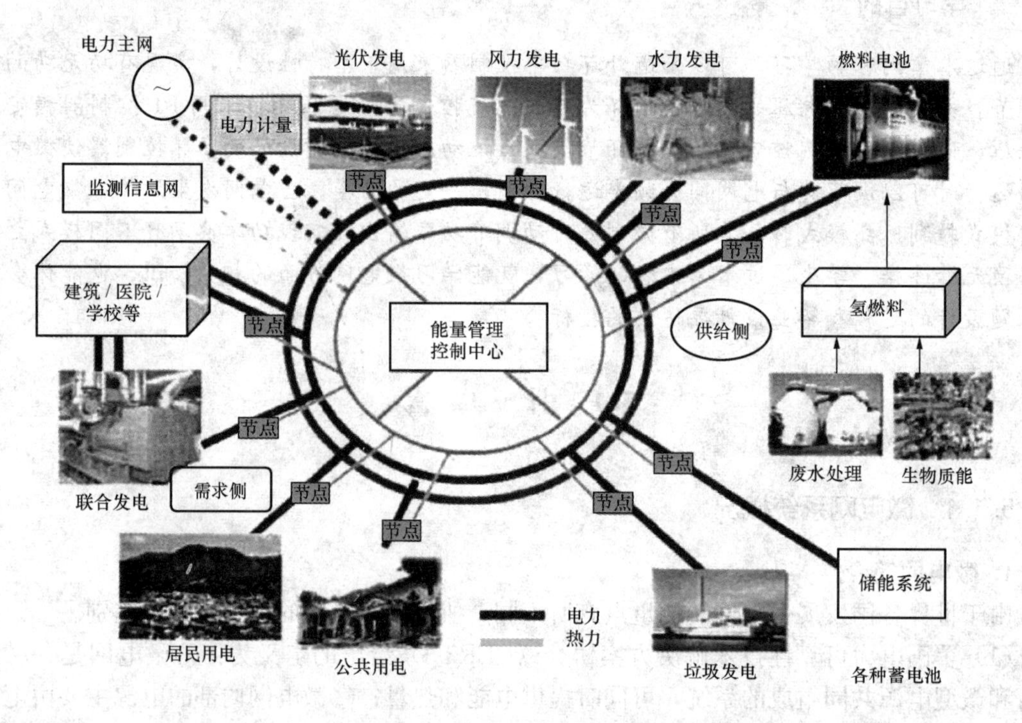

图 5-1 微电网架构组成

简单微电网的基本结构示意图如图 5-2 所示，微电网在公共连接点（point of common coupling，PCC）通过一个静态开关与外部电网隔离开来。当静态开关闭合的时候，微电网进入并网运行状态；当静态开关打开的时候，微电网进入独立运行状态。在 PCC 处一般还装有功率控制器，控制整个微电网与外部电网之间的功率交换。微电网内部结构呈放射型，由三条馈线 L1、L2 与 L3 组成，在每条馈线上连接有各种微电网和负荷。微电网的负载一般包括重要负荷和一般负荷，在微电网能量供应不足的时候，优先考虑重要负荷的供电，此时可以卸掉一般负荷来达到功率平衡。

微电网是由分布式发电、储能系统、能量转换装置、监控和保护装置、负荷等汇集而成的小型发、配、用电系统，是一个具备自我控制和自我能量管理的自治系统，既可以与外部电网并网运行，也可以独立运行。由分布式发电组成微电网，具有多方面的优点：①有助于提高配电系统对分布式电源的接纳能力。②可有效提高间歇式可再生能源的利用效率，在满足冷/热/电等多种负荷需求的前提下实现用能优化；亦可降低配电网损耗，优化配电网运行方式。③在电网严重故障时，可保证关键负荷供电，提高供电可靠性。④可用于解决偏远地区、海岛和荒漠中用户的供电问题。

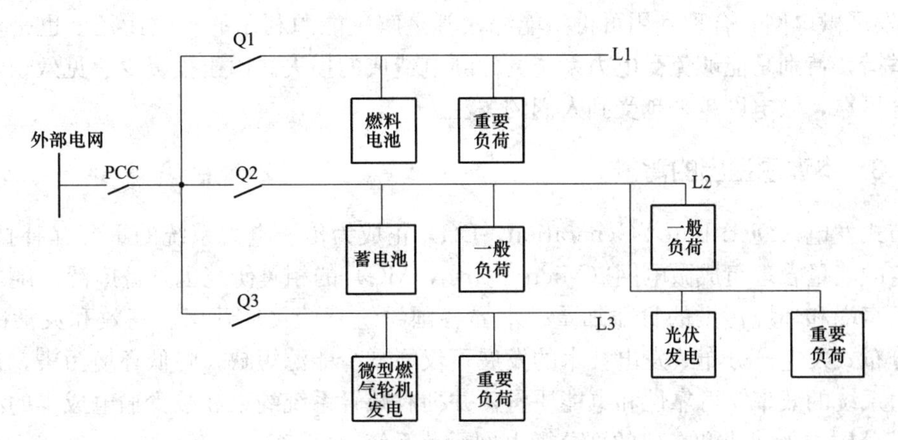

图5-2　简单微电网基本结构示意图

2. 分布式发电国外发展概况

美国是最早发展分布式发电的国家之一，全球大多数商用分布式发电设备是由美国提供的。美国在2001年颁布了IEEEP 1547/D08《关于分布式电源与电力系统互联的标准草案》，并通过了有关的法令让分布式发电系统并网运行和向电网售电。2009年，新任美国总统奥巴马提出了在美国发展智能电网的倡议，并大力推动发展可再生能源的普及利用。日本因为能源资源不足，较早的采用了分布式能源系统，且十分重视其与大电网的相互关系，颁布了《分布式电源并网技术导则》。

欧盟各国特别注意采用以可再生能源为主体的分布式发电技术的应用，如德国、荷兰等利用安置在屋顶的太阳能光伏发电系统，开发零排放的供电系统；英国则大量采用天然气作为发电的燃料。

3. 分布式发电国内发展概况

我国对于分布式发电系统的研究起步较晚，但是在近些年内研究与开发的速度明显加快。2005年，浙江大学电气工程学院的孙可、韩祯祥、曹一家等对于微型燃气轮机系统在分布式电源中的应用进行了研究，给出了系统的几类动态模型，对整体控制方式与实现手段进行了分析，对于微型燃气轮机在分布式发电系统中的协调运行，建立了理论依据。合肥工业大学电气工程学院研制了风—光—柴—蓄复合发电及智能控制系统实验装置，研究了多能源发电系统复合供电机理，并对其基于牛顿系列远端智能控制模块的计算机控制系统进行了设计，得到了多能源复合发电系统应用的有效数据，其组成的微电网采用直流和交流同时输电的方式。

5.1.2　发展微电网的意义

我国对微电网的研究是十分必要的，也是非常迫切的。

我国发展微电网的意义如下：

1）微电网可以提高电力系统的安全性和可靠性，有利于电力系统抗灾能力建设。

2）微电网可以促进可再生能源分布式发电的并网，有利于可再生能源在我国的发展。

3）微电网可以提高供电可靠性和电能质量，有利于提高电网企业的服务水平。

4）微电网可以延缓电网投资，降低网损，有利于建设节约型社会。

5）微电网可以扶贫，有利于社会主义新农村建设。

6）发展微电网，合理利用可再生能源，既是解决能源利用的有效途径，也是治理环境的重要举措，特别是能够免受电力系统突然断电造成的损失。由于投资少、见效快，机动灵活，安全可靠，微电网越来越受到人们的关注。

5.1.3 本课题提出的背景

分布式发电（Distributed Generation，DG）正成为传统电力系统的重要互补技术，DG通过一定的能量管理组成微电网（Micro-Grid，MG）的相关研究也日益广泛。随着常规能源的逐渐衰竭和环境污染的日益加重，世界各国纷纷开始关注环保、高效和灵活的发电方式——分布式发电。分布式发电技术的发展不仅能减少能源短缺，降低环境污染，还能提高现有电力系统的效率、可靠性和电能质量，并拥有减轻系统约束和减少输电成本的潜力。表5-1是部分国内外建成和在建的部分微电网示范系统。

表5-1 部分国内外建成和在建的部分微电网示范系统

微电网示范系统	资助和运行机构	地理位置	说明
CERTS Microgrid Laboratory test bed（美国电气可靠性技术解决方案协会微电网实验室测试）	CERTS，ATP，CEC，LBNL，NPS等	美国俄亥俄州哥伦布市沃纳特测试基地	480V系统，包括3个60kWMT[①]，有3条馈线，其中2条含有微型电源并能独立运行。其中的1条馈线上带有2个微型电源，通过170m电缆间隔；另1条馈线上带有1个微型电源，可以进行微型电源并列运行的测试，用于测试微电网各部分的动态特性
Mad River Park	NPS（20%），NREL（80%）	美国范特蒙特	6个商业和工业厂区，12个居民区，280、100kW发电机各一台，30kW MT，30kW PV[②]。接入7.2kV配网。 该微电网系统既可独立运行，也可联网运行
Sandia National Laboratories（桑迪亚国家实验室）	Sandia National Laboratories	美军基地	以某军事基地的微电网作为示范，然后推广到全美军事和民用场合
NTUA Power System laboratory facility（雅典国立科技大学电力系统实验室）	NTUA	希腊国立工业大学	该系统包括两级，每级包含1kW风力发电、1kW PV和250A·h蓄电池，每级可以与大电网互联或两级通过低压线路相连并在一端接入大电网 该微电网系统应用多代理技术进行微型电源和负荷的控制
LABEIN microgrid（西班牙拉班公司微电网）	（资料不详）	西班牙德里奥	通过1台1000kVA和1台451kVA的变压器连接到30kV中压电网，具有0.6kW和1.6kW单相PV，3.6kW三相PV，2组55kW柴油机，50kW MT，6kW风力发电机；250kVA飞轮储能，2.18MJ超级电容，1120Ah和1925Ah蓄电池储能；55kW和150kW电阻负荷，2个36kVA电感负荷 该微电网系统用于测试联网运行时集中和分散控制策略及电力市场中的能量交易
Kythnos Islands Microgrid（基斯诺斯岛微电网）	ISET，Municipality of Kythnos；CRES	希腊基斯诺斯岛	提供12户岛上居民用电，400V配电，包含6台光伏发电单元，共11kW，1座5kW柴油机，1台3.3kW/50kWh蓄电池/逆变器系统 该微电网系统研究目标是微电网运行控制，以提高系统满足峰荷的能力，改善可靠性

续表

微电网示范系统	资助和运行机构	地理位置	说明
EDP's Microgeneration facility（EDP微型发电设备）	EDP	葡萄牙	该电网是天然气站微电网，装有80kW MT，多余电力可送往10kV中压电网或供给当地低压农村电网（3.45～41.5kVA）。 该微电网系统既可联网运行也可独立运行
Continuon's MV/LV facility（Continuon中压/低压设备）	Germanos EMforce	荷兰阿纳姆	用于度假村，共4条380V馈线，每条长约400m，以光伏发电为主，共装335kV光伏发电单元 该微电网系统既可独立运行，也可联网运行，主要用于含有储能系统的微电网独立运行性能的测试
Manheim Microgrid（德国Manheim微电网）	MVV Energie	德国慕尼黑	位于居民区，包含6台光伏发电单元，共40kW。计划继续安装数台微型燃气轮机。该微电网系统将对基于代理的分散控制进行测试，并进行社会、经济效益评估
CESI RICETCA test facility（CESI RICETCA测试设施）	CESI	意大利米兰	具有PV、MT、柴油机、MCFC[③]等微型电源，并配有蓄电池、飞轮等储能方式，可组成不同的拓扑结构。该微电网系统可进行稳态、暂态运行过程测试和电能质量分析
Boston Bar IPP（波士顿地区IPP）	BC Hydro，Hydro Quebec	加拿大 Boston Bar	该微电网通过69/25kV变电站供电，通过60km的69kV线路连接到BC Hydro高压系统。当地电力供应Boston Bar有两台3.45MW水力发电机，峰荷为3.0MW 该微电网系统根据BC Hydro的准则，进行独立运行测试
Aichi project（爱知县工程）	NEDO	日本名古屋	270kW和300kW MCFCs[④]各1个，1个25kW SOFC[⑤]，4个200kW PAFC[⑥]，1个330kW PV，NaS蓄电池储能。目标是10min内供需不平衡控制在3%以内，并于2007年9月进行了第二次独立运行实验
Kyotango project（京丹后市工程）	NEDO	日本京都	400kW燃气轮机，250kW MCFC，100kW铅酸蓄电池。较远的地区配有两个PV系统和50kW小型风机 该微电网系统与大电网连接并通过中央控制系统控制，目标为5min内供需不平衡控制在3%以内
Hachinohe project（八户市工程）	NEDO	日本八户	配有3个170kW燃气轮机，50kW PV，发出电力通过5km的线路输送到4个学校、水利局办公楼和市政办公楼，学校内也有小型风机和PV。控制目标是6min内供需不平衡控制在3%以内。在测试过程中，该目标完成率为99.99%。在2007年11月独立运行1周
Sendai system（仙台系统）	NEDO	日本仙台	2个350kW燃气轮机，1个250kW MCFC，系统内具有不同的电能质量要求的负荷及相应的补偿设备。2007年夏天开始运行
Tokyo Gas microgrid（东京燃气微电网）	Tokyo Gas	日本Yokohama Research Insritutes	共100kW，包含燃气轮机、CHP[⑦]、PV、风力发电和蓄电池储能装置

续表

微电网示范系统	资助和运行机构	地理位置	说明
Shimizu Corp. microgrid（清水集团微电网）	Shimizu Corp.	日本	小型微电网，包含燃气轮机、PV和蓄电池。该微电网系统侧重负荷跟踪技术研究
南方冷热电微电网示范性工程	南方电网公司	深圳	基于3台燃气轮机的冷热电三联供深圳科技园微电网示范工程
北方冷热电三联供示范性工程	中电投资公司	内蒙古	基于2台燃气轮机的冷热电三联供微电网示范工程

① 微型燃气轮机。
② 光伏发电。
③ 熔融碳酸盐电池。
④ 隔膜和熔融碳酸盐电池。
⑤ 固体氧化物燃料电池。
⑥ 磷酸燃料电池。
⑦ 热电联产技术。

5.2　多环反馈控制器总体设计

5.2.1　控制器总体设计

所设计的多环反馈控制器具有原理简单、性能良好的特点，为硬件实现奠定了基础。微电网中分布式电源多环控制如图5-3所示。

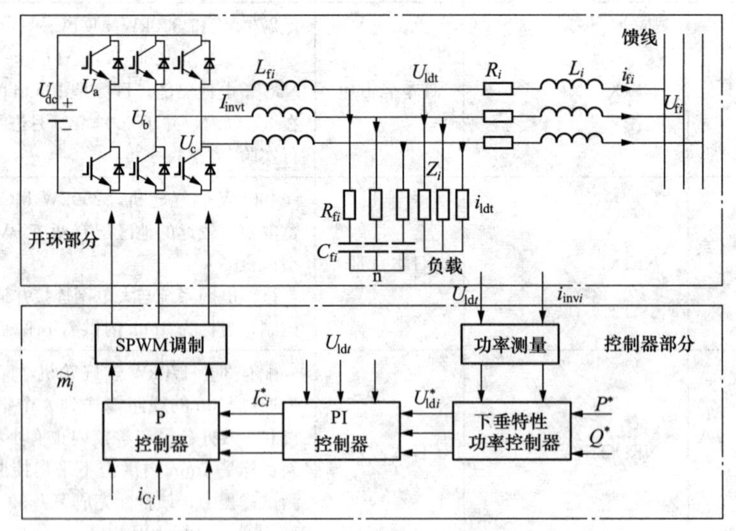

图5-3　微电网中分布式电源多环控制示意图

图5-3中，由电压源逆变器组成的逆变电路采用SPWM调制。设i=a，b，c，L_{fi}、C_{fi}、R_{fi}是三相滤波电感、滤波电容和电阻；Z_i是三相负载阻抗，经过线路接到配电馈线，线路电阻和电感为R_i、L_i。逆变器输出电流为i_{invi}，负载电流为i_{1dt}，流向馈线的电流为i_{fi}，逆变器输出电压为U_i，负载电压为U_{1di}（即滤波电容电压），馈线电压为U_{fi}，$\widetilde{m}_i$表示可控正弦调制信号。

控制器的结构示意图如图中点划线框中所示，功率测量模块利用传感器采集的负荷点电压和逆变器输出电流计算分布式电源输出瞬时功率，经低通滤波装置得到平均功率与参考功率比较，经功率控制器得到内环参考电压的幅值和相角，通过矢量变换得到 U_{1di}^{*} 作为内电压环负载电压的参考值。内部电压、电流环分别采用负载电压 U_{1di} 和滤波电容电流 i_{Ci} 作为被控量，电压环采用 PI 控制器，PI 控制模块的输出为电流环参考电流 I_{Ci}^{*}。再经电流环比例控制模块后得到可控正弦调制信号 $\widetilde{m}_i$，然后将其输入到 SPWM 调制模块，控制逆变器的输出电压。

5.2.2　*LC* 滤波器的设计

从电感滤波和电容滤波的特性看，电感滤波适用于负载电阻小、放电电流大的场合，而电容滤波适用于负载电阻大、放电电流小的场合。

采用 SPWM 调制的逆变器的输出电压会在开关频率处产生大量谐波，因此必须设计效果良好的滤波器。实际工程中采用的 *LC* 无源滤波器如图 5-4 所示。*LC* 滤波器设计的一般原则为

$$\begin{cases}10f_n \leqslant f_c \leqslant f_s/10 \\ f_c = 1/(2\pi\sqrt{L_f C_f})\end{cases} \tag{5-1}$$

式中　f_c——*LC* 滤波器的谐振频率；

f_n——调制波频率，即微电网频率；

f_s——SPWM 载波信号 U_b 的频率。

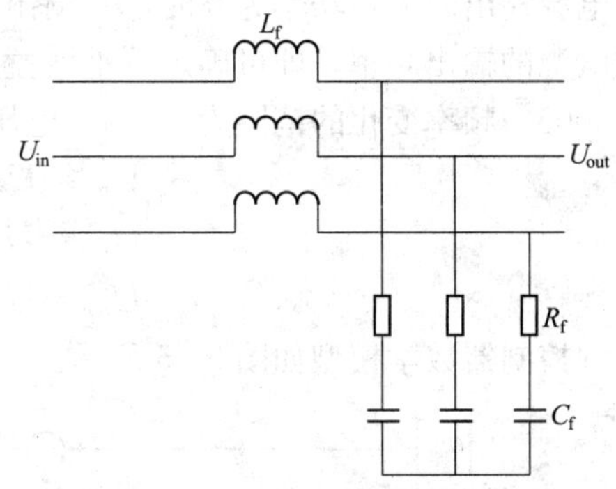

图 5-4　*LC* 无源滤波器结构图

考虑到 *LC* 滤波器容易发生振荡，在设计 *LC* 滤波器时串入了小的阻尼电阻，以有效抑制振荡，如图 5-4 所示。图中，滤波器输出电压 U_{out} 和输入电压 U_{in} 的传递函数为

$$G(s)=\frac{U_{out}}{U_{in}}=\frac{R_f+1/(j\omega C_f)}{j\omega L_f+1/(j\omega C_f)+R_f}=\frac{j\omega\times 2\xi\omega_0+\omega_0^2}{(j\omega)^2+j\omega\times 2\xi\omega_0+\omega_0^2} \tag{5-2}$$

$$\omega_0=1/\sqrt{L_f C_f}$$

$$\xi=\frac{R}{2}\sqrt{\frac{C_f}{L_f}}$$

该滤波器传递函数为二阶系统，加进阻尼系数可以有效抑制谐波，因此，可以根据式（5-2）进行滤波器参数设计，设计时要保证滤波电感上的压降不能超过系统电压的 3%。通过计算设计滤波器的参数 $L_f=6.5\text{mH}$，$C_f=1500\mu\text{F}$，$R_f=0.005\Omega$。

5.2.3　下垂控制器的设计

微电源向微电网输出的有功功率和无功功率分别为

$$\begin{cases}P=\dfrac{3}{2}\dfrac{UE}{X}\sin\delta_P \\ Q=\dfrac{3}{2}\dfrac{U}{X}(U-E\cos\delta_P) \\ \delta_P=\delta_U-\delta_E\end{cases} \tag{5-3}$$

由式（5-3）可知，微电源输出的有功功率主要取决于电压相量间功角差 δ_P，微电源输

出的无功功率主要取决于微电源逆变器电压的幅值U。因此，针对微电源输出的功率控制，逆变器可采用模拟传统同步发电机控制特性的有功功率—频率下垂特性、无功功率—电压下垂特性的控制方法，对微电源逆变器的输出功率进行灵活控制。

5.3 仿 真 设 计

5.3.1 基于P-f和Q-U的下垂控制器的设计

多环反馈控制器中的外环控制器（即下垂控制器）主要是为实现多个分布式电源无通信联系的负荷功率共享。在工频$f_N=50$Hz下，分布式电源输出的额定有功功率为P_{ref}，分布式电源输出的无功功率为0时，其输出的电压幅值均为U_n。根据微电网联网运行时各分布式电源的输出频率，即可确定下垂增益。设有功下垂增益$m=0.00001$，无功下垂增益$n=0.0005$，频率变化的范围为±2%，电压幅值的变化范围为±5%。根据公式

$$\begin{cases}U_{ma}=U_m\sin(2\pi ft+\varphi)\\U_{mb}=U_m\sin(2\pi ft+2/3\pi+\varphi)\\U_{mc}=U_m\sin(2\pi ft+2/3\pi+\varphi)\end{cases}\tag{5-4}$$

下垂控制器数学模型如图5-5所示。

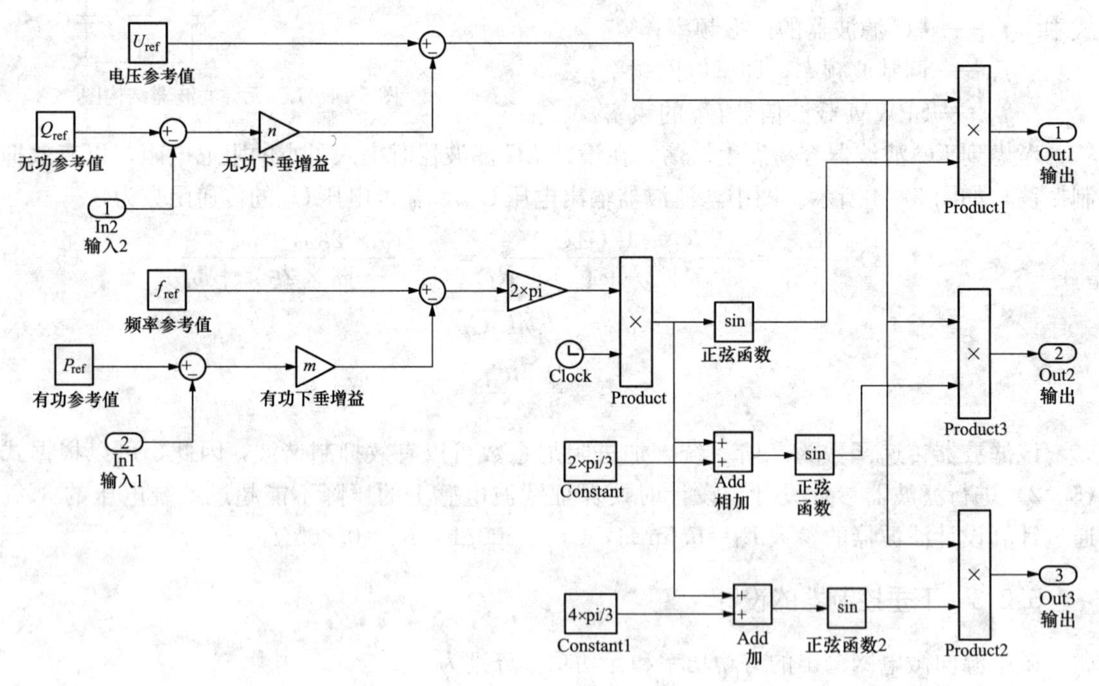

图5-5 下垂控制器数学模型

5.3.2 内环控制器的设计

通过设计基于P-f和Q-U的多环反馈控制器中内环控制器可以减少负荷扰动对接口逆变器输出电压的影响，保证逆变器输出端口电压等于外环控制器的参考电压。同时通过对

内环控制器参数的设计，使逆变器闭环输出阻抗呈感性，可减少传输的有功和无功控制受线路阻抗影响的耦合程度。

通过外环功率控制器产生内环控制器的参考电压，内环控制部分为电压控制器和电流控制器，电压控制器采用PI控制器主要起稳定接口逆变器输出端口作用，而电流控制器采用比例控制器主要为提高响应速度。

若忽略滤波电阻 R_f（值很小），则滤波电感为

$$L_f \frac{\partial \boldsymbol{I}_{inU}}{dt}=\frac{1}{2}\widetilde{m}\boldsymbol{U}_{dz}-\boldsymbol{U}_o \tag{5-5}$$

$$\widetilde{m}=m\sin\left(\omega t-\varphi-i\frac{2\pi}{3}\right)(i=0,1,2)$$

式中　$\widetilde{m}$——可控正弦调制信号；

m——调制比；

$\boldsymbol{I}_{inU}$——逆变器输出电流矢量，$\boldsymbol{I}_{inv}=[\boldsymbol{i}_{inva}\boldsymbol{i}_{invb}\boldsymbol{i}_{invc}]^T$；

$\boldsymbol{U}_o$——逆变器输出电压矢量，$\boldsymbol{U}_o=[\boldsymbol{U}_{oa}\boldsymbol{U}_{ob}\boldsymbol{U}_{oc}]^T$。

相应滤波电容为

$$C_f\frac{d\boldsymbol{U}_o}{dt}=\boldsymbol{I}_{inv}-\boldsymbol{I}_f \tag{5-6}$$

式中　$\boldsymbol{I}_f$——流向微为网的电流矢量，$\boldsymbol{I}_f=[\boldsymbol{i}_{fa}\boldsymbol{i}_{fb}\boldsymbol{i}_{fc}]^T$。

根据式（5-5）和式（5-6），设计双环控制器如图5-6所示，其外环为电压控制器，内环为电流控制器。由于电压控制器的主要目的是稳定逆变器输出端口电压，为了使负载电压稳态误差为0，采用PI控制器。图中 K_p为比例系数，K_i 为积分系数。电流控制器的主要目的是提高系统的动态响应速度，所以采用比例控制器 K。

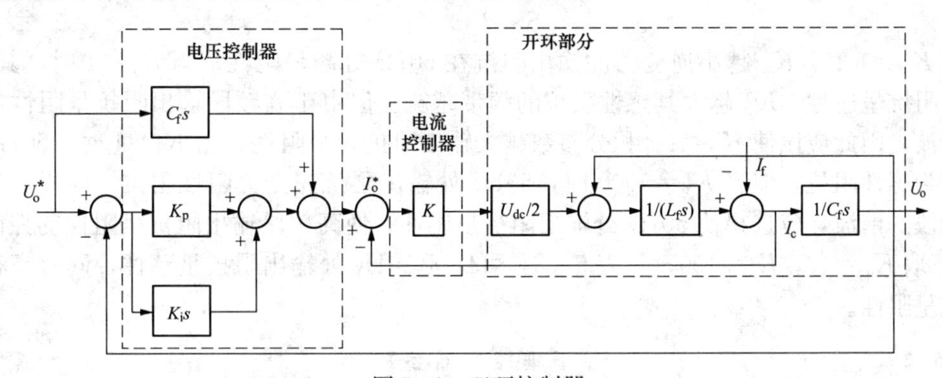

图5-6　双环控制器

以 I_o^* 为输入，I_c 为输出，相应电流环的传递函数为

$$\boldsymbol{I}_c=\frac{\frac{KU_{dc}}{2}C_fs}{L_fC_fs^2+\frac{KU_{dc}}{2}C_fs+1}\boldsymbol{I}_o^*-\frac{L_fC_fs^2}{L_fC_fs^2+\frac{KU_{dc}}{2}C_fs-1}\boldsymbol{I}_f \tag{5-7}$$

由式（5-7）可知，相应电流环的传递函数由两部分组成。电流环控制器的设计目标：①使频带尽可能宽，以提高系统的动态响应速度；②使 I_c/I_f 在要求的频带范围内尽量小，减少滤波电容电流的影响。

当电流环控制器参数 $K=5$ 时，系统的稳定性相对较好。此时 50Hz 频率点满足 $I_c/I_o^*=1$ 和 $I_c/I_f=0.0016$。

以 U_o^* 为输入，U_o 为输出，电压环传递函数为

$$U_o=\frac{K\frac{U_{dc}}{2}C_fs^2+KK_p\frac{U_{dc}}{2}s+KK_i\frac{U_{dc}}{2}}{L_fC_fs^3+K\frac{U_{dc}}{2}C_fs^2+\left(1+KK_p\frac{U_{dc}}{2}\right)s+KK_i\frac{U_{dc}}{2}}U_o^* -\frac{L_fs^2}{L_fC_fs^3+K\frac{U_{dc}}{2}C_fs^2+\left(1+KK_p\frac{U_{dc}}{2}\right)s+KK_i\frac{U_{dc}}{2}}I_f \tag{5-8}$$

即

$$U_o=G(s)U_o^*-Z(s)I_f \tag{5-9}$$

式中 $G(s)$——电压比例增益传函；

$Z(s)$——逆变器等效输出阻抗。

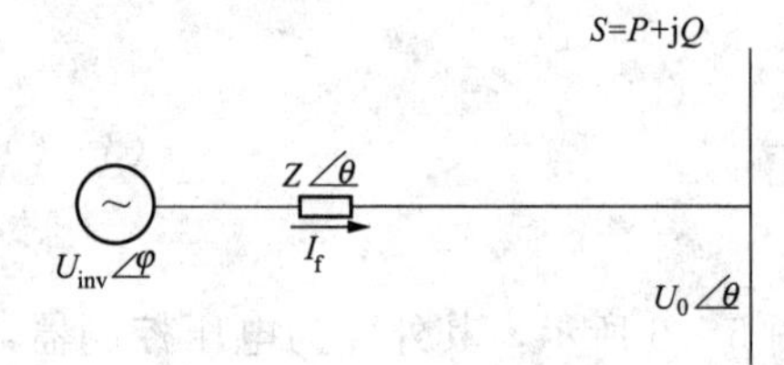

图 5-7 逆变器等效电路

逆变器等效电路如图 5-7 所示。图中输出阻抗 $Z\underline{/\theta}$ 为等效输出阻抗。由式（5-8）和图 5-7 可知，采用控制策略后的逆变器等效输出阻抗不仅受滤波器参数、线路阻抗参数的影响，还与控制器参数密切相关。通过电压控制器参数设计，可以将逆变器等效输出阻抗设计成感性或阻性。由于本控制器外环采用 P-f 和 Q-U 下垂控制，所以设计其等效输出阻抗为感性。

$$S=P+\mathrm{j}Q$$

当 $K_p>1$ 时，K_p 越小逆变器的输出阻抗在 50Hz 处越呈阻性；当 $K_p<1$ 时，其 50Hz 处输出阻抗呈感性，K_p 越大其感性阻抗的频带越宽。但由于高频段输出阻抗呈阻性能有效抑制谐波，因此应该使 $K_p<1$。积分参数越大输出阻抗越呈阻性。当 $K_i=1$ 时，50Hz 处输出阻抗为感性阻抗，但当 $K_i=5000$ 时，50Hz 处输出阻抗完全为阻性阻抗。同样，为了抑制高频段的谐波，应选择使 50Hz 处输出阻抗呈感性、使高频段输出阻抗呈阻性的控制器参数 K_i。取 $K_p=10$，$K_i=100$，见表 5-2，可保证 50Hz 处输出阻抗呈感性，同时高频段输出阻抗呈阻性。

表 5-2 下垂控制器参数

U_{dc}(V)	f_n(Hz)	f_s(Hz)	R_f(Ω)	L_f(mH)	C_f(μF)	K	K_p	K_i
550	50	6000	0.005	6.5	1500	5	10	100

5.4 仿真结果

5.4.1 LC 滤波器参数的选择及其仿真

根据 LC 滤波器设计的原则式（5-1），选择 $f_n=50$Hz，$f_s=6000$Hz，滤波器的参数

选择为 L_f=6.5mH，C_f=1500μF，R_f=0.005Ω，直流电源为300V，PWM给定一个固定的电压，m=0.85。主电路仿真模型如图5-8所示。

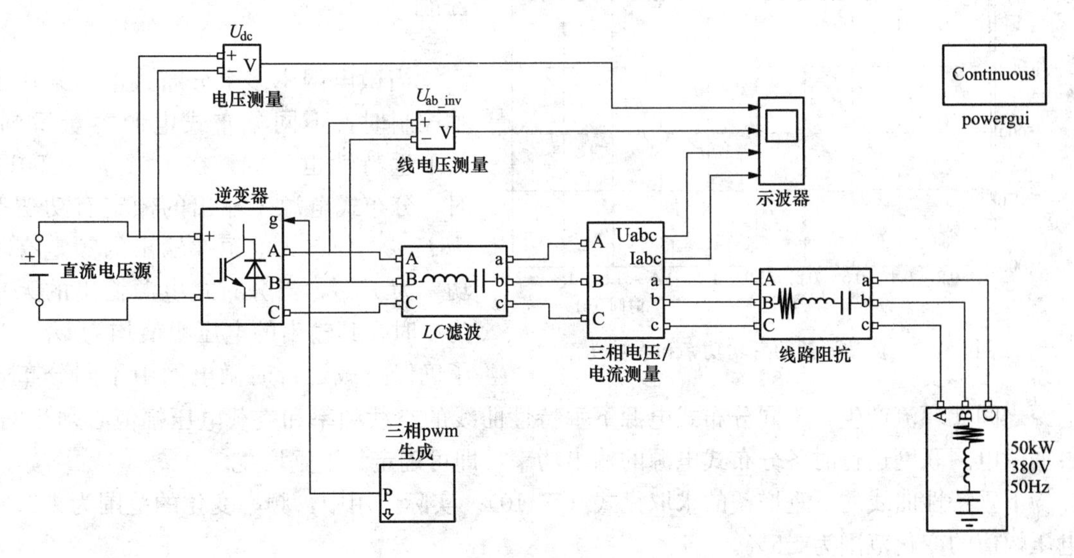

图5-8　主电路的仿真模型

示波器的仿真波形如图5-9所示。

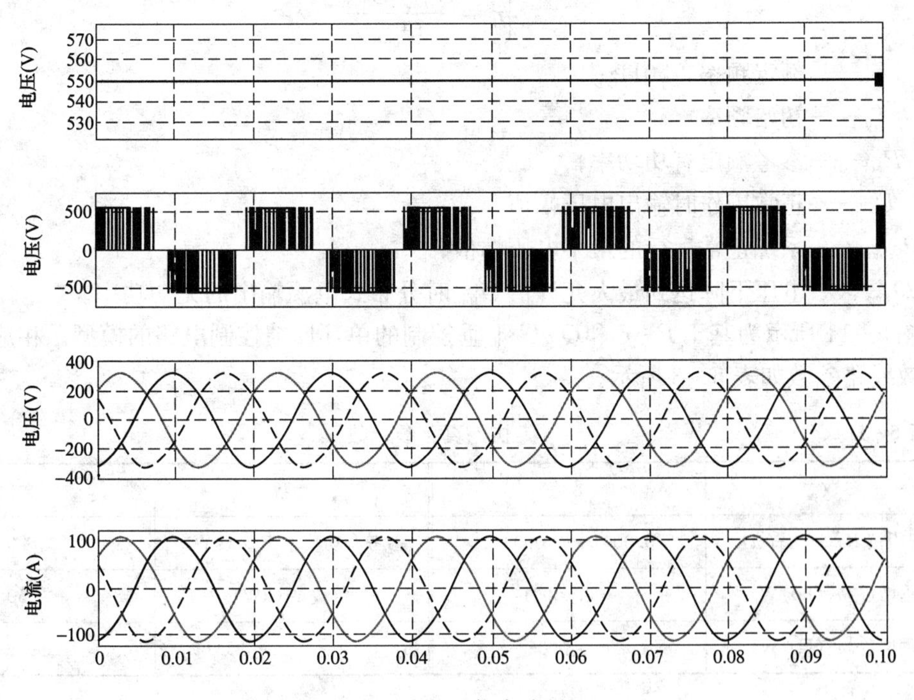

图5-9　示波器的仿真波形图

由图5-9可知，从滤波器输出的三相电压稳定，可较好地滤除谐波。此时负载消耗的有功功率的波形图如图5-10所示。

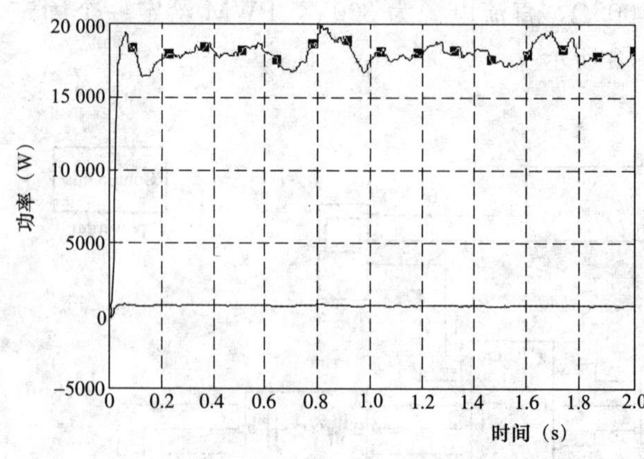

图 5-10　负载消耗的有功功率和无功功率

5.4.2　基于下垂控制的单环反馈控制

当微电网中多个分布式电源采用下垂控制时，不同分布式电源容量不同，其下垂特性也不同。在工频 $f_N=50\text{Hz}$ 时，分布式电源 1 输出的额定有功功率为 P_{ref1}，分布式电源 2 输出的额定有功功率为 P_{ref2}，当分布式电源输出的无功为 0 时，其输出的电压幅值均为 U_n。为了确保空载运行时微电网中不同分布式电源之间无环流产生，不同分布式电源下垂特性曲线的空载频率和空载电压幅值必须相同。根据微电网联网运行时各分布式电源的输出功率，即可确定其下垂增益。

下垂特性曲线的下垂增益的求取见式（5-10）。实际应用中，频率变化的范围为±2%，电压幅值的变化范围为±5%。

$$\begin{cases} m=\dfrac{f_0-f_N}{P_{ref}} \\ n=\dfrac{U_n-U_{min}}{Q_{max}} \end{cases} \tag{5-10}$$

式中　f_N——额定频率，50Hz；

f_0——初始频率；

P_{ref}——参考额定有功功率；

U_n——正常工作时输出电压幅值；

U_{min}——系统正常运行的最小电压幅值；

Q_{max}——电压下降达到最大允许值 U_{min} 时分布式电源输出的无功功率。

图 5-11 所示为基于 P-f 和 Q-U 下垂控制的单环反馈控制电路的模型。相应的控制器及等效线路参数如表 5-3 所示。

表 5-3　　仿 真 参 数

参数	数值	参数	数值
线路阻抗 R_1+jX_1(Ω)	0.0001+j0.000314	参考有功功率 P_{ref1}(kW)	20
下垂增益 m_1(Hz/W)	−0.00001	负载 1（kW）	50
下垂增益 m_2(Hz/W)	−0.0005		

逆变器输出的电压和电流的波形如图 5-12 所示。

基于 P-f 和 Q-U 下垂控制的功率控制器的频率和电压幅值如图 5-13 所示。

测得负载的有功功率和功率控制器输出的电压波形如图 5-14 所示。

通过仿真波形，可得到以下结论：①仿真开始运行时，系统有振荡，但在很短的时间内

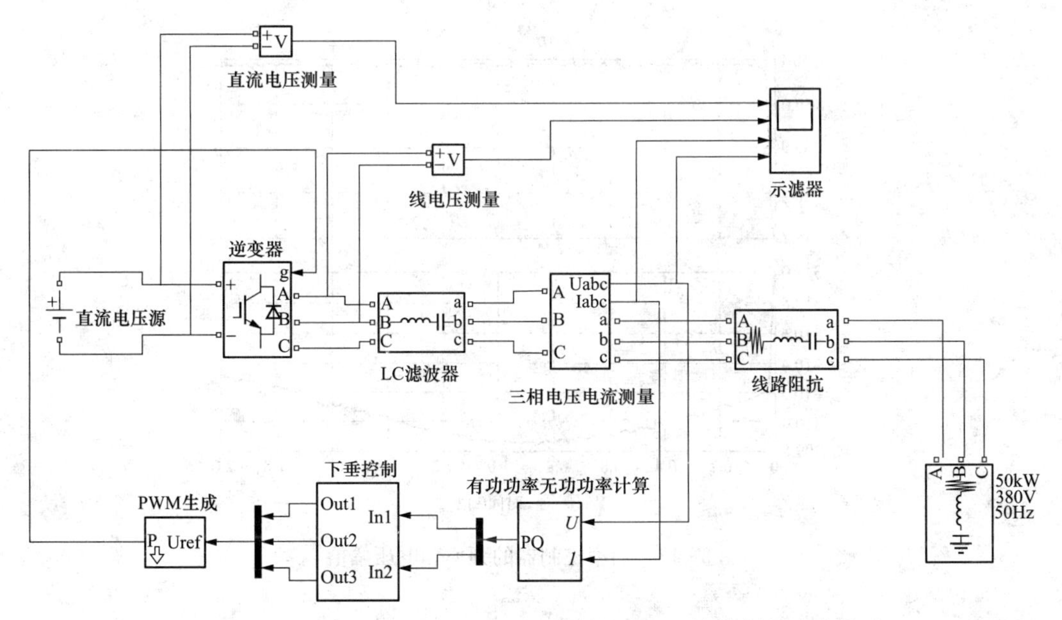

图 5-11　基于 P-f 和 Q-U 下垂控制的单环反馈控制电路的模型

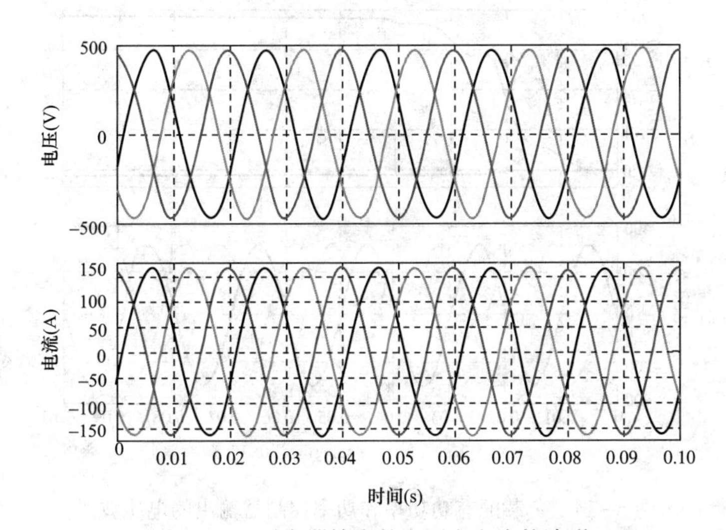

图 5-12　逆变器输出的电压和电流的波形

系统恢复稳定运行；②有功功率按照下垂增益大、输出功率小，下垂增益小、输出功率大的原则进行相应的分配；③输出电压为完全对称三相电压，输出电流在短暂的振荡周期后恢复三相对称输出。因此，通过测量有功控制频率、测量无功控制电压幅值的下垂控制方法更适用于分布式电源的控制。

5.4.3　基于 P-f 和 Q-U 下垂控制的多环反馈控制器的仿真

多环反馈控制器的外环功率控制环采用基于 P-f 和 Q-U 下垂控制，通过此控制器产生内环控制器的参考电压。其内环控制器为电压控制器和电流控制器，电压控制器采用 PI 控制器主要起稳定接口逆变器输出端口电压作用，而电流控制器采用比例控制器主要是为了提高响应。其模型如图 5-15 所示。

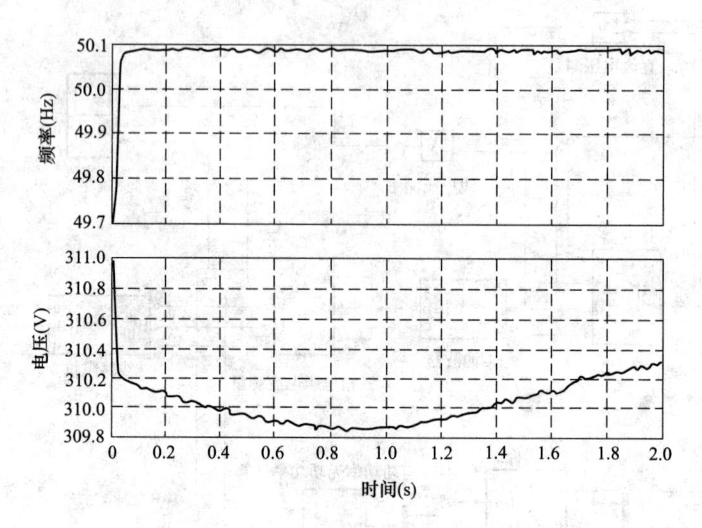

图 5-13 功率控制器的频率和电压幅值

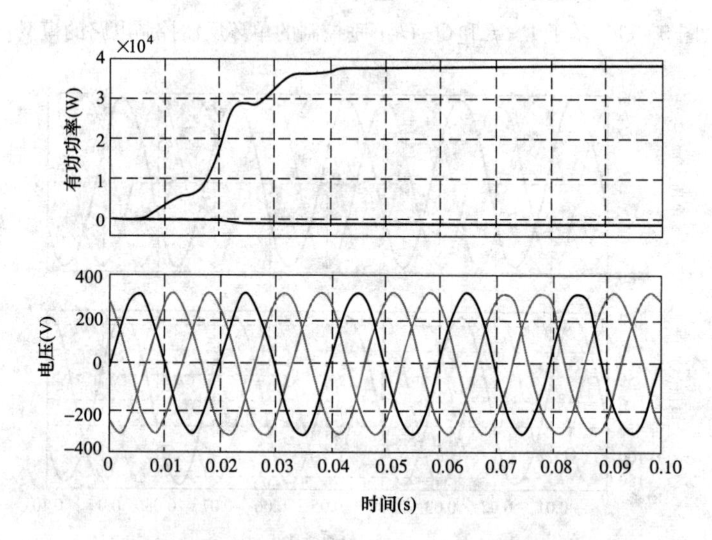

图 5-14 负载的有功功率和功率控制器输出的电压波形

对该模型进行仿真，可以得到以下波形：

(1) 内环仅加入电压控制器时，逆变器输出的电压和电流的波形如图 5-16 所示。

(2) 内环加入电压控制器和电流控制器时，逆变器输出的电压和电流的波形如图 5-17 所示。

功率控制器输出的电压波形见图 5-18。

在主电路中另外加入一个断路器和一个相同的负载，断路器设定开的时间 $t=0.3$s，关的时间 $t=0.7$s，则逆变器输出的电压和电流的波形如图 5-19 所示，有负载变化时功率控制器输出的功率和电压波形如图 5-20 所示，有负荷变化时功率控制器的频率和电压幅值如图 5-21 所示。

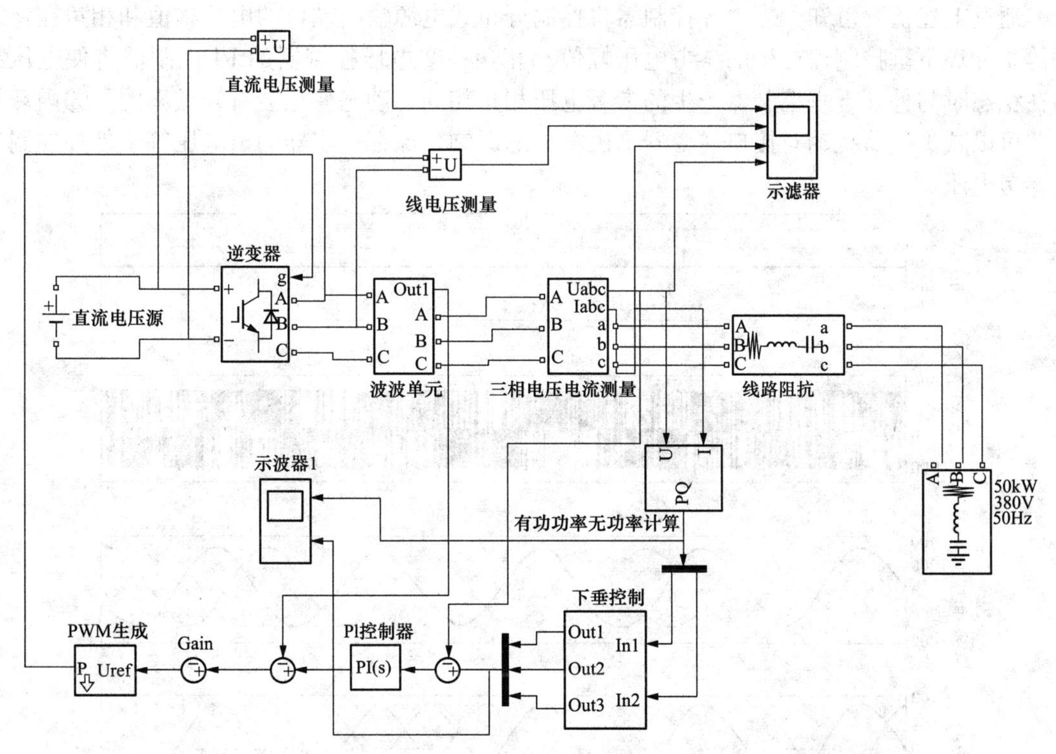

图 5-15　基于 $P-f$ 和 $Q-U$ 下垂控制的多环反馈控制器的模型

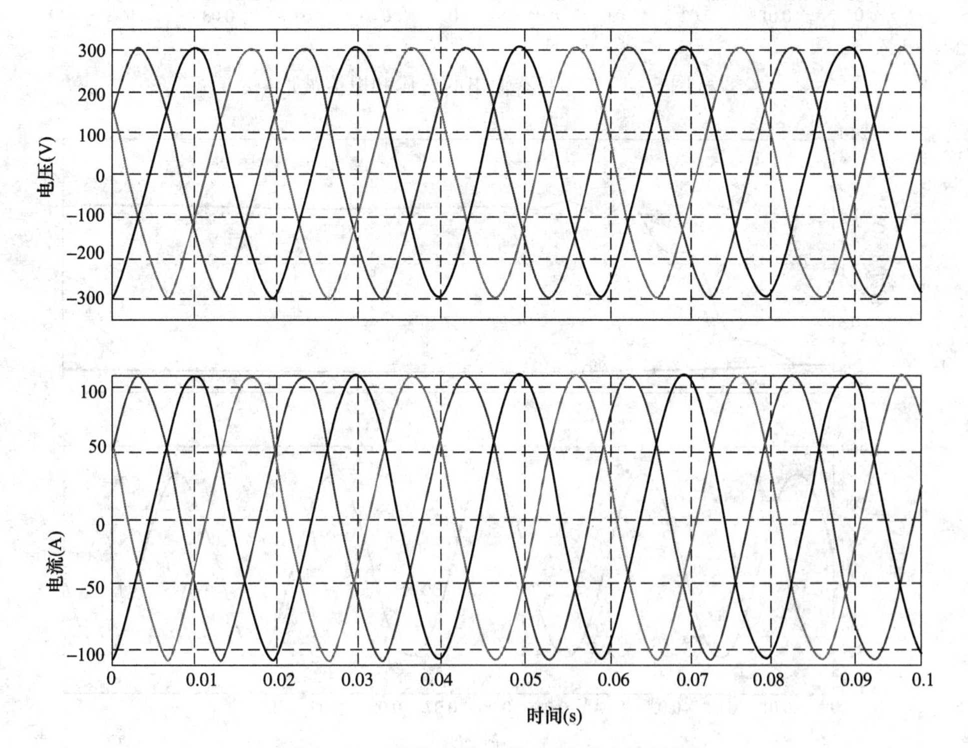

图 5-16　逆变器输出的电压和电流波形

通过上述仿真可知：①内环控制器将控制分布式电源输出端口的电压幅值和相角在稳态时等于外环下垂控制器产生的参考电压幅值和相角；②电压控制器的 PI 控制器将使电压相角在稳态时与外环下垂控制器产生的参考电压相角相同，动态变化会有轻微不同；③内环控制器可以减少负荷扰动对接口逆变器输出电压的影响，保证逆变器输出电压等于外环控制器的参考电压。

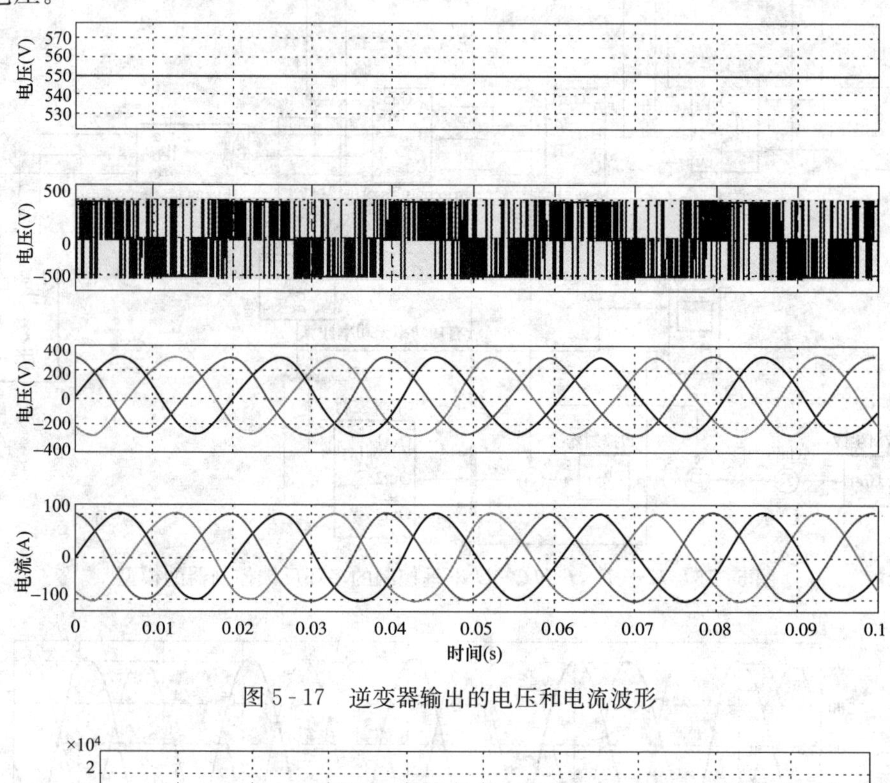

图 5-17 逆变器输出的电压和电流波形

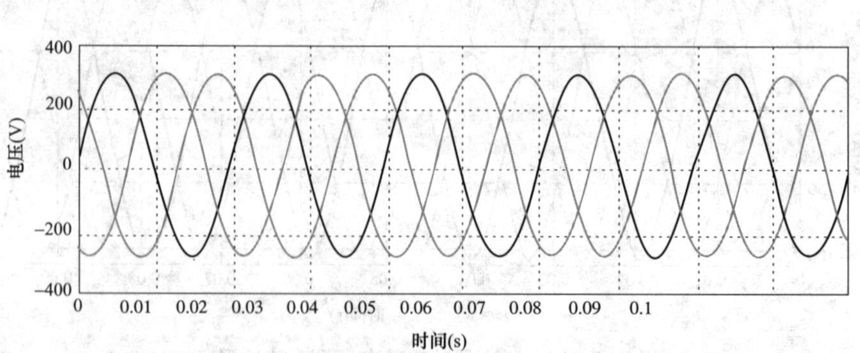

图 5-18 功率控制器输出的电压波形

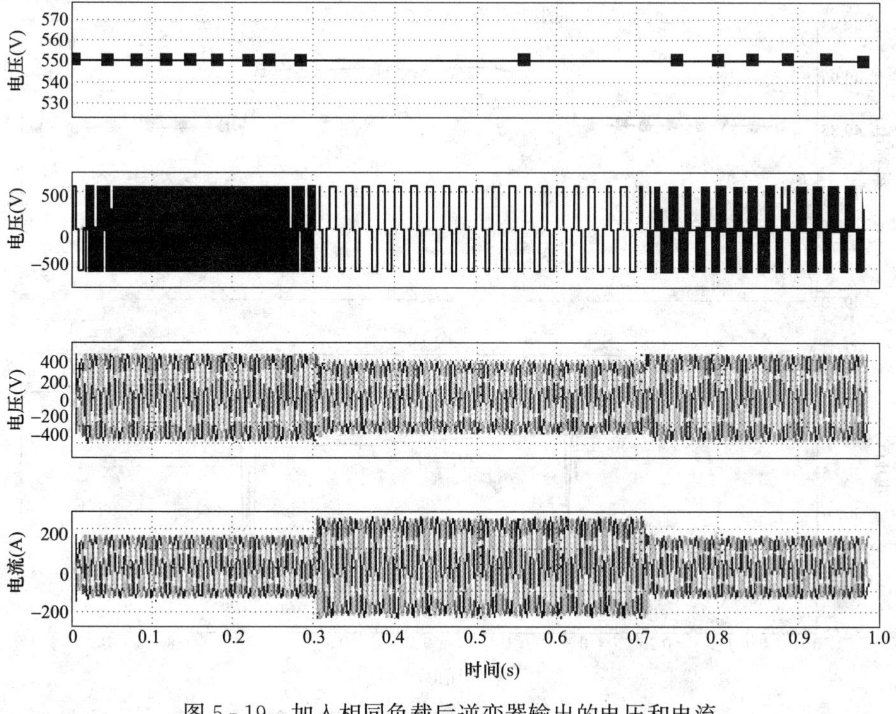

图5-19　加入相同负载后逆变器输出的电压和电流

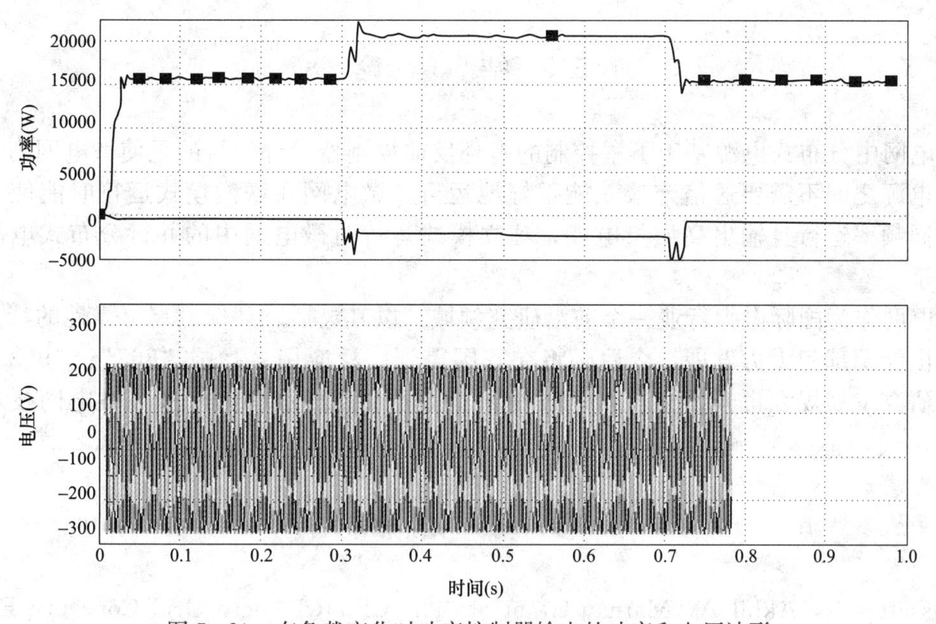

图5-20　有负载变化时功率控制器输出的功率和电压波形

在设计好的多环反馈控制器的主电路中加入一个断路器和一个相同的负载，在 $t=0.3$s 时逆变器输出的电压减小；在 $t=0.7$s 时，断路器打开，切掉另一个负荷，逆变器输出电压恢复。这说明该系统具有稳定性。

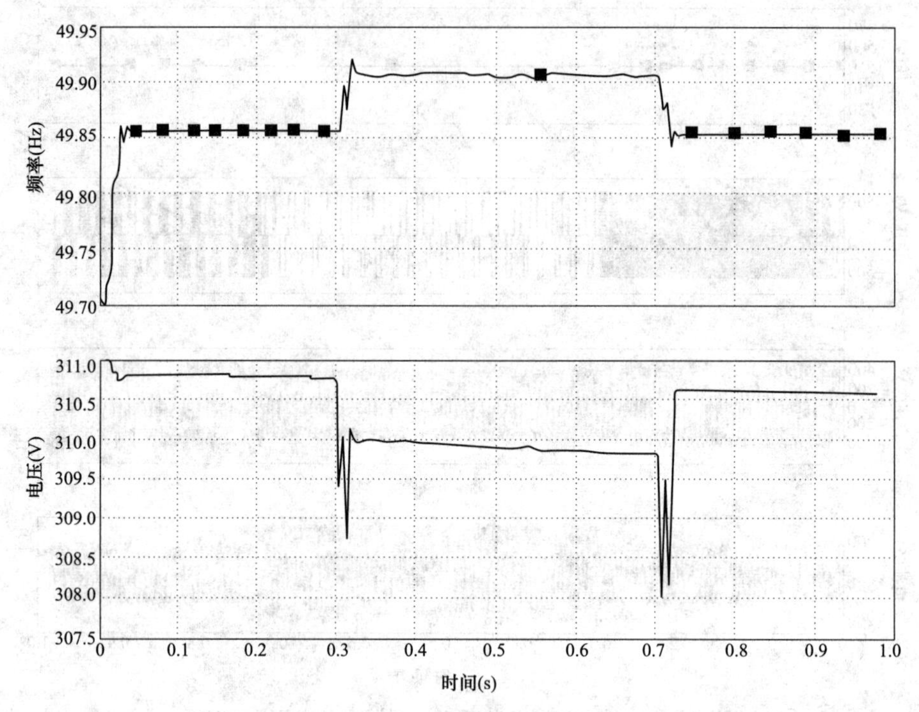

图 5-21 有负载变化时功率控制器的频率和电压幅值

5.5 结 论

微电网中分布式电源基于下垂控制的多环反馈控制器设计的目的是使微电网内运行的分布式电源之间不需要通信连接就能很好地运行。微电网在联网模式运行时能使其自动与电网同频率运行且输出高质量电能，独立模式运行时微电网中的并行分布式电源负荷功率共享。

微电网作为国际电力行业一个前沿研究领域，以其灵活、环保、高可靠性的特点被欧盟和美国能源部门大力发展，今后必将在我国得到广泛应用。我国“863”、“973”等国家重点研究发展规划也开始立项，以鼓励和支持各个高校和科研院所在微电网技术方面的研究。

参 考 文 献

[1] Lassetter R，Akhil A，Marnay C，et al. The CETRS Micro Grid Concept [EBOL]. CERTS. http：//certs. lb. l gov/pdf/50829. pdf，2006-09-12.

[2] 鲁宗相，王彩霞，等. 微电网研究综述 [J]. 电力系统自动化，2007，31 (19).

[3] 赵宏伟，吴涛涛. 基于分布式电源的微网技术 [J]. 电力系统及其自动化学报，2008，20 (1).

[4] 罗毅，刘志军. 微网并网逆变器控制技术研究 [D]. 武汉：华中科技大学，2009.

[5] 张建华，黄伟. 微电网运行控制与保护技术 [M]. 北京：中国电力出版社，2010.

[6] 吴政球，罗建中. 分布式微型电网并网研究 [D]. 长沙：湖南大学，2009.
[7] 王成山，肖朝霞. 微网控制及运行特性分析 [D]. 天津：天津大学，2008.
[8] Nikos Hatziargyriou, Hiroshi Asano, et, al. An Overview of Ongoing Research, Development, and Demonstration Projects [J]. IEEE power and energy magazine, 2007.
[9] Benjamin Kroposki, Robert Lasseter, et al. A Look at Microgrid Technologies and Testing, Projects from Around the World [J]. IEEE power and energy magazine, 2008.
[10] B. Lasseter. Microgrid. [Distributed power generation]. In IEEE Power Engineering Society Winter Meeting, 2001, volume 1.
[11] K. De Brabandere, K. Vanthournout, J. Driesen, G. Deconinck, and et al. Control of Microgrids [C]. IEEE Power Engineering Society General Meeting, USA, 2007, p4275808.
[12] Y. Li and M. Viathgamuwa. Design, analysis, and real - time testing of a controller for multi - bus MicroGrid system [J]. IEEE Transactions on Power Electronics, 2004, 19 (5): 1195 - 1204.
[13] M. C. Chandorkar, D. M. Divan, and R. Adapa. Control of parallel connected inverters in standalone ac supply systems [J]. IEEE Trans on Industry Applications, 1993.
[14] M. Hauck and H. Spath. Control of a three phase inverter feeding an unbalanced load and operating in parallel with other power sources [C]. International Power Electronics and Motion Control Conference, Croatia, 2002.
[15] F. Katiraei, M. R. Iravuni, and P. W. Lehn. Small - signal dynamix medel of a micro - grid including conventional and electronically interfaced distributed resources [J]. IET Generation, Transmission&Distribution, 2007.
[16] C. A. Hernandez - Aramburo and T. C. Green. Fuel consumption minimization of a MicroGrid [J]. IEEE Transactions on Industry Applications, 2005.
[17] N. Pogaku, M. Prodanovic', and T. C. Green. Modelling, analysis and testing of autonomous operation of an inverter - based MicroGrid [J]. IEEE Transactions on power electronics, 2007.
[18] 王成山，肖朝霞，王守相. 微网中分布式电源逆变器的多环反馈控制策略 [J]. 电工技术学报，2009，24 (2)：100 - 107.
[19] 中国电机工程学会. 中国高等学校电力系统及其自动化专业第二十六届学术年会暨中国电机工程学会电力系统专业委员会 2010 年年会论文集 [C]. 上海：[出版者不详]，2010.
[20] 王成山，武震，李鹏. 微电网关键技术研究 [J]. 电工技术学报，2014，29 (2).

第6章 民用建筑电气系统设计

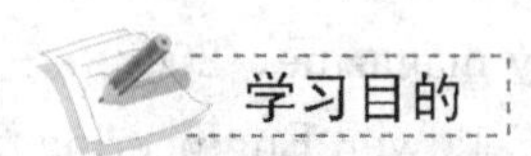

通过本章内容的学习，可以使学生对民用建筑电气系统的设计有一个深入的认识，掌握民用建筑电气系统设计的主要内容、设计原则及方法，体会民用建筑电气系统设计的要求和意义，提高综合运用所学解决实际问题的能力。重点内容包括建筑物内部的照明设计、动力配电设计、高低压配电系统设计、防雷接地设计等。

6.1 电气系统设计依据及范围

6.1.1 建筑电气系统设计依据

民用建筑在进行初步设计时，主要根据建筑用途、国家规范和建筑物的负荷等级进行设计规划。本设计为一综合型高层办公大楼的电气系统，做初步设计时也是从这些方面进行考虑。

1. 建筑用途及环境

在建筑供电设计时，首先要了解所需供电建筑的用途，是高层写字楼、办公大楼、民用住宅，还是大型公共场所如剧院、百货商场等。不同种类建筑的供电要求和方式有所不同。

本课题对象为一综合型高层办公大楼，建筑面积 22981.08m^2，地下一层为车库及设备用房，地上一～十九层，为办公用房，二十层为机房层。建筑物内无特殊设备用电，大体上有照明、消防、动力用电。供电设计时还需考虑市政电源、周围建筑物环境等因素。因为市政提供 10kV 电源关系到变电站的设置位置和安全性，周围建筑也会影响到该建筑本身的防雷接地等一系列问题。因此设计时要充分考虑环境因素，具体问题采取对应措施解决。待了解建筑用途和考察过周边环境后，根据国家相应设计规范就可初步建立设计方案。

2. 国家规范

本设计所使用的国家现行的有关规程规范及相关行业标准有：

1）《供配电系统设计规范》GB 50052—2009。

2）《民用建筑电气设计规范》JGJ 16—2008。该规范在照明、防雷、变电站设计等方面都做出了详细严格的规定。本工程电气系统应根据该规范进行设计，设计中的照度计算、雷击次数计算也都是根据该规范给出的方法和公式进行的。

3）《建筑设计防火规范》GB 50016—2014。

4）《低压配电设计规范》GB 50054—2011。

5）《建筑照明设计标准》GB 50034—2013。

该标准为本工程提供了进行照度计算的方法和照明供电设备选择标准。

6）《建筑物防雷设计规范》GB 50057—2010。该规范提供了各种建筑进行防雷设计的国家标准和设计方法。本设计就是根据该规范设计的防雷措施和接地方式。

7）《20KV 及以下变电所设计规范》GB 50053—2013。

8）《有线电视系统工程技术规范》GB 50200—1994。

9）《综合布线系统工程设计规范》GB 50311—2007。

10）《火灾自动报警系统设计规范》GB 50116—2013。

11）《民用闭路监视电视系统工程技术规范》GB 50198—2011。

各规范详细讲述了供电设计时应当遵循的规则，为电气工程师供电设计时提供相关的依据和法律法规。

3. 负荷等级分类

根据建筑的用途、安全要求等将负荷分为一级负荷、二级负荷、三级负荷。

（1）符合下列情况之一时，应为一级负荷：

1）中断供电将造成人身伤亡时。

2）中断供电将在政治、经济上造成重大影响或损失时。

3）中断供电将影响有重大政治、经济意义的用电单位的正常工作，或造成公共场所秩序严重混乱时。如重要通信枢纽、重要交通枢纽、重要的经济信息中心、特级或甲级体育建筑、国宾馆、国家级及承担重大国事活动的会堂以及经常用于重要国际活动的大量人员集中的公共场所等用电单位中的重要电力负荷。

一级负荷要求由两个独立电源供电，当一个电源发生故障时，另一个电源不应同时受到损坏。一级负荷容量较大或有 10kV 用电设备时，应采用两路 10kV 或 35kV 电源。如一级负荷容量不大时，应优先采用从电力系统或邻近单位取得第二低压电源，也可采用应急发电机组。

在一级负荷中，当中断供电将影响实时处理的重要计算机及计算机网络正常工作，以及特别重要场所中不允许中断供电的负荷，规定为特别重要的负荷，这种负荷的供电要求更高。

（2）符合下列情况之一时，应为二级负荷：

1）中断供电将造成较大政治影响时。

2）中断供电将造成较大经济损失时。

3）中断供电将影响重要用电单位的正常工作，或造成公共场所秩序混乱时。

二级负荷宜由两回线路供电。在负荷较小或地区供电条件困难时，二级负荷可由一回路 6kV 及以上专用的架空线路或电缆线路供电。当采用架空线时，可为一回路架空线供电；当采用电缆线路时，应采用两根电缆线路供电，其每根电缆应能承受 100%的二级负荷。

（3）不属于一级负荷和二级负荷的用电负荷就是三级负荷。一般来说，小型的住宅楼、七层以下的办公楼、普通居民的用电都是三级负荷。

根据上述情况，本设计工程是一综合型办公大楼，人员密集，楼内工作比较重要，所以其消防电梯、防火设备等应该属于一级负荷，而其照明系统则可按照三级负荷供电。基于此情况，供给大楼用电的 10kV 变电站应设置成一级负荷。从变电站到消防系统采用双回路供电，而到照明系统只需单回路供电即可。

清楚设计依据和整体的供电概况后，就应当规划出具体的设计范围和设计步骤。

6.1.2　设计范围和顺序

一套完整的建筑电气设计施工图包括强电系统和弱电系统。本电气设计先进行强电设计，再进行弱电设计。强电设计时应由小到大、由里向外，先具体到设计每一个房间的用电，再扩展到每一层的供电设计和负荷计算，最后是整座大楼的供电设计。一个大楼各系统的供电设计分别完成后就可以将其整合起来，确定10kV变电站的设计。

1. 强电系统

一般市政给建筑或厂房提供10kV的高压电源，从10kV电源到建筑物内的每一个用电器之间的电气设计都是建筑电气设计师应当考虑和完成的内容，具体分为10/0.4kV变配电系统、应急电源系统、低压配电系统、电气照明系统、动力系统、防雷与接地系统，各系统之间应当相互协调配合，才能保障整个建筑电气系统正常运转。本设计主要论述照明系统、动力系统、10kV变配电系统、防雷接地系统的设计方法和步骤。至于应急电源系统，主要是自备（应急）电源容量的确定。后备电源容量需根据大量的工程施工经验来确定。本设计采用双独立电源供电，因而没有设置自备电源。

2. 弱电系统

弱电系统也是建筑供电设计的重要内容，并且随着近些年楼宇自动化程度和需求越来越高，各种先进的多功能智能化的弱电设备也越来越多地应用到了建筑物中。很多建筑，尤其是商场、酒店、警察局等，要求所有的弱电系统形成网络来统一管理，系统由工作平台、网络控制器、直接数字控制器、传感器等组成，网络传输采用以太网。系统为分布智能系统，在总线通信网络失效时，各直接数字控制器（Direct Digit Control，DDC）均能独自继续正常运作。通过通信网络，各报告及状态数据传至工作平台供存盘及操作员监控。这些都对建筑电气设计师提出很多新的挑战。传统意义上的弱电，如电话、电视、宽带、闭路电视监控及火灾自动报警系统等已成为几乎任何建筑都不可缺少的工程，其设计的重要性不言而喻。

除了传统意义上的弱电系统，许多新兴的弱电系统（如电子信息发布系统、综合布线系统、楼宇设备监控系统、多表远传系统、背景音乐系统）也逐渐被应用于各种建筑物中。弱电系统设计的好坏直接关系到建筑使用是否舒适、方便，使用者的利益是否得到充分满足。

本设计主要对强电系统进行设计，弱电系统设计将不再做深入探讨。

6.2　照明系统设计

办公大楼的照明设计十分重要，它与人们的日常工作息息相关，直接影响到人们的工作质量和身心健康。照明设计虽然简单，但应注重细节，是整个建筑供电设计的先行任务。

在进行照明设计时，应根据视觉要求、作业性质和环境条件，通过对光源和灯具的选择和配置，使工作区或空间具备合理的照度和显色性、适宜的亮度分布以及舒适的视觉环境。在确定照明方案时，应考虑不同类型建筑对照明的特殊要求，处理好电气照明与天然采光的关系，采用高光效光源与追求照明效果的关系，合理使用建设资金与采用高性能标准光源灯具等技术经济效益的关系。同时，照明设计还应考虑到使设计有利于人的活动，重视空间的视场清晰度，控制光热和紫外线辐射对人和物产生的不利影响，合理选择照明方式和控制照明区域，降低电能消耗等。

由此可见，照明设计的细节繁多，如果按有关规程进行计算设计，不但工作量巨大，而且理论设计与实际应用情况也相差巨大，所以工程上一般采用简化的方法。该方法只考虑光源的种类和照度计算得出光源的数量，至于光源排布问题一般是按屋内均匀排布，个别情况也稍有改动，而其他几项指标在一般情况下都是能够满足的，工程设计中很少考虑。因此，本设计将主要进行正常照明中的照度计算和负荷计算。

6.2.1　照度计算

照度计算是用来确定房间内灯具数量的计算。如果设计的光源太少，影响正常的办公，设计的过多不但造成电能的浪费，还会对工作人员带来健康问题，所以要确定出合适的光源数。光线是否适合人们办公，最终是用照度来衡量的。

照度的定义：表面上一点的照度 E 是入射在该点的面元上的光通量 $\mathrm{d}\Phi$ 与该面元面积 $\mathrm{d}A$ 的比值，即

$$E=\frac{\mathrm{d}\Phi}{\mathrm{d}A} \tag{6-1}$$

照度用来衡量室内照明光源是否充足或太亮。光通量是反映光照强度的一个量，其大小与光源种类和功率有关。几种常用灯的光通量与功率的对应关系见表6-1。

表6-1　常用灯的光通量与功率的对应关系

灯类型	功率（W）	光通量（lm）	灯类型	功率（W）	光通量（lm）
荧光灯	8	558	LED灯	2	35
	14	1050	无极荧光灯	40	3200
	18	1350	节能灯	40	2100
	21	1800		3	200
	28	2500		5	250
	30	2550	金卤灯	100	9000
	36	3350		150	13000

本办公楼一层的4间办公房间平面照明图如图6-1所示，4个房间规格完全相同，每个房间长6.6m，宽3.8m，其面积为25.08m^2。

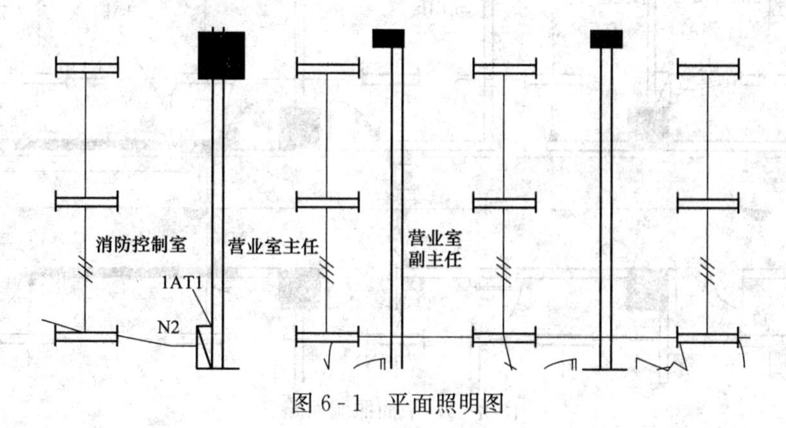

图6-1　平面照明图

房间内使用双管荧光灯，其功率为2×36W，对照表6-1可得每个双管荧光灯的光通量约为6700lm。如果这几间房间作为办公室，按规定其照度应在200～500lm，即

$$200 \leqslant E = \frac{d\Phi}{dA} \leqslant 500 \tag{6-2}$$

但式（6-2）计算光通量对面积的微分，运算十分复杂，考虑到灯光距地面的高度、光线的角度等一系列问题。工程上为了简便计算，通常采用下式

$$E \approx \frac{\eta\lambda\Phi}{A} \tag{6-3}$$

$$\Phi = n \times 6700 \tag{6-4}$$

式中 η——维护系数，取0.8；

Φ——灯具总的光通量，为房间安装灯的个数n与每个灯的光通量的乘积；

λ——利用系数。

因为灯具的摆放位置和光线射出的角度等因素都会影响单位面积上的光通量，考虑光线的相互重叠，灯具的设置高度等因素影响，因此在总光通量上乘以系数λ，一般取0.68。

由式（6-2）～式（6-4）和已知条件可解得

$$1.3 \leqslant n \leqslant 3.4$$

即每个房间选2～3盏双管荧光灯。此处选择每个房间放置3盏灯，均匀分布，其他房间照明布置采用相同方法。

6.2.2 负荷计算

确定出每间屋内灯具的数量和功率后，就可进行负荷计算，得到每条线路的负荷电流，根据负荷电流的大小选择导线型号和配电箱空气开关型号及保护。

办公室如图6-2所示，显示了两种配电箱：一种是消防配电箱1AT1，由双电源供电，专供消防照明用；另一个配电箱是1AL1，为普通照明、空调和插座供电。可以看出，1AL1

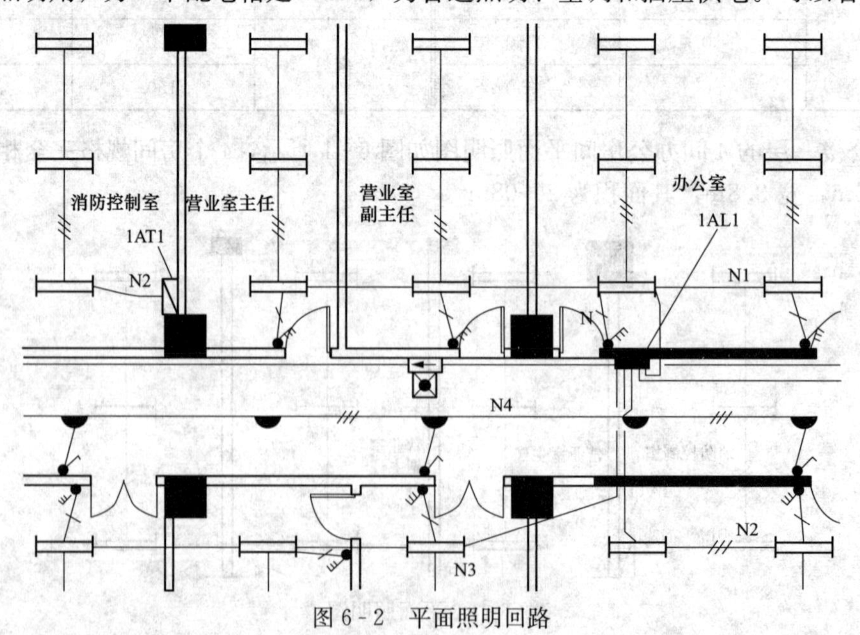

图6-2 平面照明回路

引出的N1回路为上述进行照度计算的4个房间提供电能。即N1回路带12盏灯的负载，每盏灯功率为72W，共864W。为使线路能正常工作，留有余量，设计时预留10%左右的裕量，将N1回路设计为能容纳0.96kW的线路。负荷电流计算公式为

$$P_c = P_N K \tag{6-5}$$

$$Q_c = P_c \tan\varphi \tag{6-6}$$

$$S_c = \sqrt{P_c^2 + Q_c^2} \tag{6-7}$$

$$S_c = \sqrt{3} IU \text{（三相线电压）} \tag{6-8}$$

$$P = UI\cos\varphi \text{（单相相电压）} \tag{6-9}$$

式中　K——需要系数，因为所有用电设备不会同时使用，正常工作时的用电负荷要比总的装机容量低一些，所以要乘以系数K，设备数量、用户数量越多，需要系数K取值越低。对于N1回路，可以认为K是1；

φ——功率因数角，功率因数$\cos\varphi$为1。

由于N1回路是单相供电，U取220V，P_c取0.96kW，由式（6-5）～式（6-9）计算出I=4.36A，即认为正常工作时N1回路的计算电流为4.36A。

根据计算电流大小可以选择导线的截面积，根据用电设备的安装情况和用电种类可确定导线类型。表6-2是常用的线型和敷设方式。室内引线通常采用BV型导线，室外大功率引线多用电力电缆线，YJV型导线用于室外大功率埋地敷设使用，BX型导线常用于室外引线。本设计采用BV型导线为室内照明供电，敷设方式采用SC焊接钢管在楼板中穿线。

表6-2　常用的导线类型和敷设方法

导线型号	含义	敷设方式	含义
BV	塑料护套铜芯导线	TC	电线管
YJV	交联聚氯乙烯护套电缆	SC	焊接钢管
BX	橡胶绝缘软电线	RC	水煤气管
VV	聚氯乙烯护套电力电缆	PC	硬聚氯乙烯管
BV-105	铜芯耐温105导线	CT	用电缆桥架敷设

导线的载流量与导线材料、结构、温度都有关，BV型导线载流量见表6-3，表6-4为铜导线截面、载流量、温度之间的对应关系。由此可以看出，N1回路4.36A的负荷电流，选择1.5mm^{2}的铜线即可，但为留有余量，并且导线材料选取尽量种类相同，这里选用了2.5mm^{2}的塑料护套铜芯导线。应用同样的方法还可以计算出照明配电箱1AL1其他回路的负荷电流和功率，进而选择导线。

表6-3　BV型导线载流表

型号	载流量	型号	载流量
BV-1.5	13A	BV-2.5	18A
BV-4	24A	BV-6	31A

表 6-4 铜线温度、截面与载流量对应关系

导线截面积（mm^2）	铜线温度			
	60℃	75℃	85℃	90℃
	电流（A）			
2.5	20	20	25	25
4	25	25	30	30
6	30	35	40	40
8	40	50	55	55
14	55	65	70	75
22	70	85	95	95
30	85	100	110	110
50	110	130	145	150
60	125	150	165	170
70	145	175	190	195

6.2.3 照明配电箱设计

图 6-3 是本设计照明配电箱 1AL1 的线路图。图中标示了照明配电箱所选器材、线型、保护形式和各回路功率等。

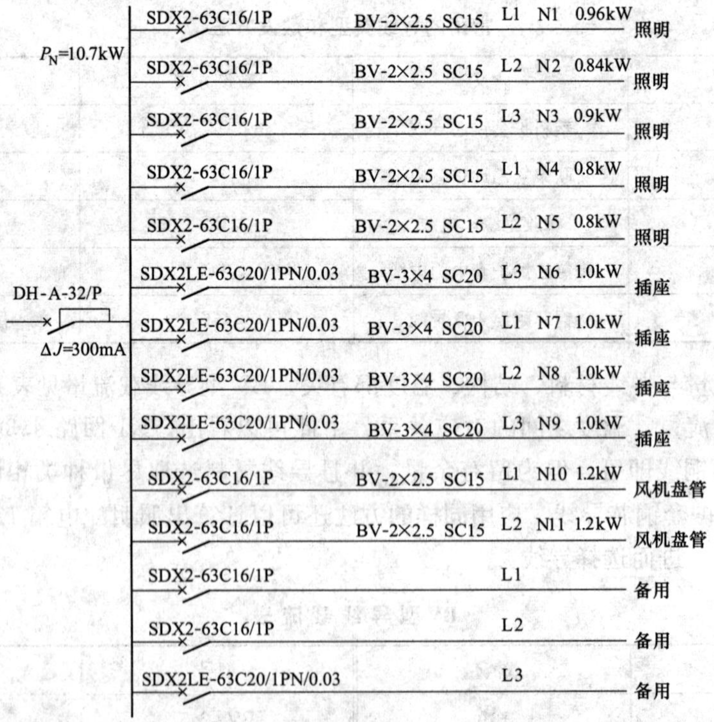

图 6-3 1AL1 线路图

图6-3中，N1回路出线采用BV-2×2.5 SC15型。其中：BV是指塑料护套铜芯导线；2是两根导线，一根相线，一根中性线；2.5是指$2.5mm^2$；SC是指钢管敷设，15是指钢管公称直径。断路器选择型号为SDX2-63C16/1P。其中：SDX2是断路器型号，63是壳架额定电流，C是普通配电用，16是断路器断开额定电流，1P是一极或单极。

图中N6回路与N1回路有所不同，N6回路断路器选择的是带漏电保护的断路器。一般插座供电的回路需要这样选用，因为插座处经常与人体接触，要保护人身安全，必须加漏电保护。当插座处漏电，漏电电流经过人体流向大地时，断路器检测到流入电流和返回电流不相等就会立即断开。这里还要注意，N1回路的负荷电流是4.36A，导线能够承受的电流为20A，断路器开断电流为16A。这样设计是因为断路器开断电流一定要小于回路导线能承受的最大电流，否则故障时断路器断开之前导线已先被烧毁，这是不允许的。图中各回路都是单相电，即进入配电箱的三相电顺次连接，尽可能保证负载三相平衡。进线断路器采用的漏电保护断路器是三相断路器，可同时开断三相。

各回路设备选择完成之后，就可以对整个照明配电箱1AL1进行负荷计算。首先将各回路功率加起来就是配电箱1AL1的最大额定功率$P_e=10.7kW$。对配电箱的进线进行负荷计算有

$$P_c=P_eK$$

配电箱的负载比较多，所以需要系数K通常取0.9，即

$$P_c=10.7\times0.9=9.63(kW)$$

无功功率

$$Q_c=P_c\tan\varphi$$

由于负载大多为荧光灯和空调，所以功率因数$\cos\varphi$取0.8，则

$$Q_c=9.63\times0.75=7.22(kvar)$$

总视在功率

$$S_c=\sqrt{P_c^2+Q_c^2}=12.03(kVA)$$

负荷电流

$$I_j=\frac{S_c}{\sqrt{3}U}=18(A)$$

由计算可知，照明配电箱1AL1的入线负荷电流为18A，因此选择其保护开关和线型时，一定要选稍大于18A的设备。图6-3中选择了开断电流为32A的断路器，符合要求。选择设备时还应当注意照明配电箱的进线总断路器开断电流要大于各回路断路器开断电流。这样做是为了当某一回路发生故障时，相应回路断路器应先跳闸，如果回路上断路器没有及时断开时，上级的总断路器再进行跳闸，分出保护的先后顺序。

整个办公楼一楼的正常照明和插座用电都是由照明配电箱1AL1和1AL2提供的，将两者设计出来，一楼照明供电设计基本完成，其他楼层照明供电设计过程一致。

6.3 动力供电系统设计

民用建筑物的动力供电系统一般向建筑物内的电梯、防烟风机、排烟风机、防火卷帘、水泵等大功率负荷供电，安全性要比照明系统高出很多，负荷也远大于照明系统。给电动机供电一般采用三相电，功率较大。下面以电梯供电设计为例讲解动力配电系统。

6.3.1　电梯供电设计

一栋20层的综合办公大楼，若想安装电梯并供电，必须提供电梯井道、电梯电动机和电梯控制柜安装位置。而电梯电动机必须安装在电梯井道的最上层以拖动电梯。通常情况下有两种安装方式，一种是在建筑物楼顶加盖一个电梯控制间来安放设备，这种方法适用于一些小型建筑，像住宅楼等；另一种是像本工程所介绍的综合办公大楼一样，将最高层即20层拿出来作为机房层，安装整个大楼的智能化控制设备、中央空调配电箱和电梯控制柜等。电梯电动机一般采用伺服电动机、步进电动机，所提供的电源一般是三相交流电。其功率大小与电梯上升速度、载重量、不同厂家电动机质量、效率都有关系。一般电气设计人员应根据实际需求和厂家提供的电动机信息来确定电动机的配电箱功率大小。表6-5所示为一般电梯电动机载重量、速度与电梯功率的对应关系。

表6-5　　电动机载重量、速度与电梯功率对应关系

载重量（kg）	速度（m/s）	功率（kW）	载重量（kg）	速度（m/s）	功率（kW）
500	1	9	1000	1	12
	1.5	12		1.5	17
	1.75	12		1.75	24
750	1	9	1500	1	21
				1.5	24

载重量的选取由建筑专业设计人员负责，电气专业设计人员根据建筑专业设计人员提供的信息，选择电动机功率。本设计选用电梯电动机功率为21kW，为留有余量，其配电柜出线功率选为22kW。电梯配电柜20AT1的内部线路如图6-4所示。

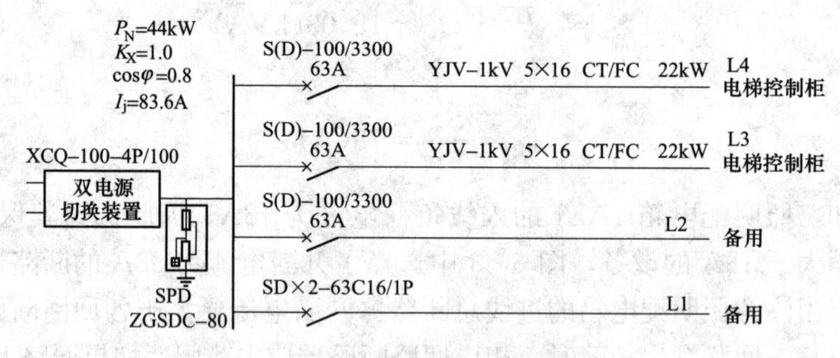

图6-4　配电柜20AT1内部线路图

该控制柜安装在20层电梯竖井的最上方。配电柜20AT1出线有4个回路，L2～L4回路中，每个回路都包含A、B、C相线、中性线和PE保护线；L1回路则是单相电。L3、L4回路分别向两部电梯控制柜供电，L1、L2回路留作备用。具体控制柜中电源与电动机的接线由电梯厂家安装。

下面计算每条回路的负荷电流以进行设备选型。已知L1回路功率P_N为22kW，K为1，功率因数cosφ为0.8，则由式（6-5）～式（6-9）可计算出负荷电流I为42A，为留有余量且保证电梯电动机启动时启动电流不会使断路器跳闸，断路器断开电流选择为63A。图6-4中，S（D）-100/3300表示断路器的壳架额定电流是100A，采用的是三极断路器，即同时接在 A、B、C 三相电上，且不附带任何附件。需注意的是，图 6－4 中总的进线电源切换装置采用的是四极断路器，除 A、B、C 三相外还接上中性线（零线），带有漏电保护功能。L2～L4 回路采用电力电缆型导线，型号中 5×16 指的是 5 根 16mm² 的导线，即 3 根相线，1 根中性线，1 根 PE 线。配电柜总的进线负荷电流应用同样的方法可以计算出来，为 83.6A。

由于电梯的重要性大于照明，有些地方甚至设定为二级负荷，要求双电源独立供电。图 6－4 是消防电梯的供电系统，采用双电源切换供电，这两个电源是两个独立的市政电源，进入 10kV 变电站后经过两个独立的变压器降压成 380V。两电源线经过各自独立的回路同时引入配电柜 20AT1 的双电源切换装置，当一个电源出现故障时切换成另一电源供电。

6.3.2　水泵供电设计

大楼内另一个重要的动力用电是水泵用电。本设计水泵安装在地下一层，分消防水泵、生活用水水泵、循环水泵。整个大楼的水箱间在楼顶安置，办公大楼内用水是先用水泵将市政管网的自来水抽到楼顶的水箱间，再供各个楼层使用。图 6－5 所示为消防水泵的主要供电系统图。消防水泵配电柜主要带两个消火栓泵和两个喷淋泵，其中一个为备用。当发生火灾时，断路器就会自动闭合启动喷淋泵。喷淋泵与消火栓泵的功率由给排水专业提供。本设计采用 75kW 水泵电动机，配电柜中还带有 4kW 的污水泵（未在图中画出），所以总的消防水泵负荷为 154kW。电动机功率因数为 0.8，需要系数取 1，由此可以计算出负荷电流为 292.6A。其设备选型与电梯基本一样，但应当注意，在 75kW 电动机启动时采用的是软启动方式，即降压启动，以减少电动机启动时的冲击电流。

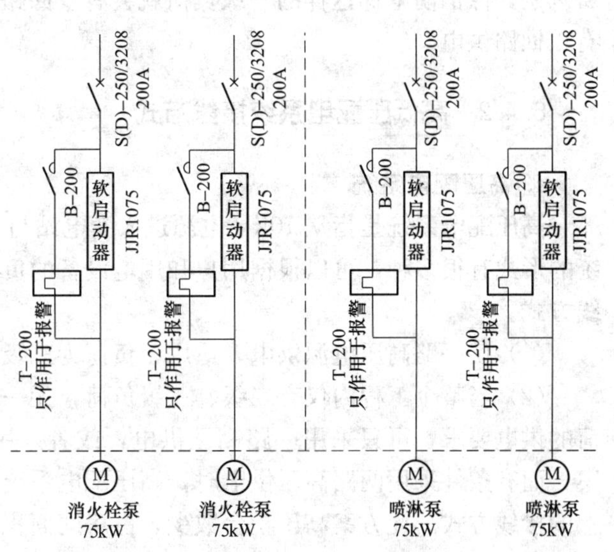

图 6－5　消防水泵主要供电系统图

其他大功率用电设备供电设计与电梯的类似，方法相同。例如排烟风机、防火卷帘等供电，都是从 10kV 变电站引线进入专用配电柜，通过配电柜中断路器再引到各专用电动机上。

6.4　变配电系统设计

电能由发电厂生产，经过输电线路进入市区，再经过各级降压变电站将电压降低成 380V 供用户使用。供电末端的变电站一般都是 10kV 变电站，即由上一级 35kV 变电站出线端引出 10kV 电源线作为 10kV 变电站的进线。通过变电站变压器将 10kV 变成 380V 出线供用户。因此，10kV 变电站成为建筑物供电系统的关键所在。

6.4.1 负荷等级

首先要确定变电站供电负荷的负荷等级，然后根据不同等级负荷进行设计。若建筑物为一级、二级负荷，供电的电源需要两路独立电源，两路电源来自不同的区域性变电站或发电厂。两路电源可为两路10kV，也可一路10kV、一路柴油发电机。通常情况下一栋建筑中各系统模块的重要性不同，负荷等级也有所不同。

本设计为高层办公楼，依据要求，本建筑中各消防水泵、消防电梯、防排烟风机、应急照明等消防负荷及通信机房、调度中心、电源室等的用电负荷为一级负荷，客梯等用电负荷为二级负荷，其余为三级负荷。若建筑物内有些设备既有一级负荷，又有二、三级负荷时，一般按供电负荷为一级负荷进行设计，即双电源独立供电，一个作为主电源，另一个作为备用电源。虽然变电站是按向一级负荷供电设计的，但从变电站出线到各用电设备的回路应有所区别，像消防电梯这样的一级负荷就会有双回路供电，而像普通电梯这样的三级负荷却只有单回路供电。

6.4.2 高低压配电系统接线方式

1. 高压配电系统

高压配电系统是指从10kV电源进入变电站与变压器高压绕组之间的接线。高压配电系统的形式有很多种，可以根据用户和用电设备的负荷等级，确定变电站内高压配电系统主接线方式。

（1）仅一路高压电源供电，适用于负荷为三级负荷，如图6-6所示。

（2）当整个工程内仅有二级、三级负荷，无一级负荷及特别重要负荷时，为满足二级负荷的供电要求，可只采用一路高压供电，或者采用一路高压，并设自备柴油发电机组的方案；而有条件采用两路高压供电时，高压配电系统可采用一用一备自动互投到一段高压母线上的接线方式。此方案高压柜台数少，占房间面积小，也能满足二、三级负荷的供电可靠性要求。如图6-7所示。

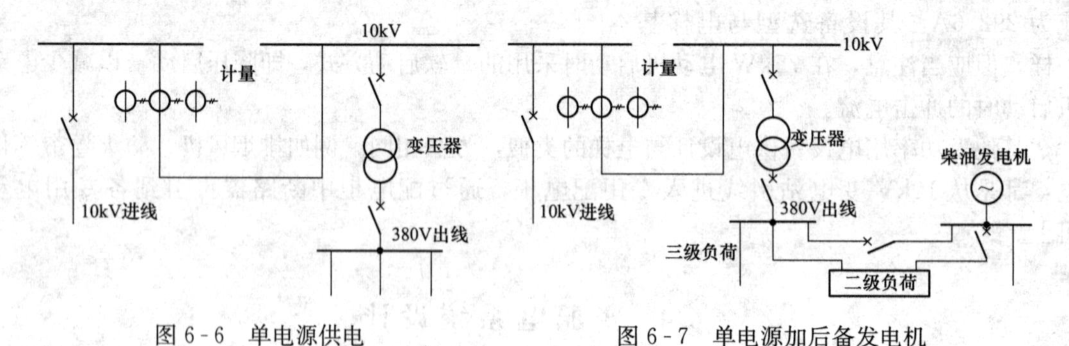

图6-6 单电源供电　　图6-7 单电源加后备发电机

（3）对一级负荷供电，一般采用两路高压电源单母线分段系统，两段母线间设联络断路器，分列运行、互为备用形式，见图6-8。当两段母线中的任意一段母线上的变压器均可供该工程的全部一、二级负荷时，两段高压母线间也可不设联络断路器。此方案也适用于仅有二、三级负荷的大容量用户。

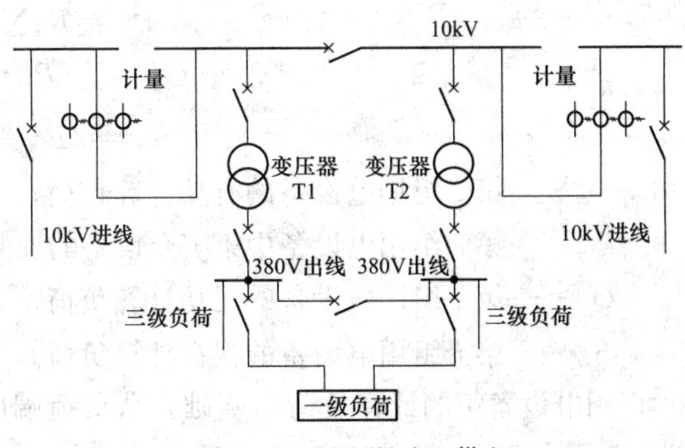

图6-8 双电源独立供电

本设计是一个综合办公大楼，其中有许多一级负荷，因此必须采用两路10kV供电电源，两路电源采用单母线分段方式运行，设母联断路器，即第三种接线方式。平时两段母线分列运行，当一路电源故障时，通过手动操作母联断路器，另一路电源负担全部一、二级负荷。高压配电柜采用直流操作系统。

2. 低压配电系统

本设计低压配电系统采用三相五线制，中性线（N）与保护线（PE）一同接地。变压器低压侧接线采用单母线分段，对一级负荷采用双回路供电，平时两台变压器同时运行，母联断路器断开，当一路电源停电或变压器故障时，闭合母联断路器，由另一路变压器带两台变压器的全部特别重要负荷、以及一级、二级负荷和部分三级负荷。本工程的三级负荷只采用单路电源供电即可。

低压配电系统的接线方式有放射式、树干式、链式。放射式接线如图6-9所示。其特点是配电线路相互独立，因而具有较高的可靠性，某一配电线路发生故障或检修时不致影响其他配电线路。但放射式接线方式中，从低压配电柜引出的干线较多，使用的开关等材料也较多。这种接线方式一般适用于供电可靠性要求高的场所或容量较大的用电设备，如空调机组、消防水泵等。

树干式接线方式如图6-10所示。其特点与放射式接线方式相反，系统具有一定的灵活性，耗用的有色金属材料较少，但干线一旦发生故障将影响较大范围，因而其供电可靠性较差。该接线方式一般适用于负荷容量较小、分布均匀且供电可靠性无特殊要求的用电设备，如用于一般照明的楼层分配电箱等。

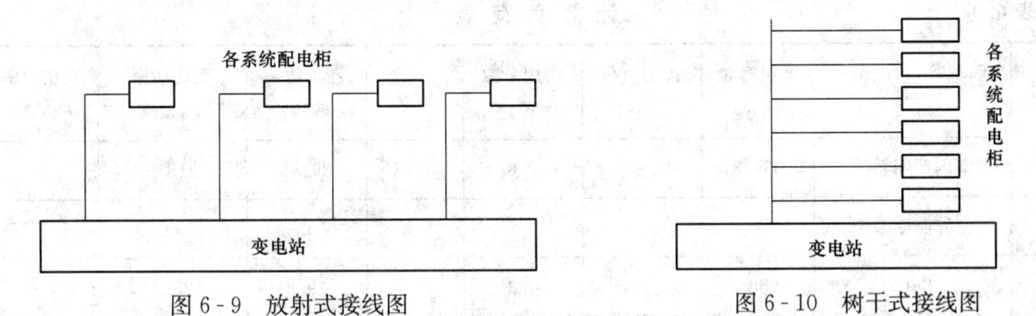

图6-9 放射式接线图

图6-10 树干式接线图

本设计的低压配电系统采用放射式与树干式混合的接线方式，对重要负荷如电梯、水泵、中央空调等采用放射式接线，对一般负荷如照明等则采用树干式接线。

6.4.3 变压器的选择

1. 负荷计算

对整个建筑物用电负荷进行计算时，首先要将用电设备分组，求出各组用电设备总的安装容量 P_e，之后确定出各组的需要系数 K_{xi} 和功率因数 $\cos\varphi_i$（同组用电设备的功率因数一般都是相同的）。对于单组用电设备来说，计算负荷公式为

$$P_{ci}=K_i\sum P_{ej} \tag{6-10}$$

$$Q_{ci}=\sum(P_{ci}\tan\varphi_i) \tag{6-11}$$

$$S_{ci}=\sqrt{P_{ci}^2+Q_{ci}^2} \tag{6-12}$$

式中 P_{ci}——第 i 组用电设备的有功计算负荷；

P_{ej}——第 i 组用电设备中第 j 个设备的安装容量；

Q_{ci}——第 i 组用电设备的无功计算负荷；

S_{ci}——第 i 组用电设备的视在计算负荷。

以用电设备组的计算负荷为基础，从负荷端向电源端计算变压器出线端负荷，计算公式为

$$P_c=K\sum P_{ci} \tag{6-13}$$

$$Q_c=K\sum Q_{ci} \tag{6-14}$$

$$S_c=\sqrt{P_c^2+Q_c^2} \tag{6-15}$$

式中的需要系数 K_x 并不一定相等，其取值一般按施工经验和厂家设备参数而定。

求出 S_c 之后就可计算出变压器出线端负荷电流。

变压器高压侧计算负荷为低压侧计算负荷与变压器功率损耗之和。变压器功率损耗计算公式为

$$\Delta P_t=(0.01\sim0.02)\times S_c \tag{6-16}$$

$$\Delta Q_t=(0.05\sim0.08)\times S_c \tag{6-17}$$

10kV 变电站进线即是 35kV 变电站出线，所以 10kV 变电站高压侧设备选型、保护等设计归属于 35kV 变电站的设计范围，不属于本工程设计范围，本文只讨论 10kV 变电站内部的设计。表 6-6 是根据式（6-13）～式（6-17）计算所得的各个系统的计算负荷。

表 6-6　　计算负荷表

序号	名称	装机容量 (kW)	备用负荷 (kW)	需用系数 K_x	$\tan\varphi$	有功功率 (kW)	无功功率 (kvar)	视在功率 (kVA)
1	室内照明系统	364.8	—	0.8	0.75	291.8	218.9	—
2	室外照明系统	50	—	0.7	1.17	35	41	—
3	电梯	66	—	0.3	1.17	19.8	23.2	—
4	中央空调系统	1731.2	—	0.85	0.75	1471.5	1103.6	—
5	防排烟系统	67.5	—	1.0	0.75	67.5	50.6	—
6	消防水泵	130	130	1.0	0.75	130	97.5	—
7	应急照明	35	—	1.0	0.75	35	26.3	—
8	网络机房	60	—	0.8	0.75	48	36	—
9	其他	47	—	0.8	0.75	37.6	28.2	—

续表

序号	名称	装机容量（kW）	备用负荷（kW）	需用系数 K_x	$\tan\varphi$	有功功率（kW）	无功功率（kvar）	视在功率（kVA）
合计		—	—	—	—	2136.2	1625.3	—
其中：消防负荷		—	—	—	—	197.5	148.1	—
正常工作负荷		—	—	—	—	1938.7	1477.2	2020.1

变电站设计中要进行无功功率补偿，以提高功率因数。表中所计算的数据均是无功功率补偿之后的。无功功率补偿将在之后讲述。

2. 变压器选择

变压器应根据建筑物的性质和负荷情况、城市电网情况，在进行技术、经济比较后确定。配电变压器的长期工作负载率不宜大于85%，当所供负荷谐波电流较大时，应增加变压器容量，以减小变压器负载率。在选择变压器损耗等级时，应综合考虑初始投资和运行费用，优先选用节能型变压器。

本设计采用双电源供电，变电站设计有两台变压器，接线方式见图6-8。根据接地系统要求，变压器绕组应当采用三角形—星形接线。正常工作时将全楼的负荷平均分配给两台变压器。特别注意的是，图6-8中一级负荷是双电源双回路供电，两台变压器中一台为主供电，另一台为备用，三级负荷单回路供电，因此两台变压器的总容量应当是一、二级负荷的2倍，加上三级负荷，再留有余量，使负载率为80%左右。变压器T1为通用电梯、消防电梯、应急照明、网络机房、防烟风机、排烟风机及防火卷帘的主供电电源和消防水泵、生活水泵、地下防火卷帘的备用供电电源，变压器T2正好与之相反。T1再为三级负荷10～19层房间空调、照明提供电源，T2为1～9层房间空调、照明提供电源。对两台变压器所分别进行负荷计算，T1供电负荷中装机容量有功功率为1201.5kW，无功补偿后的视在功率为1026.7kVA；T2供电负荷中装机容量有功功率为1290.4kW，无功补偿后的视在功率为1111.3kVA。根据这两组的视在功率选择变压器的容量。

我国变压器容量规格有500、630、800、1000、1250、1600、2000kVA等，主要有干式变压器和油浸式变压器两种。一般油浸式变压器用于工业场所，维护安装要比干式变压器稍复杂些。民用建筑多采用干式变压器。综合考虑经济、安全、后期维护等因素，本设计两台变压器选择为1250kVA的干式变压器，T1的负荷率为82.1%，T2负荷率为89%。

6.4.4　继电保护的设计

作为整栋建筑的电源，建筑物的10kV变电站的安全可靠供电显得尤为重要。因此，在变电站继电保护设计中首要任务就是选择合理的配置方案，提高继电保护装置动作的可靠性。本设计继电保护采用微机保护的方式，将变电站的保护主要分为变压器保护、进出线保护、联络母线保护三部分。

1. 变压器保护

本设计选用的干式变压器容量小、负荷低，所以只需设置温度保护，当检测到温度不正常时报警，高温时跳闸。本设计变压器最高工作温度为180℃。

2. 进、出线保护

本设计在变电站 10kV 进线中设置过电流、电流速断和零序保护。本设计采用微机保护，因而不需要对各种继电器进行整定，也没有二次线路设计，可以将过电流、电流速断、零序这三种保护融合在一套设备当中。微机保护装置安装在 10kV 进线、变压器高压侧、双电源联络母线处。

零序保护是将 A、B、C 三相同时装上零序电流互感器，正常工作时由于负载三相平衡，互感器中的电流近似为零，当发生故障时三相负荷不再平衡，此时零序电流互感器中就有较大的感应电流，从而判断出故障发生。

进线保护可以在高压侧线路出现故障时可以切断一侧的进线电源，使变压器通过联络母线从另一侧电源得电，同时还可作为变压器的后备保护。

出线保护与进线保护基本相同。出线电压只有 380V，同样采用过电流、电流速断和零序保护。对于一级用电负荷，是双回路供电，当一侧出线发生故障时，保护将其切断，而另一侧投入运行。

3. 联络母线保护

本设计变电站中的双电源联络母线在各线路正常工作时处于断开状态，只有一侧供电线路发生故障而该侧变压器还能正常运行时才将联络母线闭合，使变压器从另一侧电源得电。因此联络母线的保护相对来说不是很重要，只需对其采用过电流、电流速断保护即可。

6.4.5 计量设计

变电站中的计量同样是一个重要问题，只有准确的计量才能确保各项技术经济指标的计算能够顺利进行。要在不同的线路上装设不同规格的电能表，主要选型依据是各线路的计算负荷。这里只讲述高压侧电能表的选型安装，低压侧只是普通的计量电能表，因各个用电回路不同有所区别，不再叙述。

本设计采用高压集中计量方式，在每路 10kV 电源进线处设置专用计量装置，并可根据要求设置低压电力分表。要测量高压侧电气量，需要在进线、变压器、母联三个地方分别安装电流互感器、电压互感器，利用电压、电流互感器可以将电压、电流互感成 100V 和 5A 的量，再使用电压表、电流表进行测量，最后换算回原来的真实量。按供电局要求设专用计量柜，内装有功功率表、无功功率表。所有的测量线路均连接在二次回路上。

6.4.6 功率因数补偿

功率因数补偿，又称无功功率补偿，简称无功补偿，也是变电站设计的重要环节。无功补偿可以提高功率因数，减少线路损耗和绝缘压力。因此规定了各部门用电的功率因数指标，如果未能达到规定要求，就必须进行无功补偿。一般要求 10、35kV 供电的用电单位和低压供电的用电单位功率因数为 0.9 以上。如果功率因数不能达到上述指标，小型的变电站通常采用并联电力电容器作为无功补偿装置，10、35kV 供电的用电单位采用低压补偿时，同时应保证 10、35kV 高压侧的功率因数应满足要求。采用电力电容器作无功补偿装置时，宜就地平衡补偿。低压部分的无功功率宜由低压电容器补偿，10kV 部分的无功功率由 10kV 电容器补偿。电容器组宜在变配电站内集中设置。

本设计中变电站采用投切电力电容器进行无功补偿，且只需在低压侧进行无功补偿。设

计时只要找出所需无功补偿量，向厂家购买相应容量的无功补偿器即可。无功补偿量的计算方式为

$$S'=\frac{P_c}{\cos\varphi'} \tag{6-18}$$

$$Q'=P_c\tan\varphi' \tag{6-19}$$

$$\Delta Q=Q-Q' \tag{6-20}$$

式中加上标“′”的为无功补偿后的量；Q 为补偿前所需的无功功率；ΔQ 为所求的需要补充的无功量。

本设计两台变压器在低压侧均进行无功补偿，各参数如下：

（1）变压器 T1。

1）设备总安装容量 P_e=1201.5kW。

2）需要系数 K=0.8。

3）有功功率 P_c=961.2kW（补偿前后有功功率不变）。

4）补偿前功率因数为 0.8。

5）无功补偿量 ΔQ=360kvar。

6）无功功率 Q'_c=503.6kvar（补偿后）补偿后功率因数为 0.93。

7）视在功率 S_c=1026.7 kVA（补偿后）。

（2）变压器 T2。

1）设备总安装容量：P_e=1290.4kW。

2）需要系数 K=0.8。

3）有功功率 P_c=1032.3kW（补偿前后有功功率不变）。

4）补偿前功率因数为 0.8。

5）无功补偿量 ΔQ=360kvar。

6）无功功率 Q'_c=414.2kvar（补偿后），补偿后功率因数为 0.94。

7）视在功率 S_c=1111.3kVA（补偿后）。

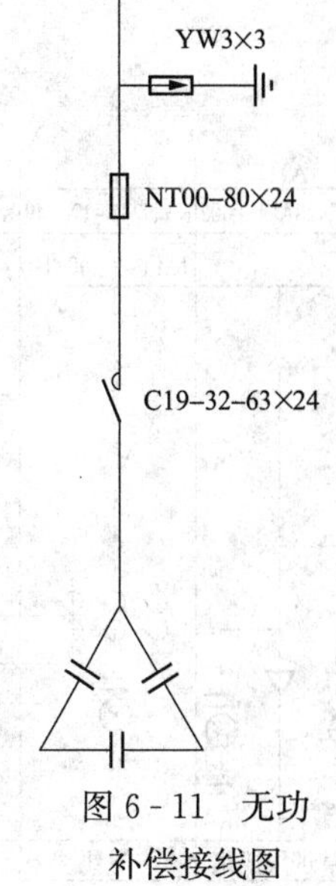

图 6-11　无功补偿接线图

图 6-11 所示为变压器 T1 安装的电力电容无功补偿器接线图，电路中还接有电流互感器、熔断器、断路器等器件。

6.4.7　配电系统线路敷设

本设计 10kV 变电站属于室内变电站，室内变电站所有布线、计量用表和断路器等设备都必须装设在各设备的开关柜当中，这样做便于保护线路，方便绝缘隔离，同时也方便操作人员工作和保护其人身安全。不同开关柜装设设备不同，因而它的摆放位置、摆放方向、尺寸大小等要求都有所区别。图 6-12 为本设计变电站的开关柜布局示意图。实际施工图如图 6-13、图 6-14 所示。由图 6-12 可以看出，变电站开关柜布局整体上分为高压进线侧、变压器和低压出线侧三部分。各设备的断路器和微机保护装置也安装在开关柜中。变电站建在大楼外部靠近大楼的地方，变电站 380V 出线通过地下电缆引入大楼地下一层，再通过电井将各系统电缆送至各配电柜。

通常情况下，由变电站引至双电源自动切换箱的特别重要的电源线采用矿物绝缘电缆，

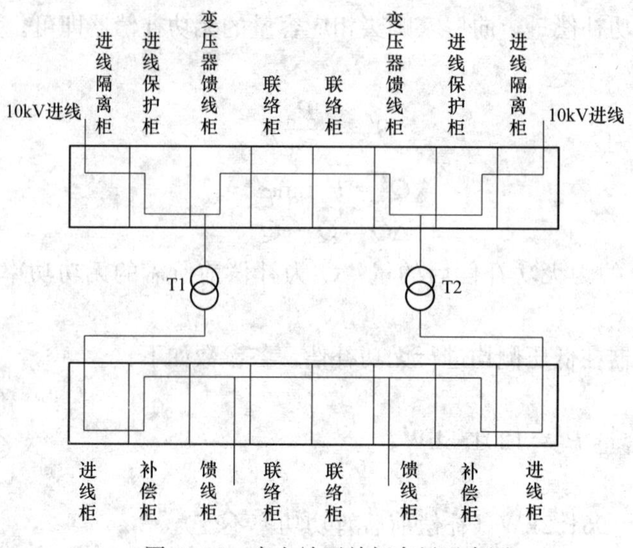

图 6-12　变电站开关柜布局示意图

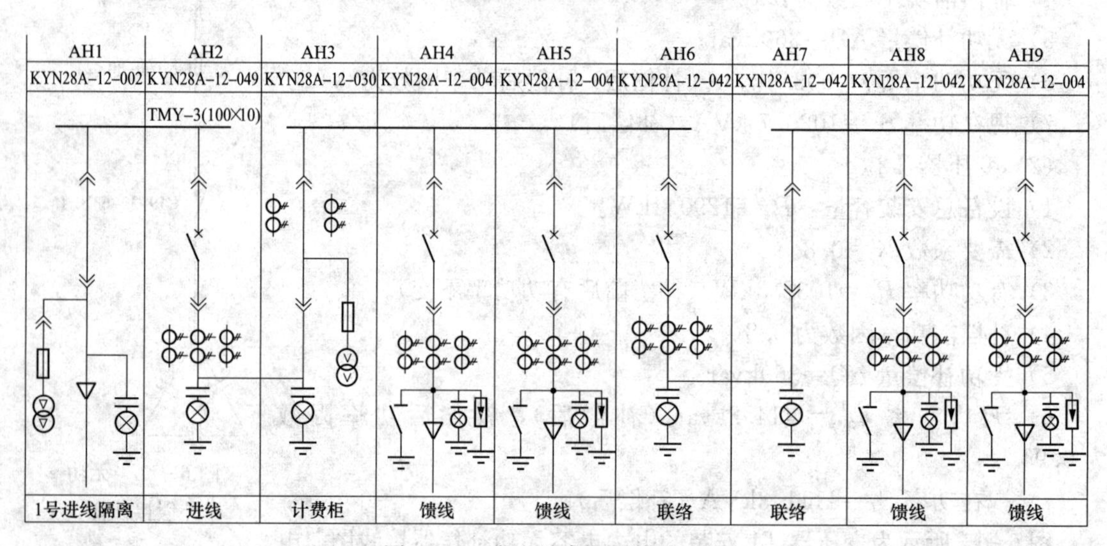

图 6-13　变电站高压系统施工图

消防设备线路采用耐火低烟无卤型交联聚乙烯绝缘电缆、电线，一般照明及动力用电电路采用阻燃低烟无卤型交联聚乙烯绝缘电缆、电线。

本工程电源由变电站引出，电压等级为 0.4/0.22kV。对于单台容量较大的负荷或重要负荷（例如消防电梯、水泵等）；系统采用放射式配电；对一般设备，采用放射式与树干式相结合的混合方式配电。对于二、三级负荷，本设计变电站出线采用 YJV-1kV 电缆，从大楼内沿强电竖井中的桥架送至各个楼层，再沿楼板内电缆桥架敷设至各个开关柜。从开关柜出来用钢管穿线进入用电设备，钢管埋在墙体内部。对于消防用电设备这类的一级负荷采用专用双电源供电线路，导线采用 ZRYJV-1kV 电缆。配送方式与二、三级负荷相同，但桥架要求槽式封闭桥架，并刷防火涂料。双回路电源线路送至开关柜并在末端互投。应急照明采用两路专用电源配电，用槽型桥架敷设并在末端配电装置处互投。疏散指示照明除采用双电源配电外，还采用带蓄电池的灯具，其连续供电时间不小于 1h。

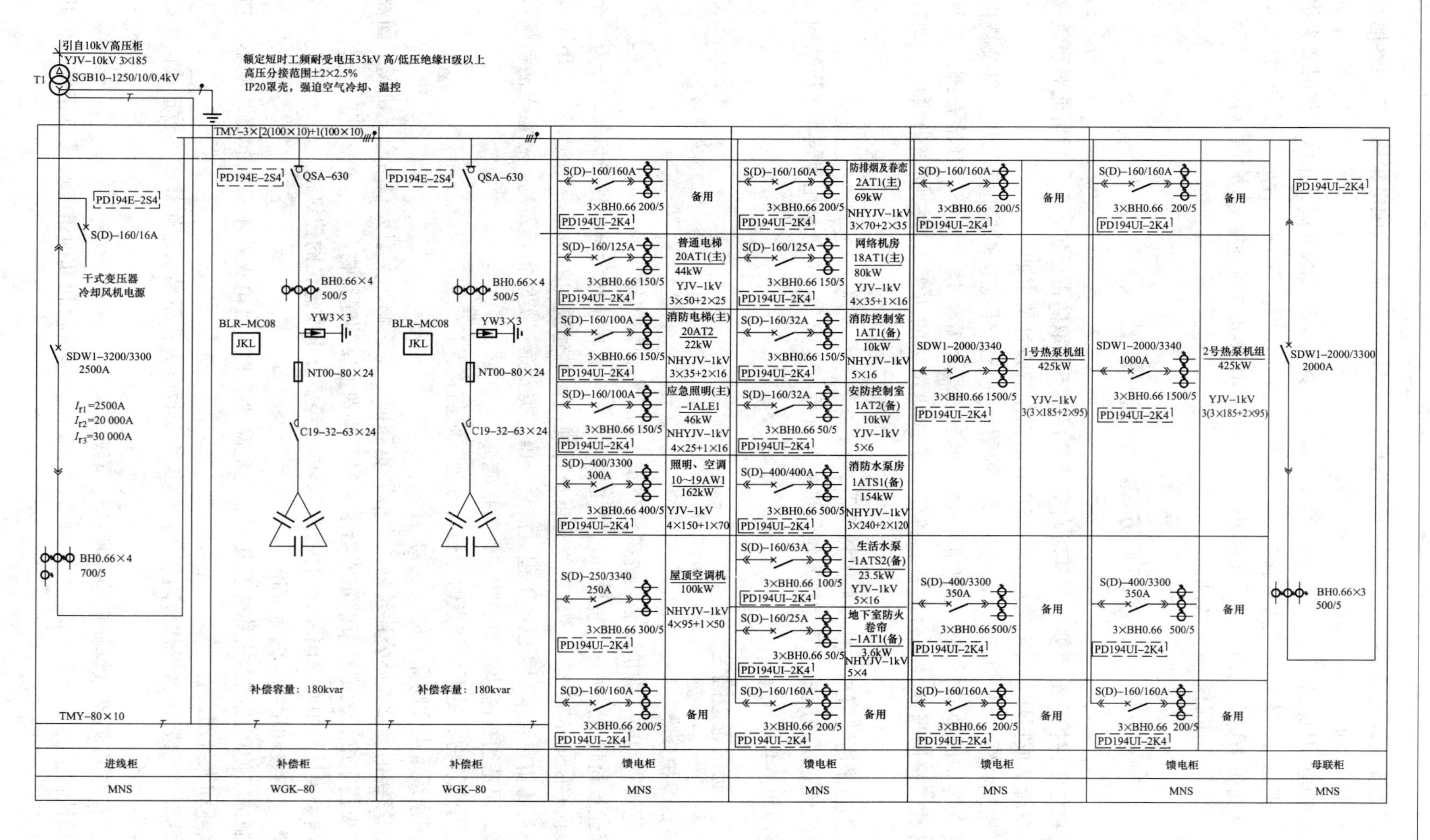

图 6-14　变电站低压系统施工图

开关柜的安装同样需要符合一定的国家规范。本设计中大型设备配电采用开关柜落地安装，明装时箱底距地 1.2m，暗装时箱底距地 1.5m。

楼内各种电动机的启动方式也需要考虑。因为启动时电动机的电流比正常工作时要大很多，采用不同的启动方式对整个大楼的供电系统有不同的影响，有时不合适的启动会使电动机损坏，从而带来更大的损失。本工程小于 45kW 的电动机采用直接启动方式启动，45kW 以上电动机采用降压启动方式启动。

6.5 防雷系统设计

建筑物防雷保护十分重要，尤其对高层建筑，如不采取防雷保护，雷击后可能对建筑物内的供电系统造成损坏，甚至造成人员伤亡。防雷系统设计要求如下：

（1）建筑物防雷设计应认真调查地质、地貌、气象、环境等和雷电活动规律以及被保护物的特点等，因地制宜地采取防雷措施，做到安全可靠、技术先进、经济合理。年平均雷暴日数需根据当地气象台的资料确定。山地建筑物的防雷，可根据当地雷电活动特点设计。

（2）不应采用装有放射性物质的接闪器。

（3）新建建筑物应根据其建筑及结构形式与有关专业配合，充分利用建筑物金属结构及导体作为防雷装置。

6.5.1 防雷等级确定

1. 防雷保护分类

设计建筑物的防雷保护，必须先确定建筑物的防雷保护等级。

我国建筑物防雷保护按其重要性、使用性质、发生雷电事故的可能性及后果，分为三个等级。根据 GB 50057—2010《建筑物防雷设计规范》对建筑物的防雷分类规定，民用建筑中无第一类防雷建筑物，所以本工程只需划分第二类及第三类防雷建筑物。在雷电活动频繁或强雷区，可适当提高建筑物的防雷保护措施。

（1）当建筑物满足下列特点时应被划分为二级防雷保护：

1）国家级重点文物保护的建筑物。

2）国家级的会堂、办公建筑物、大型展览和博览建筑物、大型火车站和飞机场、国宾馆，国家级档案馆、大型城市的重要给水泵房等特别重要的建筑物。

3）国家级计算中心、国际通信枢纽等对国民经济有重要意义的建筑物。

4）国家特级和甲级大型体育馆。

5）制造、使用或贮存火炸药及其制品的危险建筑物，且电火花不易引起爆炸或不致造成巨大破坏和人身伤亡者。

6）具有 1 区或 21 区爆炸危险场所的建筑物，且电火花不易引起爆炸或不致造成巨大破坏和人身伤亡者。

7）具有 2 区或 22 区爆炸危险场所的建筑物。

8）预计雷击次数大于 0.05 次/a 的部、省级办公建筑物和其他重要或人员密集的公共建筑物以及火灾危险场所。

9）预计雷击次数大于0.25次/a的住宅、办公楼等一般性民用建筑物或一般性工业建筑物。

（2）当建筑物满足下列要求时应被划分为三级防雷保护：

1）省级重点文物保护的建筑物及省级档案馆。

2）预计雷击次数大于或等于0.01次/a，且小于或等于0.05次/a的部、省级办公建筑物和其他重要或人员密集的公共建筑物，以及火灾危险场所。

3）预计雷击次数大于或等于0.05次/a，且小于或等于0.25次/a的住宅、办公楼等一般性民用建筑物或一般性工业建筑物。

4）在平均雷暴日大于15d/a的地区，高度在15m及以上的烟囱、水塔等孤立的高耸建筑物；在平均雷暴日小于或等于15d/a的地区，高度在20m及以上的烟囱、水塔等孤立的高耸建筑物。

防雷措施主要针对防直击雷、防雷电波侵入、防侧击雷。根据防雷等级的不同，针对这三种雷击的防护措施也有所不同。

2. 雷击次数计算

要确定建筑物的防雷保护等级，必须进行年雷击次数计算。建筑物年预计雷击次数计算公式为

$$N=KN_gA_e \tag{6-21}$$

式中　N——建筑物预计年雷击次数；

K——校正系数，一般情况下取1，位于河岸、湖边、山坡下或土地中土壤电阻率较小处的建筑物K取1.5，金属屋面没有接地的砖木结构建筑物取1.7，位于山顶或旷野处的孤立建筑物取2；

N_g——建筑物所在地区雷击大地的年平均密度；

A_e——与建筑物接受相同雷击次数的等效面积。

雷击大地的年平均密度首先应按当地气象台资料确定，若无此资料，可按式（6-22）计算

$$N_g=0.1T_d \tag{6-22}$$

式中　T_d——年平均雷暴日。

A_e与建筑物接受相同雷击次数的等效面积A_e的计算，一般根据建筑物高度是否大于100m、周围建筑物的高度等因素综合考虑，情况十分复杂。这里只介绍其中一种使用较多的情况进行示范。当建筑物高度小于100m时，其等效面积如图6-15所示，计算式为

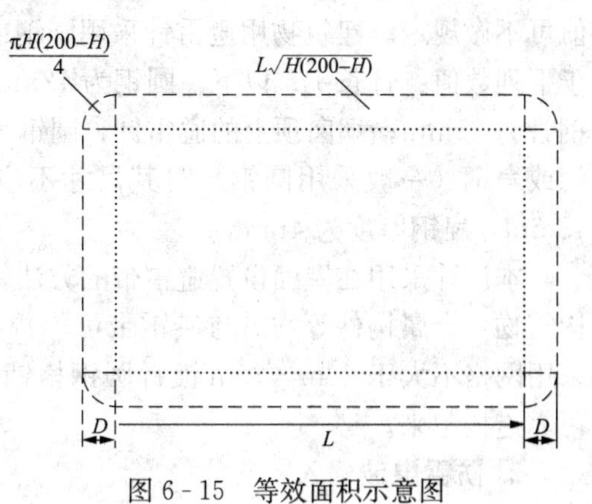

图6-15　等效面积示意图

$$D=\sqrt{H(200-H)} \tag{6-23}$$

$$A_e=[WL+2(W+L)\times D+\pi\times D^2]\times 10^{-6} \tag{6-24}$$

式中　D——建筑物每边的扩大宽度；

L，W，H——建筑物的长、宽、高。

已知的建筑物长宽高及当地年雷暴日，就可计算出建筑物年预计雷击次数，从而根据规

定确定出防雷等级。

3. 本工程防雷等级

本工程所在地区的年平均雷暴日为21.4天/年，所以它的雷击大地的年平均密度N_g为2.14次/（年·km²）。本建筑物的长为66.15m，宽为31.3m，高度是76.2m。根据式（6-23）、式（6-24）可得

$$D=\sqrt{76.2\times(200-76.2)}=97.13(\mathrm{m})$$

$$A_e=[66.15\times31.3+2\times(66.15+31.3)\times97.13+3.14\times97.13^2]\times10^{-6}$$
$$=0.049\mathrm{km}^3$$

年雷击次数可由式（6-21）得

$$N=2.14\times0.049=0.1(\text{次})$$

所以本工程按第三级防雷保护设计。

6.5.2 防雷措施

根据建筑用途、周边环境和规范要求，本设计建筑物属于第三级防雷保护，要求防直击雷、雷电波侵入、侧击雷。通常的做法和标准如下：

1. 防直击雷

防直击雷的主要方法是在建筑物顶部装设避雷带（网）或避雷针。避雷带通过引下线与建筑主钢筋相连接，最后与整个建筑接地装置相连；根据GB 5007—2010要求第三级防护屋面上的避雷网格不能大于20m×20m，避雷带应设置在屋角、屋脊、女儿墙及屋檐等建筑物易受雷击部位，并在整个屋面铺设网格与避雷带相连；为防雷装置专设引下线时，其引下线数量不应少于两根，间距不应大于25m，每根引下线的冲击接地电阻不宜大于30Ω。当利用建筑物钢筋混凝土中的钢筋作为防雷装置引下线时，其引下线数量不做具体规定，间距不应大于25m。建筑物外廓易受雷击的几个角上的柱筋宜被利用。每根引下线的冲击接地电阻值可不做规定。建筑物用避雷针采用圆钢或焊接钢管制成（一般采用圆钢），其直径不应小于下列数值：针长1m以下，圆钢为12mm，钢管为20mm；针长1～2m，圆钢为16mm，钢管为25mm；烟囱顶上的避雷针，圆钢为20mm，钢管为40mm。避雷网和避雷带采用圆钢或扁钢（一般采用圆钢）时其尺寸不应小于下列数值：圆钢直径为8mm，扁钢截面为48mm，扁钢厚度为4mm。

本设计采用在屋面设置避雷带的方法，引下线利用结构柱内两根主筋，凸出屋面的所有构筑物，金属构件等均需与避雷带可靠焊接。避雷带采用直径10mm的镀锌圆钢。避雷网采用网格不大于20m×20m镀锌圆钢格铺设于屋面，埋于保温层内，再将避雷带与避雷网可靠连接起来。

2. 防雷电波侵入

防雷电波侵入的主要方法是在断路器后加装电涌保护器，防止雷电电波对大楼内用电设备造成的损害。图6-4中进线断路器之后安装的就是电涌保护器（SPD）。电涌是指电压在电能流动的过程中大幅超过其额定水平。在我国，一般家庭和办公环境配线的标准电压是220V，当有雷击发生时，很可能产生浪涌现象，而浪涌保护器有助于防止发生浪涌时损坏电气设备。在最常见的浪涌保护器中，有MOV半导体变阻器，它将相线和地线连接在一起，具有随着电压变化而改变自身电阻的特性。当电压低于某个特定值时，半导体中将产生

极高的电阻。反之，当电压超过该特定值时，半导体电阻会大幅降低。如果电压正常，MOV不起作用，而当电压过高时，MOV可以传导大量电流，消除多余的电压。本设计在动力配电柜和网络通信配电柜上都装有浪涌保护器，以防止雷电波侵入。

3. 防侧击雷

防侧击雷的方法是在建筑高度超过60m高的地方，将建筑物表面突出的物体、金属门窗等与防雷引下线焊接，其他与防直击雷相同。本设计防止侧击雷的措施是：从9层开始，每3层设一圈均压环，均压环均与该层外墙上的所有金属窗、金属栏杆、构件、引下线等可靠连接；玻璃幕墙或外挂石材的预埋件及龙骨的上下端均与防雷引下线焊接。均压环利用圈梁内两根ϕ16mm以上主筋通长焊接而成，竖向敷设的金属管道及金属物的顶部和底部与防雷装置连接。

第二级防雷保护与第三级基本一样，只是要求的规格有所不同，主要区别在于：①防直击雷时避雷网格大小不同，第二级网格不大于10m×10m，第三级网格不大于20m×20m；②防侧击雷的要求不同，二级要求建筑高度在45m以上时安装防侧击雷的装置，三级则要求60m以上；③防雷电波侵入的电涌保护器规格有所不同。

6.5.3　接地措施

低压配电系统接地形式有以下三种：

(1) TN系统：电源端有一点直接接地，受电设备的外露可导电部分通过保护线与接地点连接。

(2) TT系统：电源端有一点直接接地，受电设备的外露可导电部分通过保护线接至与电源端接地点无直接关联的接地极。

(3) IT系统：电源端的带电部分与大地间无直接连接，或有一点经足够大的阻抗接地，受电设备的外露可导电部分通过保护线接至接地极。

我国低压配电网（主要是指电压等级为380V的系统）采用中性点直接接地方式。在这种系统中，如果发生单相接地故障，由于接地电阻的存在，可能使接地电流达不到足够大的数值，继电保护装置不能动作，故障不能切除，此时由于故障点仍然存在，若有人触及与此相连的导线或金属外壳，将发生触电危险。因此在中性点直接接地的低压配电网中，当设备发生接地故障时，为了能够以最短的时限将故障切除，需将设备的外壳与PE线连接，即选择TN系统。这样一来，当电气设备绝缘损坏而发生碰壳短路时，形成一个闭合的金属回路，没有接地电阻，所以短路电流比较大，能够使熔断器熔断或继电保护动作。高层建筑供配电系统多采用TN-S系统，即N线与PE保护线分开，设备金属外壳与PE相连接，设备中性点与N线相连，采用五线制供电，见图6-16。除此之外还有TN-C系统，指的是N线与PE线合并成一根线，采用四线制供电。TN-C-S系统，即一部分N线与PE线合并，一部分分开。本设计采用TN-S系统，正常不带电的金属设备外壳和管路均与

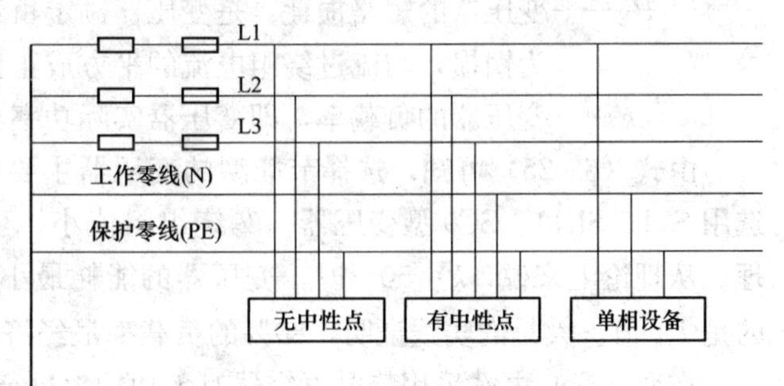

图6-16　TN-S系统示意图

PE保护线相接。全楼进行等电位连接，将电源接地干线、PE保护线、进出建筑的各种金属管道与接地体可靠相连。各路馈线采用四芯电缆，在配电竖井内用裸铜排设置一条公共专用的PE干线，各楼层设置PE端子排，正常不带电的金属设备外壳和管路采用专用的导线与PE端子排连接。

选择完接地系统后，还应当注意接地时接地电阻要满足要求。民用建筑宜优先利用钢筋混凝土中的钢筋作为防雷接地装置，当不具备条件时，应采用圆钢、钢管、角钢或扁钢等金属体做人工接地体。接地体应热镀锌，焊接处应涂防腐漆。在腐蚀性较强的土壤中，还应适当加大其截面或采取其他防腐措施。当防雷装置引下线在两根及以上时，每根引下线的冲击接地电阻，均应满足有关规范对各类防雷建筑物所规定的防直击雷装置的冲击接地电阻值。本设计的防雷接地、变压器中性点接地及电气设备保护接地、弱电接地等共用统一的接地装置，接地电阻应小于1Ω；引下线和基础底盘钢筋焊为一个整体，并在地下层四周适当位置预留镀锌扁钢以备在接地电阻达不到要求时增加人工接地极。

6.6 电气节能设计

建筑电气节能对于建设节约型社会意义重大。电气节能设计对于配电系统，是减少配电系统的损耗，而对于用电系统，主要是减少电器的用电损耗和提高电器的使用效率。二次能源——电能在整个建筑能耗当中占有比例非常大，由此，建筑电气节能设计尤为重要。建筑电气节能设计至少要满足以下两个条件：①建筑物功能的满足；②节省不必要的电源消耗。电气节能是建筑节能的重要组成部分，电气设计人员在设计过程中，应从适用性、安全性、可靠性及经济性多方面综合考虑，通过合理的设计及运行方案减少不必要的能源损耗。

6.6.1 电气节能措施

1. 合理选择并使用变压器

通过负荷计算合理选择变压器的容量，以确保变压器是经济运行。变压器的有功损耗计算公式为

$$\Delta P = P_0 + k^2 P_k \tag{6-25}$$

式中 ΔP——变压器的有功损耗，kW；

P_0——变压器的空载损耗，kW；

P_k——变压器的短路损耗，是变压器额定负载传输的损耗，又称变压器线损，多称为铜损，与流过绕组电流的平方成正比，kW；

k——变压器的负载率，即变压器实际功率与额定功率的比值。

由式（6-25）可知，选择节能型的变压器主要依据如下：①空载损耗低的变压器，可选用S11、SL11、SC9型变压器。②绕组阻值小，可以采用铜芯变压器。③负载率设定合理。从理论上来说，$k=50\%$时，变压器的能耗最小，由于P_0值是固定的，因此此时减少的是P_k值。大量的实践证明，80%的负载率最经济节能。

在变（配）电站采用静电电容器对无功功率进行自动补偿，减少无功功率损耗，提高功率因数，就可减少线路损耗，保障电气设备的正常运行和使用寿命。

2. 减少线路的功能损耗

合理设置变压器的位置，将变电站设置在负荷中心，合理选择和尽量缩短供电线路敷设路径，减少低压侧线路长度，可以降低线路损耗。当电网输送电能时，在电网中就产生有功损耗，线路上的电流是由负荷决定的，因此不能随意降低。要想减少线路的功能损耗，只有想办法减少导线的电阻：①选择电阻率小的导线，铜线是比较好的选择；②在设计中，尽量减少导线的长度，尽可能使用直线，少用或者不用回头线，因此要尽可能把配电箱放在负荷中心；③增大导线截面，可按照正常需求的截面，加大一级导线截面，既能减少功能损耗，又能延长使用寿命，并且还能提高用电的安全性。

要在建筑电气设计中减少线路的功率损耗，需要选择合适的导线型号和铺设方式。选择导线的三个原则：

（1）近距离和小负荷按发热条件选择导线截面（安全载流量），用导线的发热条件控制电流，截面积越大，散热越好，单位面积内通过的电流越大。

（2）远距离和中等负荷在安全载流量的基础上，按电压损失条件选择导线截面。远距离和中等负荷仅仅不发热是不够的，还要考虑电压损失，要保证到负荷点的电压在合格范围，电气设备才能正常工作。

（3）大负荷在安全载流量和电压降合格的基础上，按经济电流密度选择，就是还要考虑电能损失，使电能损失和资金投入在最合理范围。经济电流密度计算比较复杂，一般是直接采用国家标准。

3. 减少设备使用时间

在设计时，楼梯间、走廊这样的公共场所可采用自动控制的方式，做到人来灯亮、人走灯灭。考虑到线路损耗，对于面积小的房间可采用一灯一控或二灯一控，面积较大的房间采用多灯一控的方式。同时，设计时应充分利用自然光。建筑物靠近室外的部分，在建筑物结构允许的情况下，门窗尽可能开大些，门窗的玻璃采用透光率高的，以充分利用自然光。非靠近室外的部分，可用导光管或棱镜窗将光线引入需要阳光的地方，最大限度地减少照明设备的使用时间。照明控制方式：办公、后勤用房采用分区、分组控制，公共走廊采用集中或定时控制，景观照明具备平日、一般节日、重大节日开关控制模式。

4. 提高光源的利用效率

首先要改善环境的反射条件，即建筑物内的墙壁、天顶、地面以及家具的表面尽量光滑、色彩尽量选用浅色。考虑到健康因素，屋顶和墙面的光反射系数宜在55%～60%之间，地面宜为15%～35%。其次用高效光源，首选发光率高的光源，如节能灯、高压钠灯、金属卤化物灯、电磁感应灯等，这些光源节能效果及光效都非常显著，能够使照明系统达到节能的目的。

5. 控制照明器的数量

在设计时要考虑建筑类型及功能的实际需要，按照我国照度标准确定最合适的照度，并且要结合房间面积确定照明器数量及布置。在这方面，设计时可以利用先进的照明设计软件，如DIALux、Lumen Designer、Lightscape、AGI32等做出精确的计算，以确定灯具最为合理的布置，在满足舒适的前提下，最大限度减少照明器的使用。

6. 空调系统的节能设计

空调系统的节能主要考虑减少空调的能耗主要可以通过减少空调的冷热负荷来实现。空调的冷热负荷主要与建筑物的围护结构，即墙体、窗户以及门扇有关。围护结构隔热性能不佳，冬季会有大量的热量通过它而流失，增加房屋的供暖负担；夏季室外的热量不断通过围护结构传入室内，增加房屋的制冷负担。因此，设计时应当控制墙体的传热系数，采用合适的结构和材料降低墙体的传热性能。与此同时，在满足人体舒适的前提下，要合理确定室内设计参数，以减少空调的冷热负荷。采用自动化管理控制系统，对建筑物内采暖、通风和空调系统的运行实施能效管理，确保设备系统运行稳定、安全可靠，从而达到提高能效、降低能耗的目的。

7. 降低电动机电能损耗，提高电动机使用效率

根据负荷特性合理选择高效率电动机，提高电动机运行的效率和功率因数。功率较大的电动机可以采用变频调速器（消防设备除外），提高电动机在轻载时的效率，达到节能的目的。同时，采用软启动器使电动机启动平稳，保证电网电压的波动在要求范围内。

6.6.2 电气节能设计

本工程采取的节能措施有：①在变电站采用电容器对无功负荷进行自动补偿，减少无功功率损耗，提高功率因数；②变压器采用 SGB10 系列节能型；③动力线路按经济电流密度选择导线，节约能耗；④楼梯照明采用声光控开关，荧光灯、吸顶灯等采用节能型灯具。

电气节能已成为电气设计中的重要内容之一，作为建筑电气设计人员，应结合工程项目自身特点，精心设计比较，采用切实可行的节能措施，把节能贯穿于电气设计过程始终，真正把节能理念落到实处。

6.7 结　　论

本设计针对综合型办公大楼进行电气系统设计，为大楼内各用电设施安全可靠地供电路。从实际工程角度出发，详细讨论了该办公大楼的 10kV 变电站、高低压配电系统、照明系统、动力系统、防雷接地系统等重要系统的设计，并简要介绍了电气节能的措施。本设计应用理论知识与工程实践经验相结合的方法，具体工作如下：

（1）根据大楼用途及建筑环境等因素做出本工程的初步设计，确定出大楼的供电方式、负荷等级和整体的供电系统模块。

（2）设计大楼的照明系统，包括对整座楼进行照度计算，负荷计算等工程，确定出照明设备的安装位置、连线方式、导线型号和保护措施等问题。

（3）设计大楼的电梯、水泵等大功率电动机供电系统，进行负荷计算，设备选型等工作。并指出工程图纸的绘制方法。

（4）设计为大楼供电的 10kV 变电站，包括负荷计算、设备选取、变压器选取、继电保护、无功补偿等一系列工作，并对配电系统的敷设进行了设计讨论。

（5）设计大楼的防雷保护系统，确定大楼的防雷等级、保护方法、接地方式。

本设计主要针对综合型办公大楼电气设计中的强电部分，弱电部分未做讨论，如变（配）电站设备的保护整定、节能措施的采用等，需要在以后的工作中进一步学习。

参 考 文 献

[1] 余健明. 供电技术 [M]. 北京：机械工业出版社，2008.
[2] 张保会. 电力系统继电保护 [M]. 2版. 北京：中国电力出版社，2010.
[3] 齐晓波，张邵国. 电力变压器经济运行分析 [J]. 陕西电力，2010 (3) 64-67.
[4] 廖述龙. 高层楼宇建筑电气节能技术研究 [D]. 上海：上海交通大学，2011.

第7章　无刷直流电动机二阶平滑滤波控制

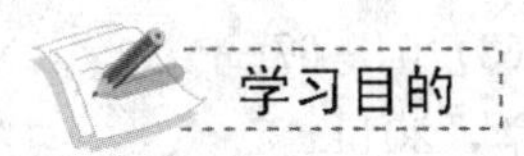

学习目的

通过本章内容的学习，可以使学生对无刷直流电动机及其控制器设计有一个深入的认识，掌握电动机先进控制器设计方法（包括二阶平滑滤波器和负载扰动观测器设计等）和调试方法。重点内容包括无刷直流电动机模型、非线性二阶平滑滤波器设计、负载观测器设计、闭环控制、离散化数字设计等关键电动机系统控制技术。

7.1　引　　言

7.1.1　无刷直流电动机控制方法简介

无刷直流电动机既具备交流电动机的结构简单、运行可靠、维护方便、寿命长等一系列优点，又具备普通直流电动机的运行效率高、转矩大、调速方便、动态性能好等优点，同时克服了普通直流电动机机械换向所引起的电火花干扰，维护难等诸多缺点，综合了直流电动机和交流电动机的优点，故自20世纪60年代问世以来，无刷直流电动机在国民经济的各个领域得到了广泛的运用和普及。随着现代化生产规模的不断扩大，各个行业对无刷直流电动机的需求日益增大，并对其性能提出了更高的要求。因此，研究高性能、高可靠性的无刷直流电动机控制方法有着十分重要的现实意义。

传统的无刷直流电动机的控制采用线性模型和线性控制。这种控制方法算法简单，但是动态性能精度不高，在有的场合不能很好地满足要求，

7.1.2　无刷直流电动机的发展

一个多世纪以来，电动机作为机电能量转换装置，其应用范围已遍及国民经济的各个领域以及人们的日常生活中。电动机主要类型有同步电动机、异步电动机与直流电动机三种，其容量小到几瓦，大至上万瓦。众所周知，直流电动机具有运行效率高和调速性能好等诸多优点，但传统的直流电动机均采用电刷，以机械方法进行换向，因而存在相对的机械摩擦，由此带来了噪声、火花、无线电干扰以及寿命短等致命弱点，再加上制造成本高及维修困难等缺点，从而大大地限制了它的应用范围。

随着社会生产力的发展，人们生活水平的提高，需要不断地开发各种新型电动机。科学技术的进步，新技术、新材料的不断涌现，更促进了电动机的不断推陈出新。针对传统直流电动机的弊端，早在20世纪30年代，就有人开始研制电子换向来代替电刷机械换向的无刷直流电动机，并取得了一定的成果。但由于当时大功率电子器件仅处于初级发展阶段，没能找到理想的电子换相元器件，使得这种电动机只能停留在实验室阶段，而无法推广使用。1955年，美国D·哈里森等人首次申请了应用晶体管换向代替电动机机械换向器换向的专

利，这就是现代无刷直流电动机的雏形，但由于该电动机尚无启动转矩而不能产品化。而后又经过多年的努力，借助于霍尔元件来实现换相的无刷直流电动机终于在1962年问世，从而开创了无刷直流电动机产品化的新纪元。20世纪70年代以来，随着电力电子技术的飞速发展，许多新型的高性能半导体功率器件（如GTR、MOSFET、IGBT等）相继出现以及高性能永磁材料（如钐钴、钕铁硼等）的问世，均为无刷直流电动机的广泛应用奠定了坚实的基础。

由于无刷直流电动机既具备交流电动机的结构简单、运行可靠、维护方便等一系列优点，又具备直流电动机的运行效率高、无励磁损耗以及调速性能好等诸多特点，所以在当今国民经济各个领域（如医疗器械、仪器仪表、化工、轻纺以及家用电器等方面）的应用日益普及，如计算机硬盘驱动器和软盘驱动器里的主轴电动机、录像机中的伺服电动机，均数以百万计的运用无刷直流电动机。

7.1.3　控制理论在无刷直流电动机中的应用

控制理论在电力电子及电气传动中的应用是当前控制理论发展的一个重要领域。传统的无刷直流电动机的控制一般采用线性模型和线性控制，控制结构采用双环结构，内环为电流环，外环为速度环，控制方法一般采用PI调节器，算法简单，适用于动态性能精度要求不是很高的场合。但无刷直流电动机是典型的非线性、多变量系统，受未知负载和电动机本身参数变化的影响，这些变化均为非线性变化，对于动态性能要求较高的电动机驱动，这种传统的线性控制不能满足精确地控制性能要求。为了满足这样的要求，有效地克服线性控制技术的缺点，可直接设计考虑电动机整个非线性动态特性的非线性速度或位置控制器。然而完全非线性控制技术虽然能达到很好的效果，具有很高的精度，但是控制器的设计相当复杂，不易于实现。

综上所述，无刷直流电动机的控制方法分为线性控制和非线性控制两种方法，且各有优缺点。线性控制方法算法简单，实现容易，但是不能满足较高精度的动态性能场合的控制要求；非线性控制方法能够满足高精度的动态要求，实现较强的鲁棒性能，但是算法通常较为复杂，理论上虽然成立，实现却相当困难。如何找到一种控制算法简单，实现容易同时又能够较好地满足高精度的动态性能要求的无刷直流电动机的控制方法，成为主要研究的课题。

7.2　无刷直流电动机原理

7.2.1　无刷直流电动机的构成与基本工作原理

1. 无刷直流电动机的组成

无刷直流电动机是在普通直流电动机的基础上发展起来的，其电枢线绕组由电子换向器接到直流电源上。无刷直流电动机具备两个特点：①具有与直流电动机一样的良好特性；②采用直流电源供电，没有电刷和机械换向器，绕组电流的通断和方向变化通过电子换向电路来实现。与普通直流电动机类似，无刷直流电动机转矩的获得也是通过改变相应电枢线圈电流在不同磁极下的方向，从而使电磁转矩总是沿着一个固定的方向。

为了实现电枢电流在不同磁极下换向，必须有相应的换流装置。与普通直流电动机不同，无刷直流电动机必须由位置传感器检测和确认磁极与绕组间的相对位置。位置传感器有相应的两部分，即转动部分和固定部分，转动部分与无刷直流电动机本体中转子同轴连接，固定部分与定子连接。

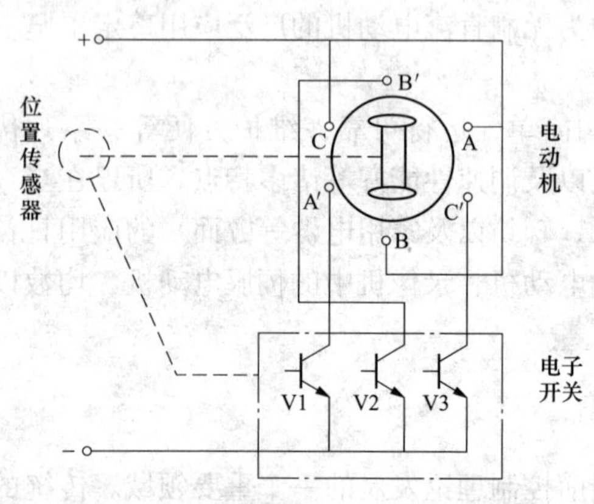

图 7 - 1　无刷直流电动机结构原理图

无刷直流电动机的结构原理如图 7 - 1 所示。

由图 7 - 1 可见，无刷直流电动机组件主要由电动机本体、位置传感器和电子开关三部分构成。电动机本体在结构上与永磁同步电动机相似，但是没有笼型绕组和其他启动装置。其定子绕组一般制成多相（三相、四相、五相不等），转子由永久磁钢按一定极对数（$2P=2, 4, \cdots$）组成。图 7 - 1 中的电动机本体为三相两极。三相定子绕组分别与电子开关线路中相应的功率开关器件连接，在图 7 - 1 中 A、B、C 相绕组分别与功率开关 V1，V2，V3 相接。位置传感器的跟踪转子与电动机转轴相连接。

当电动机定子绕组的某一相通电时，电流与转子永久磁钢的磁极所产生的磁场相互作用而产生转矩，驱动转子旋转，再由位置传感器将转子磁钢位置变换成电信号，去控制电子开关，从而使定子各相绕组按一定次序导通，定子相电流随转子位置的变化而按一定的次序换相。由于电子开关的导通次序是与转子转角同步的，因而起到了机械换向器的换向作用。因此，所谓无刷直流电动机，就其基本结构而言，可以认为是一台由电子开关、永磁式同步电动机以及位置传感器三者组成的电动机系统，其基本原理如图 7 - 2 所示。

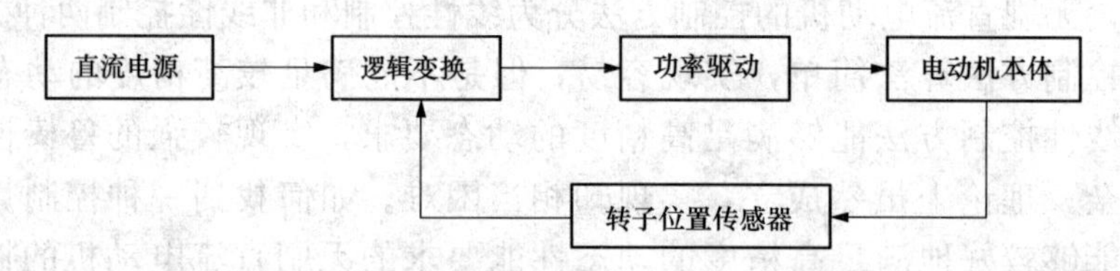

图 7 - 2　无刷直流电动机的基本原理框图

电动机转子的永久磁钢与永磁有刷直流电动机中所使用的永久磁钢的作用相似，均是在电动机的气隙中建立足够的磁场，其不同之处在于无刷直流电动机中永久磁钢装在转子上，而有刷直流电动机的磁钢装在定子上。

无刷直流电动机电子开关用来控制电动机定子上各相绕组通电的顺序和时间，主要由功率开关单元和位置传感器信号处理单元两个部分组成。功率逻辑开关单元是控制电路的核心，其功能是将电源的功率以一定的逻辑关系分配给无刷直流电动机定子上的各相绕组，以便使电动机产生持续不断的转矩。而各相绕组导通的顺序和时间主要取决于来自位置传感器的信号，但位置传感器所产生的信号一般不能直接用来控制功率逻辑开关单元，往往需要经过一定逻辑处理后才能去控制功率逻辑开关单元。因此，组成无刷直流电动机各主要部件的框图，如图 7 - 3 所示。

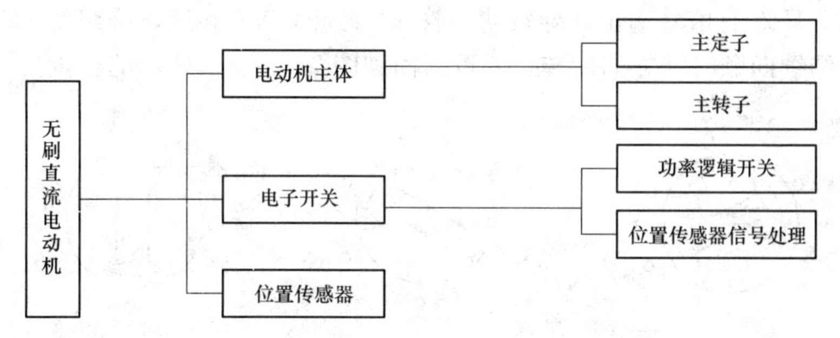

图7-3　无刷直流电动机的组成框图

2. 无刷直流电动机的基本工作原理

众所周知，一般的永磁式直流电动机的定子由永久磁钢组成，其主要的作用是在电动机气隙中产生磁场。其电枢绕组通电后产生反应磁场，由于电刷的换向作用，使得两个磁场的方向在直流电动机的运行过程中始终保持相互垂直，从而产生最大转矩而驱动电动机不停地运转。无刷直流电动机为了实现无刷换向，首先要求把一般直流电动机的电枢绕组放在定子上，把永磁磁钢放在转子上，这与传统直流永磁电动机的结构刚好相反。但是，用一般直流电源给定子各绕组供电只能产生固定磁场，它不能与运动中转子磁钢所产生的永久磁场相互作用产生单一方向的转矩来驱动转子转动，所以，无刷直流电动机除了由定子和转子组成电动机的本体外，还要有由位置传感器、控制电路以及功率逻辑开关共同构成的换向装置，使无刷直流电动机在运行过程中定子绕组所产生的磁场和转动中的转子磁钢产生的永久磁场，在空间始终保持约（π/2）rad的电角度。

为了便于阐述，下面以三相星形绕组半控电路为例来说明无刷直流电动机的工作原理，如图7-4所示。

在图7-4中，用光电转换器件来作为转子的位置传感器，以三支功率管V1，V2，V3构成功率逻辑单元。

三只光电器件Vp1、Vp2、Vp3的安装位置各相差120°，均匀分布在电动机一端。通过安装在电动机轴上的旋转挡光板，使由光源射来的光线依次照射在各个光电器件上，并根据某一光电器件里是否被照射到光线来判断转子磁极的位置。

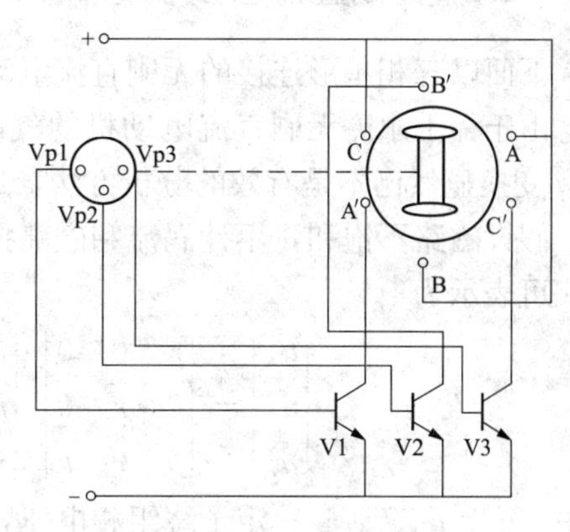

图7-4　三相绕组无刷直流电动机工作原理

三相绕组无刷直流电动机开关顺序及定子磁场旋转示意图如图7-5所示。图7-5（a）中所示的转子位置和图7-4中所示的位置相对应，由于此时Vp1被光照射，功率晶体管V1呈导通状态，绕组A-A′上有电流通过，该绕组电流产生磁场与转子磁钢产生的磁场相互作用，形成电磁转矩使转子按图示箭头方向转动（顺时针）。当转子磁钢磁极转到图7-5（b）所示位置时，直接装在转子轴上的旋转遮光板跟着转子同步转动，并遮住Vp1的光线，使得功率管V1截止，同时Vp2被光照到，有信号输出，使得V2导通，电枢绕组B-B′上有电流流过，该绕组电流产生磁场与转子磁钢磁场相互作用，形成电磁转矩使得转子继续保持电动机顺时针方向转动。当转子转到图7-5（c）位置时，此时旋转遮光板遮住了Vp2，使

Vp3 被光照射，Vp3 有信号输出，导致功率管 V2 截止，V3 导通，绕组 C - C′有电流通过，于是驱动转子继续向顺时针方向旋转，并重新回到图 7 - 5（a）所示的位置。

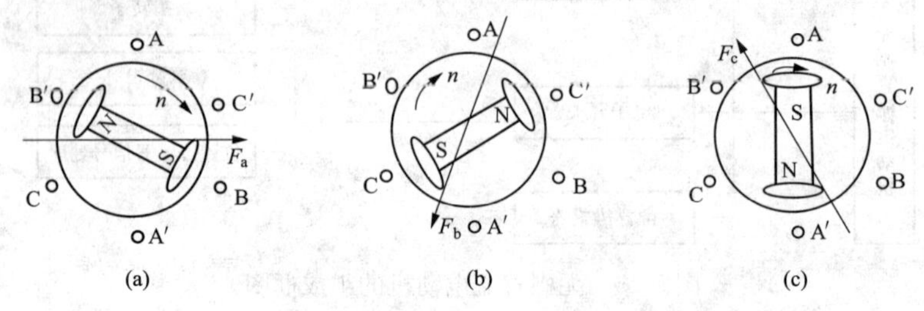

图 7 - 5　开关顺序及定子磁场旋转示意图

（a）V1 导通；（b）V2 导通；（c）V3 导通

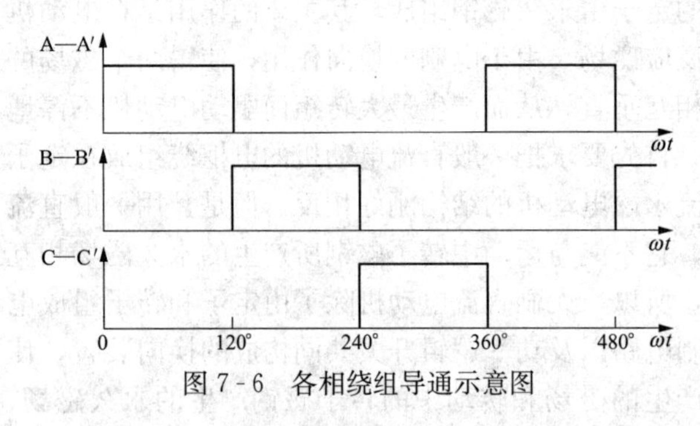

图 7 - 6　各相绕组导通示意图

如上所述，随着位置传感器扇形片的转动，三相定子绕组在位置传感器 Vp1、Vp2、Vp3 的控制下依次通电，实现各相绕组电流依次换相。在换相过程中，定子各绕组在工作时间内所形成的旋转磁场是跳跃式的，这种旋转磁场在 360°电角度范围内有三种输出状态，各相绕组导通示意图如图 7 - 6 所示。

7.2.2　无刷直流电动机的基本方程与动态数学模型

下面以三相星形连接的无刷直流电动机为例，来分析无刷直流电动机的数学模型。

由于稀土永磁无刷直流电动机的气隙磁场、反电动势以及电流是非正弦的，因此采用 d - q 变换显然已不是有效的分析方法，通常直接利用电动机本身的相量来建立数学模型。

假设磁路不饱和，不计涡流和磁滞损耗，三相绕组完全对称，则三相绕组的电压平衡方程式可表示为

$$\begin{bmatrix} u_a \\ u_b \\ u_c \end{bmatrix} = \begin{bmatrix} r & 0 & 0 \\ 0 & r & 0 \\ 0 & 0 & r \end{bmatrix} \begin{bmatrix} i_a \\ i_b \\ i_c \end{bmatrix} + P \begin{bmatrix} l & m & m \\ m & l & m \\ m & m & l \end{bmatrix} \begin{bmatrix} i_a \\ i_b \\ i_c \end{bmatrix} + \begin{bmatrix} e_a \\ e_b \\ e_c \end{bmatrix} \tag{7-1}$$

式中　u_a、u_b、u_c——定子绕组相电压，V；

i_a、i_b、i_c——定子绕组相电流，A；

e_a、e_b、e_c——定子绕组相电动势，V；

P——微分算子；

l——每相绕组的自感，H；

m——每两相绕组间的互感，H。

由于转子磁阻不随转子的位置变化而变化，因此，定子绕组的自感和互感为常数。当三相绕组为星形连接，并且没有中线时，则有

$$i_a + i_b + i_c = 0 \tag{7-2}$$

$$mi_b + mi_c = -mi_a \tag{7-3}$$

将式（7-2）和式（7-3）代入式（7-1），得到电压方程式为

$$\begin{bmatrix} u_a \\ u_b \\ u_c \end{bmatrix} = \begin{bmatrix} r & 0 & 0 \\ 0 & r & 0 \\ 0 & 0 & r \end{bmatrix} \begin{bmatrix} i_a \\ i_b \\ i_c \end{bmatrix} + \begin{bmatrix} l-m & 0 & 0 \\ 0 & l-m & 0 \\ 0 & 0 & l-m \end{bmatrix} P \begin{bmatrix} i_a \\ i_b \\ i_c \end{bmatrix} + \begin{bmatrix} e_a \\ e_b \\ e_c \end{bmatrix} \tag{7-4}$$

电磁转矩为

$$T_e = \frac{1}{\omega_m}(e_a i_a + e_b i_b + e_c i_c) \tag{7-5}$$

式中　ω_m——电动机的转速，rad/s。

在通电期间，无刷直流电动机的带电导体处于相同的磁场下，定子绕组每相感应反电动势幅值 E_p 可以由下式确定

$$E_P = \omega \Psi_P = 2\pi f N_1 \Phi = 2\pi \frac{n_P}{60} N_1 \Phi n = C_e \Phi n \tag{7-6}$$

$$C_e = 2\pi n_P N_1 / 60$$

式中　N_1——每相绕组的有效匝数；

Ψ_P——梯形波励磁磁链的幅值；

C_e——反电动势系数，表示当电动机单位转速时在电枢绕组中所产生的感应电动势平均值。

从变频器的直流端看，星形连接的无刷直流电动机感应电动势由两相绕组感应电动势经逆变器串联组成，所以电磁功率为

$$P_M = 2E_P I_P \tag{7-7}$$

如果忽略梯形波两侧的影响，则电磁转矩的表达式可写为

$$T_e = 2n_P \Psi_P I_P \tag{7-8}$$

由式（7-8）可以看出，无刷直流方波电动机的电磁转矩表达式与普通直流电动机相同，其电磁转矩大小与磁通和电流的幅值成正比，所以控制逆变器输出方波电流的幅值即可控制无刷直流方波电动机的转矩。

电动机转子的运动方程为

$$T_e - \tau_l = J\frac{d^2\theta_m}{dt^2} + B\frac{d\theta_m}{dt} \tag{7-9}$$

式中　τ_l——机械负载转矩；

J——转子与负载的转动惯量；

B——黏滞阻尼系数。

进一步化简可得

$$\frac{d\omega_m}{dt} = \frac{1}{J}(T_e - \tau_l) - \frac{B\omega_m}{J} \tag{7-10}$$

由无刷直流电动机的电压平衡方程、感应电动势公式和转矩平衡方程可以推导出永磁无刷直流电动机的机械特性

$$n = \frac{U_d - L\dfrac{di_a}{dt}}{C_e} - \frac{R_a}{C_e C_T} T_a \tag{7-11}$$

式中　C_T——转矩系数；

C_e——反电动势系数。

为了更清晰地分析无刷直流电动机的特性，并寻求一种有效的控制方法以得到良好的运行特性，还需要进一步推导无刷直流电动机的传递函数。上面给出的电压平衡方程、瞬时转矩方程和运动方程虽然适用于不同主回路类型和通电方式，但是不便于推导出形式简单的传递函数。三相无刷直流电动机的主回路可以采用多种连接方式，如三相半控和三相全控；定子绕组也可以有多种通电方式，如两两通电方式和三三通电方式等。因此，在推导无刷直流电动机传递函数的时候，不同的主回路类型可能有不同的绕组通电方式，需要针对具体情况具体分析。

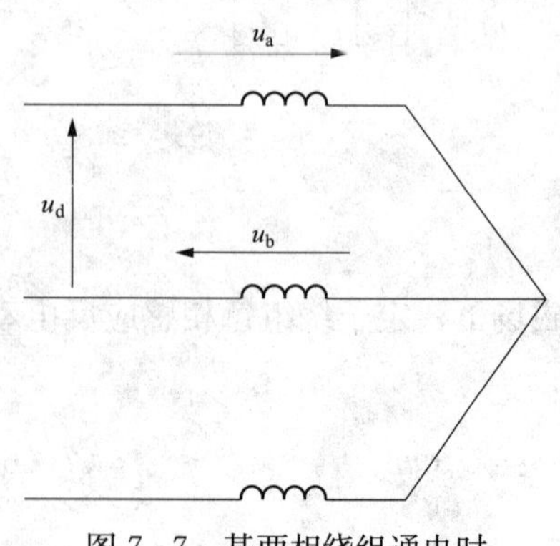

图 7-7　某两相绕组通电时绕组中电压和电流

在三相全控电路中，对定子绕组采取两两通电方式（即每一瞬间只有两个功率管导通）。A 相和 B 相绕组中的实际电压方向和电流方向如图 7-7 所示。

由式（7-4）可得

$$u_d = u_a + u_b = r(i_a + i_b) + (l - m)(\dot{i}_a + \dot{i}_b) + (e_a + e_b) \tag{7-12}$$

$$\dot{i}_a = \frac{di_a}{dt}, \ \dot{i}_b = \frac{di_b}{dt}$$

式中　u_d——某一通电状态下两相绕组上的电压。

由于三相绕组电磁完全对称，所以有 $u_a = u_b$、$i_a = i_b = i$ 和 $e_a = e_b$。由于功率开关器件导通和关断过程比较复杂，所以在功率开关器件导通或者关断的过程中（即从某一相绕组向另一相绕组换流的时候），$\dot{i}_a$ 和 $\dot{i}_b$ 的大小和方向与功率管开关参数和电动机内部很多因素有关。但是，电路选用的功率开关器件的开关时间非常短，对于无刷直流电动机的动态过程来说，忽略此开关动作时间对分析的结果影响不大，可以近似认为 A、B 两相绕组换相的动态过渡过程系统，即 $\dot{i}_a = \dot{i}_b$。因此 $L = 2l$，$M = 2m$ 可以得到三相星形无刷直流电动机两两通电状态下，两相通电绕组的电压平衡方程式为

$$u_d = U - 2\Delta U_T = E + iR + (L - M)\frac{di}{dt} \tag{7-13}$$

式中　U——电源电压；

ΔU_T——单个功率管的管压降；

E——某一通电状态下两相绕组上的反电动势。

又根据式（7-5）和式（7-9）可将转矩方程和运动方程进一步简化为

$$\begin{cases} T_e = K_t i \\ T_e = J\dfrac{d\omega_m}{dt} + B\omega_m + \tau_l \end{cases} \tag{7-14}$$

式中　K_t——转矩系数。

同时，反电动势方程可简单表示为

$$E = K_b n \tag{7-15}$$

式中　K_b——反电动势系数。

从上面的推导可以看出，无刷直流电动机通电状态下的动态过程在模型上近似于普通有

刷直流电动机。

下面进行动态过程传递函数的推导，式（7-13）～式（7-15）经过拉氏变换后得到

$$\begin{cases}u_{\mathrm{d}}(s)=E(s)+Ri(s)+(L-M)si(s)\\E(s)=K_{\mathrm{b}}n(s)\\T_{\mathrm{e}}(s)=K_{\mathrm{t}}i(s)\\T_{\mathrm{e}}(s)=Js\omega_{\mathrm{m}}(s)+B\omega_{\mathrm{m}}(s)+\tau_{1}(s)\end{cases}\tag{7-16}$$

根据以上方程式组可以求得无刷直流电动机的动态结构图，如图 7-8 所示。

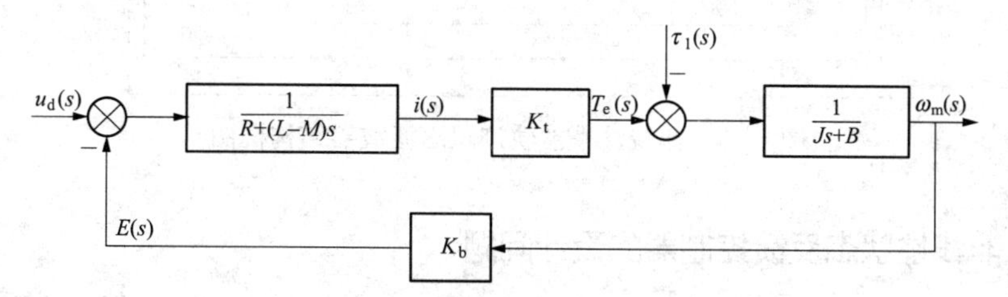

图 7-8　无刷直流电动机动态结构图

分别考虑无刷直流电动机在端电压和负载转矩输入时的转速输出，可得到无刷直流电动机在输入端电压和负载的传递函数为

$$\begin{cases}\dfrac{\omega_{\mathrm{m1}}(s)}{u_{\mathrm{d}}(s)}=\dfrac{K_{\mathrm{t}}}{J(L-M)s^{2}+[JR+B(L-M)]s+(BR+K_{\mathrm{b}}K_{\mathrm{t}})},\ (\tau_{1}=0)\\\dfrac{\omega_{\mathrm{m2}}(s)}{\tau_{1}(s)}=\dfrac{-[R+(L-M)s]}{J(L-M)s^{2}+[JR+B(L-M)]s+(BR+K_{\mathrm{b}}K_{\mathrm{t}})},\ (u_{\mathrm{d}}=0)\end{cases}\tag{7-17}$$

如果忽略阻尼系数 B，有如下形式

$$\begin{cases}\dfrac{\omega_{\mathrm{m1}}(s)}{u_{\mathrm{d}}(s)}=\dfrac{K_{\mathrm{t}}}{J(L-M)s^{2}+JRs+K_{\mathrm{b}}K_{\mathrm{t}}},\ (\tau_{1}=0)\\\dfrac{\omega_{\mathrm{m2}}(s)}{\tau_{1}(s)}=\dfrac{-[R+(L-M)s]}{J(L-M)s^{2}+JRs+K_{\mathrm{b}}K_{\mathrm{t}}},\ (u_{\mathrm{d}}=0)\end{cases}\tag{7-18}$$

则在无刷直流电动机端电压和负载转矩作用下的转速输入为

$$\omega_{\mathrm{m}}(s)=\omega_{\mathrm{m1}}(s)+\omega_{\mathrm{m2}}(s)=G_{\mathrm{ud}}(s)u_{\mathrm{d}}(s)+G_{\mathrm{TL}}(s)\tau_{1}(s)\tag{7-19}$$

在上述无刷直流电动机的传递函数中，电动机的输入量为 $u_{\mathrm{d}}(s)$，输出量为机械角速度 $\omega_{\mathrm{m}}(s)$，而负载转矩 $\tau_{1}(s)$ 通常作为系统外部的干扰量。

7.3　二阶平滑轨迹跟踪滤波器

平滑轨迹是由非线性反馈控制器控制的状态变量滤波器的输出产生的，目的是要确保输出变量的各阶导数满足已选的边界条件的限制的同时，保证滤波器的输出最好地跟踪外部输入信号。

假设一个由 n 个积分环节级联构成的非线性平滑轨迹跟踪滤波器，如图 7-9 所示。图中 $r(t)$ 为系统输入，$x(t)$ 为系统输出，$x^{(i)}$（$i=1$，2，…，n）为输出 $x(t)$ 的第 i 阶时间的导数。所谓平滑轨迹滤波器，就是设计一个反馈控制器保证输出 $x(t)$ 在最短时间内跟踪输入 $r(t)$，并且保证 $x^{(i)}$受到边界条件的限制：$|x^{(i)}|<x_{\mathrm{M}}^{(i)}$，其中 $x_{\mathrm{M}}^{(i)}$ 为边界条件，可以是

恒值，也可以是随时间变化的量。

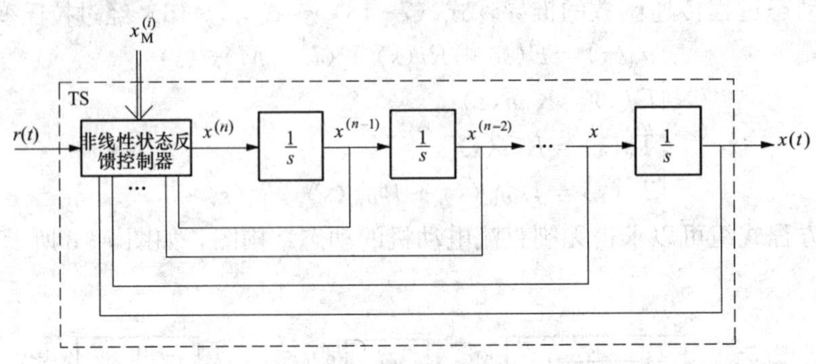

图 7-9 非线性平滑轨迹跟踪滤波器结构框图

7.3.1 非线性状态反馈控制器的设计问题

1. 非线性状态反馈控制器设计的必要性

当输入信号 $r(t)$ 的各阶时间的导数几乎总是有界时，如输入信号为阶跃信号、方波信号、斜坡信号、三角波信号等时，存在状态反馈控制器使得输出 $x(t)$ 可以跟踪输入 $r(t)$。

如果设计一个线性状态反馈控制器，将得到一个 n 阶线性状态变量轨迹滤波器。若闭环系统的带宽与输入信号 $r(t)$ 的带宽相比足够大，系统输出 $x(t)$ 将能够跟踪参考输入 $r(t)$。状态变量轨迹滤波器通常用于重构噪声信号的微分信号。但由于线性状态变量轨迹滤波器的状态变量的线性饱和特性，线性状态反馈控制器不能满足输出完美跟踪输入的要求，因而有必要设计非线性状态反馈控制器。

2. 非线性状态反馈控制器的设计要求

设计的非线性状态反馈控制器必须解决下面的控制问题：

(1) 当系统输入一个平滑参考信号 $r(t)$（指信号的导数满足前面所提的边界条件限制）时，确保跟踪条件：$\forall t > t_0$，$x(t)=r(t)$。

(2) 当系统输入一个非连续参考信号或非平滑参考信号 $r(t)$ 时（指输入信号的导数不完全满足前面所提的边界条件限制），输出 $x(t)$ 不能跟踪输入 $r(t)$。一旦平滑参考信号被重建，系统输出 $x(t)$ 在最小时间内重新获得对输入 $r(t)$ 的跟踪，并且不会出现超调。

(3) 输出信号的时间导数必须受到边界条件的限制：边界值可以是随时间瞬态变化的，也可以是恒值：$|x^{(i)}| < x_M^{(i)} (i=1, \cdots, n)$。

(4) 受边界条件限制的输出信号 $x(t)$ 的导数信号也适合作为附加的输出。

7.3.2 二阶平滑轨迹跟踪滤波器的设计

因为控制对象无刷直流电动机的运动方程是一个典型的二阶系统，因此可只考虑一个含有输出变量一阶和二阶导数的边界条件的二阶平滑轨迹跟踪滤波器。

1. 二阶连续时域的平滑轨迹跟踪滤波器的设计

二阶离散的平滑轨迹跟踪滤波器是以连续时域的平滑滤波器为基础的离散形式，建立连续时域的非线性平滑控制器基于优化控制和滑模控制。二阶连续时域的平滑轨迹跟踪滤波器的结构如图 7-10 所示。

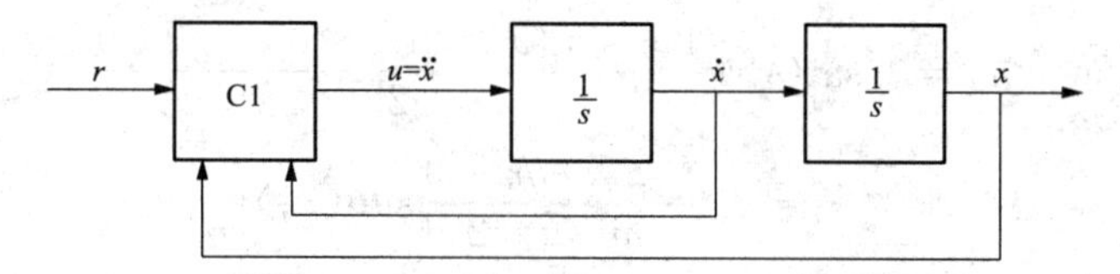

图 7-10　二阶连续时域的非线性平滑轨迹跟踪滤波器结构框图

对于二阶系统而言，设计的非线性平滑轨迹跟踪滤波器必须使得输出信号 $x(t)$ 的一阶和二阶时间导数受到边界条件的限制，边界值可以是随时间瞬态变化的，也可以是恒值，即 $|\dot{x}|<\dot{x}_{\mathrm{M}}$，$|\ddot{x}|<\ddot{x}_{\mathrm{M}}=U$，则图 7-10 中的非线性状态反馈控制器 C1 设计如下

$$\mathrm{C1}:u=-U\mathrm{sat}(\lambda\sigma)\frac{1+\mathrm{sgn}(\dot{x}\,\mathrm{sgn}\sigma+\dot{x}_{\mathrm{M}})}{2} \tag{7-20}$$

$$\sigma=y+\frac{\max\{|\dot{y}|,k\}\dot{y}}{2U}+\frac{3}{2\lambda}\mathrm{sat}\left(\frac{\dot{y}}{k}\right) \tag{7-21}$$

$$y=x-r$$

$$\dot{y}=\dot{x}-\dot{r}$$

$$u=\ddot{x}$$

$$U=\ddot{x}_{\mathrm{M}}$$

$$k=\sqrt{U/\lambda}$$

式中　y——连续时域的跟踪误差；

$\dot{y}$——连续时域的速度误差；

$\dot{r}$——参考信号 r 的连续时间一阶导数；

σ——所设计的滑模平面，$\sigma=0$；

$\mathrm{sgn}(\cdot)$——sgn 函数。

2. 二阶离散时域的平滑轨迹跟踪滤波器的设计

上述设计的二阶连续时域的平滑轨迹跟踪滤波器满足所提出的设计要求，说明存在满足要求的非线性状态反馈控制器，为设计二阶离散时域的平滑轨迹滤波器奠定了基础。

然而，直接对上述连续时域及非线性状态反馈控制器 C1 进行离散化并不能保证系统输出轨迹在动态过程中始终维持在限定边界层范围内，并且系统的超调现象很明显，因而设计二阶离散时域的平滑轨迹跟踪滤波器十分必要。

离散时域的二阶平滑轨迹跟踪滤波器如图 7-11 所示。图 7-11 中的两个离散时域的积分器有不同的结构，以确保离散时域同连续时域的平滑轨迹跟踪滤波器具有相同的动态特性。

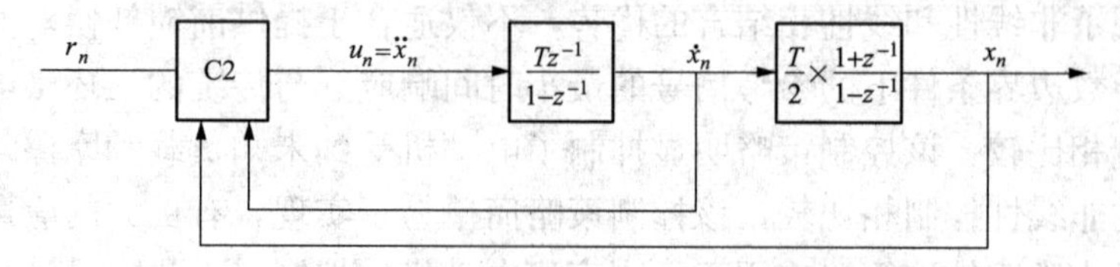

图 7-11　二阶离散时域的非线性平滑轨迹滤波器结构框图

对于二阶离散的情况，假设参考输入信号 r 已知，并且其离散时域下的一阶导数 $\dot{r}_n$ 是分段恒定的，也就是说 $\ddot{r}_n$ 各区间均为零（除区间边界点外），非线性状态反馈控制器 C2 设计如下

$$u_n = -\operatorname{sat}(\sigma_n)\frac{1+\operatorname{sgn}(\dot{x}_n \operatorname{sgn}\sigma_n + \dot{x}_{\mathrm{M}} - TU)}{2} \tag{7-22}$$

$$\sigma_n = \dot{z}_n + \frac{z_n}{m} + \frac{m-1}{2}\operatorname{sgn}(z_n) \tag{7-23}$$

$$m = \operatorname{lnt}\left(\frac{1+\sqrt{1+8\mid z_n \mid}}{2}\right) \tag{7-24}$$

$$z_n = \frac{1}{TU}\left(\frac{y_n}{T} + \frac{\dot{y}_n}{2}\right) \tag{7-25}$$

$$\dot{z}_n = \frac{\dot{y}_n}{TU} \tag{7-26}$$

$$\mid \dot{x}_n \mid < \dot{x}_{\mathrm{M}}$$

$$\mid \ddot{x}_n \mid < \ddot{x}_{\mathrm{M}}$$

$$y_n = x_n - r_n$$

$$\dot{y}_n = \dot{x}_n - \dot{r}$$

$$u_n = \ddot{x}_n$$

$$U = \ddot{x}_{\mathrm{M}}$$

$$\dot{r}_n = \frac{2}{T}(r_n - r_{n-1}) - \dot{r}_{n-1} \tag{7-27}$$

式中　y_n——离散时域的轨迹跟踪误差；

$\dot{y}_n$——离散时域的速度误差；

r_n——参考信号 r_n 离散时域一阶导数；

σ_n——离散时域下的滑模平面；

T——系统的采样时间。

7.4　基于二阶平滑轨迹跟踪滤波器的无刷直流电动机控制

7.4.1　基本控制思想

将变结构平滑最小跟踪轨迹策略应用于无刷直流电动机的控制，是一种非线性策略控制线性模型的方法。因为无刷直流电动机的运动方程是典型的二阶系统，所以可采用如下的控制策略：电流环采用 PI 调节器进行线性控制，用非线性平滑最小跟踪轨迹策略控制电流环。该控制策略体现了非线性和线性相结合的优势，不仅适合于提供前馈补偿，而且输出位置信号是在满足其导数边界条件下的参考信号的最小时间响应。与传统的三环（电流、速度、位置环）线性控制相比较，该控制策略明显抑制了电动机受到未知负载和摩擦等非线性因素的影响；与完全的非线性控制相比较，该控制策略简单易于实现，有更大的应用价值。将非线性变结构平滑最小跟踪轨迹策略应用于无刷直流电动机的控制，也是本设计的一个特点。

7.4.2　改进的二阶离散时域的平滑轨迹跟踪滤波器

改进的离散时域的二阶平滑轨迹跟踪滤波器结构如图 7-12 所示。其结构与二阶离散时域下的非线性平滑轨迹滤波器相同，不同点在于非线性状态反馈控制器的设计。

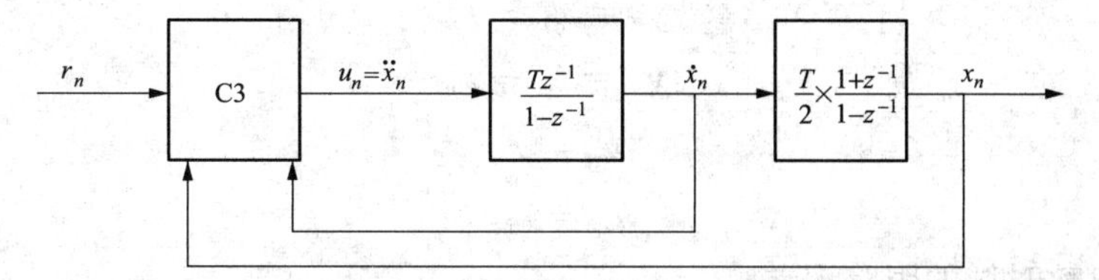

图 7-12　改进的二阶离散时域的非线性平滑轨迹滤波器结构框图

设系统的采样时间为 T，令 $y_n=x_n-r_n$，$\dot{y}_n=\dot{x}_n-\dot{r}_n$，且 $\dot{r}_n$ 用以下公式计算

$$\dot{r}_n=\frac{2}{T}(r_n-r_{n-1})-\dot{r}_{n-1} \tag{7-28}$$

则图 7-12 中的二阶离散平滑轨迹跟踪滤波器的动态状态空间模型为

$$\begin{bmatrix}y_{n+1}\\ \dot{y}_{n+1}\end{bmatrix}=\begin{bmatrix}1 & T\\ 0 & 1\end{bmatrix}\begin{bmatrix}y_n\\ \dot{y}_n\end{bmatrix}+\begin{bmatrix}\frac{T^2}{2}\\ T\end{bmatrix}(u_n-\ddot{r}_n) \tag{7-29}$$

令

$$z_n=\frac{1}{TU}\left(\frac{y_n}{T}+\frac{\dot{y}_n}{2}\right) \tag{7-30}$$

$$\dot{z}_n=\frac{\dot{y}_n}{TU} \tag{7-31}$$

对 $[y_n \quad \dot{y}_n]^{\mathrm{T}}$ 进行矢量变换，有

$$\begin{bmatrix}z_n\\ \dot{z}_n\end{bmatrix}=\begin{bmatrix}\frac{1}{T^2U} & \frac{1}{2TU}\\ 0 & \frac{1}{TU}\end{bmatrix}\begin{bmatrix}y_n\\ \dot{y}_n\end{bmatrix} \tag{7-32}$$

式（7-29）可以变换为如下的形式

$$\begin{bmatrix}z_{n+1}\\ \dot{z}_{n+1}\end{bmatrix}=\begin{bmatrix}1 & 1\\ 0 & 1\end{bmatrix}\begin{bmatrix}z_n\\ \dot{z}_n\end{bmatrix}+\begin{bmatrix}\frac{1}{U}\\ \frac{1}{U}\end{bmatrix}(u_n-\ddot{r}_n) \tag{7-33}$$

$$U=\ddot{x}_{\mathrm{M}}$$

对于离散时域情形，图 7-12 中的离散非线性控制器 C3 设计如下

$$u_n'=-\mathrm{sat}(\sigma_r)\frac{1+\mathrm{sgn}(\dot{x}_n\mathrm{sgn}\sigma_n+\dot{x}_{\mathrm{M}}-TU)}{2}+\frac{\ddot{r}_n}{U} \tag{7-34}$$

$$u_n=Uu_n' \tag{7-35}$$

$$\sigma_n=\dot{z}_n+\frac{z_n}{m}+\frac{m-1}{2}\mathrm{sgn}(z_n) \tag{7-36}$$

$$m=\mathrm{lnt}\left(\frac{1+\sqrt{1+8\mid z_n\mid}}{2}\right) \tag{7-37}$$

$$z_n=\frac{1}{TU}\left(\frac{y_n}{T}+\frac{\dot{y}_n}{2}\right) \tag{7-38}$$

$$\dot{z}_n=\frac{\dot{y}_n}{TU} \tag{7-39}$$

$$y_n = x_n - r_n$$
$$\dot{y}_n = \dot{x}_n - \dot{r}_n$$
$$u_n = \ddot{x}_n$$
$$U = \ddot{x}_M$$

其中 y_n——离散时域的跟踪误差；

$\dot{y}_n$——离散时域的速度误差；

$\dot{r}_n$——参考信号 r_n 的离散时域的一阶导数；

σ_n——滑模平面。

从式（7-34）～式（7-39）与式（7-22）～式（7-26）相比较可以看出，采用非线性离散控制器 C2 与改进的非线性离散控制器 C3 不同。不同的原因在于前者假设 $\dot{r}_n$ 是分段恒定的，也就是说 $\ddot{r}_n$ 各区间均为零（除区间边界点外），因而不用考虑参考输入的二阶导数 $\ddot{r}_n$ 对控制器的影响，控制器 C2 也是基于这种情况进行设计的。然而这种情况限定了参考输入信号 r 的类型，例如可以是阶跃、斜坡、三角波输入等，但却不能是正弦波等二阶导数不满足该条件的参考输入，这使得该控制方法具有一定的局限性。基于这样的考虑，对离散控制器进行了推广，使改进设计的二阶非线性平滑轨迹跟踪滤波器能够应用于各种输入信号，唯一需要满足的条件是：参考输入信号 r 的各阶导数满足边界限制条件。对于二阶系统来说，要求满足 $|\dot{r}|<\dot{x}_M$、$|\ddot{r}|<\ddot{x}_M$。在非线性控制器 C3 的作用下，对于满足条件的输入信号 r，输出能够很好地跟踪输入。对二阶离散时域的非线性平滑轨迹跟踪滤波器进行适当改进，是本设计的第二个特点。

7.4.3 无负载情况下的无刷直流电动机控制

可在改进的二阶平滑轨迹跟踪滤波器设计的基础上，结合无刷直流电动机的数学模型，在无负载的情况下，用非线性控制和线性控制策略相结合的方法对无刷直流电动机进行控制。

由式（7-14）和式（7-16）可以看出，无刷直流电动机数学模型是一个多变量、非线性的系统，令 $\begin{cases}\dfrac{d\theta_r}{dt}=\omega_m\\ \dfrac{d\omega_m}{dt}=u_r\end{cases}$，结合：$\dfrac{d\omega_m}{dt}=-\dfrac{B}{J}\omega_m+\dfrac{K_t}{J}i-\dfrac{\tau_1}{J}$，则有

$$u_r = -\frac{B}{J}\omega_m + \frac{K_t}{J}i - \frac{\tau_1}{J}$$

同样由上式可得出电流环所需的参考输入信号 i^*，可以像控制他励直流电动机一样控制电动机的转矩。i^* 的表达式为

$$i^* = \frac{1}{K_t}(J\ddot{x} + B\dot{x} + \tau_1) \tag{7-40}$$

在只考虑无负载的情况下，式（7-40）可以简化为

$$i^* = \frac{1}{K_t}(J\ddot{x} + B\dot{x}) \tag{7-41}$$

为了保证系统更好的动态性能，仅用式（7-41）作为电流环的输入 i^* 是不能满足要求

的，应对式（7-41）做一些改进，即

$$i^*=\underbrace{\frac{1}{K_t}(J\ddot{x}+B\dot{x})}_{FF}+\underbrace{K_pe+K_v\dot{e}}_{LR} \tag{7-42}$$

$$e=x-\theta_r$$

$$\dot{e}=\dot{x}-\omega_m$$

式中 e——连续时域的系统位置误差；

$\dot{e}$——连续时域的系统速度误差；

K_p，K_v——比例常数。

电流环的控制输入 i^* 有两个部分组成，即前馈控制 FF 和线性反馈控制 LR。前馈控制 FF 直接用到了二阶平滑轨迹跟踪滤波器的输出 x 的一阶和二阶导数。

将式（7-42）变形为

$$J\ddot{x}+(B+K_vK_t)\dot{x}+K_pK_tx=K_ti^*+K_vK_t\omega_m+K_pK_t\theta_r \tag{7-43}$$

令 $K_p'=K_pK_t$，$K_v'=K_vK_t$，则式（7-43）整理为

$$J\ddot{x}+(B+K_v')\dot{x}+K_p'x=K_ti^*+K_v'\omega_m+K_p'\theta_r \tag{7-44}$$

其中 J、B、K_t 都是常数，很容易从式（7-44）看出可以任意取大于零的 K_p 和 K_v，系统都是稳定的，但正确地选取 K_p 和 K_v 可使系统获得高质量的动态性能。当取 $K_p'=\frac{(B+K_v')^2}{4J}$，即 $K_p=\frac{(B+K_tK_v)^2}{4K_tJ}$ 时，系统有两个相同的负实极点，系统将获得较好的动态性能。

以上分析的电流环参考控制输入信号 i^* 是针对连续时域的分析结果，对于离散时域，只需将式（7-42）离散化即可得到离散时域的电流环的控制参考输入信号 $i^*_{(n)}$，其表达式为

$$i^*_{(n)}=\underbrace{\frac{1}{K_t}(J\ddot{x}_n+B\dot{x}_n)}_{FF}+\underbrace{K_pe_n+K_v\dot{e}_n}_{LR} \tag{7-45}$$

$$e_n=x_n-\theta_{r(n)}$$

$$\dot{e}_n=\dot{x}_n-\omega_{m(n)}$$

$$K_p=\frac{(B+K_tK_v)^2}{4K_tJ}$$

式中 e_n——离散时域的系统位置误差；

$\dot{e}_n$——离散时域的系统速度误差。

图7-13为基于二阶离散时域的平滑轨迹跟踪滤波器在无负载情况下的无刷直流电动机的控制模块结构图。由图可以看到这个控制系统有四个部分：二阶离散平滑轨迹跟踪滤波器（Trajectory Smoother，TS），前馈控制（Feed-forward Control，FF），线性反馈控制（Linear Feed-back Control，LFB），电流环 PI 线性控制（Current-looped PI Linear Control）。

7.4.4 带负载无刷直流电动机控制

一般来说，无刷直流电动机驱动系统面临着不可知的负载和不可测量的负载扰动或某些参数变化。例如负载与电动机轴之间的磨合除了可能会引起负载的变化外，还可能引起转动惯量 J 和黏滞摩擦系数 B 的变化，这些变化均是不可测量的。如果不考虑这些不可知的扰

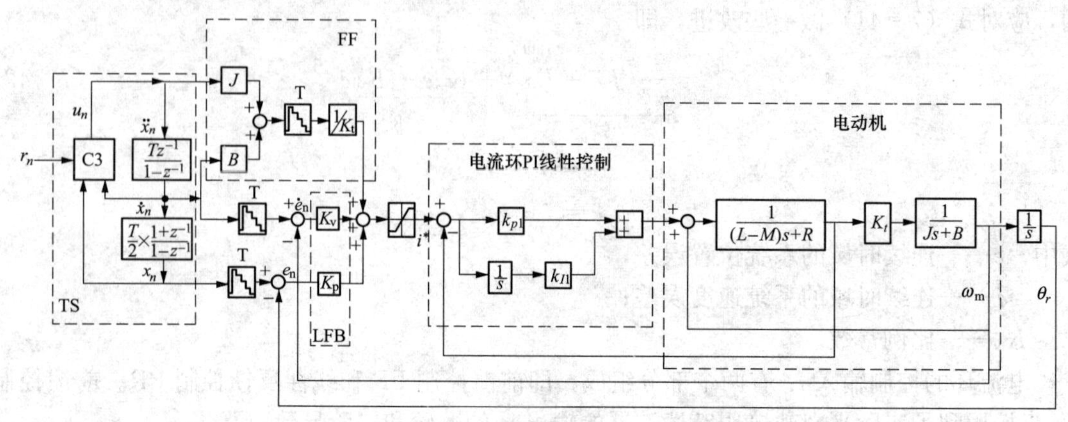

图 7 - 13　基于二阶离散时域平滑轨迹滤波器的无刷直流电动机控制框图（无负载观测器）

动因素，系统将不能获得高质量的动态性能。

为了使系统具备一定的抗干扰鲁棒性能，配置设计合理的负载观测器是十分必要而有效的。尽管负载干扰转矩不是状态变量但却是难以预测的输入。假设不可知的负载转矩（包括不可知的负载转矩和由于系统参数变化引起的负载扰动）在每一个采样时间间隔内（采样时间足够小）恒定不变，对传统的负载观测器进行降阶可得到简化的负载观测器，利用降阶的负载观测器估计负载和参数（转动惯量和黏滞摩擦系数）的变化，计算量小，易于实现，也可使系统的非线性扰动得到了有效的补偿，通过仿真和实验，证实该系统有很强的抗干扰鲁棒性能。

1. 负载扰动转矩观测器设计

从式（7 - 14）中可知

$$\frac{\mathrm{d}\omega_m}{\mathrm{d}t}=-\frac{B}{J}\omega_m+\frac{K_t}{J}i-\frac{\tau_l}{J}$$

令 $\Delta J=J-J_0$，$\Delta B=B-B_0$，其中 J_0 和 B_0 分别为参考转动惯量和参考黏滞摩擦系数（均为常数），将 ΔJ 和 ΔB 带入式（7 - 14）整理如下

$$\frac{\mathrm{d}\omega_m}{\mathrm{d}t}=\frac{K_t i}{J_0}-\frac{B_0}{J_0}\omega_m-\frac{1}{J_0}\tau_d \tag{7 - 46}$$

$$\tau_d=\Delta J\frac{\mathrm{d}\omega_m}{\mathrm{d}t}+\Delta B\omega_m+\tau_l \tag{7 - 47}$$

式（7 - 46）中，τ_d 为不可知的负载扰动转矩，包括不可知的负载转矩和由于参数变化引起的扰动转矩。负载观测就是设计一个正确合理的观测器对 τ_d 进行观测。利用降阶的负载观测器对观测参数进行估计，要求被估计参数是未知恒定的或者变化缓慢的。尽管负载扰动转矩 τ_d 由于机械参数变化（例如转动惯量和黏滞摩擦系数变化）而不是恒定不变的，但是如果与未知的负载扰动转矩 τ_d 变化的时间相比较采样时间间隔足够小，那么在每一个采样时间间隔内，τ_d 可以假设为恒定不变，即 $\dot{\tau}_d=0$，结合式（7 - 46）、式（7 - 47）可得状态空间方程

$$\begin{cases}\dot{\boldsymbol{X}}_1=\boldsymbol{A}\boldsymbol{X}_1+\boldsymbol{B}u_1\\ y_1=\boldsymbol{C}\boldsymbol{X}_1\end{cases} \tag{7 - 48}$$

其中

$$\boldsymbol{X}_1=[x_{11},\ x_{12}]^{\mathrm{T}}=[\omega_{\mathrm{m}},\ \tau_{\mathrm{d}}]^{\mathrm{T}},\ u_1=i,\ y_1=\omega_{\mathrm{m}} \tag{7-49}$$

$$\boldsymbol{A}=\begin{bmatrix}\boldsymbol{a}_{11} & \boldsymbol{a}_{12}\\ \boldsymbol{a}_{21} & \boldsymbol{a}_{22}\end{bmatrix}=\begin{bmatrix}-\dfrac{B_0}{J_0} & -\dfrac{1}{J_0}\\ 0 & 0\end{bmatrix} \tag{7-50}$$

$$\boldsymbol{B}=\begin{bmatrix}\boldsymbol{b}_1\\ \boldsymbol{b}_2\end{bmatrix}=\begin{bmatrix}\dfrac{K_{\mathrm{t}}}{J_0}\\ 0\end{bmatrix} \tag{7-51}$$

$$\boldsymbol{C}=[1\quad 0] \tag{7-52}$$

式（7-48）构成的状态方程中的可观测矩阵为 $\boldsymbol{W}=[\boldsymbol{C}^{\mathrm{T}}\quad \boldsymbol{A}^{\mathrm{T}}\boldsymbol{C}^{\mathrm{T}}]$，因为矩阵 $\boldsymbol{W}$ 的秩为 2，所以系统的状态变量 $\boldsymbol{X}_1$ 完全可观，由可以直接测量的 ω_{m} 和不可测量的 τ_{d} 两个状态变量构成。为了简化不可测量状态变量 τ_{d} 的估计，设计降阶的状态观测器如下

$$\dot{\hat{x}}_{12}=(a_{22}-L_1a_{12})\hat{x}_{12}+a_{21}x_{11}+b_2u_1+L_1(\dot{x}_{11}'-a_{11}x_{11}-b_1u_1) \tag{7-53}$$

式中　L_1——状态观测器的负载观测增益，其决定观测器的动态性能。

采用式（7-53），需要用到可以测量的 x_{11}（ω_{m}）的导数，然而在实际中却不能直接测量得到 $\dot{x}_{11}$（$\dot{\omega}_{\mathrm{m}}$）。为了克服这个矛盾，可以定义一个新的状态变量

$$x_{13}=\hat{x}_{12}-L_1x_{11} \tag{7-54}$$

结合式（7-53），则扰动负载转矩的状态观测器设计如下

$$\dot{x}_{13}=(a_{22}-L_1a_{12})\hat{x}_{12}+(a_{21}-L_1a_{11})x_{11}+(b_2-L_1b_1)u_1 \tag{7-55}$$

令负载状态估计误差为 $e_1=x_{12}-\hat{x}_{12}$，则由式（7-48）和式（7-53）可以得到状态观测器的估计误差动态方程为

$$\dot{e}_1=(a_{22}-L_1a_{12})e_1 \tag{7-56}$$

由式（7-56）可以证明，只要取 L_1 使得（$a_{22}-L_1a_{12}$）<0，状态观测器的稳态误差为零，即 τ_{d} 的估计值 $\hat{x}_{12}$ 收敛于 $x_{12}(\tau_{\mathrm{d}})$ 的实际值。这证明了式（7-54）和式（7-55）所设计的负载扰动转矩 τ_{d} 的状态观测器是正确合理的，取适当的 L_1 可以得到观测器较好的动态性能。

将 a_{11}，a_{12}，a_{21}，a_{22}，b_1，b_2 的值代入式（7-55）中，可以得到无刷直流电动机的负载扰动转矩的状态观测器设计如下

$$\begin{aligned}\dot{x}_{13}&=\frac{L_1}{J_0}\hat{x}_{12}+\frac{L_1}{J_0}B_0x_{11}-\frac{K_{\mathrm{t}}}{J_0}L_1u_1\\ x_{13}&=\hat{x}_{12}-L_1x_{11}\end{aligned} \tag{7-57}$$

其中 $\hat{x}_{12}=\hat{\tau}_{\mathrm{d}}$，$x_{11}=\omega_{\mathrm{m}}$，$u_1=i$。

该负载观测器的结构框图如图 7-14 所示。

2. 带负载扰动转矩观测器的无刷直流电动机控制

上文所设计的负载扰动转矩观测器可以直接应用于无刷直流电动机的控制，将 $\Delta J=J-J_0$、$\Delta B=B-B_0$ 带入式（7-40）中并考虑负载扰动转矩整理得到加入负载观测器后，电流环控制参考输入 i^* 表达式如下

$$i^*=\underbrace{\frac{1}{K_{\mathrm{t}}}(J_0\ddot{x}+B_0\dot{x})}_{\mathrm{FF}}+\underbrace{K_{\mathrm{p}}e+K_{\mathrm{v}}\dot{e}}_{\mathrm{LR}}+\frac{1}{K_{\mathrm{t}}}\hat{\tau}_{\mathrm{d}} \tag{7-58}$$

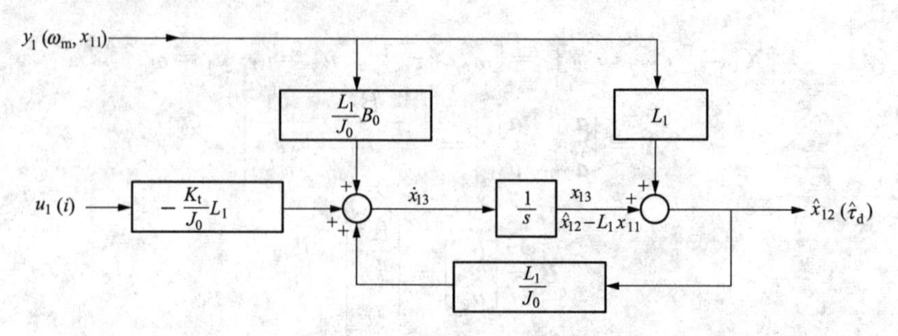

图 7 - 14　负载扰动转矩状态观测器的结构框图

取
$$K_p = \frac{(B + K_t K_v)^2}{4K_t J}$$

式（7 - 58）为连续时域下的情况，对于离散时域下的带负载扰动转矩观测器的 $i^*_{(n)}$ 表达式为

$$i^*_{(n)} = \underbrace{\frac{1}{K_t}(J_0\ddot{x}_n + B_0\dot{x}_n)}_{FF} + \underbrace{K_p e_n + K_v \dot{e}_n}_{LR} + \frac{1}{K_t}\hat{\tau}_{d(n)} \tag{7 - 59}$$

取
$$K_p = \frac{(B_0 + K_t K_v)^2}{4K_t J_0}$$

式中　$\hat{\tau}_{d(n)}$——负载观测 $\hat{\tau}_d$ 的采样值，采样时间为系统的采样时间 T。

图 7 - 15 为基于二阶离散时域的平滑轨迹跟踪滤波器并带有负载扰动转矩观测器情况下，无刷直流电动机的控制框图，与无负载观测器情况相比较，除具备原有系统中的四个控制部分，新增加了一个负载转矩观测模块（Load Toque Estimation，LTE）。

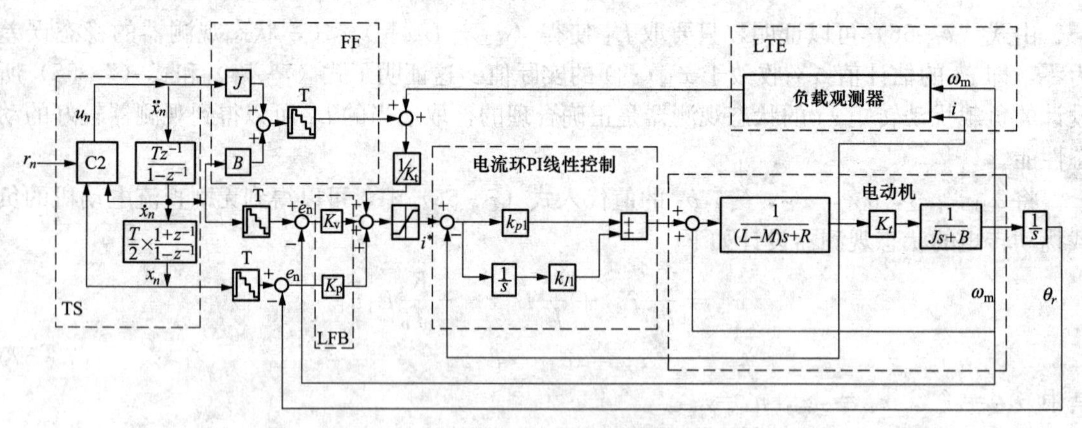

图 7 - 15　基于二阶离散时域的平滑轨迹跟踪滤波器的无刷直流电动机控制框图（带负载观测器）

7.5　仿真结果及分析

本节将通过仿真结果对前面所提出的无刷直流电动机控制方法的正确性和有效性进行验证。

使用 MATLAB 软件对无刷直流电动机控制方法进行仿真。电动机参数如下：$R=21.2$，Ω，$K_b=0.1433$V·s/rad，$B_0=(1\times10^{-4})$，kg·m·s/rad，$L-M=0.052$，H，$K_t=0.1433$，kg·m/A，$J_0=(1\times10^{-5})$，kg·m·s²/rad，$\dot{x}_M=300$，$U=\ddot{x}_M=15000$，$T=0.0001$。

线性反馈控制 LFB 的控制参数：$K_p=3587.5$；$K_v=1$。

7.5.1　无负载情况的仿真

先考虑空载和无负载扰动的情况，仿真模块图如图 7-13 所示。分别对阶跃、斜波、正弦波输入信号进行位置跟踪仿真，输入信号均为连续信号，在仿真中进行采样得到离散输入。仿真波形包括 r、x_n、θ_r、$\dot{x}_n$、$\ddot{x}_n$、ω_m、e_n、$\ddot{e}_n$、τ_l、τ_d。

参考输入信号为阶跃信号 $r(t)=10u(t-0.1)$ 的仿真波形如图 7-16 所示。

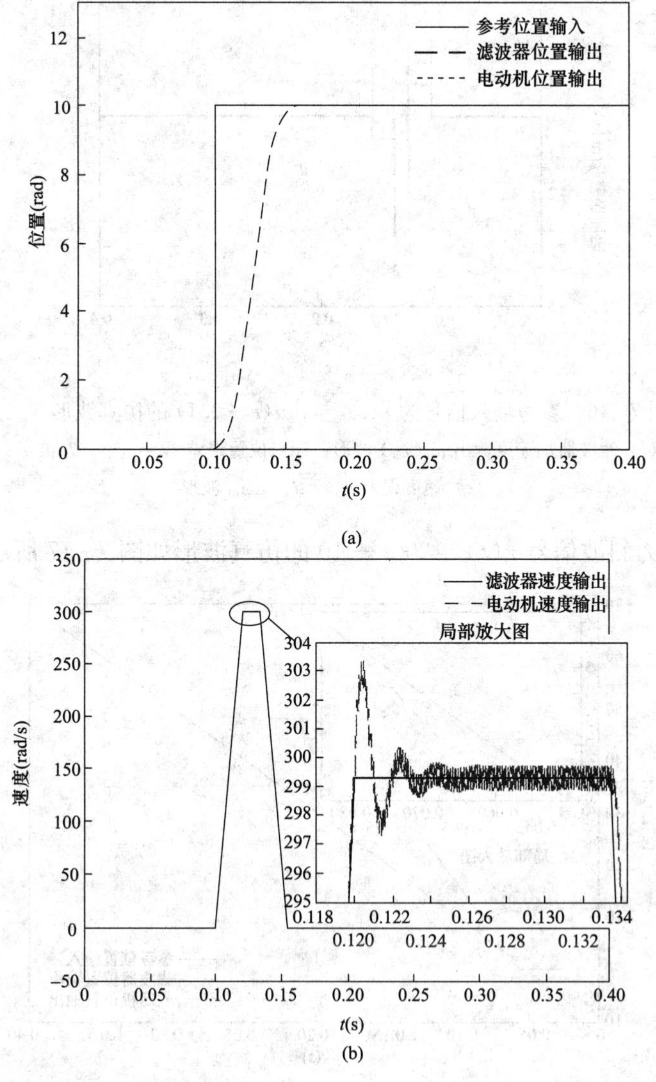

图 7-16　参考输入信号为 $r(t)=10u(t-0.1)$ 的仿真波形（一）

（a）参考位置输入信号 r、滤波器位置输出 x_n、电动机位置输出 θ_r 波形；

（b）滤波器速度输出 $\dot{x}_n$、电动机速度输出 ω_m 波形

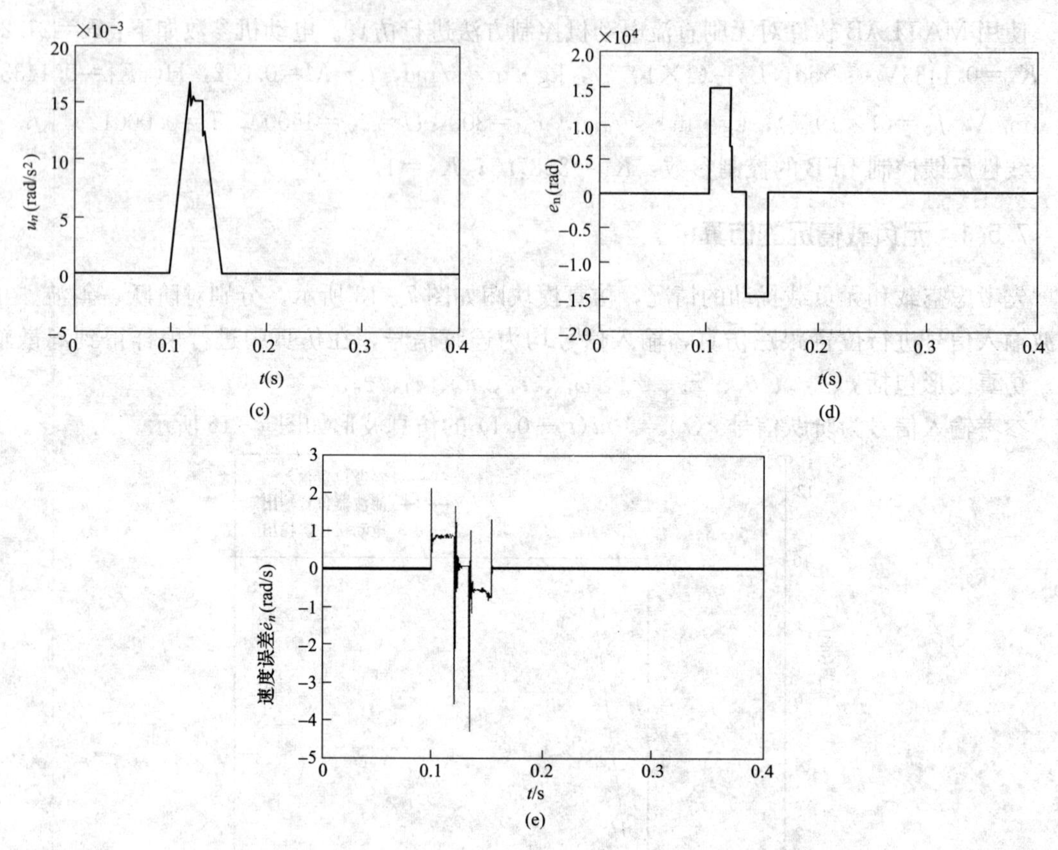

图 7-16　参考输入信号为 $r(t)=10u(t-0.1)$ 的仿真波形（二）

（c）滤波器加速度输出 $u_n(\ddot{x}_n)$ 波形；（d）位置误差 $e_n = x_n - \theta_r$ 波形；

（e）速度误差 $\dot{e}_n = \dot{x}_n - \omega_m$ 波形

参考输入信号为斜波信号 $r(t)=200t-10$ 的仿真波形如图 7-17 所示。

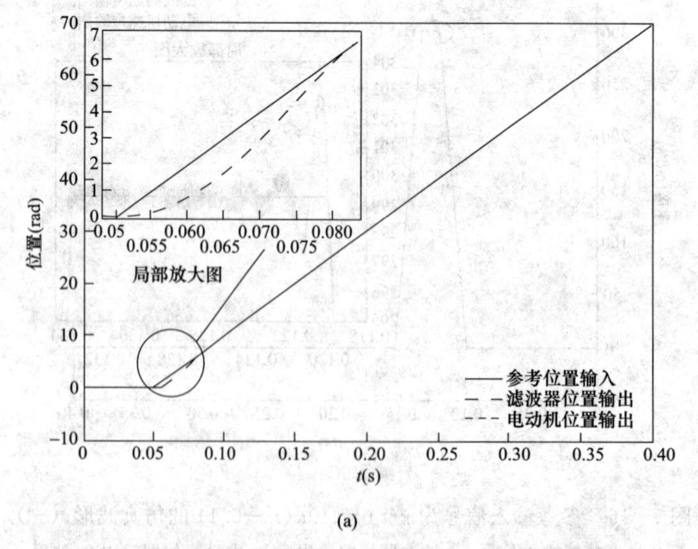

图 7-17　参考输入信号为 $r(t)=200t-10$ 的仿真波形（一）

（a）参考位置输入信号 r、滤波器位置输出 x_n、电动机位置输出 θ_r 波形

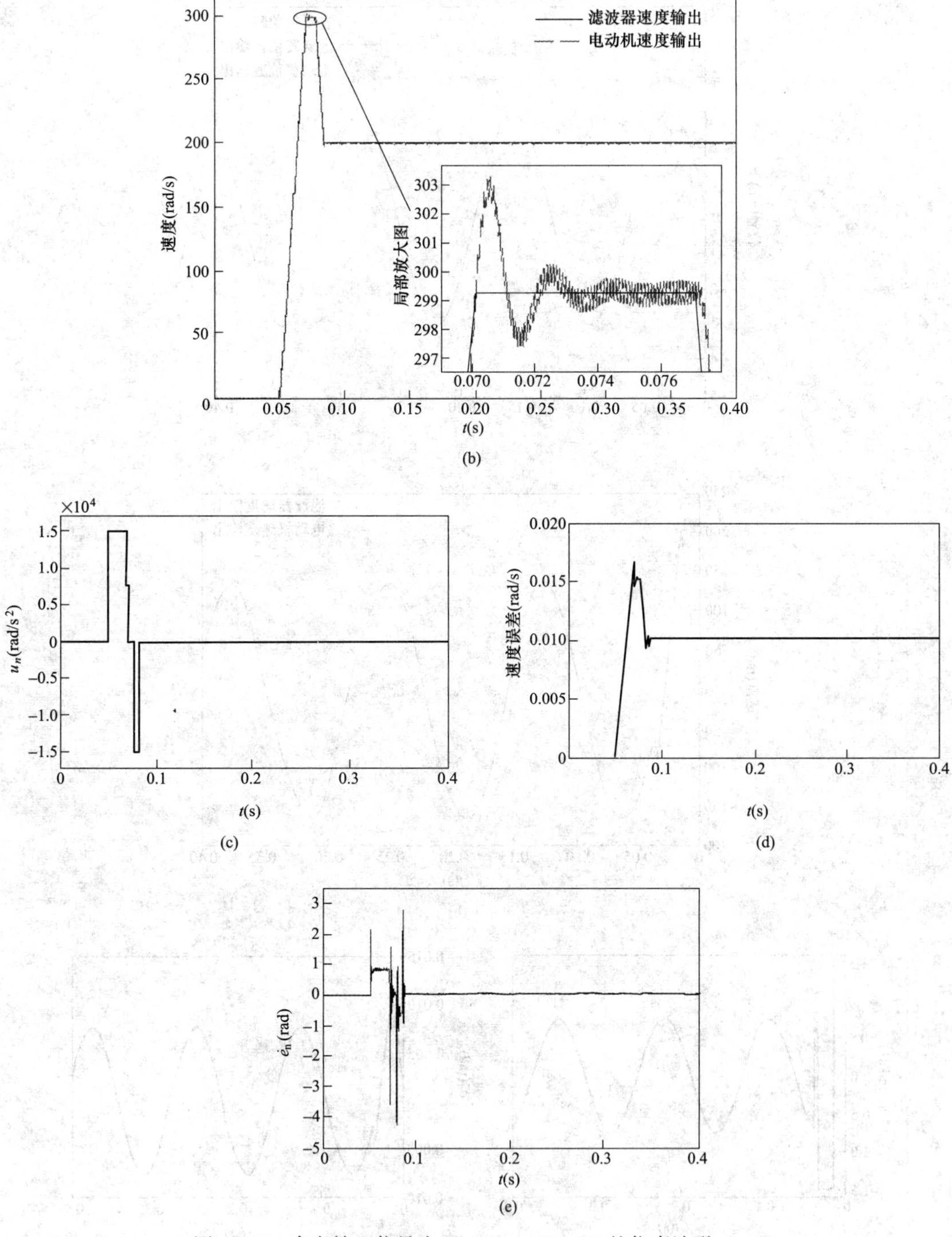

图 7-17　参考输入信号为 $r(t)=200t-10$ 的仿真波形（二）

（b）滤波器速度输出 $\dot{x}_n$、电动机速度输出 ω_{m} 波形；

（c）滤波器加速度输出 $u_n(\ddot{x}_n)$ 波形；（d）位置误差 $e_{\mathrm{n}}=x_n-\theta_{\mathrm{r}}$ 波形；

（e）速度误差 $\dot{e}_{\mathrm{n}}=\dot{x}_n-\omega_{\mathrm{m}}$ 波形

参考输入信号为正弦波 $r(t)=3\sin(50t)$ 的仿真结果如图 7-18 所示。

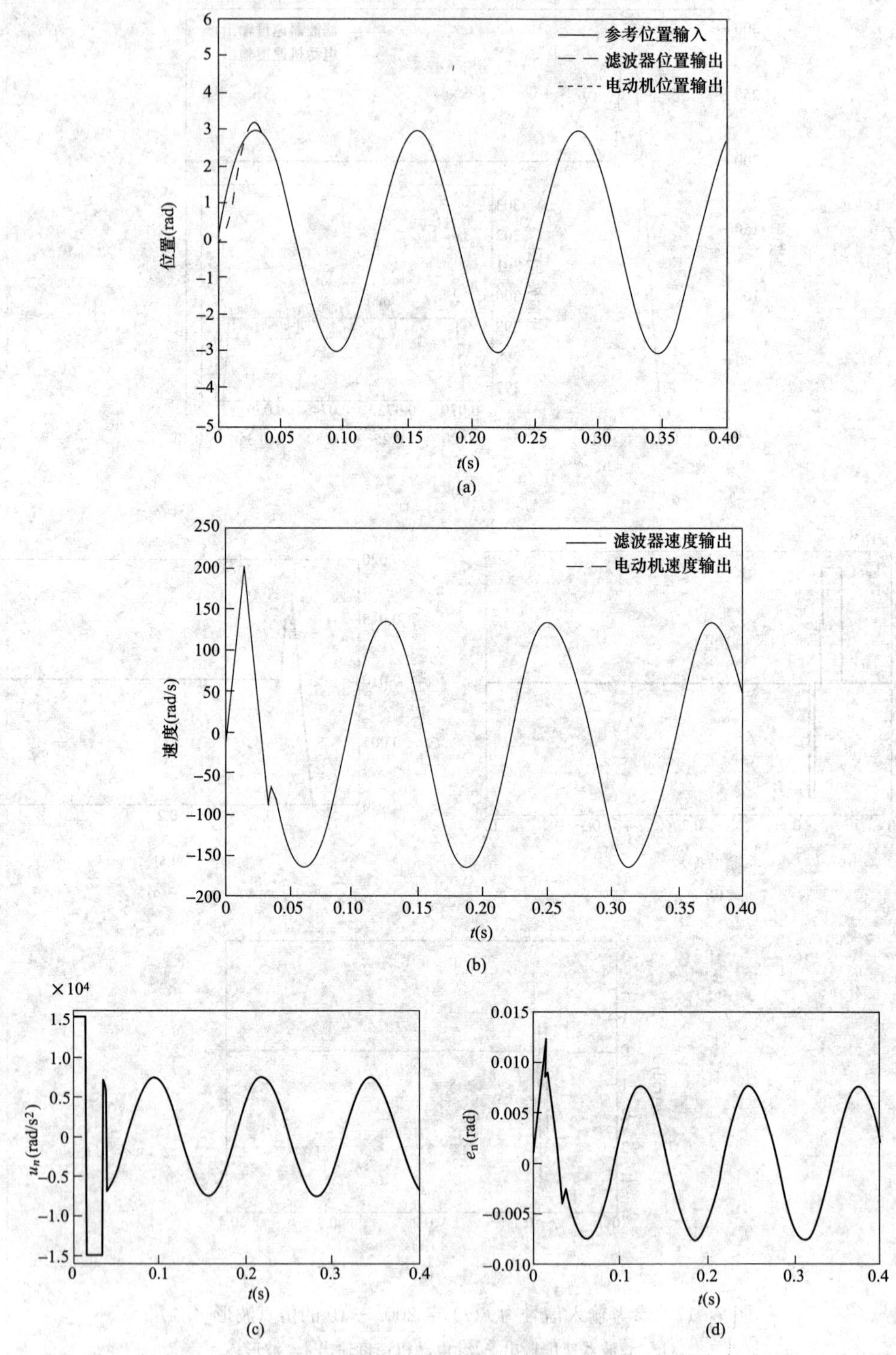

图 7-18 参考输入信号为 $r(t)=3\sin(50t)$ 的仿真波形（一）

（a）参考位置输入 r、滤波器位置输出 x_n、电动机位置输出 θ_r 波形；

（b）滤波器速度输出 $\dot{x}_n$、电动机速度输出 ω_m 波形；

（c）滤波器加速度输出 u_n（$\ddot{x}_n$ 波形；（d）位置误差 $e_n=x_n-\theta_r$ 波形

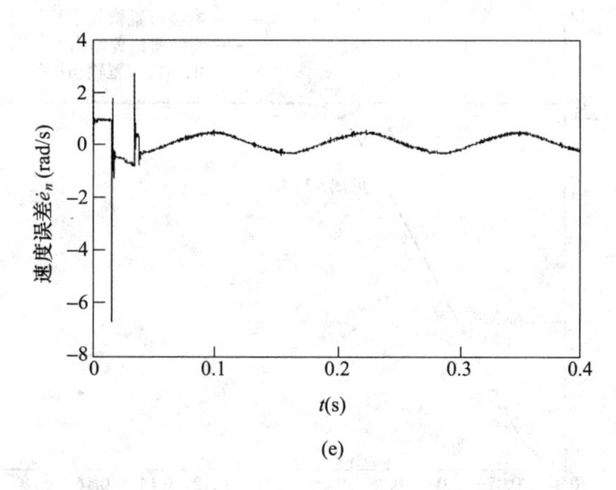

图 7-18　参考输入信号为 $r(t)=3\sin(50t)$ 的仿真波形（二）

(e) 速度误差 $\dot{e}_n=\dot{x}_n-\omega_m$ 波形

图 7-16～图 7-18 是对参考输入信号分别为阶跃信号、斜波信号、正弦波信号进行仿真的波形图。由图可以看出仿真效果很好。这进一步说明基于二阶离散平滑轨迹跟踪滤波器策略的无刷直流电动机的控制方法十分有效，在滤波器速度和加速度均能满足限定要求的同时，跟踪参考输入的稳态误差很小，并且动态响应效果很好，启动平滑，无振荡现象，不会出现过大的超调，跟踪时间很短，特别适合于快速跟踪、精度较高和对跟踪动态和稳态性能要求都较高的无刷直流电动机控制场合。

7.5.2　带负载扰动转矩观测器的仿真

7.5.1 中的仿真是针对无负载的情况，即不考虑负载和负载扰动变化对系统的影响。本节将在加入负载扰动转矩观测器的情况下对无刷直流电动机控制系统进行仿真，完善整个系统的有效性证明。仿真中电动机的参数与无负载的情况相同。负载观测器的设计参见 7.4，可调参数选择：取 $(a_{22}-L_1a_{12})=-5.2\times1000$，即 $-L_1/J_0=-5.2\times1000$。仿真功能模块图如图 7-15 所示。

(1) 参考输入信号为阶跃信号 $r(t)=20u(t)$，负载为阶跃信号 $\tau_1=0.5u(t-0.1)$ 且电动机参数不变时的仿真结果如图 7-19 所示。

从图 7-19 中可以看出，电动机位置和速度跟踪效果均很好，对于仅由负载波动引起的负载扰动具有较强的抗干扰性能。从图 7-19 (a) 和图 7-19 (b) 中可以看到，位置跟踪的响应时间很短，约为 0.0875s；从图 7-19 (b) 和图 7-19 (e) 可以看出位置和速度静态与动态误差均很小。图 7-19 (c) 和图 7-19 (f) 说明了在 0.1～0.1025s 之间，负载变化所引起的位置和速度响应的变化，在负载值变化瞬间，造成位置和速度响应偏离参考输入，约 0.0025s 后继续跟踪参考输入，位置波动在 −0.0005～0rad 范围内，速度波动在 −3～0rad/s 范围内。这说明在电动机参数不变，仅负载波动时，系统的动态和稳态性能都较佳。

(2) 负载不变，参考输入信号为斜波信号 $r(t)=200t$ 且电动机参数不变时的仿真结果如图 7-20 所示。

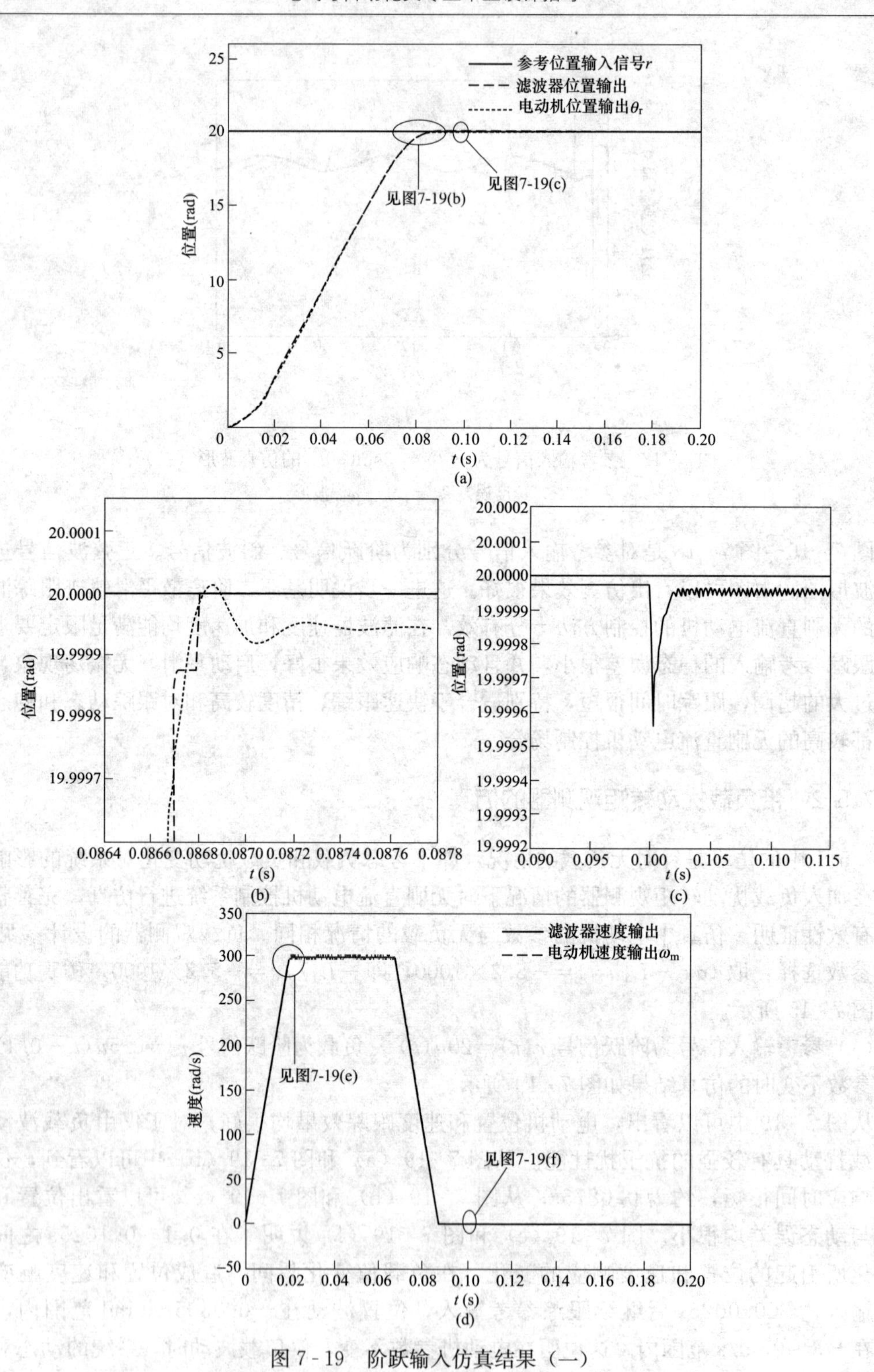

图 7-19 阶跃输入仿真结果（一）

（a）参考位置输入信号 r、滤波器位置输出 x_n、电动机位置输出 θ_r 波形；

（b）局部放大图（一）；（c）局部放大图（二）；

（d）滤波器速度输出 $\dot{x}_n$、电动机速度输出 ω_m 波形

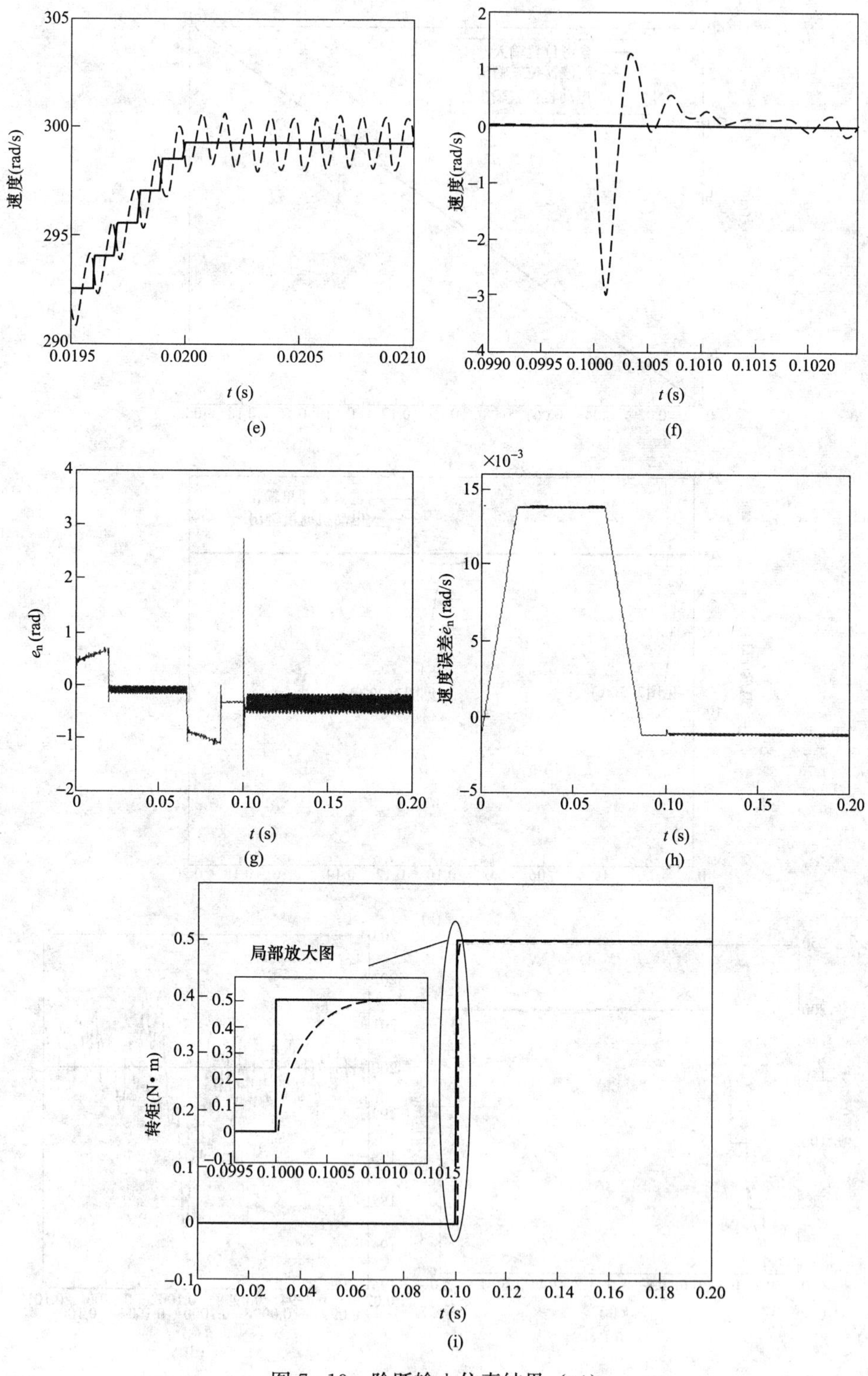

图7-19　阶跃输入仿真结果（二）

(e) 局部放大图（三）；(f) 局部放大图（四）；

(g) 位置误差 $e_{\mathrm{n}}=x_n-\theta_{\mathrm{r}}$；(h) 速度误差 $\dot{e}_{\mathrm{n}}=\dot{x}_n-\omega_{\mathrm{m}}$；

(i) 载转矩 τ_{i}、负载扰动转矩观测 $\hat{\tau}_{\mathrm{d}}$ 波形

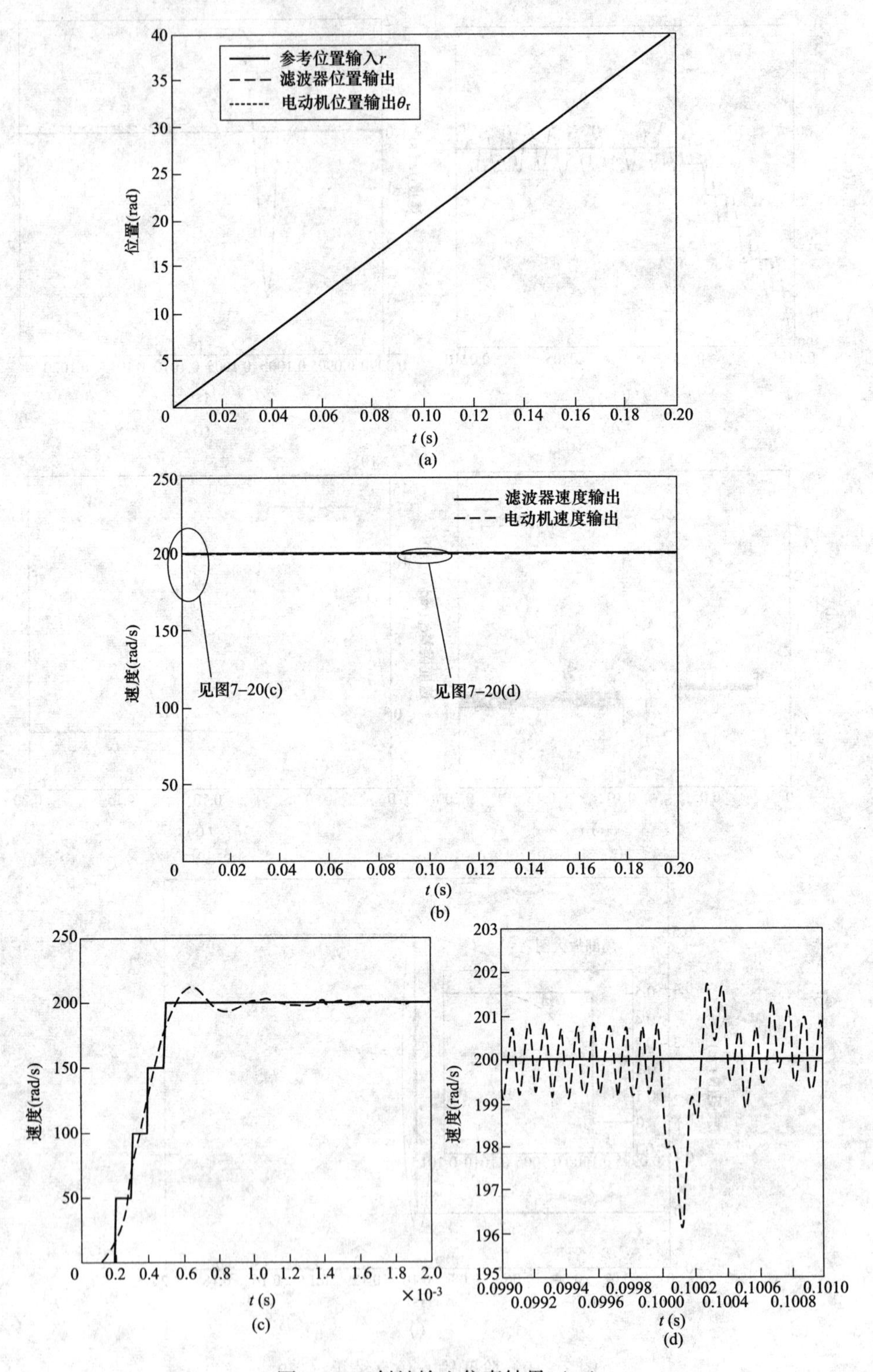

图 7-20 斜坡输入仿真结果（一）

(a) 位置参考输入 r、滤波器位置输出 x_n、和电动机位置输出 θ_r 波形；

(b) 滤波器速度输出 $\dot{x}_n$、电动机速度输出 ω_m 波形；

(c) 局部放大图（一）；(d) 局部放大图（二）

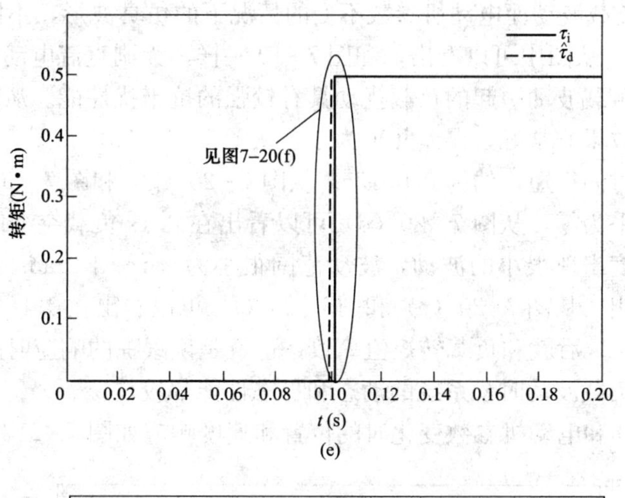

(e)

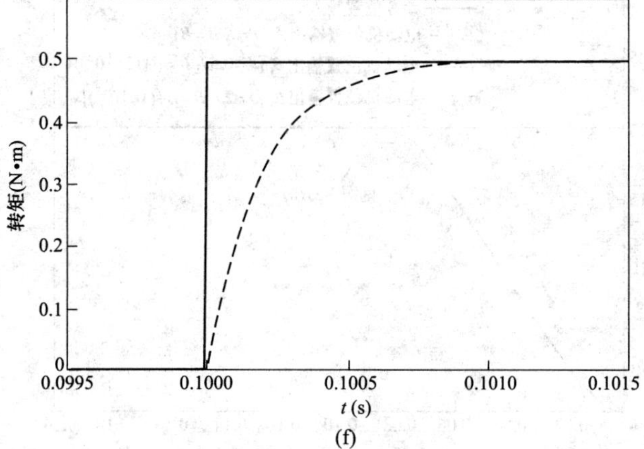

(f)

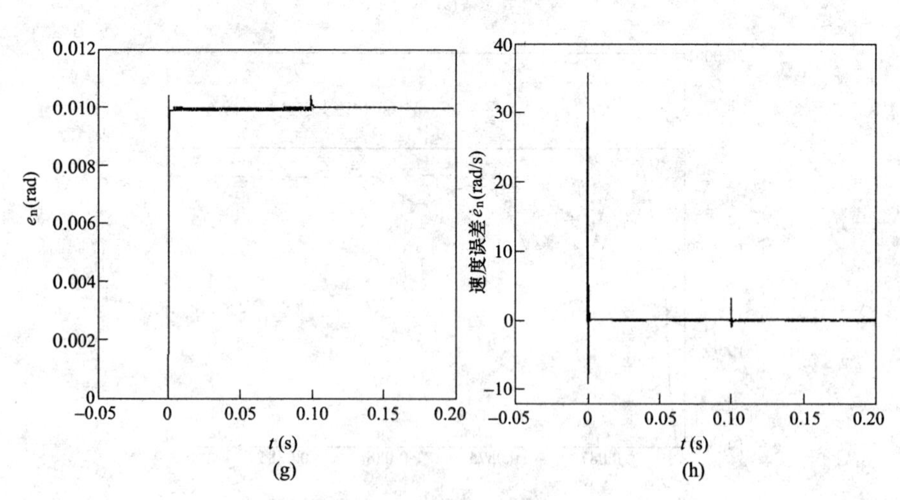

(g)　(h)

图 7-20　斜坡输入仿真结果（二）

（e）负载转矩 τ_i、负载扰动转矩观测 $\hat{\tau}_d$ 波形；

（f）局部放大图（三）；（g）位置误差 $e_n = x_n - \theta_r$ 波形；

（h）速度误差 $\dot{e}_n = \dot{x}_n - \omega_m$ 波形

图 7-20 也是在负载波动而电动机参数不变的情况下的仿真波形，不同的是输入信号为斜坡信号 $r(t)=200t$。从图中可以看出，和图 7-19 一样，无刷直流电动机位置和速度跟踪效果很好，对于仅由负载波动引起的负载扰动具有较强的抗干扰性能。从图 7-20（a）中可以看到，位置跟踪的效果非常好，误差几乎为零，从图 7-20（b）和图 7-20（c）中可以看到，速度跟踪的响应时间很短，约为 0.0012s。从图 7-20（g）和图 7-20（h）可以看出位置和速度稳态误差几乎为零，从图 7-20（d）可以看出在 0.1s 负载突变时（这里是由空载到突然加上负载）速度出现很小的波动，波动范围很小为 $-4\sim+2$rad/s，约 0.0008s 后继续跟踪滤波器速度输出。从图 7-20（e）和图 7-20（f）可以看出在 0.1s 突加负载后负载扰动转矩观测值在 0.0012s 后就和负载转矩值一致，也就是说跟踪的响应时间很短。这说明在电动机参数不变，仅负载波动时，系统的动态和稳态性能都较佳。

（3）无负载 $\tau_1=0$ 和电动机参数变化时的位置和速度响应如图 7-21 所示。

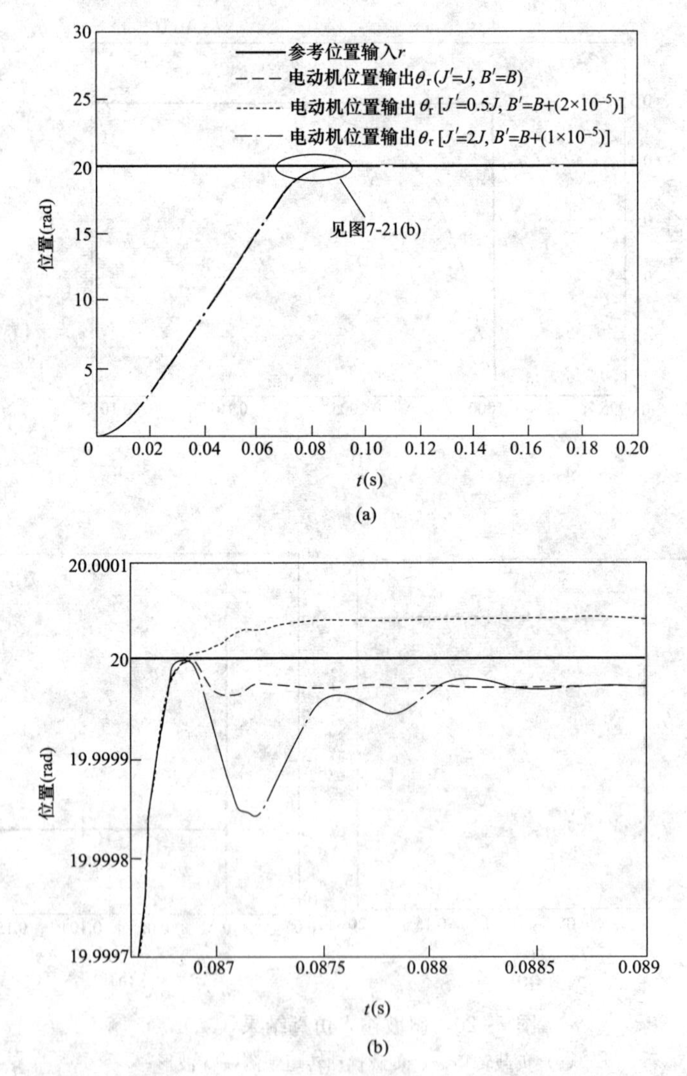

图 7-21 无负载 $\tau_1=0$ 和电动机参数变化时的仿真结果（一）

（a）参考位置输入 r、电动机位置输出 θ_r 波形；（b）局部放大图（一）

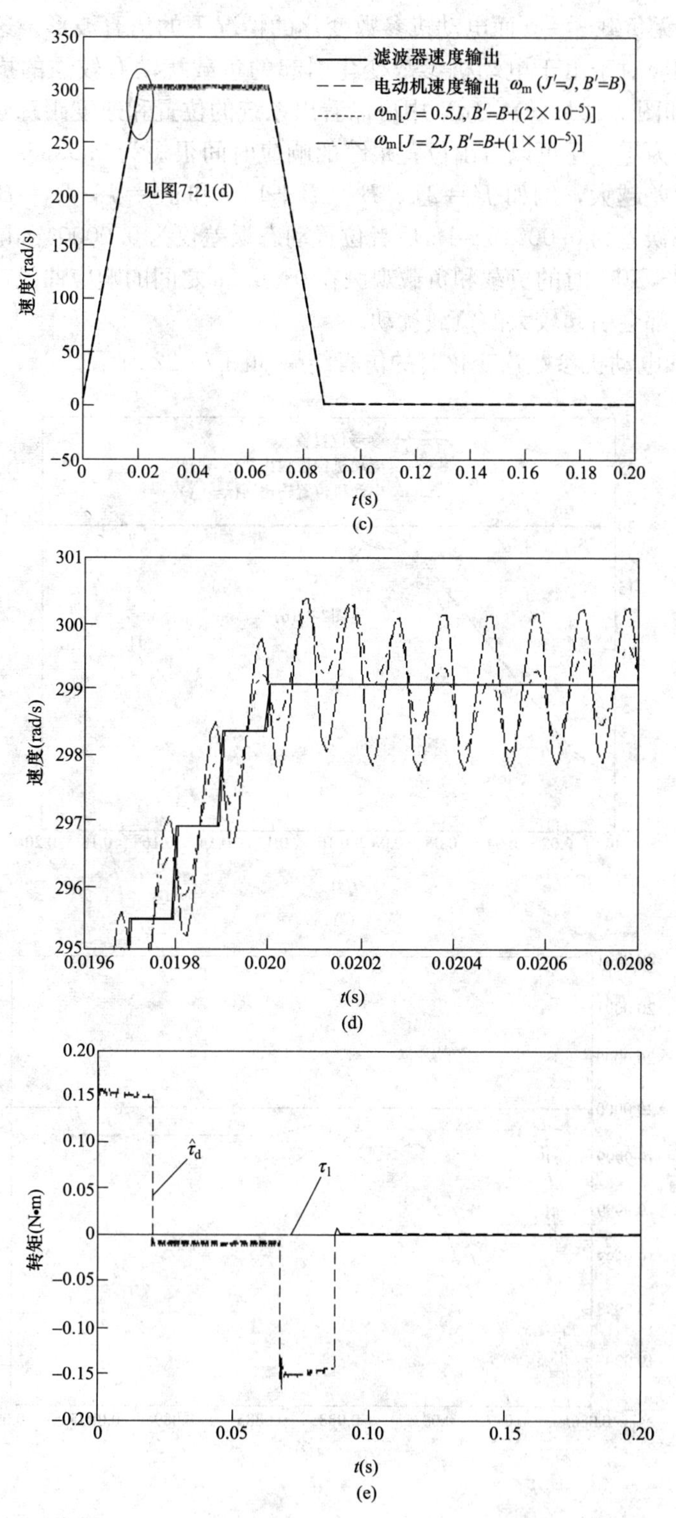

图 7-21　无负载 $\tau_1=0$ 和电动机参数变化时的仿真结果（二）

(c) 滤波器速度输出 $\dot{x}_n$、电动机速度输出 ω_m 波形；(d) 局部放大图（二）；

(e) 负载转矩 τ_1、负载扰动转矩观测 $\hat{\tau}_d$($J'=2J$，$B'=B+10^{-5}$) 波形

图 7-21 是在无负载 $\tau_1=0$ 而电动机参数变化的情况下的仿真波形。这些波形证明了系统的位置和速度响应对于由于电动机参数变化引起的负载扰动有较强的抗干扰性能。从图 7-21（a)、(b）和图 7-21（c)、(d）中可以看出系统的位置和速度跟踪效果很好，位置和速度稳态误差几乎为零，还可以看出位置跟踪的响应时间很短为 0.0885s。很明显随着参数变化越大，动态误差越大，例如 $J'=2J$、$B'=B+10^{-5}$ 和 $J'=J$，$B'=B$ 和两组参数相比较，前者位置动态误差为 0.00016rad，后者位置动态误差仅为 0.00004rad。图 7-21（e）为在 $J'=2J$、$B=B+10^{-5}$ 时的负载和负载观测在 0～0.2s 之间的响应曲线，可以看出电动机参数有微小的变化都会引起较大的负载扰动。

（4）负载 τ_1 和电动机参数均变化时的仿真结果如图 7-22 所示。

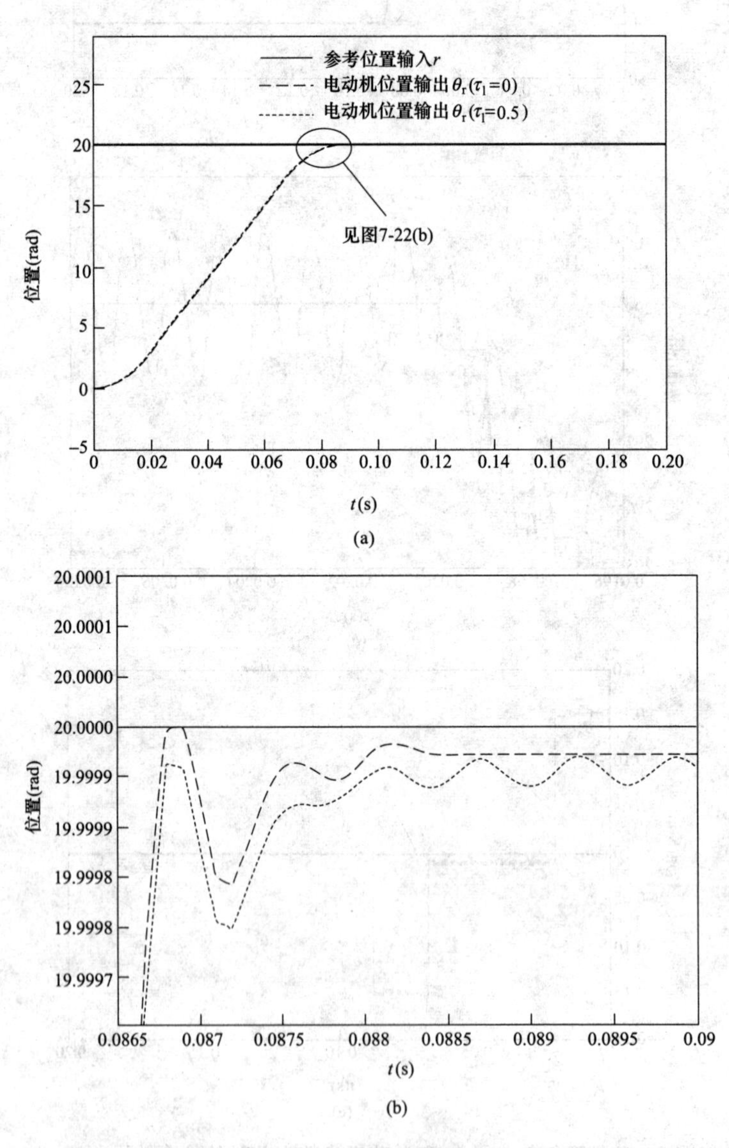

图 7-22　负载 τ_1 和电动机参数均变化时的仿真结果（一）

(a）位置参考输入 r、电动机位置响应 θ_r 波形；(b）局部放大图

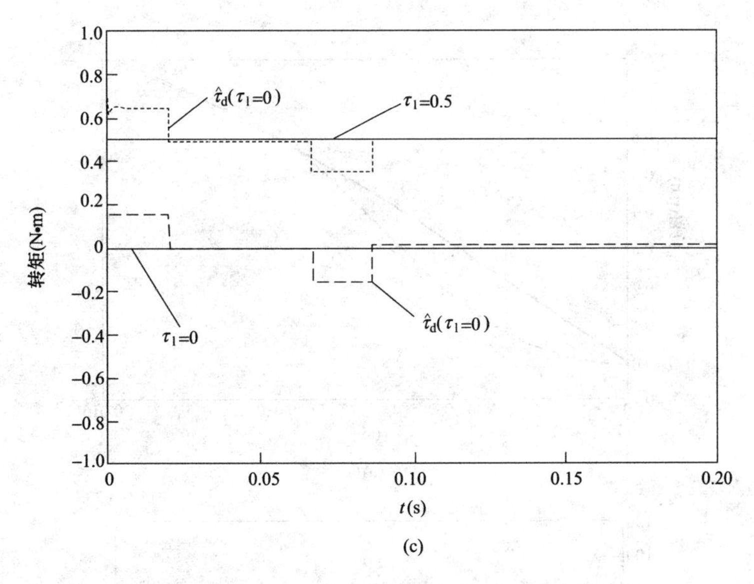

图 7-22　负载 τ_1 和电动机参数均变化时的仿真结果（二）

（c）负载转矩 τ_1、负载扰动转矩观测 $\hat{\tau}_d$波形

如图 7-22 所示是在负载 τ_1 和电动机参数转动惯量 J、摩擦系数 B 均变化的情况下的仿真波形。从图中可以看到系统对二者同时引起的负载扰动也具有较强的抗干扰性能。图 7-22（a）和图 7-22（b）中的位置跟踪效果很好，从局部放大图里可以看出，二者的动态误差均在－0.0002～0rad 范围内，稳态误差为－0.0001rad；从图 5-7（c）看到，二者的负载观测曲线形状几乎相同，相当于垂直平移，大小相差约为 0.5N·m，这是由于二者具有相同的转动惯量和摩擦系数，而负载相差 0.5N·m 的缘故。

（5）参考输入 $r=1\sin(20\pi t)$ 为正弦波时在两组不同参数下的仿真结果如图 7-23 所示。

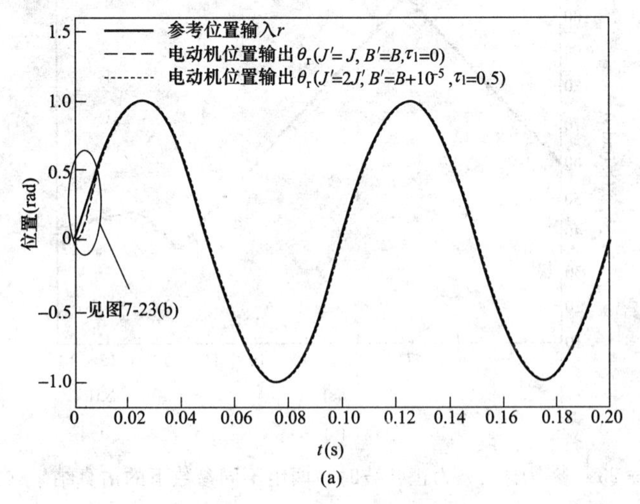

图 7-23　参考输入 r 为正弦波时在两组不同参数下的仿真结果（一）

（a）参考位置输入 r、电动机位置输出 θ_r 波形

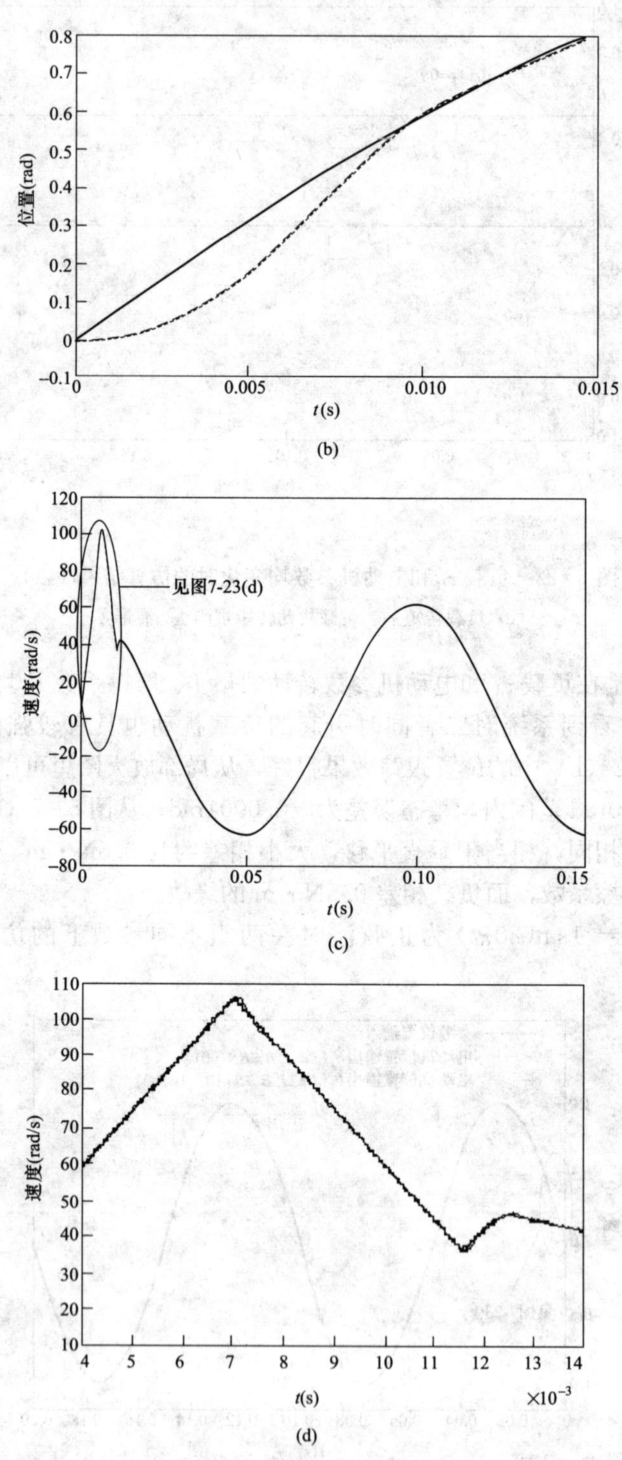

图 7-23 参考输入 r 为正弦波时在两组不同参数下的仿真结果（二）

（b）局部放大图；（c）滤波器速度输出 $\dot{x}_n$、电动机速度响应 ω_m 波形；

（d）局部放大图；

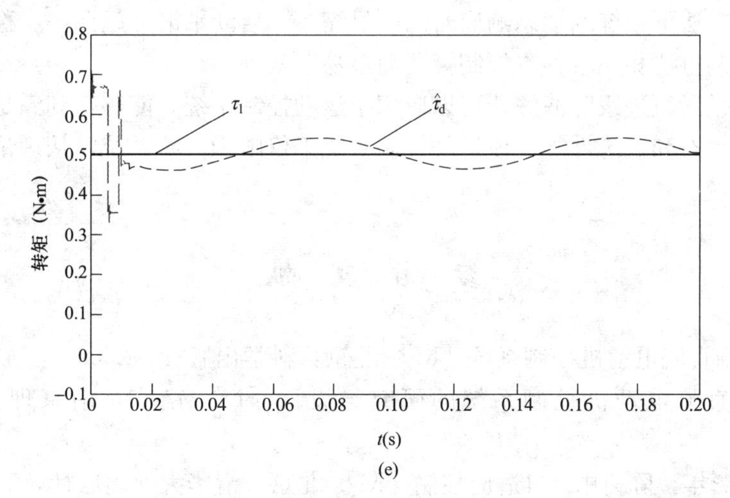

(e)

图7-23　参考输入 r 为正弦波时在两组不同参数下的仿真结果（三）

(e) 负载转矩 τ_1、负载扰动转矩观测 $\hat{\tau}_d(J'=2J，B'=B+10^{-5}，\tau_1=0.5)$ 波形

图7-23是在参考输入为正弦波 $r=1\sin(20\pi t)$ 且负载 τ_1 和转动惯量 J、摩擦系数 B 均变化的情况下的仿真波形。对于所设计的二阶离散平滑轨迹跟踪滤波器，参考输入不再局限于其二阶导数 $\ddot{r}$ 分段恒定的要求，只需满足 $|\ddot{r}|<\ddot{x}_M$，输出响应就可以跟踪输入。这可以从图7-23中的位置和速度响应仿真波形得到验证。从图7-23（a）和图7-23（c）中可以看出，在两组参数下，位置和速度跟踪效果都很好，动态响应时间为0.01s，位置动态误差最大为0.1rad，速度稳态误差几乎为零。从图7-23（e）可以看出参考输入正弦输入时，由转动惯量变化引起的负载扰动也是正弦变化的，并且系统对负载波动和电动机参数变化引起的负载扰动具有很强的抗干扰性能。

7.6 结　　语

无刷直流电动机在国民经济各领域得到越来越广泛的应用，使得高性能无刷直流电动机控制方法的研究显得意义尤为重要。现代控制理论及现场工程对电动机控制系统提出如下要求：系统得到高质量的动态性能和稳态性能，有较好的抗干扰鲁棒性能，控制方法易于实现等。基于这样的研究思路本章在比较传统的PID线性控制和非线性控制理论的基础上提出了基于二阶离散非线性平滑轨迹跟踪滤波器的无刷直流电动机的控制方法。

本设计将改进的二阶离散形式的非线性平滑轨迹滤波器设计应用于无刷直流电动机的控制中，并且通过仿真结果分析证实了所提出的控制方法的正确性和优越性。

通过理论分析以及仿真结果证明，可以得到以下结论：

（1）使用改进设计的二阶非线性平滑轨迹跟踪滤波器能够适用于各种位置输入信号，唯一需要满足的条件是：参考输入信号 r 的各阶导数满足边界限制条件。对于二阶系统来说，要求满足 $|\dot{r}|<\dot{x}_M$，$|\ddot{r}|<\ddot{x}_M$。对于满足条件的输入 r，系统输出能够很好地跟踪输入，这在仿真中可以得到验证。

（2）将二阶离散的非线性平滑轨迹滤波器应用于无刷直流电动机控制，是本设计的研究重点和创新点，通过仿真证实了其正确性。与传统的三环PID线性控制方法相比较，在本设计提出的控制方法下系统的动态响应时间明显缩短、启动平滑、超调小、稳态误差小；与完全的非线性控制方法相比较，本控制算法简单易于实现。

(3) 非线性平滑轨迹跟踪滤波器可以应用于运动控制系统，能够得到满足边界条件限制的高质量的系统动态和稳态性能。该运动控制系统不仅限于二阶系统，从理论上讲可以是任意的一个 n 阶系统。

参 考 文 献

[1] 夏长亮. 无刷直流电动机控制系统 [M]. 北京：科学出版社，2009.

[2] 王宏. 无刷直流电动机控制系统的研究与设计 [D]. 南京：南京理工大学硕士论文，2003.

[3] 韩正之，陈彭年，陈树中. 自适应控制 [M]. 北京：清华大学出版社，2014.

[4] H. A. Toliyat，N. Sultana，D. S. Shet and J. C. Morera. Brushless permanent magnet motor drive system using load-commutated inverter [J]. IEEE Trans. On PE，1999，14 (5)：831-837.

[5] 瞿少成，王永骥. BLDC 位置伺服系统的离散变结构控制 [J]. 中国电机工程学报，2004，24 (6)：96-99.

[6] 冀溥，宋伟，杨玉波，等. 永磁无刷直流电动机应用概况 [J]. 电机技术，2003，3 (4)：32-36.

[7] 王娟. 基于 RBFNN 的无刷直流电机直接电流控制与转矩分析 [D]. 天津：天津大学，2004.

[8] 黄捷建，吴晓东. 永磁无刷直流电机驱动系统及其应用 [J]. 微电机，2005，38 (5)：28-29.

[9] 夏长亮，杨晓军，史婷娜，等. 基于鲁棒调节器的无刷直流电机速度控制研究 [J]. 电工电能新技术，2002，21 (3)：5-8.

[10] 夏长亮，王娟，史婷娜，等. 基于自适应径向基函数神经网络的无刷直流电机直接电流控制 [J]. 中国电机工程学报，2003，23 (6)：123-127.

[11] 夏长亮，文德，王娟. 基于自适应人工神经网络的无刷直流电机换相转矩波动抑制新方法 [J]. 中国电机工程学报，2002，22 (1)：54-58.

[12] J. D. Rivera，A. Navarrete，M. A. Meza，et al. Digital sliding-mode sensorless control for surfaee-mounted PMSM [J]. IEEE Transactions on Industrial Informatics，2014，10 (1)：137-151.

[13] 魏熙乐. 永磁同步电动机的鲁棒平滑跟踪控制 [D]. 天津：天津大学硕士论文，2001.

[14] A. Polyakov. Nonlinear feedback design for fixed-time stabilization of linear control systems [J]. IEEE Transaction on Automatic Control，2012，57 (8)：2106-2110.

[15] 夏长亮，刘均华，俞卫等. 基于扩张状态观测器的永磁无刷直流电机滑模变结构控制 [J]. 中国电机工程学报，2006，26 (20)：139-143.

[16] 王江，曾启明，张宙. 线性开关磁阻电动机的二阶离散平滑滤波器跟踪控制 [J]. 中国电机工程学报，2004，24 (11)：177-182.

[17] 陈仕高. 直流无刷电机控制系统的研究 [D]. 北京：北京交通大学硕士论文，2006.
[18] 方红伟，夏长亮，方攸同，等. 无刷直流电动机二阶离散平滑滤波器位置伺服控制 [J]. 中国电机工程学报，2009，29 (3)：65-70.
[19] Kyeong-Hwa Kim，Myung-Joong Youn. A nonlinear speed control for PM Synchronous Motor using a simple disturbance estimation technique [J]. IEEE，Transactions on industrial electronics，2002，49 (3)：524-535.

第8章 单源多用户无线电能传输系统分析与实验研究

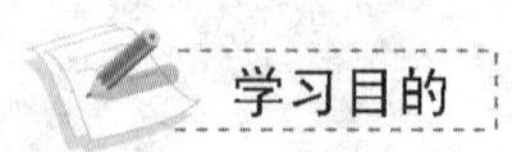

通过本章内容的学习，可以使学生对无线电能传输技术有一个深入的认识，掌握新课题或者学科交叉课题的研究方法和设计思路。重点内容包括课题背景、无线电能传输原理、单源多用户无线电能传输系统特性分析、实验系统设计、实验研究和结果分析等。进行毕业设计的学生通过本章内容的学习，既能学习无线电能传输领域最新技术，也能了解该类课题设计的过程和毕业设计要达到的指标。

8.1 引　　言

8.1.1 课题背景

近年来，随着社会的需要和科学技术的发展，越来越多的电子产品进入到了家庭，如音乐播放器、电子相框、笔记本电脑、手机等。但是，各种电线的存在既占用了大部分空间，又影响了各种移动电子设备的美观和灵活性，而且，电线之间的相互摩擦和老化，既容易磨损也影响使用安全，电线、插座、电器设备标准的不统一也会对用电设备的使用造成极大的限制。譬如对石油开采和矿井作业等特殊场合供电时，应用有线输电容易产生接触火花，甚至造成危险，威胁人身和财产安全。根据以上情况，无线电能传输技术的发展就显得尤为迫切和重要。

电能的无线传输技术相对于传统的电能传输技术有很多优点，如避免接触火花的产生，使电子设备的移动更加灵活，节省金属材料的使用，使环境更加美观等，因此该技术不仅在军事、科学研究、城市电气化交通、工业机器人、航空航天、工矿企业吊装设备和高层建筑电梯、运输设备、水下作业等领域具有重要的实用价值，而且在生物医学、家用电子产品等领域也具有广泛的应用前景。

目前磁耦合谐振式无线电能传输技术的研究主要是针对单用户的研究，对于单源多用户、采用中继线圈以及多个发射线圈的能量传输技术缺乏深入研究。本课题主要对磁耦合谐振式无线电能传输技术中单源多用户无线电能传输问题进行研究。

8.1.2 课题研究的目的和意义

目前磁耦合谐振式无线电能传输技术大都针对单负载系统，但实际中多负载情况更加常见，尤其是当多个负载处在较近位置时，负载之间会相互影响。本文旨在对多负载磁耦合谐振式无线电能传输技术开展理论分析与实验研究，探索多负载之间的相互影响关系，为实际系统设计提供理论参考。

本课题的理论分析研究内容是对磁耦合谐振式无线电能传输技术理论内涵的丰富和拓

展，尤其在磁耦合谐振式无线电能传输技术的多负载理论方面得到发展，因此具有一定的学术意义。

多负载谐振式无线电能传输有利于进一步扩展无线电能传输技术的应用领域。本课题所研究的多负载、中距离、高效率的传输装置应用前景十分广阔，具有很大的应用价值和市场前景。

1. 物联网的供电

物联网，即物物相连的互联网，是新一代信息技术的重要组成部分。以互联网作为核心和基础，物联网在其基础上进行网络的延伸和扩展。其用户端延伸和扩展到了任何物体与物体之间，用于信息交换和通信。物联网的定义是：通过全球定位系统、射频识别（RFID）、红外感应器、激光扫描器等信息传感设备，按约定的协议，把所有物体与互联网相连接，同时进行信息交换和通信，以实现对物体进行智能化地识别、跟踪、定位、监控和管理的一种网络。物联网的应用方向涵盖了生产生活的方方面面，如智能电网、智能交通、物流运输与跟踪、图书馆书籍管理、医疗装置监测、电子计费、基建和公共设施检测、商业及家用设备监测等。随着时代的发展，物联网将会普及，然而目前其供电方式（电池供电）上却存在更换电池不方便的缺陷。面对数以万亿的电子器件无缝连接和分布式、移动性、可靠性、普适性需求，无线电能传输将成为物联网各项功能实现所必需的稳定便捷电能供应方式的首选，从而得到更加广泛的应用。

2. 机械运输设备的供电

接触火花、滑动磨损等缺点一直是滑动摩擦式供电等传统供电方式所存在的严重问题。如果在设备移动范围内安装发射源，移动设备本身内安装接收谐振线圈，采用耦合谐振式无线输电技术，即使在恶劣、危险环境下，也可实现对移动设备较长距离的供电。而一般可充电电池供电作为民用运输设备的传统的供电方式，在运输设备电池充电过程中会存在高压接触的危险，易产生漏电和电击，采用磁耦合谐振式无线电能传输方式则可以完全克服这一问题。

3. 危险区域和特殊条件下供电

矿井中运煤车的供电存在的很多问题，如输电线接触耐用性不好、导线裸露发热和产生火星的问题严重，供电过程中如果出现失火将造成人员和财产严重损失等十分严重的后果等。为了有效解决以上问题，可采用磁耦合谐振式无线电能传输。很多特殊环境下的设备也需要电能的供应，如石油钻井、深海潜水器和深海采矿等，而电力供应不连续或导体裸露等问题限制了这些设备的工作，如果采用磁耦合谐振式无线电能传输方式，就可以有效避免导线的短路，防止危险事故的发生。

4. 家用电器的供电

传统家用电器离不开导线，如电灯、电视等家用电器的供电是通过导线，采用谐振式无线电能传输技术就可以使这些设备摆脱导线的束缚，给我们的生活带来方便。尽管感应式无线电能传输技术也能实现无线供电，但与磁耦合谐振式的无线电能传输相比，在传输的距离和功率上有很大的差距。

5. 植入式医学设备供电

如果采用传统方式对植入式电疗设备、去纤颤器等医疗设备供电，输电线不仅笨重而且容易引起皮肤的病菌感染，采用磁耦合谐振式无线电能传输方式，就能有效解决这些问题。

电源发射端在人体外面实现体外电能的供给，而具有接收端的医疗设备植入人体内，可在提供连续电能的基础上也保证了病人的安全。

8.1.3 无线电能传输方式的分类及国内外研究现状

早在1890年，物理学家尼古拉·特斯拉（Nikola Tesla）就对无线电能传输技术进行了试验研究。他提出了一种无线电能传输方法，即把地球本身和电离层分别作为内导体和外导体，通过电磁波振荡，在地球和电离层之间产生低频（大小约8Hz）共振，然后再利用地球表面存在的电磁波达到能量传输的目的。

根据无线电能传输原理，电能的无线传输方式可分为微波无线电能传输、感应耦合式无线电能传输和磁耦合谐振式无线电能传输三类。

1. 微波无线电能传输

微波无线电能传输，就是通过自由空间，利用微波使电能在发射端和接收端之间传输，取消了输电导线。通过微波转换装置使直流电转变为微波，在自由空间中，大功率电磁波携带能量经由天线发射再被另一天线接收，然后微波转换装置重新将能量转变为直流电。尼古拉·特斯拉早在1899年就开始研究用无线电波进行电能的传输并做了很多实验，他制作了一个很大的线圈，连接在直径3ft，高200ft的天线塔上，试验中其功率和频率分别为300kW和150kHz，并使能量最终被线圈接收。高达100MV的射频电压在天线架顶周围产生。特斯拉希望为一些孤立房屋提供照明，试图让能量在全球传输。特斯拉实验耗资巨大而且并没有解决能量传输过程中的关键问题，因此实用的价值非常低。

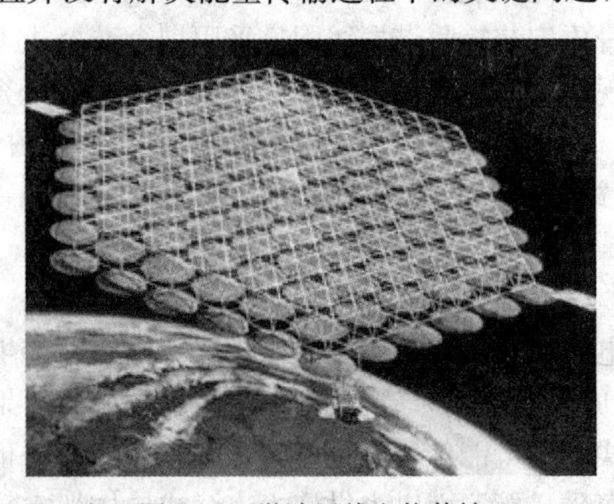

图8-1 微波无线电能传输

美国工程师P·Glaser在1968年提出了一种太阳能发电卫星，如图8-1所示。其基本构想是应用微波无线电能传输技术利用取之不尽的太阳能来发电，首先在地球中的某一轨道建立太阳能发电卫星基地，然后通过激光或微波将能量传输到一个特定接收设备中，再将所接收的能量转变成电能供人们使用。这种设计充分利用了太阳这种新型清洁能源发出的能量，整个能量转变过程为太阳能→电能→微波→电能。

微波无线电能传输技术适用于大范围、长距离的电能传输，能够实现极高功率的能量传输。但采用微波无线电能传输技术也存在很多问题，如：需要把发射机和接收机对齐；远距离、高功率的能量传输时，为防止对周围环境造成巨大的破坏，需要采用高级技术来实现定位；由于其散射角大，在远距离传输时损耗大、效率低，近距离传输时对人体或其他生物也会有很大影响，障碍物也会影响其能量的传输。

2. 感应耦合式无线电能传输

感应耦合式无线电能传输主要采用可分离变压器，利用电磁感应耦合原理实现电能的无线传输。通过整流滤波使输入的能量转变成直流电，之后经过高频逆变转变成高频交流电，传输到可分离变压器的一次侧，然后利用感应耦合原理使电能传输到二次侧，经二次侧补偿和整流滤波得到可利用的直流电。对系统的传输效率起关键作用的部分主要是可分离变压器的耦合性能。变压器的能量转换效率直接受气隙长度和传输距离的影响，一般为提高系统能量传输效率，可使气隙长度减小，从而使可分离变压器耦合系数变大，因此，感应耦合无线电能传输方式只能实现近距离传输，约为几毫米到几十毫米。

国外该方式已经十分成熟。英国 Splash Power 公司推出的 Splashpads 无线充电器如图 8-2所示。其利用了感应耦合无线电能传输原理，用塑胶薄膜把产生磁场的小线圈阵列封装在里面作为能量的输送端，在电子设备上把电线绕制成很小的接收线圈贴在上面作为能量的接收端。

该方式在国内也有一定的研究。针对感应耦合式无线电能传输系统的接入技术及微型化应用，香港城市大学 S. Y. Hui 等组成的研究小组进行了研究。中科院院士严陆光领导的研究小组从高速轨道交通的角度，对运动型应用进行了性能分析。在感应耦合无线电能传输系统拾取机构及其方向性方面，重庆大学自动化学院教授孙跃对其进行了系统研究和分析。在无线电能传输系统频率分叉现象和负载电压的控制方面，西安交通大学教授王兆安进行了深入研究。

图 8-2　Splash Power 公司开发的 Splashpads 无线充电器

由于该方式传输距离太近，并且不能完全脱离电线的束缚，所以，虽然应用该方式的无线充电器已出现商业化产品，如手机、MP3 等小型移动设备，但至今仍未得到普及。目前，该方式主要用于恶劣环境下（如井下、水下等）的设备和电动汽车、起重机等大功率设备。

3. 磁耦合谐振式无线电能传输

由美国麻省理工学院（MIT）教授 Soljačić提出的磁耦合谐振式无线电能传输的理论依据是：如果两个具有相同的谐振频率的振荡电路，在波长范围内通过近场瞬时波耦合实现能量传输。磁耦合谐振属于近场无损非辐射，它与远场的辐射损耗本质上不同，虽然实际中磁耦合谐振会随着发射端和接收端之间距离的增加而有所衰减，但理论上可得出，未被接收端吸收的能量最终会反射到发射端，对系统的传输不会有太大影响。由于谐振线圈的大小远小于谐振波长，所以其对周围物体的影响很小，而且由于生物体和磁场之间相互作用很弱，该方式也是相对安全的。

磁耦合谐振式无线电能传输对传输频率的要求十分严格，与前两种无线电能传输方式相比，其能量传输距离更远，能量损耗小，传输性能更加稳定，传输效率更高。

2007 年 6 月，MIT 宣布利用磁耦合谐振无线电能传输成功地点亮了一个离电源约 2m 远的 60W 电灯，如图 8-3 所示。在实验中，该研究小组使用了两个直径为 60cm 铜线圈，铜线半径为 3mm，两个线圈通过调整发射频率使其在（10.56±0.3）MHz 产生共振，效率可达 40%，从此，磁耦合谐振无线电能传输便成为无线电能传输领域的焦点。

图 8-3　MIT 的 Witricity 技术实验演示

在 2008 年 8 月的英特尔开发者论坛上一款

与MIT类似的无线传输装置展出，它可以传输60W动力，在几英尺远的地方其效率也可达75%，这是磁耦合谐振式无线电能传输的进一步发展。近年来，日本科学家成功研制并演示了一种新型无线充电器，这种新型充电器能够为1m外的设备充电。随着该技术的出现和普及，电源插头也许将在某一天彻底消失。

国际上对于这方面的研究仍处于探索阶段，未能实现商业化，但已取得了一些研究成果。国内在该领域的研究与国外相比存在较大的差距，研究主要集中在感应耦合式无线电能传输方面，且基本处于起步阶段。哈尔滨工业大学的朱春波等人研发了一款磁耦合谐振式无线电能传输装置，应用310kHz的信号发生频率成功在1m的距离点亮了一个50W的灯泡，这也是国内比较领先的研究成果。

华南理工大学设计了带多个负载的磁耦合谐振式无线电能传输系统，利用磁场暴露测试仪对系统进行磁场暴露测试和分析，其产生的辐射远远低于危害人体的最低磁场暴露标准，验证了其安全性。并通过实验验证了多载特性和理论推导进行比较验证了其正确性。

河北工业大学在分析两个线圈电能传输的理论基础上，推导了多用户磁耦合系统中的耦合模幅度，并计算分析了传输过程中各个线圈的能量变化。

武汉大学副教授石新智获得了2012年国家自然科学基金，项目名称为基于磁共振的多负载中距离无线能量传输机制研究。

4. 磁耦合谐振式无线电能传输的主要问题

从磁耦合谐振无线电能传输国内外的研究现状可知该方式在国内外都还处在起步阶段，有很多问题亟待解决。这些问题具体分为系统总体性能问题、网络电源管理问题、电磁兼容问题、生物安全及其他负面影响和产品标准化问题。

（1）系统总体性能问题。系统总体性能问题包括整体提高系统传输功率、效率问题。提高系统传输电能的距离问题，解决增大传输距离与减小传输装置体积的矛盾，系统的稳定性问题，高性能、大功率射频电源的开发问题，大功率高频整流技术和产品的可靠性和稳定性技术研究。

（2）网络电源管理问题。网络电源管理问题包括身份识别、供电请求与授权许可问题，用户信息的跟踪提取问题，能量与信息非接触同步传输问题，多源多用户问题，电能的计量与双向传送问题，无线传能装置与电网的互动问题，无线传能装置的谐波与无功问题。

（3）电磁兼容问题。无线电能传输系统在工作时周围空间会存在高频电磁场，这就要求系统本身具有较高的电磁兼容指标。系统产生电磁兼容性问题，主要有三个因素：电磁骚扰源、耦合途径、敏感设备。所以，在遇到电磁兼容问题时，要从这三个因素入手，消除其中的某一个或多个因素，就能很有效地解决电磁兼容问题。防范措施有：采取有效的抗干扰、屏蔽技术；合理使用电磁波不同的频段，避免交叉、重合等造成不必要的电磁干扰。另外，无线电能传输自身器件的可靠工作问题和由无线电能传输系统发射电磁场对周围其他设备的影响也不容忽视。

（4）生物安全问题。与传统供电不同，无线传输的能量不可以在传输路径上得到很好控制，也不像无线通信传送的功率微小，高密度的能量可能会影响人身安全。据美国超声协会认定人体所能承受的超声波能量密度仅为$100mW/m^2$，激光则在功率密度小于$2.5mW/cm^2$才能保证对人体无害。所以采用无线电能传输时要考虑避免对人体、生物等的影响，即具有生物安全性。此外软磁芯、高频损耗问题及导线的高频特性以及对周围设备引起的涡流损耗与发热问题也不容忽视。

(5) 产品标准化。无线充电联盟于 2008 年 12 月 17 日成立，主推国际无线充电标准 QI，包括诺基亚、三星电子、飞利浦、索尼爱立信等 50 多家公司也相继成为联盟的企业成员。QI 无线充电标准包括认证测试、界面定义、表现要求三个组成部分，成为无线充电行业唯一的技术标准，只有获得认证的产品才能允许使用 QI 标识。我国工业和信息化部通信电磁兼容质量监督检查中心也加入该组织。

8.2　磁耦合谐振式无线电能传输基本原理

8.2.1　磁耦合谐振式无线电能传输理论基础

物理学对共振的定义：几个具有相同谐振频率的物体，当其中一个物体以该频率振动时，会带动周围几个物体也一起振动的现象。在射频领域的无线电能传输系统中，也会发生共振现象，即某个频率的驱动源会带动具有相同谐振频率的接收器一起振动从而形成谐振。磁耦合谐振式无线电能传输正是应用这一原理，通过发射端和接收端之间的振动传递来传输能量，该振动原理即电磁共振原理。

磁耦合谐振式无线电能传输利用电磁共振原理可以实现能量的高效传输。高频交流电使发射端发出某个频率的电磁波，当电磁波到达与发射端具有相同谐振频率的接收端时，使接收端发生共振，从而吸收大部分能量，达到电能通过无线传输的目的。

电磁场理论是磁耦合谐振式无线电能传输的理论基础，空间中能量以电磁波的形式传播。在导线中，运动的电荷所产生的电流周围会形成磁场。如图 8-4 所示，当线圈中通入电流，其周围会产生磁场，磁通量 Φ 表示在一个闭合领域中所有磁力线的总数，H 表示磁场强度，其随着与线圈距离的增加而减少。在磁耦合谐振式无线电能传输系统中，根据电磁感应原理可知，变化的磁场会产生电场，磁通量 Φ 的变化会产生一个电场强度 E，而且磁通量 Φ 的变化率越快，产生的电场强度越大，电动势也越高。

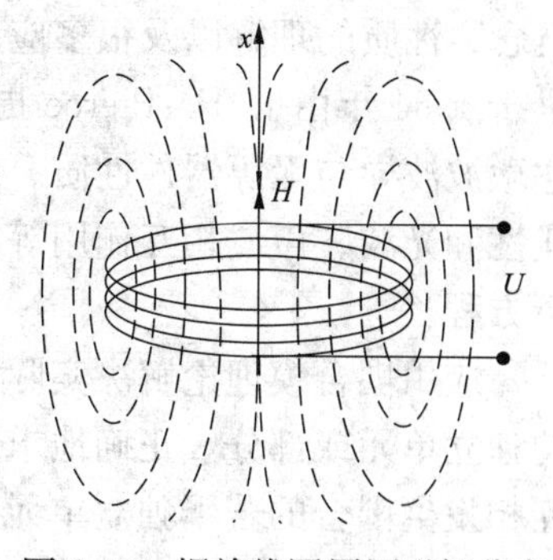

图 8-4　螺旋线圈周围磁场分布

当线圈与高频电源连接时，线圈中的交流电流会在线圈周围产生变化的磁场，变化的磁场会产生随时间变化的电场，于是在空间中就会产生磁场和电场的相互转化，从而形成了电磁波。能量便以电磁波的形式，以恒定的光速（$c \approx 3\times 10^8$ m/s）从线圈中辐射出去，同时也不会因为线圈附近的电磁场的改变而影响线圈上的电压。

为了分析周围电场的分布对无线电能传输的影响，将线圈作为高频发射源，根据接收端与发射线圈中心之间的距离 x，可将发射端周围分成两个区域，距离发射线圈中心 $\lambda/(2\pi)$ 以内的区域为近场区，从 $\lambda/(2\pi)$ 到无穷远为远场区，如图 8-5 所示。其中电磁波的波长为

$$\lambda = \frac{c}{f} \tag{8-1}$$

在近区场内，磁场强度与电场强度的大小没有确定的比例关系，而在远场区，磁场强度

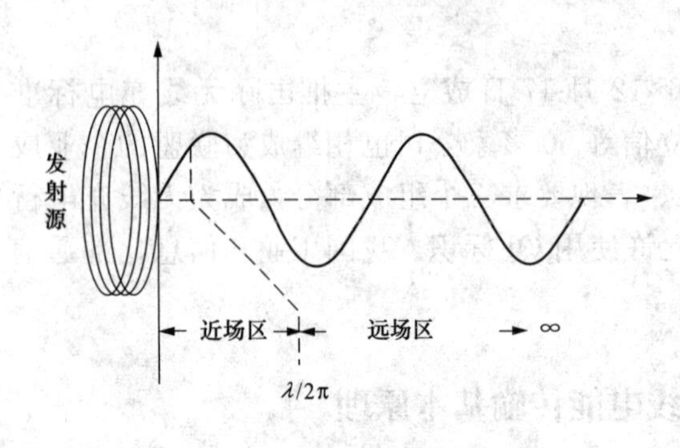

图 8-5 近场和远场区域的划分

H 和电场强度 E 有确定的比例关系。对于低电压大电流的场源，磁场要比电场大得多；对于高电压小电流的场源，电场要比磁场强得多。利用该规律可充分实现磁耦合而非电耦合，从而使该方式具有很好的生物安全性。

另外，近场区的电磁场强度较强，远大于远场区磁场强度，并且近场区的电磁场强度随着距离的变化很快，因此可得出，磁耦合谐振式无线电能传输主要是在近场区进行的。

远场区电磁场强度较弱，且随距离的增加逐渐较小，进入远场区的电磁波不能再回来对线圈产生作用，因此要想形成磁耦合谐振只能使电磁波处于线圈的近场区。磁耦合谐振式无线电能传输的有效区域为距离线圈中心 $\lambda/(2\pi)$ 内，在这个距离之外就不能传输能量。根据式（8-1），对于 1MHz 的无线电能传输系统它的近场区范围为 47.7m，对于 10MHz 的无线电能传输系统它的近场区范围为 4.77m。

8.2.2 耦合模理论

无线电能传输的理论依据主要为耦合模理论。耦合模理论是研究两个或多个电磁波模式间相互耦合的规律的理论，属于数学理论的微扰分析方法的特例，其为振荡系统或传输系统概念、性质的理解以及很多应用问题的解决提供了一种普遍使用的分析工具。耦合模概念最早于 1954 年由 J. R. Pierce 提出，而恰巧就在同年，Miller 正式提出耦合模理论并用于描述微波波导与无源器件性质。后来经过不断完善与扩充，耦合模理论可以方便地描述光学非线性和光波、声波相互作用等波动现象的一般规律，并逐渐成为高频波振荡或传输特性的解析方程。

应用耦合模理论解决实际问题的过程是：首先，把将一个复杂的耦合系统分成一定数量的独立单元或部分，正确地求解出独立单元的运动方程组；然后，假定原来复杂的系统是由互相发生耦合的若干独立单元组成的，这种耦合使每一部分的运动状态受到一个扰动。实际耦合系统的运动则用这些独立单元的扰动来描述。这些单元称为简正模。

简正模是多自由度运动的一些特殊的组合，它是集体运动模式，但是彼此相互独立。如果某个简正模式符合初始运动状态，则系统将按此模式振动，不会激发其他模式；如果初始运动状态不是确定的，则该系统的运动是各简正模式以一定比例的叠加。

首先，在最简单的线性振荡器及 LC 振荡电路中进行计算系统的简正模。

其中的电磁能相互交换的物理过程可以用下列方程组表示

$$\frac{\mathrm{d}I}{\mathrm{d}t}=\frac{1}{L}U \tag{8-2}$$

$$\frac{\mathrm{d}U}{\mathrm{d}t}=\frac{1}{C}I \tag{8-3}$$

在 LC 电路中，电感周围磁场中存储的能量 $W=LI^2/2$ 是磁能的形式，而在平板电容器间电场中存储的是电能 $W=CU^2/2$；系统中的电能周期性地从电感 L 转换到电容 C，并作相反的转换。从哈密顿方程组式（8-2）、式（8-3）明显可以看出系统中U和I两个变量之间的耦合。

如果将式（8-3）代入式（8-2）中，可以得到

$$\frac{d^2U}{dt^2}+\frac{1}{LC}U=0 \tag{8-4}$$

一般情况下，求解一阶微分方程组要比求耦合的一阶微分方程组或二阶微分方程要容易得多，可以通过找到哈密顿方程的线性组合去掉L和C的耦合。将式（8-2）和式（8-3）两个方程两边都乘以任意常数Y，然后同式（8-2）相加得到

$$\frac{d}{dt}(I+YU)=\frac{Y}{C}\left(I-\frac{C}{LY}U\right) \tag{8-5}$$

令$Y=\pm j\omega$，其中$\omega=\frac{1}{LC}$，由此得到去耦合的模式运动方程

$$\left(\frac{d}{dt}-j\omega\right)a=0 \tag{8-6}$$

$$\left(\frac{d}{dt}+j\omega\right)a^*=0 \tag{8-7}$$

式中

$$a=\frac{1}{2}\sqrt{L}\,(I+j\omega CU) \tag{8-8}$$

$$a^*=\frac{1}{2}\sqrt{L}\,(I-j\omega CU) \tag{8-9}$$

这样，就得到了去耦合方程，它们称为运动方程的简正模形式。

a和a^*称为简正模幅度或者称为振荡单元的简正模。它们由L和C线性组成的，可以看成是两个长度固定的朝相反方向旋转的矢量，并且它们的平方和代表系统中所存储的总电能，即

$$W=\frac{1}{2}[CU^2+LI^2]=|a|^2+|a^*|^2 \tag{8-10}$$

$|a|^2$和$|a^*|^2$分别代表在模式$|a|^2$和$|a^*|^2$中所存储的能量。同时，a和a^*还满足

$$|a|^2=|a^*|^2=\frac{1}{4}[CU^2+LI^2] \tag{8-11}$$

8.2.3 磁耦合谐振式无线电能传输模型

由于耦合模理论较为复杂，不利于之后各参数的计算，而一般的电路分析也可以对无线电能传输系统进行分析，所以本设计以电路来建立模型计算。图8-6所示为磁耦合谐振无线电能传输的基本原理图。发射圈S与一个振荡电路A耦合，电阻负载B与接收端设备线圈D耦合。自谐振线圈S和D通过内部的分布电容和电感而达到磁耦合谐振。能量经电源振荡电路A通过磁耦合谐振传输到发射圈S，接收线圈D与发射圈S由于具有相同的谐振频率，在磁场的作用下产生谐振，负载线圈B与接收线圈D通过耦合实现能量传递。在此系统中，距离K_S与K_D数值很小，所产生耦合属于近距离耦合，源线圈S与接收线圈D可

以相隔一段距离，K 数值较大，所产生谐振属于中等距离的磁耦合谐振。

图 8-6　磁耦合谐振无线电能传输的基本原理图

根据以上的基本原理可以建立磁耦合谐振式无线电能传输系统电路模型，如图 8-7 所示，一个磁耦合谐振式无线电能传输系统包括高频功率源，发射和接收谐振器，发射和接收线圈。图中 HP 为高频功率源；L_S、L_D、C_S、C_D、R'_S和 R'_D分别为发射谐振器和接收谐振器的电感、电容和阻抗；L_1 和 L_2 为发射和接收线圈的电感；R_1 为电源内阻，R_L 为负载电阻。

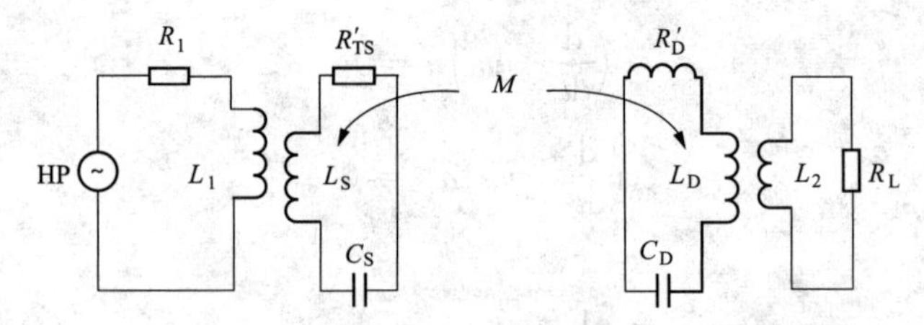

图 8-7　磁耦合谐振式无线电能传输系统电路模型

假设高频功率源 HP 为理想电源，可以忽略 R_1 和 L_1 对系统的影响，负载线圈电感 L_2 很小也可以忽略，再将负载电阻 R_L 等效到接收谐振器电路中为 R_W，于是得到如图 8-8 所示磁耦合谐振式无线电能传输系统的等效电路。其中 R_S、R_D、L_S、L_D 分别为发射器和接收器在高频下的等效参数，i_S 和 i_D 分别为各自回路中的电流。

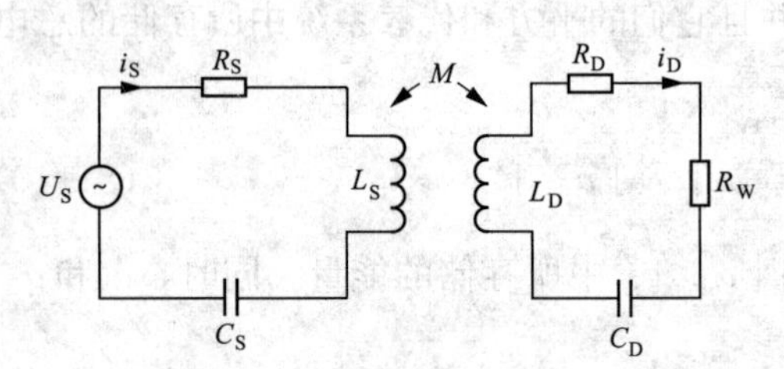

图 8-8　磁耦合谐振式无线电能传输系统的等效电路

该电路状态方程为

$$\begin{bmatrix} U_s \\ 0 \end{bmatrix} = \begin{bmatrix} R_S + jX_S & -j\omega M \\ -j\omega M & R_W + R_D + jX_D \end{bmatrix} \begin{bmatrix} I_S \\ I_D \end{bmatrix} = \begin{bmatrix} Z_S & -j\omega M \\ -j\omega M & Z_D \end{bmatrix} \begin{bmatrix} I_S \\ I_D \end{bmatrix} \tag{8-12}$$

其中发射端和接收端的电抗分别为

$$X_S = \omega L_S - \frac{1}{\omega C_S} \tag{8-13}$$

$$X_D = \omega L_D - \frac{1}{\omega C_D} \tag{8-14}$$

发射端和接收端的阻抗分别为

$$Z_S = R_S + jX_S \tag{8-15}$$

$$Z_D = R_D + jX_D \tag{8-16}$$

由式（8-12）可以推得发射端电流和接收端电流的关系以及发射端电压和发射端电流的关系

$$\dot{I}_D = \frac{j\omega M}{Z_D} \dot{I}_S \tag{8-17}$$

$$\dot{U}_S=\left[Z_S+\frac{(\omega M)^2}{Z_D}\right]\dot{I}_S \tag{8-18}$$

在电路中，电感、电容不会消耗能量，而只有电阻才会消耗能量，它们只是使能量不断地释放和储存。当电路的输入电流或输入电压为固定值时，电路中较大的电抗会使电路中的无功功率较大，从而使系统的输出功率和传输效率减小。为使电路中的电抗为零，可采用谐振，只有当接收回路和发射回路同时达到谐振时，该无线电能传输系统的效率达到最大。当收发线圈之间距离减小时，它们之间互感系数增大，根据式（8-17）可知，接收回路和发射回路之间的影响增加，则接收端等效到发射端的阻抗也会增加。

另外，在该系统中，当接收回路的电抗 $X_D=0$ 或趋近于0时，该接收回路即达到谐振状态；同样的当发射回路的电抗 $X_S=0$ 或趋近于0时，该发射回路即达到谐振状态。

8.2.4　磁耦合谐振式无线电能传输效率分析

对磁耦合谐振式无线电能传输的传输效率与频率、距离、线圈参数等因素之间的关系进行分析，有利于无线电能传输系统的设计和优化，对无线电能传输的发展有非常重要的意义。根据计算推导，可以得到输入功率的计算公式如下

$$\begin{aligned}P_{in}&=U_SI_S\cos\theta\\&=U_S\times \mathrm{Re}\left[\frac{Z_D}{Z_SZ_D+(\omega M)^2}\right]\\&=\frac{\{R_S[(R_D+R_W)^2+R_D^2]+(\omega M)^2(R_D+R_W)\}U_S^2}{[R_S(R_D+R_W)-X_SX_D+(\omega M)^2]^2+[R_SX_D+(R_D+R_W)X_S]^2}\end{aligned} \tag{8-19}$$

式中，Re 为求复数的实部。

其输出功率的计算公式为

$$\begin{aligned}P_{out}&=I_D^2R_W\\&=\frac{(\omega M)^2U_S^2R_W}{|Z_SZ_D+(\omega M)^2|^2}\\&=\frac{(\omega M)^2U_S^2R_W}{[R_S(R_D+R_W)-X_SX_D+(\omega M)^2]^2+[R_SX_D+(R_D+R_W)X_S]^2}\end{aligned} \tag{8-20}$$

由式可知系统输出功率受很多因素的影响，主要有谐振角频率 ω、谐振负载 R_w、互感 M、线圈内阻 R_s 和 R_D。把其他量看作已知量，而把 X_S、X_D 看作未知量就可以得到谐振对输出功率的影响。通过研究式（8-20）分母的极小值来确定其输出功率的最大值。设式（8-20）的分母为 t，则

$$t=[R_S(R_D+R_W)-X_SX_D+(\omega M)^2]^2+[R_SX_D+(R_D+R_W)X_S]^2$$

通过求 t 的二元函数极值，可以得到以下两种情况的极值：

（1）当 $R_S(R_D+R_W)/(\omega M)^2\geqslant 1$ 时 t 有且仅有一个极小值，推出得出 P_{out} 有唯一的极大值。

（2）当 $R_t(R_D+R_W)/(\omega M)^2<1$ 时 t 有两个极小值，推出 P_{out} 有两个极大值。两个极小值点是

$$X_S=\sqrt{\frac{R_S}{R_D+R_W}[(\omega M)^2-R_S(R_D+R_W)]}$$

$$X_D=\sqrt{\frac{R_D+R_W}{R_S}\left[(\omega M)^2-R_S(R_D+R_W)\right]}$$

无论是有唯一的极值或是两个极值的情况，发射端对系统输出功率的影响都远小于接收端的谐振对系统输出功率的影响。

由式（8-19）和式（8-20）可得到磁耦合谐振式无线带能传输系统的效率公式为

$$\eta=\frac{I_D^2R_W}{U_SI_S\cos\theta}\times 100\%$$
$$=\frac{(\omega M)^2R_W}{R_S\left[(R_D+R_W)^2+R_D^2\right]+(\omega M)^2(R_D+R_W)}\times 100\% \tag{8-21}$$

通过式（8-21）可以得出系统的效率与发射端谐振无关。当接收端达到谐振，即 $X_D=\omega L_D-\frac{1}{\omega C_D}=0$ 时，系统达到最大传输效率。得出结论在磁耦合谐振式无线电能传输系统中，当接收端发生谐振时，发射端回路得到的等效阻抗最小，此时线圈中流过的电流就最大，系统的传输效率达到最大值，最大传输效率为

$$\eta_{\max}=\frac{(\omega M)^2R_W}{(R_D+R_W)\left[R_S(R_D+R_W)+(\omega M)^2\right]}\times 100\% \tag{8-22}$$

8.2.5 频率、距离和负载对谐振系统的影响

1. 频率对谐振系统的影响

图 8-9 为负载 R_W=1、5、10Ω 时对应的频率和输出功率的关系，即当系统发生谐振，其他条件一定时，测得功率与频率的变化关系。通过图 8-9 不难发现随着频率的增加，对于一个确定负载的系统，其输出功率会先增加后减小，并且在某一频率时输出功率达到最大。因此适当选择系统的频率可使系统的输出功率达到最大值。

图 8-10 为负载 R_W=1、5、10Ω 时对应的频率和效率的关系。由图可见当其他条件一定时，随着系统频率的升高系统的效率会不断上升。由图 8-10 可以看出，在一定的频率范围内进行无线传输其输出功率和效率都可以达到不错的效果。因此可以对系统的频率进行评估和设计，选择合适的谐振频率。除此之外，磁耦合谐振式无线电能传输系统自身的设计也十分重要，主要包括谐振线圈的设计、传输距离的远近选择等，都会影响系统的传输效率。

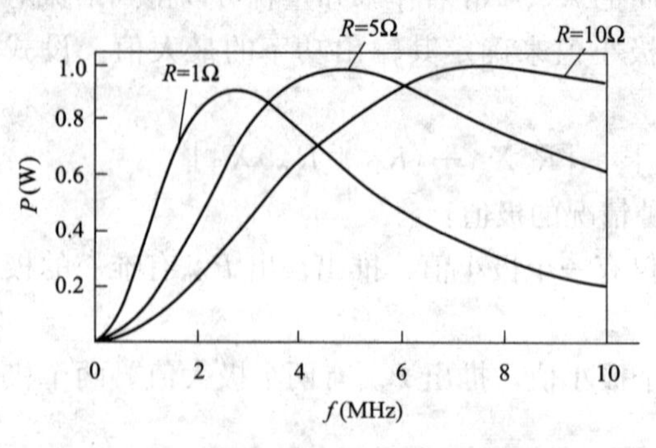

图 8-9 输出功率和频率的关系（R_W=1、5、10Ω）

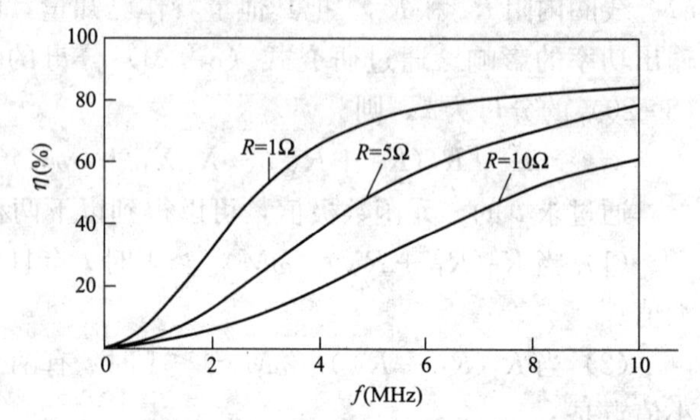

图 8-10 频率和效率的关系（R_W=1、5、10Ω）

2. 距离对谐振系统的影响

通过对之前系统传输功率和效率的计算公式进行计算和分析，将结果拟合成曲线即可得出在不同距离下系统无线传输的功率和频率的变化趋势。

图 8 - 11 所示为距离和功率的关系，随着距离的增加，接收线圈和发射线圈之间的互感系数就会减小，由输出功率公式可知，输出功率会先增加后减小。

图 8 - 12 为系统传输距离和效率的关系图。由图可以看出在负载一定时，效率随着距离的增加而减小。因此应该选择合适的最大距离使传输的功率和效率达到规定的要求，而不至于太低，影响传输效果。此外通过对系统的设计和相关参数的选择，可以使磁耦合谐振式无线电能传输系统在更高的效率下传输得更远。

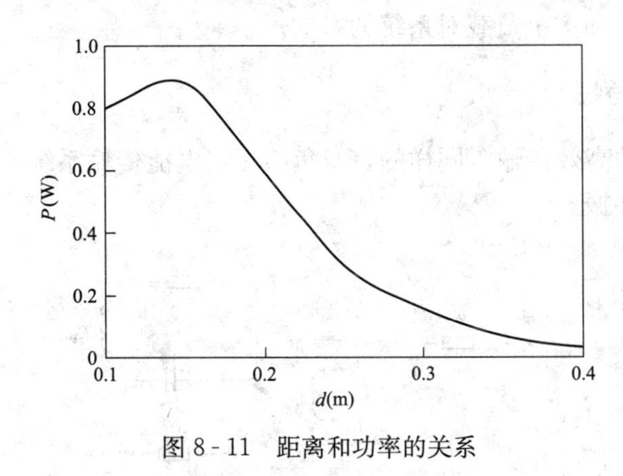

图 8 - 11　距离和功率的关系

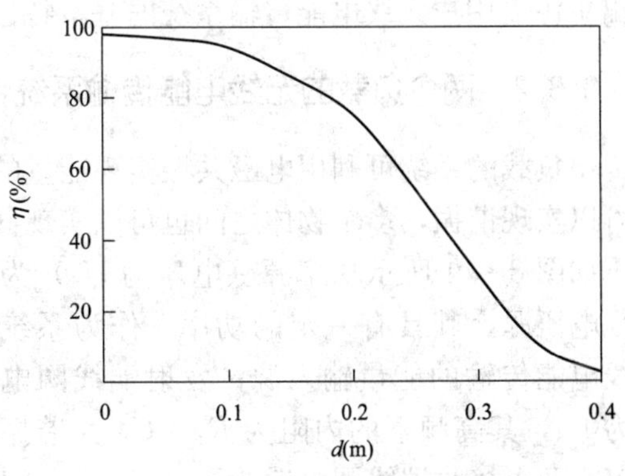

图 8 - 12　距离和效率的关系

3. 负载对谐振系统的影响

在实验过程中发现当系统发生谐振时，负载参数不同同样会影响系统的传输效率。通过式（8 - 12）求负载 R_W 的一阶导数，当导数为 0 时$\left(\frac{d\eta}{dR_W}=0\right)$，可以得到该系统在最大传输效率时所对应的负载，即

$$R_W=\sqrt{\frac{R_D}{R_S}(\omega M)^2+R_D^2} \tag{8-23}$$

当负载处于某一特定距离时，有一个相应的负载值使系统的传输效率达到最大值。为了让系统的传输效率有所提高，使能量能够更好地得到利用，需要进行阻抗匹配。

8.3　单源多用户无线电能传输系统特性分析

8.3.1　多用户无线电能传输系统

实际中无线电能传输系统一般分为以下四种模式：

（1）单源单用户模式：一个发射源向一个负载提供能量。

（2）单源多用户模式：一个发射源向多个负载提供能量。

（3）多元单用户模式：多个发射源向一个负载提供能量。

（4）多元多用户模式：多个发射源向多个负载提供能量。

目前对磁耦合谐振式无线电能传输系统的研究主要集中在单源单用户模式，而对于其他模式的研究还不是很多或者不是很深入。但实际应用中，多用户的无线电能传输系统更加广泛。

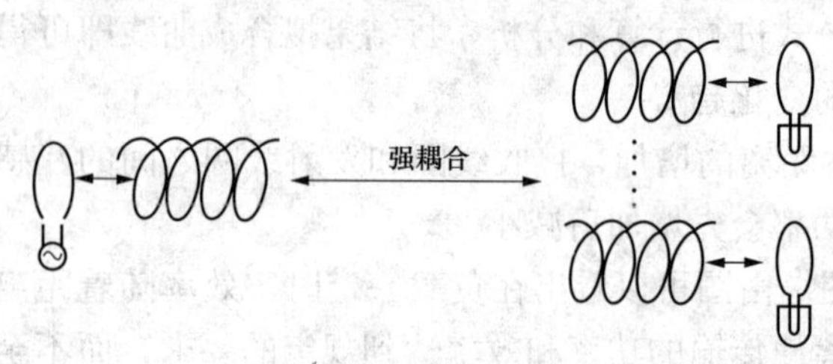

图 8-13 单源多用户无线电能传输

在多用户无线电能传输中，单源多用户模式最为实用。单源多用户无线电能传输如图 8-13 所示。本设计主要针对单源多用户磁耦合谐振式无线电能传输进行研究，主要针对两个负载的情况进行分析，通过建模、公式推导，计算出其传输功率、效率，最后得出单源多用户无线电能传输系统的基本特性和多个负载对系统的影响。

8.3.2 两个负载的无线电能传输系统特性

单负载的系统可利用电磁共振实现能量的高效传输，同样的，双负载无线电能传输系统也可以实现谐振，多个物体之间也可以实现共振。

如图 8-14 所示功率源（电压为 U_S）为高频电压源，其具有一定的功率，作为系统无线电能传输的能量输入源；发射端线圈电感为 L_S，其高频下的内阻为 R_S，C_S 为谐振电容；两个接收端线圈电感为 L_1、L_2，它们在高频下的内阻分别为 R_{L1}、R_{L2}，它们的谐振电容分别为 C_1、C_2；R_{W1}、R_{W2} 为两个接收端的负载；发射端线圈与两个接收端线圈之间的互感为 M_1、M_2，两个接收端线圈之间的互感为 M_{12}。

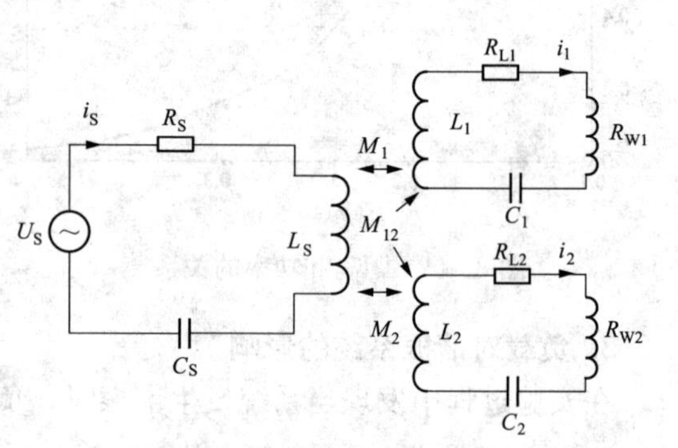

图 8-14 两个接收负载系统等效电路

单负载无线电能传输系统中，发射端和接收端同时工作在相同的谐振模式下，在近场区，能量以电磁波的形式在空间传递，损耗在空中和系统内阻的很少，绝大部分能量被负载吸收。而两个负载的无线电能传输系统中，除了考虑能量在传输过程中的损耗外，更主要的则是两个接收回路之间也相互影响。可通过计算影响两个负载系统的因素，来研究该系统在近场区的最大传输效率。

根据双负载的磁耦合谐振式无线电能传输系统模型，可以得出该系统的状态方程如下

$$\begin{bmatrix} U_S \\ 0 \\ 0 \end{bmatrix} = \begin{bmatrix} R_S + jX_S & -j\omega M_1 & -j\omega M_2 \\ -j\omega M_1 & R_1 + jX_1 & -j\omega M_{12} \\ -j\omega M_2 & -j\omega M_{12} & R_2 + jX_2 \end{bmatrix} \begin{bmatrix} \dot{I}_S \\ \dot{I}_1 \\ \dot{I}_2 \end{bmatrix}$$

$$= \begin{bmatrix} Z_S & -j\omega M_1 & -j\omega M_2 \\ -j\omega M_1 & Z_1 & -j\omega M_{12} \\ -j\omega M_2 & -j\omega M_{12} & Z_2 \end{bmatrix} \begin{bmatrix} \dot{I}_S \\ \dot{I}_1 \\ \dot{I}_2 \end{bmatrix} \tag{8-24}$$

其中发射端、接收端 1、接收端 2 的电抗分别为

$$X_S=\omega I_S-\frac{1}{\omega C_S},\quad X_1=\omega L_1=\frac{1}{\omega C_1},\quad X_2=\omega L_2-\frac{1}{\omega C_2}$$

发射端、接收端1、接收端2的阻抗分别为

$$Z_S=R_S+jX_S,\quad Z_1=R_1+jX_1,\quad Z_2=R_2+jX_2$$

其中$R_1=R_{W1}+R_{L1}$，$R_2=R_{W2}+R_{L2}$，从而得到各回路的电流为

$$I_1=\frac{-\omega^2M_2M_{12}+j\omega M_1Z_2}{Z_1Z_2+\omega^2M_{12}^2}I_S \tag{8-25}$$

$$I_2=\frac{-\omega^2M_1M_{12}+j\omega M_2Z_1}{Z_1Z_2+\omega^2M_{12}^2}I_S \tag{8-26}$$

$$U_S=\left(Z_S+\frac{\omega^2M_1^2Z_2+j\omega^3M_1M_2M_{12}}{Z_1Z_2+\omega^2M_{12}^2}+\frac{\omega^2M_2^2Z_1+j\omega^3M_1M_2M_{12}}{Z_1Z_2+\omega^2M_{12}^2}\right)I_S \tag{8-27}$$

可以得到接收端1负载的功率为

$$\begin{aligned}P_1&=I_1^2R_{W1}\\&=\left|\frac{\omega^2M_2M_{12}-j\omega M_1Z_2}{Z_S(Z_1Z_2+\omega^2M_1^2)+\omega^2M_1^2Z_2+\omega^2M_2^2Z_1+2j\omega^3M_1M_2M_{12}}\right|^2U_S^2R_{W1}\end{aligned} \tag{8-28}$$

同样可以得到接收端2负载的功率P_2，从而得出系统总输出功率为$P=P_1+P_2$。可以得到两个负载系统的传输效率为

$$\eta=\frac{I_1^2R_{W1}+I_2^2R_{W2}}{U_SI_S\cos\theta}\times 100\% \tag{8-29}$$

由式（8-29）可以看出，两个负载的系统中，负载功率和系统效率除了受到收发线圈的互感M_1和M_2、两个负载大小和频率f的影响外，还受到负载电抗X_1、X_2和两个接收线圈之间的互感M_{12}的影响。

由于空心螺旋线圈周围的磁场在近场区也具有较强的方向性，因此仅仅考虑收发线圈在同轴上的情况，当不处于同轴时效率就会有所降低。根据两个接收在线圈的不同位置，系统具有不同的系统功率和效率。根据分析可知，对于不同收发线圈空间排列，负载端谐振情况对系统功率和效率的影响也会不同。

8.3.3　一个中继回路一个负载回路系统特性

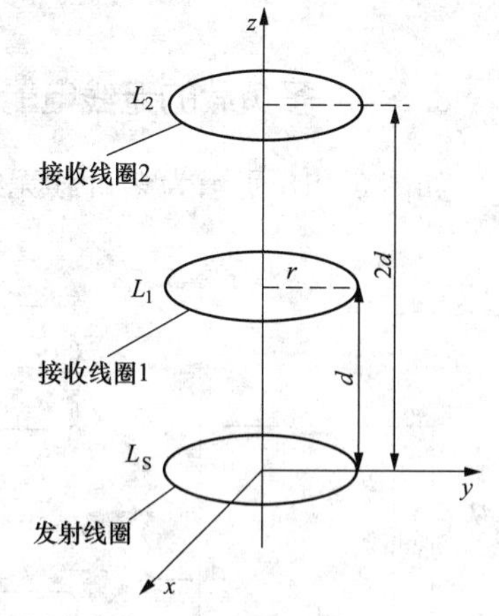

图8-15　两个负载在发射端一侧不同位置的示意图

图8-15所示的两个负载在发射端一侧不同位置。接收线圈1（感抗为L_1）、接收线圈2（感抗为L_2）、发射线圈（感抗为L_S）的圆心都位于z轴上，接收线圈L_2、发射线圈L_S位于接收线圈L_1的两端，d为接收线圈1与发射线圈、接收线圈2的距离，r为线圈的半径，接收线圈1到发射线圈距离为接收线圈2到发射线圈的距离的$\frac{1}{2}$。此时$M_1=M_{12}$，$M_2<M_1$。

接收线圈L_1和L_2完全相同，而发射端也已经处于谐振状态，即$X_S=0$。此时两接收线圈在发射线圈同侧且不相互重叠，根据三个线圈的位置关系，可以得出接收线圈1与发射

线圈的互感等于接收线圈 1 和接收线圈 2 的互感，并且比接收线圈 2 与发射线圈之间的互感大。因此接收线圈 1 回路的谐振对系统传输功率和效率的影响要大于接收线圈 2 回路对系统的影响。可以得出，当距离发射线圈最近的接收线圈发生谐振时，系统的传输功率和效率达到最大值。与以上情况类似，当两个接收端处于发射端同侧时，如果中间接收端的负载为 0 时，就成为一个中继回路与负载回路的情况。

当两个接收线路处于发射端的同侧不重叠时，由于两个接收线圈之间的影响较小，离发射线圈近的接收线圈发生谐振或接近于谐振时输出功率和效率有较大值。如图 8 - 15 所示，当接收回路 1 的负载为 0，即两个负载的特殊情况。当两个接收回路都谐振，离发射线圈近的接收回路 1 可以起到中继回路的作用，此时 $R_1=0$，接收线圈 1 不接收功率，但它可以产生共振，加强了电磁场的传播，从而使接收线圈 2 能产生较强的共振。因此它可以放大发射端的共振电磁波，从而使接收回路 2 的负载比单独时可获得更大的功率和效率。

通过进行相关计算，可以得出中继线圈对系统传输功率和传输效率的影响，如图 8 - 16 和图 8 - 17 所示。

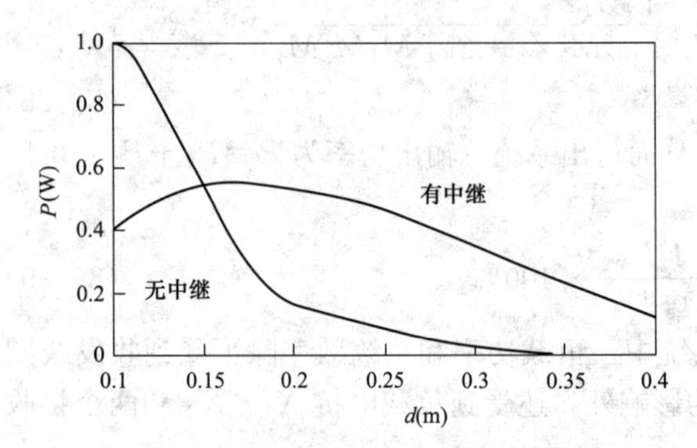

图 8 - 16　中继线圈对系统传输功率的影响

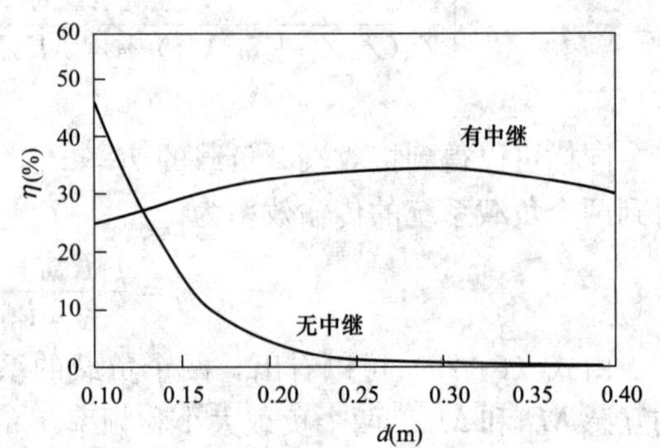

图 8 - 17　中继线圈对系统传输效率的影响

8.3.4　多负载的无线电能传输系统特性

如图 8 - 18 所示为多负载无线电能传输系统等效电路，n 为接收负载的个数。

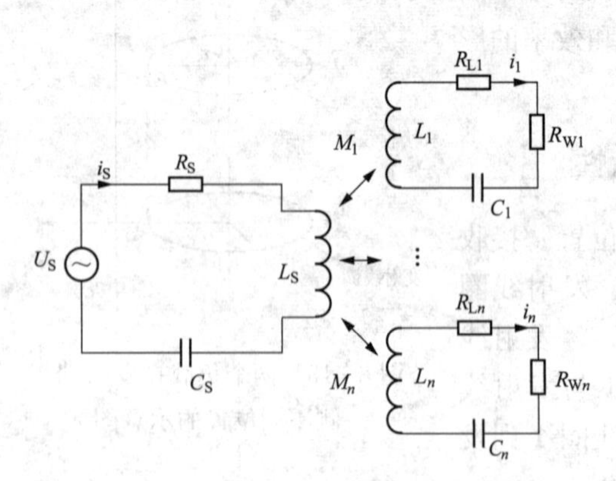

图 8 - 18　多负载无线电能传输系统等效电路

由于本系统接收线圈要比发射线圈小很多，而小型接收线圈之间的影响很小，可以忽略，只对接收线圈和发射线圈之间的互感影响进行分析即可。

该系统状态方程为

$$\begin{bmatrix} U_S \\ 0 \\ \vdots \\ 0 \end{bmatrix} = \begin{bmatrix} Z_S & -j\omega M_1 & \cdots & -j\omega M_n \\ -j\omega M_1 & Z_1 & 0 & 0 \\ \vdots & 0 & \cdots & 0 \\ -j\omega M_1 & 0 & 0 & Z_n \end{bmatrix} \begin{bmatrix} I_S \\ I_1 \\ \vdots \\ I_n \end{bmatrix} \tag{8-30}$$

各个回路电流同发射回路的电流关系

$$I_1=\frac{\mathrm{j}\omega M_1}{Z_1}I_S,\quad I_2=\frac{\mathrm{j}\omega M_2}{Z_2}I_S,\quad \cdots,$$

$$I_n=\frac{\mathrm{j}\omega M_n}{Z_n}I_S$$

从而得到系统输出功率

$$\begin{aligned}P&=I_1^2R_{W1}+I_2^2R_{W2}+\cdots+I_n^2R_{Wn}\\&=\frac{\dfrac{\omega^2M_1^2}{|Z_1|^2}R_{W1}+\dfrac{\omega^2M_2^2}{|Z_2|^2}R_{W2}+\cdots+\dfrac{\omega^2M_n^2}{|Z_n|^2}R_{Wn}}{\left|Z_S+\dfrac{\omega^2M_1^2}{Z_1}+\dfrac{\omega^2M_2^2}{Z_2}+\cdots+\dfrac{\omega^2M_n^2}{Z_n}\right|^2}U_S^2\end{aligned}\tag{8-31}$$

系统的效率为

$$\begin{aligned}\eta&=\frac{I_1^2R_1+\cdots I_n^2R_n}{U_SI_S\cos\theta}\times100\%\\&=\frac{\dfrac{\omega^2M_1^2}{|Z_1|^2}R_{W1}+\dfrac{\omega^2M_2^2}{|Z_2|^2}R_{W2}+\cdots+\dfrac{\omega^2M_n^2}{|Z_n|^2}R_{Wn}}{\mathrm{Re}\left[Z_S+\dfrac{\omega^2M_1^2}{Z_1}+\dfrac{\omega^2M_2^2}{Z_2}+\cdots+\dfrac{\omega^2M_n^2}{Z_n}\right]}\times100\%\end{aligned}\tag{8-32}$$

对于多用户无线电能传输系统，由于接收负载过多，不可能将线圈摆放在同一个轴上，因此可以将负载放在同一个平面上。多个负载系统的输出功率和传输效率跟单个接收回路的谐振频率、负载参数、互感以及线圈内阻有关。与两个接收负载的情况类似，可以在特定的条件下，对多用户系统的谐振情况进行设计，从而使得该系统具有最大输出功率和最佳的传输效率。

当忽略接收回路之间的互感影响时，共振回路的增加，使得等效到该系统发射端的内阻减小，从而使该系统相对于单个负载系统的传输效率提高。因此，从理论上来看，随着接收回路的增加，等效到发射回路的内阻越小，系统整体的传输效率越高。

8.4　单源多用户无线电能传输实验系统设计

8.4.1　系统结构框架

单源多用户如图8-19所示，主要包括信号发生电路、功率放大模块、阻抗匹配网络、电磁发射系统、电磁接收系统、整流调压系统和负载。

信号发生电路产生高频信号，该信号经过宽带线性功率放大模块将其功率放大，向电磁发射系统提供高频电源。调节信号发生电路使信号频率与电磁发射和接收系统的固有频率相同，调节信号发生电路输出信号的电压值可以使线性功率放大模块输出功率变大。

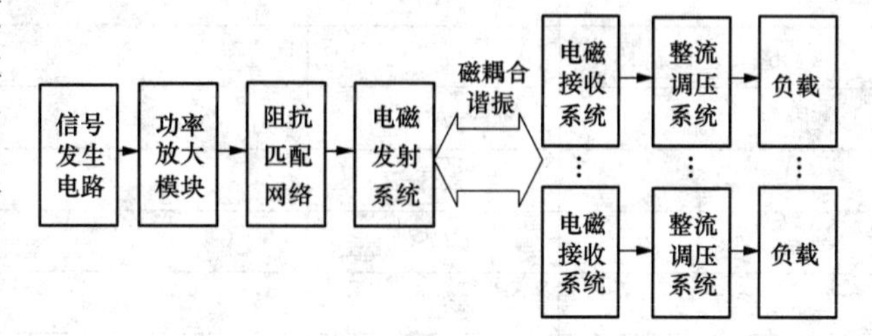

图8-19　单源多用户磁耦合谐振式无线电能传输系统模型

电磁发射系统、电磁接收系统、整流调压系统和负载组成的整体可以等效成功率放大模块的等效负载。该等效负载如果与功率放大模块的内阻不匹配会造成功率的反射，不但会降低电能传输效率，而且功率反射还会造成功率放大模块的烧毁。在功率放大模块和电磁发射系统中间加一阻抗匹配网络调节功率放大模块的输出负载阻抗，可使功率放大模块输出的功率有效地传给电磁发射系统。负载个数的增减会改变功率放大模块的等效负载大小，因此设计阻抗匹配网络尤为重要。

电磁发射系统将高频电能转换成高频交变磁场，通过该磁场的磁耦合谐振作用使电磁接收系统以无线方式接收到尽可能多的磁场能量。电磁接收系统将磁场能量转换成高频交流电能，高频交流电能再经过整流滤波系统将交流电能变成直流。

该系统中，电能通过磁场耦合和共振在空间中传输，在整个电能的传输过程中，磁场之间的耦合效率主要决定了电能的传输效率，同时也决定了电能的传输距离。

8.4.2 信号发生电路设计

本设计中无线电能传输系统的信号发生器选用MAX038芯片。MAX038芯片是一款通用波形发生芯片，被称为高频精密函数信号发生器IC。它较以前常用的函数发生器件，在对芯片波形的控制性能、频率精确度、频率范围以及用户使用的方便性等方面都有了很大的改进，广泛应用于压控振荡器、波形产生、FSK发生器及频率合成器等。

用MAX038集成电路设计的信号发生器，具有结构简单、成本低、体积小、便于携带等特点。其性能特点是：①能精确的产生正弦波、三角波、方波信号；②频率范围从0.1～20MHz，最高可达40MHz；③占空比调节范围宽，最大调节范围10%～90%；占空比与频率均可独立调节，互不影响；④波形失真小，正弦波失真度小于0.75%；⑤占空比调节时非线性度低于2%。

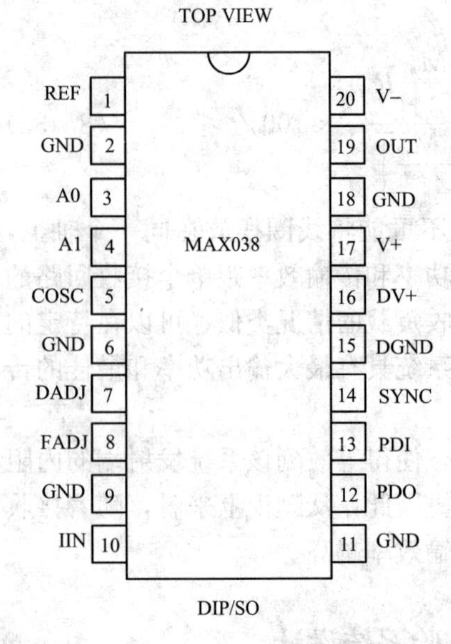

图8-20　MAX038芯片管脚图

MAX038芯片管脚如图8-20所示，其管脚功能说明见表8-1。

表8-1　管脚功能说明

管脚号	名称	管脚功能
1	REF	基准电源2.50V输出
2、6、9、11、18	GND	接地
3	A0	波形选择输入
4	A1	波形选择输入
5	COSC	外接振荡电容器COSC
7	DADJ	脉冲波占空比调节输入
8	FADJ	振荡频率调节（电压输入）

续表

管脚号	名称	管脚功能
10	IIN	振荡频率参考电流输入
12	PDO	相位检测器输出，如果不使用相位检测器则接地
13	PDI	相位检测器同步信号输入，如果不用相位检测器则接地
14	SYNC	同步脉冲输出，由 DGND 至 DV+间的电压作基准，允许用外部信号同步内部振荡器，如果不用则悬空
15	DGND	数字电路部分接地开路时，则禁用 SYNC 或未使用 SYNC
16	DV+	数字电路+5V 电源输入端，如果不用 SYNC 可悬空
17	V+	电源+5V 输入端
19	OUT	信号输出端
20	V−	电源−5V 输入端

MAX038 的输出频率与频率调节电压 U_{FADJ}、外接振荡电容器 COSC 的容量及参考电流 I_{IN}有关。

当 $U_{FADJ}=0V$ 时，输出振荡频率可由 F_0（MHz）$=I_{IN}$（μA）$/C_F$（pF）求得。式中，I_{IN}为当前输入到 IIN 的电流（$2\mu A \leqslant I_{IN} \leqslant 750\mu A$）在 REF 和 IIN。使用电压源与电阻串联的振荡器振荡频率按 f_0（MHz）$=U_{in}/$［$R_{in}\times C_F$（pF）］计算。参考电流 I_{IN}范围一般为 $10\sim400\mu A$。

COSC 外接振荡电容器 C_F 的容量为 20pF～100F。

如果 I_{IN}设置 F_0 后，输出频率还可以由 U_{FADJ} 调节，FADJ 管脚上的电压变化范围为 −2.4～+2.4V。由 FADJ 调节的频率输出范围是 FADJ=0 时的 0.3～1.7 倍。如果管脚 FADJ 超出了±2.4V 会导致输出频率的不稳定。当已知 U_{FADJ} 时，频率 $f_X=f_0\times(1-0.12915\times U_{FADJ})$，而输出信号周期为 $T_X=t_o/(1-0.12915\times U_{FADJ})$，式中，$t_o$ 为 $U_{FADJ}=0V$ 时的输出信号周期。接在 REF（+2.5V）和 FADJ 之间的可变电阻 R_F 可调整频率，R_F 阻值根据 $R_F=(U_{REF}-U_{FADJ})/250$（$\mu$A）计算。

基于 MAX038 的信号发生器芯片电路如图 8-21 所示。选取设计线圈的谐振频率范围来设计信号发生器的谐振频率，该电路 $U_{FADJ}=0$，选取外界振荡电容器的容量为 10μF，通过选取输入电阻的上限来控制信号发生器的谐振频率，并根据 MAX038 芯片信号频率计算公式 f_0(MHz）$=I_{IN}$(μA）$/C_F$(pF）得出信号发生器的谐振频率。

8.4.3　功率放大器模块设计

射频功率放大器是无线电能传输系统的重要组成部分。功率放大器模块可以把信号发生器产生的小功率射频信号进行放大，当获得一定量级的功率之后，高频信号才能发送并通过天线端辐射出去，使接收端获取能量。一个射频功率放大器电路的设计，往往需要对激励电平、输出功率、失真、功耗、尺寸、效率和重量等问题进行综合考虑，从这些因素中分析并制订出一个最佳的设计方案，来实现该系统的各项指标。

本系统功率放大器采用 BLF175 型号功率放大器芯片，并以 BLF175 型芯片为基础加上其外围电路组成功率放大电路。BLF175 型芯片是金属氧化物晶体管，具有很多优点，如功

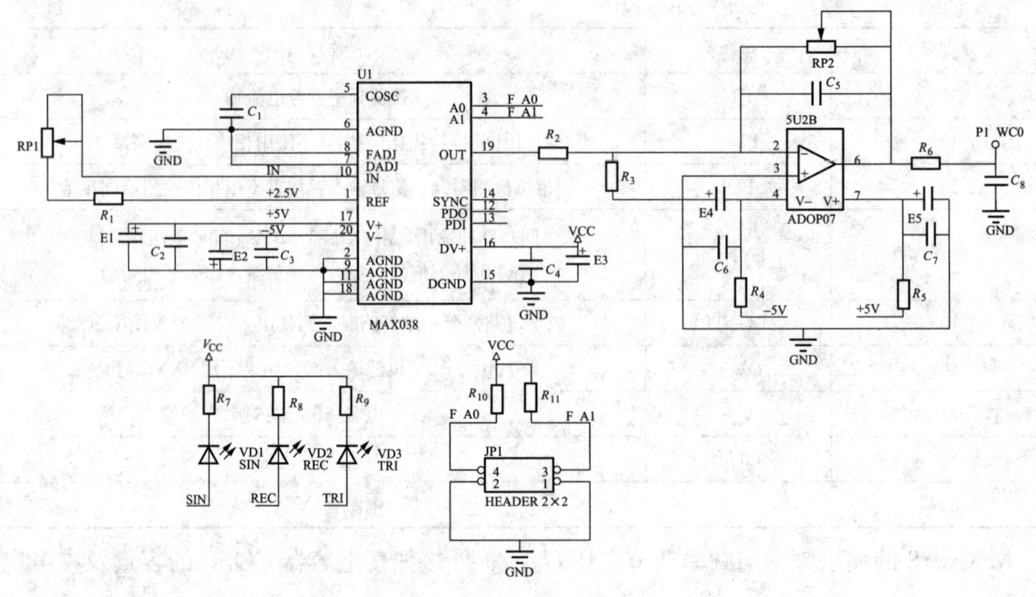

图 8-21 基于 MAX038 的信号发生器电路图

率增益高、失真率低、功率容易控制、热稳定性好、可靠性高等。功率放大器设计要考虑的一个重要因素是因为晶体管的非线性传输特性导致的互调失真，为降低互调失真，实验中的功率放大器设计成 A 类放大器。

由 BLF175 型芯片组成的宽带线性功率放大器电路原理图如图 8-22 所示。电路参数见表 8-2。功率放大器实物如图 8-23 所示。

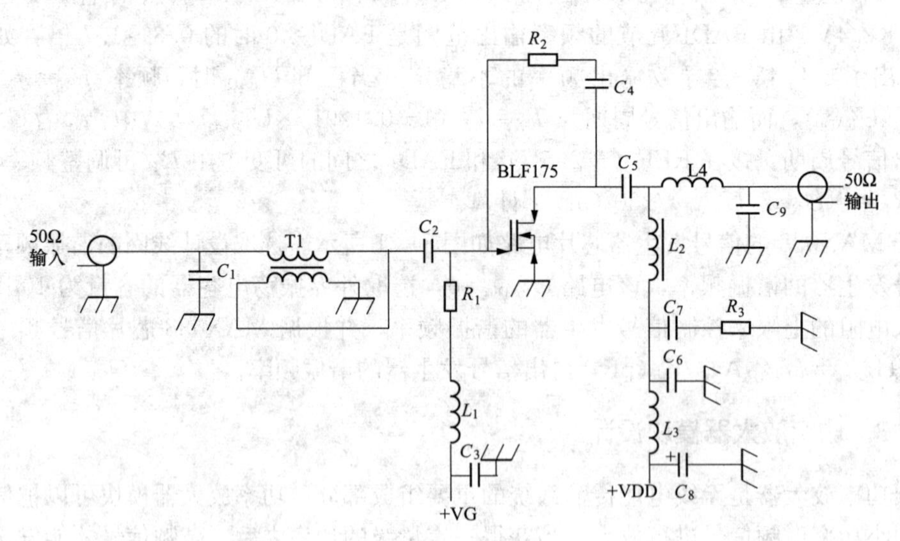

图 8-22 基于 BLF175 型芯片的宽带线性功率放大电路原理图

装置中宽带线性放大器模块采用了基于 BLF175 型芯片射频功率放大器。该放大器模块的主要技术指标如下：工作频率，1.6～28MHz；输出功率，≥20W（输入功率 20mW，电源电压+27V）；谐波，≤−15dBc；寄生输出，≤−80dBc；温度范围，−55～+105℃（壳温）；增益随频率变化，≤1.5dB。

表 8-2 基于 BLF175 型芯片的宽带线性功率放大器元件参数

元件	参数	元件	参数
C1	39pF	L1	86nH
C2	30pF	L2	20H
C3、C4、C6	100nF	L4	189nH
C5	10nF	R1	24Ω
C7	300nF	R2	1500Ω
C8	10F，63V	R3	10Ω
C9	24pF	—	—

功率器件的工作温度将直接影响整个电路的工作稳定性和安全性，因此处理和解决功率器件散热问题对于电路设计非常重要。本设计中使用的 BLF175 型芯片采用穿孔式封装，这样可以方便地把发热功率器件安装在散热器上，使发热功率器件和散热器紧密连接，有利于功率器件的散热。

图 8-23 功率放大器实物图

8.4.4 阻抗匹配网络设计

对于磁耦合谐振式无线能量传输系统来说，实现负载的阻抗匹配非常重要。磁耦合谐振式无线能量传输系统的等效电路如图 8-24 所示。如果不考虑发射线圈和接收线圈的磁耦合谐振，只考虑发射线圈和接收线圈之间的感应耦合作用，负载回路反映到发射线圈端的等效电路如图 8-25 所示。

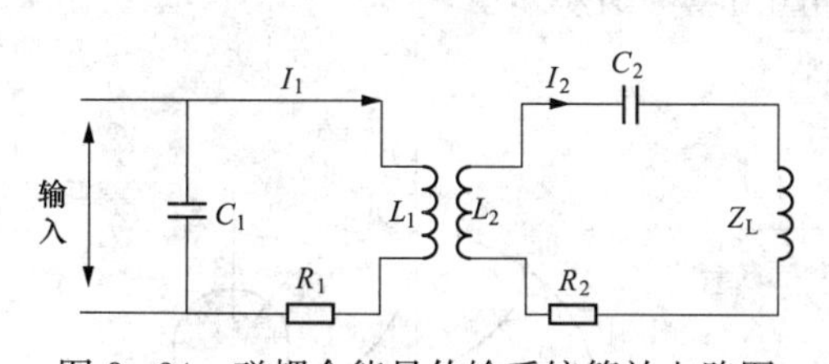

图 8-24 磁耦合能量传输系统等效电路图

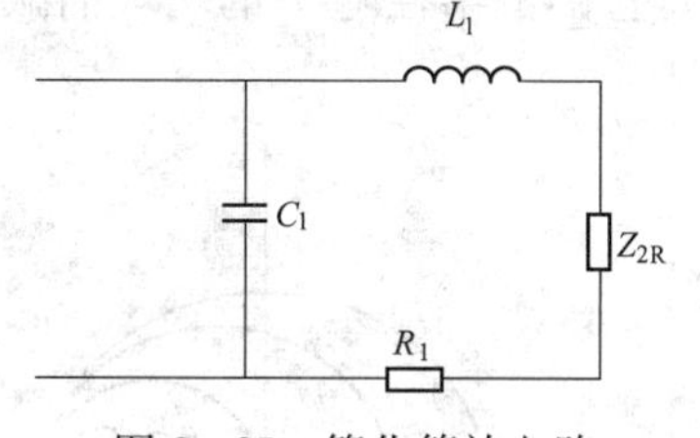

图 8-25 简化等效电路

根据基尔霍夫定律

$$\begin{cases} Z_1 I_1 + j\omega M_{12} I_2 = 0 \\ j\omega M_{12} I_1 + (Z_2 + Z_L) I_2 = 0 \end{cases} \tag{8-33}$$

则发射回路反射到驱动回路的反应阻抗为

$$Z_{2R} = \frac{j\omega M_{12} I_2}{I_1} = \frac{\omega^2 M_{12}^2}{Z_2 + Z_L} \tag{8-34}$$

式中 M_{12}——互感系数。

将耦合系数 $K_{12} = \dfrac{M_{12}}{\sqrt{L_1 L_2}}$ 代入式（8-34）得

$$Z_{2R}=\frac{\omega^2 k_{12}^2 L_1 L_2}{Z_2+Z_L} \tag{8-35}$$

整个负载的阻抗为

$$Z_{1L}=Z_1+Z_{2R} \tag{8-36}$$

在实际的射频电路中，为了简化计算，一般用 Smith 圆图来设计 L 型匹配网络。Smith 圆图由下列函数

$$\Gamma=\frac{Z_N-1}{Z_N+1} \tag{8-37}$$

所描述的 r 和 x 为在复平面上的轨迹，将 Γ 分离为其实部（U）和虚部（V），便可得

$$Z_N=r+jx \tag{8-38}$$

$$\Gamma=U+jV \tag{8-39}$$

$$U=\frac{r^2-1+x^2}{(r+1)^2+x^2} \tag{8-40}$$

$$V=\frac{2x}{(r+1)^2+x^2} \tag{8-41}$$

从式（8-40）和式（8-41）消去 x 便可得第一个圆的方程

$$\left(U-\frac{r}{r+1}\right)^2+V^2=\left(\frac{1}{r+1}\right)^2 \tag{8-42}$$

由式（8-42）可知所有的半径为 r 圆的圆心都位于实轴上，圆的半径随 r 增大减小，且所有的圆都过点（1，0），如图 8-26 所示。

从式（8-40）和式（8-41）消去 r 便可得第二个圆的方程

$$(U-1)^2+\left(V-\frac{1}{x}\right)^2=\left(\frac{1}{x}\right)^2 \tag{8-43}$$

由式（8-43）可知，所有 x 相等的圆的圆心都位于平行于虚轴并向右平移一个单位的直线上，且圆的半径随 x 的增大而减小，如图 8-27 所示。

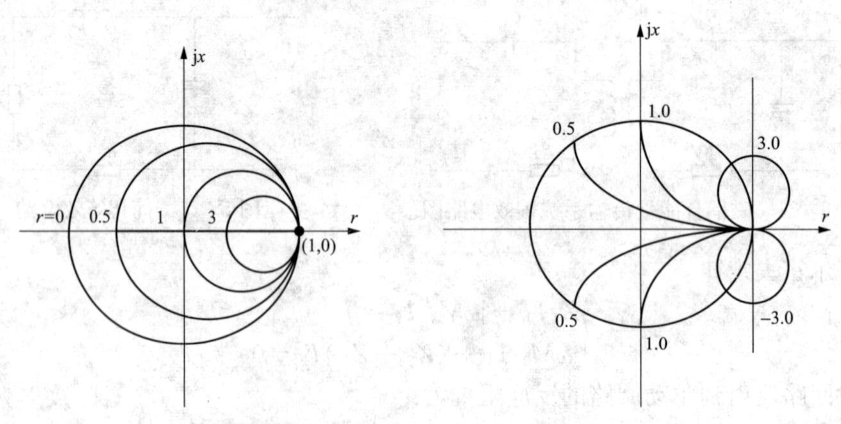

图 8-26　Smith 电阻圆图　　　　图 8-27　Smith 电抗圆图

将图 8-26 与图 8-27 结合起来就能画出阻抗圆图，如图 8-28 所示。阻抗圆图上半轴的 x 为正数表示感性，x 为负数时表示容性。图上的任何一点对应着一个反射系数和一个归一化的阻抗。

利用 Smith 圆图 L 型阻抗网络匹配的设计电路如图 8-29 所示。

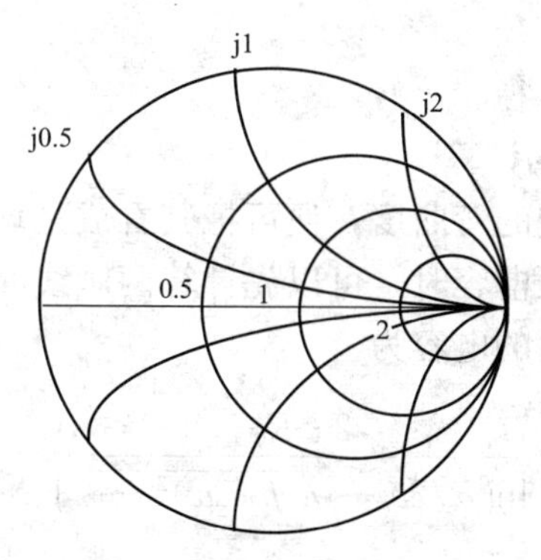

图 8-28　Smith 阻抗圆图

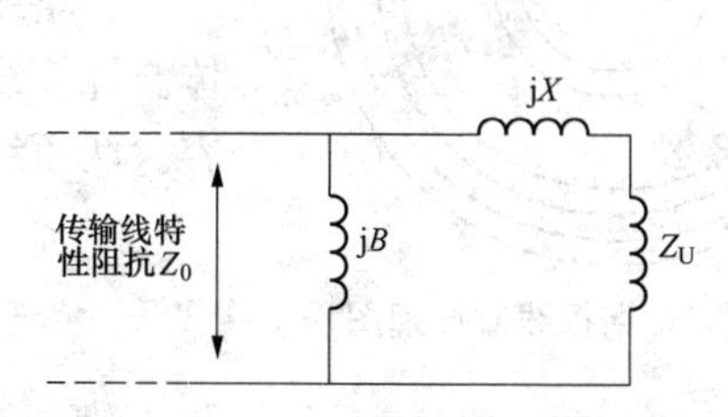

图 8-29　L 型网络阻抗匹配示意图

图 8-29 中，Z_0 为传输线路的特性阻抗。

电路的参数的计算过程如下：

传输线路的特性阻抗 $Z_0=50\Omega$，$\omega=9\text{MHz}$，$Y_0=0.02\text{s}$。假设总阻抗 $Z_{1L}=10+\text{j}10$，则

$$(Z_L)_N=\frac{Z_{1L}}{Z_0}=0.2+\text{j}0.2(\Omega) \qquad (8-44)$$

$(Z_L)_N$ 在 Smith 圆图中的位置如图 8-30 中的 A 点所示。

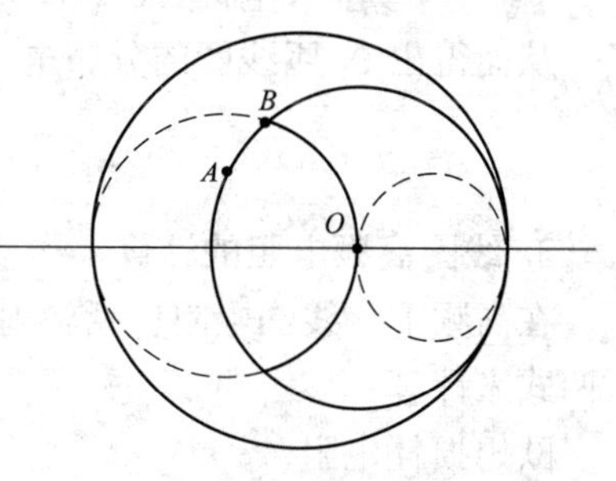

图 8-30　Smith 圆图图解示意图

以负载所在的点 A 为起点沿其所在的等电阻圆顺时针移到 $B(0.2+\text{j}0.4)$ 点，便可得串联的 L 的值

$$\text{j}X=\text{j}\omega L=\text{j}(0.4-0.2)\times 50 \qquad (8-45)$$

$$L=167.9(\text{nH}) \qquad (8-46)$$

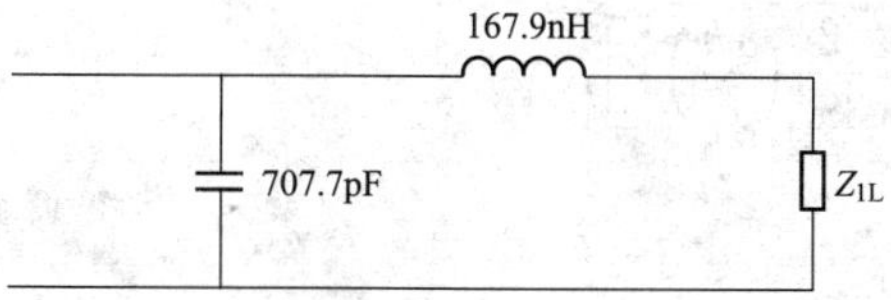

再由 B 点沿其所在的电导圆移到圆图中心点，便可获得并联的 C 的值

$$\text{j}B=\text{j}\omega C=\text{j}2\times 0.2 \qquad (8-47)$$

$$C=707.7(\text{pF}) \qquad (8-48)$$

图 8-31　匹配网络的结构示意图

最终的电路示意图如图 8-31 所示。

一般情况下等效阻抗 Z_{1L} 容易变化，所以很难真正达到阻抗匹配，但是只要使能量有效地从信号源传送到负载，就可达到阻抗匹配的目的。

8.4.5　电磁发射和接收系统设计

1. 线圈电感的计算

线圈自身的电感 L 和其分布电容 C 组成一个 LC 振荡电路，对于线圈的不同结构和形状，其计算电感的方法不同。图 8-32 所示为谐振线圈原理图。线圈电感 L 计算式为

$$L=\mu_0 N^2 R\ln\left(\frac{8R}{a}-2\right) \qquad (8-49)$$

式中　N——线圈匝数；

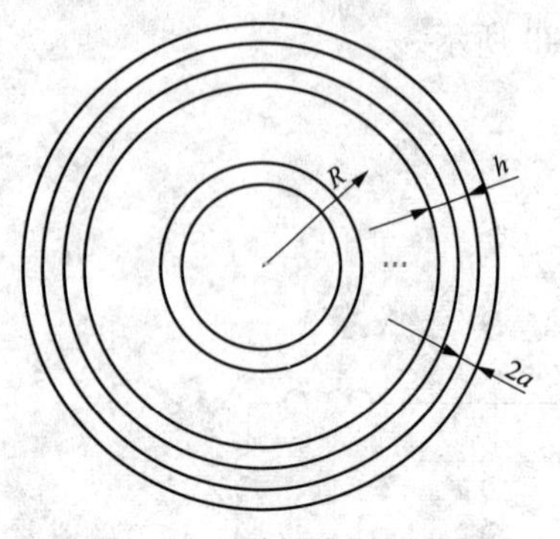

图 8-32 谐振线圈原理图

μ_0——真空磁导率，$\mu_0=4\pi\times10^{-7}$ H/m；
R——线圈平均半径；
a——线圈导线半径。

2. 线圈电容的计算

忽略线圈导线的弯曲度，便可把其看成是均匀的圆柱体。计算线圈高频电容时，可以先计算两匝线圈之间的电容。两匝线圈之间的电容为

$$C_L=\frac{2\pi^2R\varepsilon_0}{\ln[h/2a+\sqrt{(h/2a)^2-1}]} \tag{8-50}$$

式中 a——线圈导线半径；
R——线圈平均半径；
h——相邻两导线之间的距离；
ε_0——真空介电常数 $\varepsilon_0=8.8541\times10^{-12}$，$C^2/(N\cdot m^2)$。

从而得出 N 匝线圈的分布电容 C

$$C=\frac{C_L}{N-1} \tag{8-51}$$

3. 线圈高频电阻的计算

在高频下，线圈电阻包括辐射电阻和欧姆电阻。空心线圈损耗电阻在高频下可以通过以下两式来计算：

欧姆损耗电阻

$$R_0=\sqrt{\frac{\omega\mu_0}{2\sigma}}\frac{l}{2\pi a}=\sqrt{\frac{\omega\mu_0}{2\sigma}}\frac{NR}{a} \tag{8-52}$$

辐射损耗电阻

$$R_t=\sqrt{\frac{\mu_0}{\varepsilon_0}}\left[\frac{\pi}{12}N^2\left(\frac{\omega R}{c}\right)^4+\frac{2}{3\pi^3}\left(\frac{\omega h}{c}\right)^2\right] \tag{8-53}$$

式中 R——线圈半径；
a——线圈导线半径；
h——相邻两导线之间的距离；
ε_0——真空介电常数 $\varepsilon_0=8.8541\times10^{12}$，$C^2/(N\cdot m^2)$；
c——光速，$c=3\times10^8$，m/s；
N——线圈匝数；
μ_0——真空磁导率，$\mu_0=4\pi\times10^{-7}$，H/m；
l——线圈长度。

4. 发射器的设计

谐振频率 f 为

$$f=\frac{1}{2\pi\sqrt{LC}} \tag{8-54}$$

根据式（8-54）可知线圈的谐振频率只受线圈电感 L 和线圈电容 C 的影响。根据实验室现有条件可用线径为 1mm 的漆包线来绕制谐振线圈，相邻两导线中心之间的距离 $h=$

2mm，线圈匝数$N=9$，线圈导线半径$a=0.5$mm，线圈平均半径$R=15$cm，再根据式（8-49）～式（8-51）计算出$L=1.18\times10^{-4}$H，$C=2.98\times10^{-12}$F，最后根据式（8-54）算出发射端谐振线圈的谐振频率$f=8.45$MHz。

由于实际发射线圈每匝之间的距离存在偏差，所以线圈的实际谐振频率与计算值有所不同。通过不断地调节，最终确定发射线圈的谐振频率f约为9MHz。图8-33所示为发射端谐振线圈实物图。

5. 接收器的设计

由于单源多用户无线电能传输系统要求有多个接收器，为了让每个接收器都能很好地接收到发射器传来的能量，设计的接收器大小要比发射器小一些。为了能与发射器形成磁耦合谐振，需要重新设计和计算接收线圈的相关参数。设接收线圈的平均半径为$R=7$cm，使用线径为1mm的漆包线来绕制接收端谐振线圈，利用之前发射端的谐振频率f与式（8-49）～式（8-51）计算得出接收端谐振线圈的匝数$N=24$。

实际接收线圈每匝之间的距离同样存在偏差，所以线圈的实际谐振频率也与计算值有所不同。最后通过不断地调节使接收端谐振线圈与发射端谐振线圈的谐振频率达到一致。图8-34所示为接收端谐振线圈实物图。

图8-33　发射端谐振线圈实物图

图8-34　接收端谐振线圈实物图

8.4.6　整流调压系统设计

当接收端谐振线圈接收到高频磁场后将其通过直接耦合传给负载的接收线圈，负载接收线圈将高频磁场转变为高频交流电。而实际中一般负载需要在直流或者工频交流电的环境下才能正常工作。这就需要在负载端加上一个整流调压系统。本设计的整流调压系统分为整流部分和调压部分：整流部分选用桥式整流电路，如图8-35所示。桥式整流电路实物如图8-36所示；调压部分为一个DC/DC模块，实物如图8-37所示，放在整流电路部分后面。

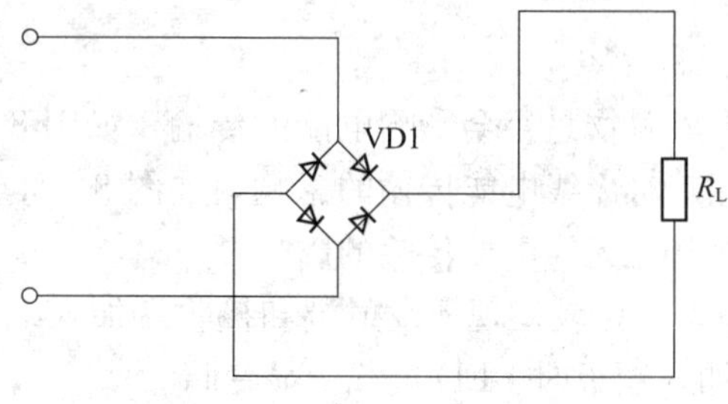

图8-35　桥式整流电路图

图8-36　桥式整流电路实物图

该桥式整流电路中二极管型号为STTH8R06D。STTH8R06D采用ST600V技术，可以作为在连续模式下功率因数纠正和高开关条件下的二极管。该器件还可以作为电源盒其他开关设备的自由转换二极管。STTH8R06D二极管的参数见表8-3。

表8-3　STTH8R06D二极管参数

参数	数值
反向重复峰值电压（V）	600
RMS正向电流（A）	30
平均正向电流（A）	8
存储温度范围（℃）	−65+175
最大工作交界处温度（℃）	+175
最大工作频率（MHz）	22.2

图8-37　DC/DC模块实物图

8.5 无线电能传输系统的实验研究

8.5.1 单负载无线电能传输实验研究

在分析多负载无线电能传输系统的传输特性之前，为了对比分析，首先进行单负载无线电能传输系统的传输特性研究。本设计主要分析系统的传输功率和传输效率。

1. 谐振频率对无线电能传输系统的影响

图8-38所示为本设计实验单源单负载无线电能传输系统实物图。由信号发生器、功放模块、发射线圈、接收线圈、整流电路和负载组成。实验能量传输过程：信号发生器发出高频正弦波信号，经过功率放大模块将功率放大后使能量传送到发射线圈，当发射线圈和接收线圈具有相同的谐振频率时，能量以电磁波的形式传送到接收线圈，之后通过整流电路，最终将能量传输给负载。

图8-38中，发射线圈与接收线圈谐振频率相同，此时LED负载被点亮说明能量传输成功；如图8-39所示为发射线圈与接收线圈谐振频率不同时的无线电能传输情况，此时LED负载未被点亮说明能量传输没有成功。通过对比可以发现，只有当发射线圈和接收线圈谐振频率相同时电能才能通过无线传输，当发射线圈和接收线圈谐振频率不同时，电能不能通过无线传输。因此证明保持发射线圈与接收线圈谐振频率相同是磁耦合谐振式无线电能传输技术的必要条件。

2. 障碍物对无线电能传输系统的影响

为了验证在发射线圈和接收线圈之间加入障碍物是否会影响电能的传输，如图8-40所示为，发射线圈和接收线圈之间加入铜板验证其对无线电能传输的影响，如图8-41所示为在发射线圈和接收线圈之间加入纸质材料验证其对无线电能传输的影响。

与图8-37所示单源单负载无线电能传输系统比较发现：发射端和接收端加入纸质材料时，LED负载亮度基本没有变化，而在中间加入铜板时LED负载明显变暗。

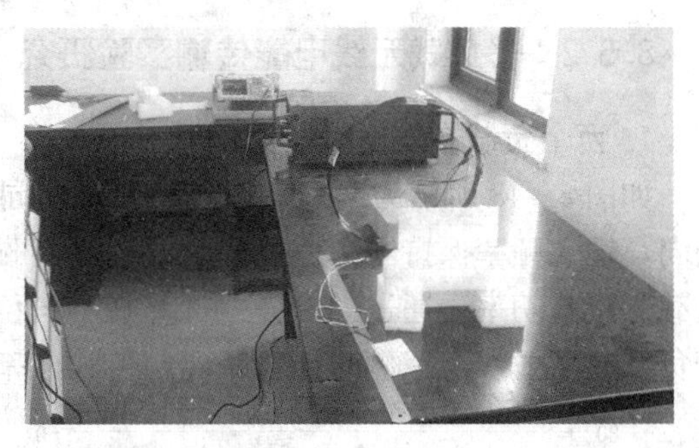

图 8-38　单源单负载无线电能传输系统实物图　　图 8-39　发射线圈与接收线圈谐振频率不同

通过实验测量接收端电压，当发射线圈和接收线圈之间不添加障碍物时 LED 负载电压为 15.8V，当在发射线圈和接收线圈之间加入纸质材料时 LED 负载电压仍为 15.8V，而当在发射线圈和接收线圈之间加入铜板时负载电压为 8.7V。由此得出结论：当发射线圈和接收线圈之间加入纸质等非磁性材料时，接收负载端电压不会发生变化，而当加入铜板等磁性材料时接收负载端电压明显下降。

图 8-40　铜板对无线电能传输的影响

图 8-41　纸质材料对无线电能传输的影响

3. 距离对无线电能传输系统功率和效率的影响

单负载传输效率计算公式为 $\eta=\frac{P_{out}}{P_{in}}\times 100\%$，启动实验系统，在输入频率不变的情况下，改变接收线圈的位置并分别测量系统的发出功率和接收功率，根据单负载传输效率计算公式分别计算在不同位置的传输效率，并比较系统传输功率、效率和距离之间的关系。实验数据见表 8-4，单负载系统传输距离与传输效率和功率的关系如图 8-42 所示。

表 8-4　单负载不同距离下系统的接收功率与效率

距离（m）	0.05	0.10	0.15	0.20	0.25	0.30	0.35	0.40
接收功率 P_{in}（W）	78.3	59.5	40.3	36.8	34.5	45.2	46.7	50
发出功率 P_{out}（W）	18.0	22.3	24.9	27.8	20.1	14.1	7.0	5.0
传输效率（%）	23	39	62	76	58	31	15	10

由表 8-4 和图 8-42 可知：当输入频率不变时，随着接收线圈与发射线圈的距离增加，无线电能的传输功率和效率先增大后减小，同时也证明在磁耦合谐振式无线电能传输系统中并非距离越近系统的传输效率越大。

8.5.2　多负载无线电能传输实验研究

1. 两个负载在发射线圈同侧

如图 8-43 所示为两个负载在发射线圈同侧的实验照片，两接收线圈与发射线圈的距离相同，输入频率保持固定值，同时改变两接收线圈的位置并分别测量系统的发出功率和两个负载的接收功率，通过效率公式计算在不同位置时系统的传输效率。实验数据见表 8-5，两个负载在发射线圈一侧时传输距离与传输效率和功率的关系如图 8-44 所示。

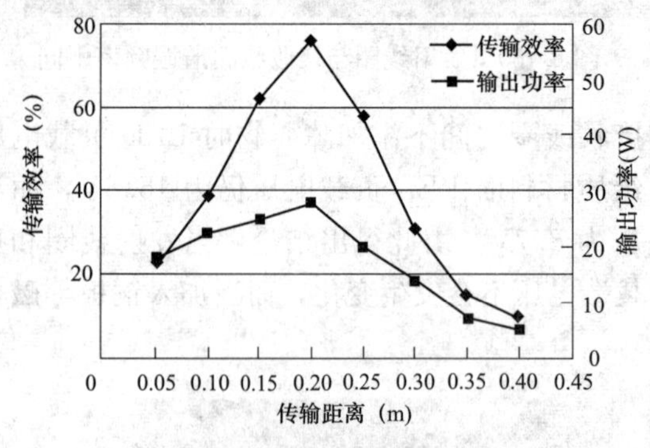

图 8-42　单负载系统传输距离与传输效率和功率的关系

图 8-43　为两个负载在发射线圈同侧实物图

表 8-5　　两个负载不同距离下系统的功率与效率

距离（m）	0.05	0.10	0.15	0.20	0.25	0.30	0.35	0.40
接收功率 P_{in}（W）	122.5	99.3	74.6	66.0	62.9	66.6	60.0	53.8
发出功率 P_{out}（W）	34.3	41.7	48.5	52.8	37.1	25.3	12.0	7.0
效率（%）	28	42	65	80	59	38	20	13

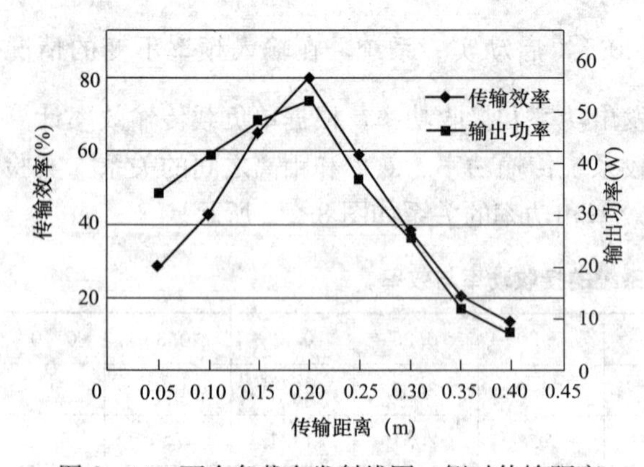

图 8-44　两个负载在发射线圈一侧时传输距离与传输效率和功率的关系

两个负载在发射线圈同侧时，当输入频率不变时，随着接收线圈与发射线圈的距离增加，无线电能的传输功率和效率是先增大后减小的，当负载位置处于临界耦合点时，系统的传输效率达到最大。

2. 两个负载在发射线圈两侧

如图 8-45 所示为两个负载在发射线圈两侧相同距离的实验照片，同时让两接收线圈远离发射线圈并分别用功率计测量系统的发出功率和两个负载的接收功率，通过效率公式计算在不同位置时系统的传输效率。实验数据见表 8-6，两个负载在发射线圈两侧传输距离与传输效率的关系如图 8-46 所示。

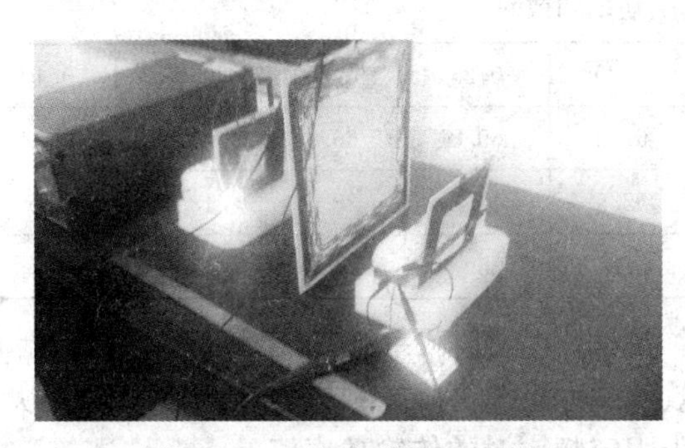

图 8-45 两个负载在发射线圈两侧的实物图

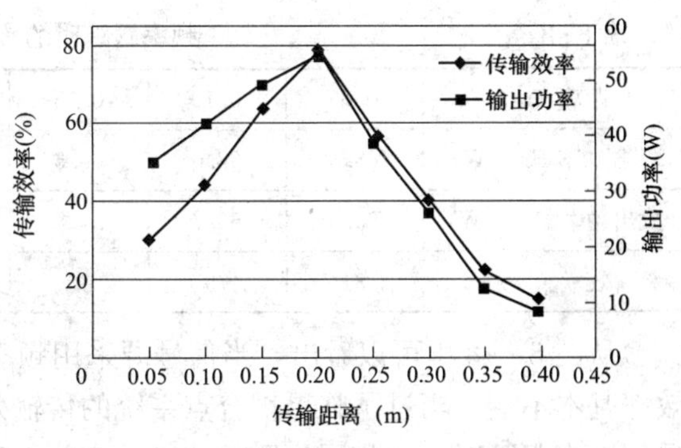

图 8-46 两个负载在发射线圈两侧传输距离与传输效率的关系

表 8-6　两个负载在发射线圈两侧同一距离时的功率与效率

距离（m）	0.05	0.10	0.15	0.20	0.25	0.30	0.35	0.40
接收功率 P_{in}（W）	117.0	95.5	78.1	69.2	68.1	65.2	56.4	58.6
发出功率 P_{out}（W）	35.1	42.0	49.2	54.7	38.8	26.1	12.4	8.2
效率（%）	30	44	63	79	57	40	22	14

两个负载在发射线圈两侧时，当输入频率不变时，随着两接收线圈同时远离发射线圈，无线电能的传输功率和效率先增大后减小，当两负载位置处于各自的临界耦合点时，系统的传输效率达到最大。

3. 多负载对传输效率的影响

单负载与双负载传输效率数据见表 8-7，单负载与双负载传输效率比较如图 8-47所示。通过图 8-47 可以看出，双负载系统的传输效率基本与单负载时的传输效率相同，但是其多负载的实验数据基本要高于单负载情况。而且理论中增加接收线圈可使共振的回路增多，使系统发射端的等效内阻减小，从而相对于单个线圈系统其传输效率会有所提高。因此增加接收线圈的数量会使整个系统的传输效率增加。

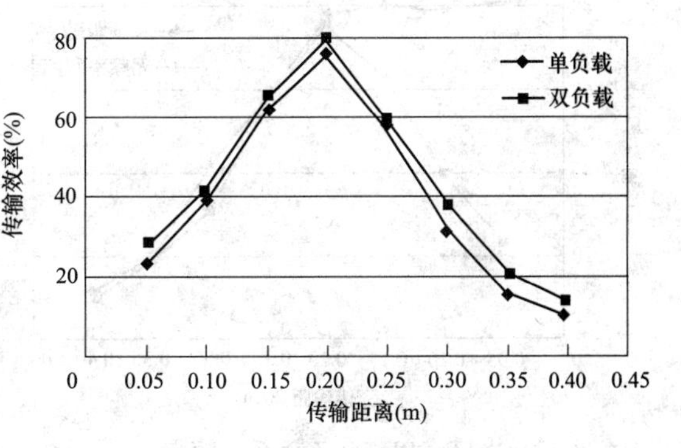

图 8-47 不同负载在不同传输距离时的效率关系图

表 8-7　不同负载在不同传输距离时的传输效率

距离（m）	0.05	0.10	0.15	0.20	0.25	0.30	0.35	0.40
单负载效率（%）	23	39	62	76	58	31	15	10
双负载效率（%）	28	42	65	80	59	38	20	13

当信号源进行频率自动跟踪时，使接收线圈在每个位置都达到最大接收电压，研究多负载系统的传输效率变化。实验数据见表 8-8。多负载系统频率跟踪时的传输效率如图 8-48所示。

表 8-8 频率跟踪时的传输功率和效率

距离（m）	0.05	0.10	0.15	0.20	0.25	0.30	0.35	0.40
接收功率 P_{in}（W）	68.3	68.0	68.5	67.8	69.8	66.9	67.0	68.2
发出功率 P_{out}（W）	55.3	53.7	54.8	52.9	41.2	28.1	13.4	7.5
效率（%）	81	79	80	78	59	42	20	11

从图 8-48 中可以看出，当信号源采用频率跟踪时，多负载系统在临界耦合点之前传输效率基本不变。当过了临界耦合点系统的传输效率发生迅速下降。根据表 8-8 的数据可知，采用频率跟踪时，在相同位置的传输功率值大于固定频率时的传输功率值。

8.5.3 中继线圈对无线电能传输系统影响的实验研究

理论研究上提出当中继回路与发射和接收线圈具有相同的谐振频率时，可以加强电磁场的传播，使电能通过无线传输的更远，无论是单个负载还是多个负载都可以使其获得更大的传输功率和效率。本设计意在验证该理论，希望在添加一个或几个中继线圈时，使传输距离变得更远，传输效率变得更高。如图 8-49 所示为在系统中加一个中继线圈时的实物图。

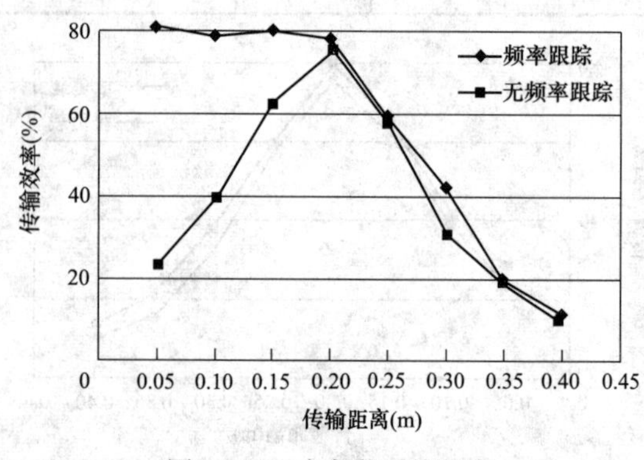

图 8-48 多负载系统频率跟踪时的传输效率

图 8-49 加一个中继线圈后的无线电能传输系统

由于中继线圈的作用对单负载和多负载系统的影响类似，所以该实验以单负载时添加一个谐振线圈来研究，实验数据见表 8-9。有无中继系统传输功率对比如图 8-50 所示。当加入中继线圈时，系统的传输功率较没有中继线圈明显提高。

表 8-9 中继线圈对传输距离的影响

距离（m）	0.20	0.25	0.30	0.35	0.40	0.45	0.50	0.55
无中继系统功率（W）	28.3	20.1	14.1	7.0	5.0	2.6	1.0	0.7
有中继系统功率（W）	27.5	25.8	26.2	24.3	22.8	23.6	22.2	20.6

理论分析得出，当发射线圈和接收线圈位置不变时，通过改变中继线圈的位置可以改变接收端的传输功率和效率，实验数据见表 8-10 中继线圈在不同位置时接收端的功率变化如图8-51所示。

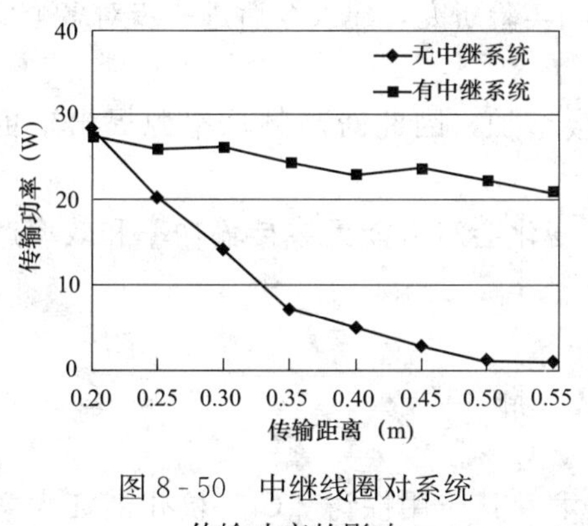

图 8-50　中继线圈对系统传输功率的影响

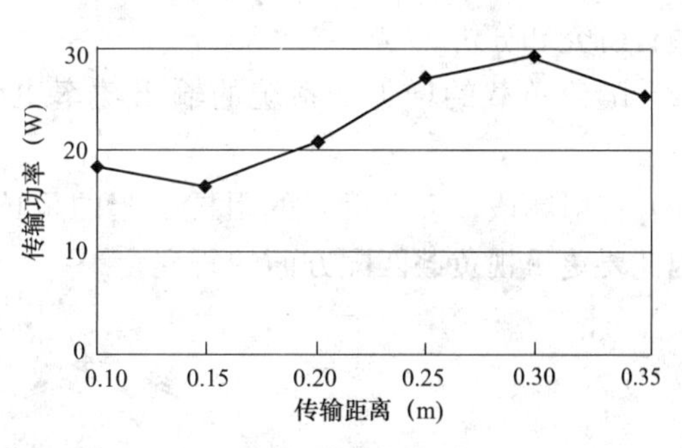

图 8-51　中继线圈在不同位置时接收端的功率变化图

表 8-10　中继线圈在不同位置时接收端的功率

距离（m）	0.10	0.15	0.20	0.25	0.30	0.35
功率（W）	18.2	16.3	20.7	27.1	29.4	25.2

通过该实验验证得出，加入中继线圈确实可以增加无线电能传输系统的传输距离和效率。同时中继线圈的位置也会影响接收端的功率和效率，由图 8-51 可知当中继线圈处于距离发射线圈 0.3m 位置时系统的传输功率达到最大值。

8.6　结论与展望

作为一个新兴理论，磁耦合谐振式无线电能传输自出现之日起就倍受关注，吸引了很多国内外的学者在这方面展开研究。目前关于单源多用户无线电能传输方面的研究还很少，但是在实际应用中多负载的情况还是很普遍的，本设计正是基于多负载电能无线传输的问题展开研究的。本设计论述了无线电能传输技术的目的、意义以及国内外发展现状，分析了磁耦合谐振式无线电能传输原理和单源多用户无线电能传输特性，设计了单源多用户无线电能传输实验系统，利用实验电路进行了实验研究。

本设计的主要工作如下：

（1）分析得到谐振、距离、频率、负载对单个负载的磁耦合谐振式无线电能传输系统的传输功率和效率都有较大影响。

（2）通过磁耦合谐振式无线电能传输的基本原理，建立了磁耦合谐振式无线电能传输单用户系统的电路模型，进行了传输功率和传输效率的相关计算；

（3）根据磁耦合谐振式无线电能传输单用户系统的电路模型，建立了单源多用户无线电能传输系统的电路模型，并分析了多用户系统与单用户的区别。

（4）设计了一个单源多用户无线电能传输系统，介绍了该系统各部分的设计原理，重点介绍了大小不同的发射线圈和接收线圈的设计过程和参数选择。

（5）通过该无线电能传输系统进行试验，分别对单个负载、多个负载和带中继线圈等情况的传输功率和效率的变化进行实验分析并得出结论。

由于时间和个人能力问题，本设计的研究还有很多问题亟待解决：

（1）本文主要对两个接收负载进行理论分析和实验研究，建议今后进一步对多个负载的系统进行研究和分析。

（2）随着负载的增加，系统的输出功率也会增加，因此对高频功率源提出了更高的要求。

（3）在射频段，多个负载的阻抗引起的阻抗变化会对电能无线传输功率和效率产生影响，因此要更重视负载匹配方面的研究。

参 考 文 献

[1] 谭林林，黄学良，邹玉炜. 无线电能传输技术及其应用探讨 [C]. 杭州浙江大学出版社，2009：416-419.

[2] 张小壮. 磁耦合谐振式无线能量传输距离特性及其实验装置研究 [D]. 哈尔滨：哈尔滨工业大学，2009.

[3] 胡大璋，周兆先. 微波输送电能的新技术 [J]. 电子科技导报，1996，(12)：1-4.

[4] GLASER P. Power From the Sun. Its Future [J]. Science，1968，162 (11)：857-861.
BROWN W. Status of the Microwave Power Transmission Components for the Solar Power Satellite [J]. IEEE Transactions on Microwave Theory and Techniques，1981，29 (12)：1319-1327.

[5] Lin，J. C. Space solar-power stations，wireless power transmissions，and biological implications. Microwave Magazine [J]，IEEE Volume3，Issue1，March 2002 Page (s)：36-42.

[6] 张雪松，朱超甫，李忠富. 基于微带天线的能量传输技术及其性能研究 [J]. 电子与信息学报，2007，29 (1)：232-235.

[7] 张雪松，朱超甫，顾颐. 使用微带天线进行近距离能量传递 [J]. 北京科技大学学报，2003，25 (6)：587-590.

[8] 韩腾，卓放，刘淘等. 可分离变压器实现的非接触电能传输系统研究 [J]. 电力电子技术，2004，38 (5)：28-30.

[9] 韩腾，卓放，王兆安，等. 非接触电能传输系统频率分岔现象研究 [J]. 电工电能新技术，2005，24 (2)：44-47.

[10] 武瑛，严陆光，徐善纲. 新型无接触电能传输系统的稳定性分析 [J]. 中国电机工程学报，2004，24 (5)：63-66.

[11] 武瑛，严陆光，徐善纲. 运动设备无接触供电系统耦合特性的研究 [J]. 电工电能新技术. 2005，24 (3)：5-8.

[12] 杨庆新，陈海燕，徐桂芝，等. 无线电能传输技术及其应用 [C]. 电工理论与新技术年会（CTATEE’09）论文集，379-385.

[13] Soljačić M，Kurs A，Karalis A，et al. Wireless power transfer via strongly coupled magnetic resonances [J]. Science Express，2007，112 (6)：1-10.

[14] Aristeidis Karalis，J. D. Joannopoulos，Marin Soljacic. Wireless Non-Radiative Energy Transfer [J]. The AIP Industrial Physics Forum，2006. 11.

[15] Kurs，A. Karalis，R. Moffatt，J. D. Joannopoulos，P. Fisher，and M. Soljacic，Wireless power transfer via strongly coupled magnetic resonances [J]，Science，July 2007，317：83 - 86.

[16] Karalis；J. D. Joannopoulos，and M. Soljacic，Efficient wireless non - radiative mid - range energy transfer [J]，Annals of Physics，Jan. 2008，323：34 - 48.

[17] 张忠霞. 英特尔展示无线充电系统 [N]. 新华网，2008 - 08 - 22.

[18] Chunbo Zhu，Chunlai Yu，Kai Liu，Rui Ma. Research on the Topology of Wireless Energy Transfer Device [C]. IEEE Vehicle Power and Propulsion Conference（VPPC），2008：1 - 5.

[19] Chunbo Zhu，Kai Liu，Chunlai Yu，Rui Ma，Hexiao Cheng. Simulation and Experimental Analysis on Wireless Energy Transfer Based on Magnetic Resonances [C]. IEEE Vehicle Power and Propulsion Conference（VPPC），2008：1 - 4.

[20] Chunlai Yu，Rengui Lu，Yinhua Mao，Litao Ren，Chunbo Zhu. Research on the Model of Magnetic - Resonance Based Wireless Energy Transfer System [C]. Vehicle Power and Propulsion Conference，2009：414 - 418.

[21] 王昕，王宗欣，袁晓军. 圆形螺旋线圈自感和分布电容的计算 [J]. 固体电子学研究与进展，2000（11）：424 - 432.

[22] Gabriele Grandi，Marian K. Kazimierczuk，Antonio Massarini，and Ugo Reggiani. Stray Capacitances of Single - Layer Solenoid Air - Core Inductors [J]. IEEE TRANSACTIONS ON INDUSTRY APPLICATIONS，1999，35（5）：1162 - 1168.

[23] 傅文珍，张波，丘东元，等. 自谐振线圈耦合式电能无线传输的最大效率分析与设计 [J]. 中国电机工程学报，2009，18：21 - 26.

[24] 傅文珍，张波，丘东元. 频率跟踪式磁耦合谐振电能无线传输系统研究 [J]. 变频器世界，2009，08：41 - 46.

第9章　小车智能控制系统设计

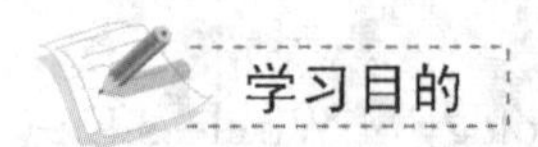

通过本章内容的学习，可以使学生对单片机在小车智能控制中的应用有一个深入的认识，掌握单片机系统设计方法（包括硬件设计方法和软件设计方法）和调试方法。重点内容包括单片机核心控制器、CCD路径识别模块、速度检测模块、小车驱动模块、系统复位和电源管理模块等软硬件设计。进行毕业设计的学生可以通过本章内容的学习，体会小车控制类软硬件设计的过程和毕业设计要达到的指标。

9.1　引　　言

智能控制是指在无人干预的情况下能自主地驱动智能机器实现控制目标的自动控制技术。智能控制思潮第一次出现于20世纪60年代，几种智能控制的思想和方法被提出并得到发展。智能控制理论的研究和应用是现代控制理论在深度和广度上的拓展。

1967年，利昂兹（Leondes）等首次正式使用"智能控制"一词。初期的智能控制系统采用一些比较初级的智能方法（如模式识别和学习方法等）而且发展速度十分缓慢。20世纪80年代，智能控制的研究进入了迅速发展时期：1984年，Astrom直接将人工智能的专家系统技术引入到控制系统，明确地提出了建立专家控制的新概念；1985年8月，电器和电子工程师协会IEEE在美国纽约召开了第一届智能控制学术讨论会，会议决定在IEEE控制系统学会内设立一个IEEE智能控制专业委员会。这标志着智能控制这一新兴学科研究领域的正式诞生，并已作为一门独立的学科正式在国际上建立起来。

在我国，智能控制也受到了广泛的重视，中国自动化学会曾在北京、上海、杭州等地组织召开过多次全球华人智能控制与智能自动化大会（CWCI - CIA），已成立的学术团体有中国人工智能学会、中国人工智能学会、智能机器人专业委员会和中国自动化学会智能自动化专业委员会等。

随着人工智能和机器人技术的快速发展，对智能控制的研究出现一股新的热潮。各种智能决策、专家控制、学习控制、模糊控制、神经控制、主动视觉控制、智能规划和故障诊断等系统已被应用于各类工业过程控制系统、智能机器人系统和智能化生产（制造）系统。

本设计是以智能模型车竞赛用车为原型，根据要求制作一个能够自主识别路线的小车，在专门设计的跑道上自动识别道路行驶。制作小车需要学习和应用嵌入式软件开发工具软件和在线开发手段，设计并制作可以自动识别路径的方案、电动机的驱动电路、模型车的车速传感电路、模型车转向伺服电动机的驱动以及微控制器软件的编程等。其专业知识涉及控制、模式识别、传感技术、汽车电子、电气、计算机、机械等多个学科，对知识的融合和实践动手能力的培养，对高等学校智能控制及汽车电子学科学术水平的提高，具有良好的、长期的推动作用。

9.2　小车系统总体概述

9.2.1　小车系统组成

小车系统采用模块化设计，功能模块主要包括核心控制模块、电源管理模块、CCD路径识别模块、后轮电动机驱动模块、转向舵机控制模块、速度检测模块。如图9-1所示，每个模块的设计包括硬件和软件两部分。硬件为模块工作提供硬件实体，软件为模块提供各种算法。

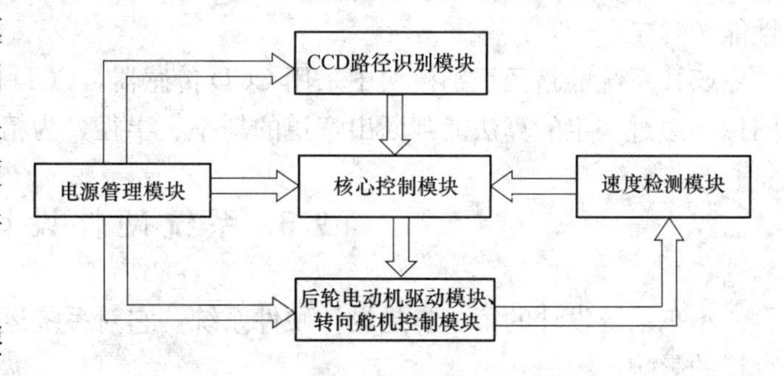

图9-1　小车功能模块框图

9.2.2　系统各模块的主要功能

(1) 核心控制模块：使用Freescale 16位单片机MC9S12DG128B，主要功能是完成采集信号的处理和控制信号的输出。

(2) 电源管理模块：对电池进行电压调节，为各个模块正常工作提供可靠的电压。

(3) CCD路径识别模块：通过CCD图像传感器完成赛道图像信息的采集、预处理以及数据识别。

(4) 后轮电动机驱动和速度检测模块：通过可靠的驱动电路和控制算法为小车提供各种不同的速度，使小车完成进弯减速、出弯加速、直线高速的策略。

(5) 转向舵机控制模块：为舵机提供可靠的控制电路和控制算法控制舵机转动合适的角度，使小车在直道上振荡小，弯道上迅速转到大角度。

在这些模块中，CCD路径识别模块实现对路径的识别是一个难点。普通CCD传感器图像分辨率都在300线之上，并且通过行扫描方式，将图像信息转换为一维的视频模拟信号输出，从而使CCD输出的信号变化很快。通过单片机实现对图像数据的采集将是子程序设计的一个重点。小车上的每一个模块，其制作过程中都包括查阅资料、科学论证、电路制作、子程序编程几个步骤，最后经过实践检验才能完成。

为了使小车能够快速行驶，单片机必须把路径的迅速判断、相应的转向伺服电动机控制以及直流驱动电动机的控制精密地结合在一起。如果CCD传感器部分采集的数据量过小导致赛道失真度很大或转向伺服电动机控制的失当，都会造成模型车严重抖动甚至偏离赛道；如果直流电动机的驱动控制效果不好，也会造成直线路段速度上不去，弯曲路段入弯速度过快等问题。

9.2.3　系统的主要特点

(1) 系统采用Freescale 16位单片机MC9S12DG128B作为核心控制模块，该系统单片机可靠性高，抗干扰能力强，要求的工作频率最高为25MHz。在实际情况下，当单片机电源稳定时，工作频率可达48MHz，使单片机工作速率几乎提高一倍，从而保障系统的实时性和 CCD 图像数据采集的密度。

（2）为了提高系统的可靠性，本设计采用了抗干扰技术。

（3）系统采用了模块化结构，可以按需求方便容易地增加和删减功能。

（4）系统采用数字 PID 控制器来控制驱动电动机，PID 控制器技术成熟，结构简单，参数容易调整，不一定需要系统的确切数字模型，在工业中有着很广泛的应用。数字 PID 控制器具有非常强的灵活性，可以根据实验和经验在线调整参数，因此可以得到更好的控制性能。

（5）系统的路径识别模块中采用 CCD 传感器，CCD 具有很好的前瞻性，得到的是二维图像，通过一定的算法能判断出弯道的斜率、半径，为精确转弯提供了有价值的信息。

9.3　系统硬件设计

小车系统设计的第一步是设计硬件系统，它对系统运行的稳定性、控制的精确度都有着直接的影响。

9.3.1　硬件系统主要组成

（1）电源管理。小车采用电池供电方式，配备的是 2000mAh 的 7.2V 镍镉电池。在小车上，由于要用 5、6V 的电源，所以需要采用稳压措施。在本系统中，采用 LM7805（5V）和 LM7806（6V）两个稳压芯片。

（2）核心控制。根据要求小车以 MC9S12DG128B 芯片为唯一控制芯片。

（3）CCD 路径识别电路：本模块采用 CCD 视频传感器为唯一路径识别传感器，再采用 LM1881 对视频传感器进行视频信号分离。

（4）后轮电动机驱动和速度检测电路：后轮驱动电动机为小车自带直流电动机，电动机信号为 RS-380，由于需要对驱动电动机速度进行控制，所以采用 MC33886 驱动芯片的 H 桥驱动控制器。速度检测采用编码检测方式，采用对射式光电开关和自制的码盘。

（5）转向舵机控制电路。舵机为组委会提供舵机，舵机型号为 HS-925（SANWA），其参数为：

1）尺寸：39.4mm×37.8mm×27.8mm。

2）质量：56g。

3）工作速度：0.11/60°（4.8V）0.08/60°（6.0V）。

堵转力矩：0.6N·m（4.8V），0.75N·m（6.0V）。

工作角度：45°/400μs。

该小车硬件系统结构框图见图 9-2。

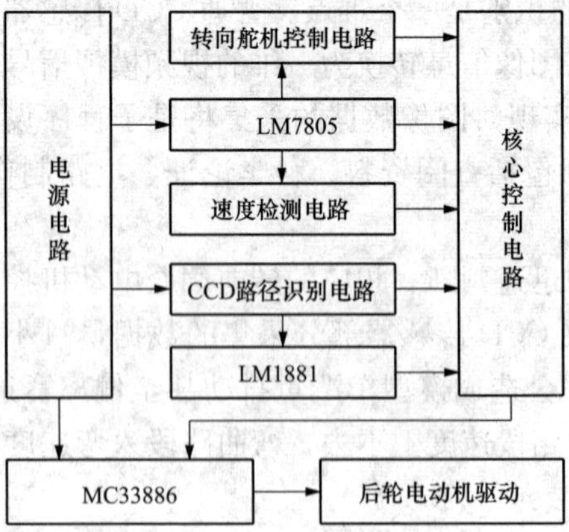

图 9-2　硬件系统结构框图

9.3.2　核心控制模块电路设计

本设计小车使用的微控制器是 S12 系列单片机中的 16 位单片机 MC9S12DG128B，该系列单片机在汽车电子领域有着广泛的应用。S12 系列单片机的中央处理器 CPU12 由算术逻辑单元 ALU、控制单元和寄存器组三部分组成。CPU 外部总线频率为 8MHz 或者 16MHz，通过内部锁相环（PLL），可以使内部总线速度达到 25MHz。其寻址方式有 16 种，内部寄存器组中的寄存器、堆栈指针和变址寄存器均为 16 位，它具有很强的高级语言支持功能。CPU12 的累加器 A 和 B 是 8 位的，也可以组成 16 位累加器 D。

CPU12 的寄存器组包括 5 部分：①8 位累加器 A、B 或 16 位的累加器 D；②16 位寻址寄存器 X 和 Y（用来处理操作数的地址），可分别用于源地址、目的地址的指针型变量运算；③堆栈指针 SP（16 位寄存器）；④程序计数器 PC（16 位寄存器），它表示下一条指令或下一个操作数的地址；⑤条件码寄存器 CCR。

MC9S12DG128B 作为 S12 系列的一种，内部资源非常丰富，主要包括以下内容。

（1）时钟和复位模块：PLL（锁相环频率合成器）、COP 看门狗电路、时钟监控电路。

（2）存储器：128KB Flash EEPROM、2KB EEPROM 和 8KB RAM。

（3）A/D 转换器：16 路 8 位或者 8 路 10 位 A/D 转换器，同时具有外部触发转换功能。

（4）增强型捕捉定时器：16 位主计数器、8 个输入捕捉通道或输出比较通道和 2 个 8 位或 1 个 16 位脉冲计数器。

（5）PWM：8 路 8 位或者 4 路 16 位可编程周期以及占空比 PWM 通道，各通道独立控制周期和占空比，可以采用中间对齐和左对齐输出。

（6）串行接口：两个异步串行通信接口模块 SCI、1 个 IIC 总线接口和 2 个同步串行外设接口 SPI。

（7）3 个 1M/S、CAN2.0A、CAN2.0B 兼容模块。

（8）SAE J1850 网络通信口。

MC9S12DG128B 的结构框图如图 9-3 所示。

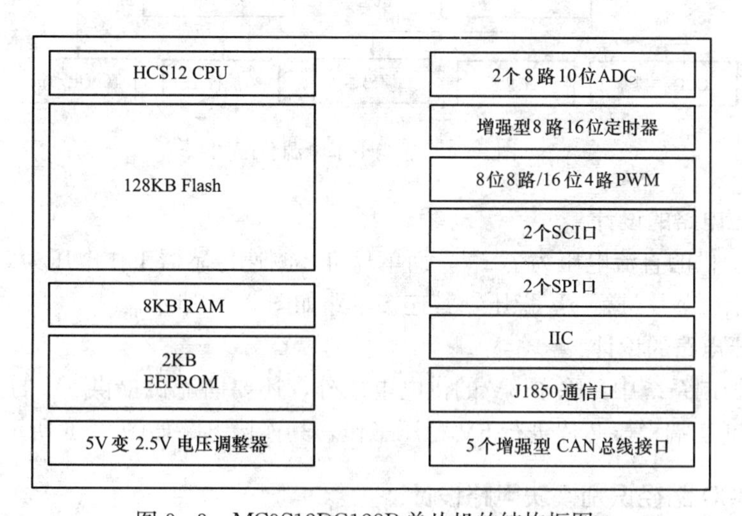

图 9-3　MC9S12DG128B 单片机的结构框图

MC9S12DG128B 支持在线编程，即在线写入、擦除，在线下载程序。在线编程的基本原理是：单片机片内的 CPU 有能力对片内 Flash 进行写入、擦除操作，用户以某种方式将命令和数据传送给单片机。单片机的编程接口除完成 Flash 写入、擦除功能外，还可用于应用程序的调试，甚至可以在应用程序中运行时，动态地获取CPU寄存器的值、存储器等的瞬态信息，这就是所谓的背景调试模式（background debug mode，BDM）调试方式。除此之外，可以先通过BDM把监控程序写入Flash，然后可以脱离BDM，通过RS-232下载程序，调试等。

9.3.3　电源管理模块电路设计

1. 电源

电源作为小车动力来源，为小车上的控制器、执行器、传感器提供可靠的动力。常见的充电电池包括镍镉电池、镍氢电池、锂离子电池、碱性电池和封闭式铅酸电池等。由于镍镉电池具有价格便宜、技术成熟、电路简单、瞬间大电流供应能力强等优势，它占据了大部分的消费性电子产品市场，因此选国产镍镉可充电电池为动力车的电源。单个镍镉电池只能提供1.2V的供电电压，使用6节相同型号的电池串联起来从而得到7.2V的电池组，其标称容量为2000mAh，也就是说，该电池可以在2A的供电电流下持续供电1h。

电源管理模块的功能是对电池进行电压调节，为各个模块正常工作提供可靠的工作电压。在小车控制系统中，主控制模块、路径识别模块、车速传感器模块以及电压检测模块需要5V电压，舵机有4.8V和6V两种工作电压，为了提高舵机的灵敏度，舵机选用6V供电，直流电动机可以使用7.2V蓄电池直接供电。智能小车电源分配图如图9-4所示。

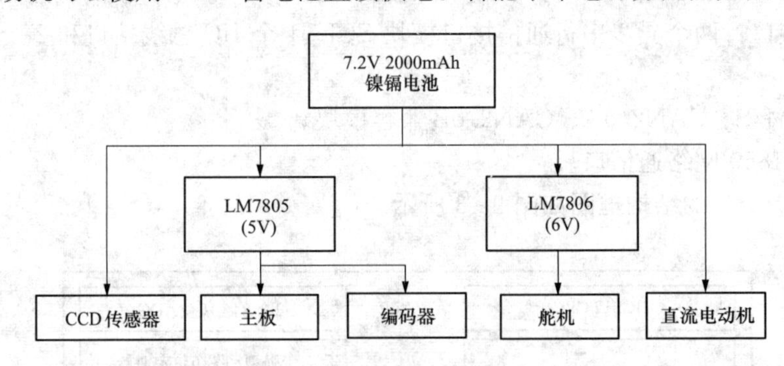

图9-4　智能小车电源分配图

2. 5V稳压电路的设计

由于电源提供的直流电压为7.2V，而单片机、测速传感器工作电压为5V，所以，使用LM7805三端稳压芯片进行5V稳压，其连接电路如图9-5所示。

3. 6V稳压电路的设计

智能小车控制系统中，除了5V的供电电压外，还要向舵机提供6V的工作电压。本系统采用LM7806三端稳压芯片进行6V稳压工作，其连接电路如图9-6所示。

9.3.4　CCD路径识别模块电路设计

1. CCD与光电管路径识别比较

检测路径参数可以使用多种传感器件，包括光电管阵列、CCD图像传感器、激光扫描器等。其中，最常使用的方法为光电管阵列、CCD图像传感器。如何有效利用单片机内部资源进行路径参数检测，是确定检测方案的关键。

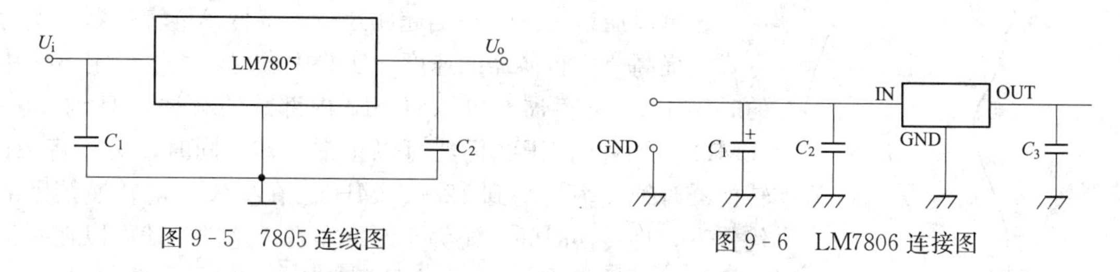

图 9-5　7805 连线图　　　　图 9-6　LM7806 连接图

基于光电管阵列检测赛道参数的方法存在以下缺点：

（1）赛道空间分辨率低。一方面受到比赛规则关于传感器个数的限制；另一方面，过多的光电传感器在固定安装、占用 CPU 输入端口资源等方面也有限制。

（2）识别道路信息少，一般只能检测路径中心位置。

（3）由于固定位置的限制，光电管只能安装在车模前面不远的位置，观测信息前瞻性差。

（4）容易受到环境光线的干扰。

以上问题会影响车模控制精度以及运行速度。通过设计，虽然可以解决部分上述的问题，但相比之下，使用面阵 CCD 器件可以更有效地解决这些问题。CCD 器件算作一个传感器，普通 CCD 传感器图像分辨率都在 300 线之上，远大于光电管阵列。通过镜头，可以将车模前方很远的道路图像映射到 CCD 器件中，从而得到车模前方很大范围内的道路信息。对图像中的道路参数进行检测，不仅可以识别道路的中心位置，同时还可以获得道路的方向、曲率等信息。利用 CCD 器件，通过图像信息处理的方式得到道路信息，可以有效进行车模运动控制，提高路径跟踪精度和车模运行速度。

因此，采用 CCD 的优势是非常明显的，它不仅能很大程度地提高小车的前瞻性，为小车提前检测到弯道，做出相应的动作提供了充分的时间和空间。而且，采集的图像信息为二维信息，通过一定的算法能很好地算出弯道的曲率半径，甚至可以判断出最影响速度的 S 形弯道。只要识别弯道后，完全可以直接冲过弯道，大大减少了小车的行驶时间。

2. CCD 技术难点与解决方法

直接利用 S12 单片机中的 AD 采集视频图像，存在采集速度、存储数据空间、处理速度、工作电压以及同步信号分离等方面的技术难点。

（1）采集速度。普通 CCD 图像传感器通过行扫描方式，将图像信息转换为一维的视频模拟信号输出。CCD 输出的信号变化很快，如 PAL 制式的视频信号，每秒钟输出 50 帧图像信息（分为奇、偶场），每帧图像有 312.5 行，每行图像信号时间为 64μs，其中有效的图像信号约为 56μs。相比之下，S12 的 AD 转换器采集速度较低：根据 S12 器件手册，进行 10 位 AD 转换所需要的时间为 7μs。这样，采集的图像每行只能有 8 个像素，水平分辨率很低。另一方面，每场图像可以采集 300 行左右的图像信息，所以图像垂直分辨率相对较高。从这种水平分辨率低、垂直分辨率高的图像中，无法获取具有足够精度的路径信息。

跑道的形状特点：跑道由直线和圆弧组成，检测车模前方一段路线参数，只需要得到中心线上 3～5 个点的位置信息就可以估算出路径参数（位置、方向、曲率等）。这些点的位置，通过图像中若干行信息就可以检测出来，如图 9-7 所示。因此，所需检测图像应该是水平分辨率高，垂直分辨率低。

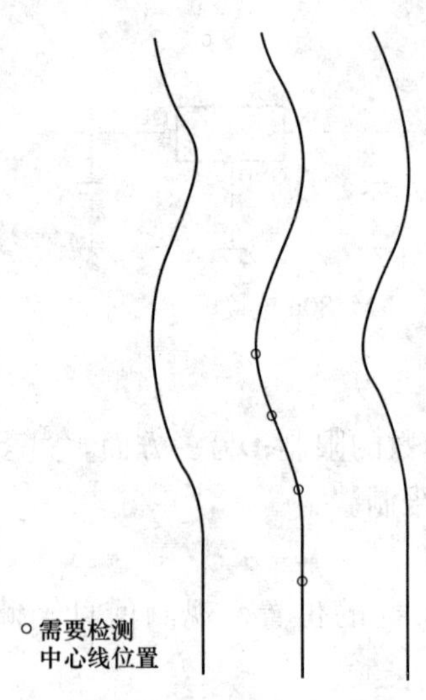

图 9-7　部分赛道形状，赛道中心线检测位置

还可以通过让 S12 适当超频运行、降低 AD 转换器精度等方式，提高 AD 转换器的速度。实验中发现，通过设定 S12 中的时钟 PLL 寄存器，可以将 S12 内部总线频率提高到 40～48MHz，而此时 CPU 仍然可以正常工作。同时，可以将 AD 转换器时钟频率提高到 12～24MHz，在损失一定转换精度的代价下，将转换时间缩短为 1.5μs 左右。这样，就可以在一行图像信号中采集 48 个有效的图像信息。

将上述方法结合在一起，可以采集到 300×48 分辨率的帧图像数据。在此基础上，可以有效地检测出路径参数。通过实际测试，基于 75×24 分辨率的图像，检测出的路径参数仍能满足控制需要，即每隔 4 行采集一行数据、每行采集 24 个点就可以满足要求，所需要的图像存储空间以及图像采集的时间大为降低。

(2) 图像存储空间。由于将图像水平旋转了 90°，需要将图像数据进行存储，在整幅图像的基础上计算出路径水平信息。S12 内部有 8K BRAM 空间。如果存储 300×48 分辨率图像则不够，但可以存储若干幅 75×24 的低分辨率图像数据。从低分辨率图像所得到的路径参数，其精度仍可以满足车模控制的需要。一般情况下，只需要两块图像存储空间即可，一块作为采集图像的存储空间，另外一块作为处理缓冲区。

(3) 图像信息处理速度。CPU 的主要工作包括图像采集、图像信息处理以及运动控制等。图像采集采用中断的方式进行，如果采用 75×24 分辨率的图像，每隔 4 行采集一行图像信息，图像采集所占用的 CPU 时间不会超过 1/4。因此，大部分的 CPU 工作时间可以用于图像处理以及运动控制。

由于采集到的图像由白色背景和黑色中心线组成，所以检测每一行路径中心线位置可以通过简单的阈值比较的方式计算出来。在此基础上，还可以通过参数拟合获取道路位置、方向以及曲率等参数。另外，通过适当的动态阈值的方法，可以提高算法的稳定性。核心算法如果处理相对简单，可通过适当的优化方法，在图像采集周期 20μs 内计算出结果，达到实时图像处理的要求。如果算法比较复杂，可以将核心算法采用汇编语言完成，以提高效率，配合 CPU 超频运行方法，保证算法需要时间小于 20μs。

(4) 视频同步信息分离。为了采集图像信息，CPU 需要根据行、场同步信号启动 AD 转换器，采集稳定的图像。由于视频信号的变化很快，所以需要另外设计同步分离电路。在本方案中，使用 LM1881 视频同步分离集成块获取视频同步信号，将此同步信号连到单片机的中断输入端口。

除此之外，一般的 CCD 输出的视频信号的峰值在 1V 左右，可以不经过放大直接连接到单片机的 A/D 输入端口进行采集，也可以进行适当视频信号放大后将信号的峰值提高到 3～4V 输入到单片机。

3. CCD 模块电路设计

(1) CCD 工作原理与总体设计。摄像头的主要工作原理是：按一定的分辨率，以隔行扫描方式采集图像上的点，当扫描到某点时，就通过图像传感芯片将该点处图像的灰度转换成与灰度一一对应关系的电压值，然后将此电压值通过视频信号输出。摄像头连续扫描图像上的一行，则输出就是一段连续的电压视频信号，该电压信号的高低起伏反映了该行图像的灰度变化情况。当扫描完一行后，视频信号端就输出低于最低视频信号电压的电平（如0.3V），并保持一段时间。也就是说，紧接着每行图像对应的电压信号之后会有一个电压“凹槽”，此“凹槽”叫行同步脉冲，它是扫描换行的标志。在跳过一行后（摄像头是隔行扫描）开始扫描下一新行。如此下去，直到扫描完该场的视频信号。在每一场完了后，接着会出现一段场消隐区。此区中有若干个复合消隐脉冲，该脉冲又叫场同步脉冲，它是扫描换场的标志。场同步脉冲标志着新的一场的到来。但由于场消隐区恰好跨在上一场的结尾部分和下一场的开始部分，所以只有等场消隐区过去后，下一场才真正开始。就这样，摄像头一场一场的输出信号。

为了知道什么时候一行脉冲开始，什么时候一场脉冲结束。需要采用视频分离器件 LM1881 对行脉冲、场脉冲以及奇偶场脉冲信号进行提取，并通过 I/O 口输入单片机，只有这样，才能分别出每一行、每一场的信号。由于 CCD 摄像头输出的信号电压在 1V 左右，如果用单片机 8 位 AD 直接采集，数据大体为：255×1/5，即 1V 的对应的 AD 值为 51。在这种情况下，采集的数据显然非常的小，黑白线之间的变化更小，对数据采集非常不利。如果对输出的电压进行放大，黑白线之间的压差也将得到放大。采集的数据变化幅度将明显的增大，黑白线的判断也更加容易。因此，采用 LM324 运算放大器对视频信号进行放大后，再对其进行 AD 数据转换。

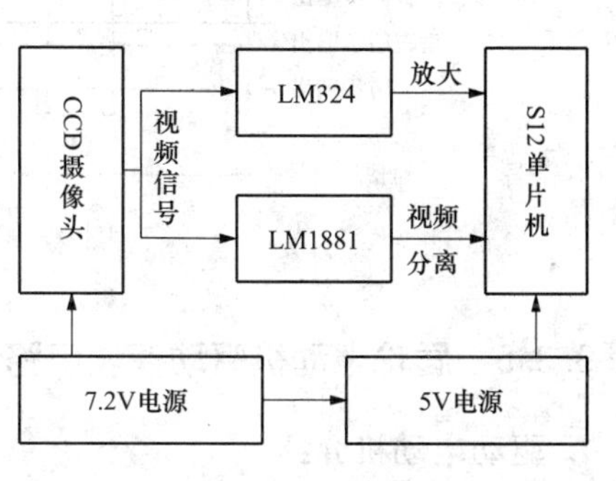

图 9-8　CCD 图像采集视频图像电路系统框图

基于 S12 单片机采集视频图像电路系统框图如图 9-8 所示。

（2）LM1881 介绍。在此设计中，LM1881 视频分离器件起了关键的作用，其外部连接如图 9-9 所示。

LM1881 可以从 0.5～2V 的标准负极性 NTSC 制、PAL 制、NECAM 制视频信号中提取复合同步、场同步、奇偶场识别等信号，这些信号都是图像数字采集所需要的同步信号，可以确定采集点具体所在场、行的位置。通过这些同步信号还能对非标准的视频信号进行同步分离，经过固定的时间延迟产生默认的输出作为场同步输出。

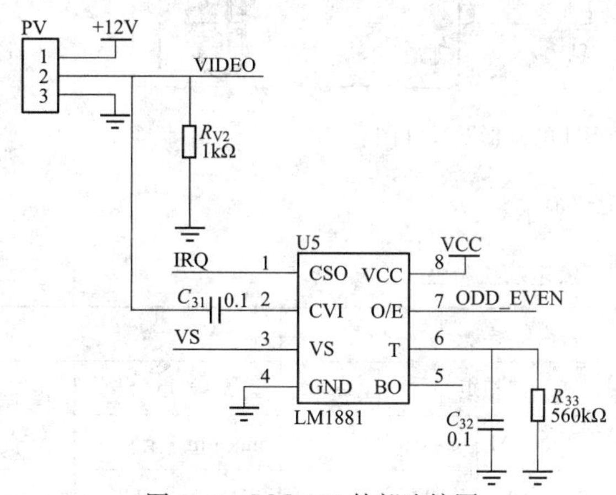

图 9-9　LM1881 外部连接图

LM1881 的主要特点如下：

1）交流耦合的复合视频输入信号源。

2）大于 10kΩ 的输入阻抗。

3）小于 10mA 的消耗电流。

4）复合同步和垂直同步输出。

5）奇偶场输出。

6）色同步输出。

7）水平扫描频率可达到 150kHz。

8）边沿触发的场输出。

9）对于非标准视频信号产生默认的场同步输出。

各信号情况如图 9-10 所示，复合视频信号输入后，经过 LM1881 的分离，将复合视频信号中的场同步信号、行同步信号、奇偶场信号分离出来，再通过不同的管脚将其输出。

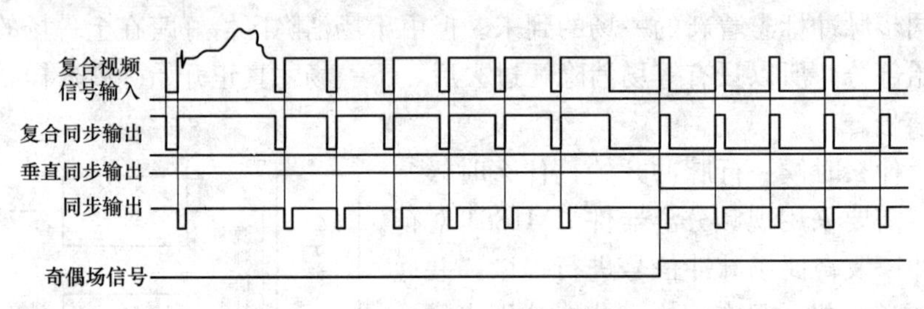

图 9-10 LM1881 各信号输出

9.3.5 后轮电动机驱动模块电路设计

1. 驱动电动机介绍

小车前进的动力是通过直流电动机来驱动的，直流电动机是最早出现的电动机，也是最早能实现调速的电动机。它具有良好的线性调速特性，简单的控制性能，较高的效率，优异的动态特性。本设计小车的驱动直流电动机为 RS-380SH 型，输出功率 0.1～40W。它的外形及尺寸图如图 9-11 所示。

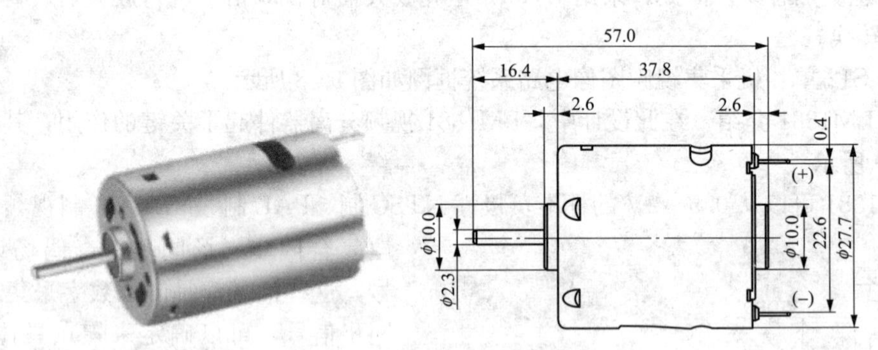

图 9-11 RS-380SH 的外形及尺寸图

RS-380SH 型直流电动机的特性如表 9-1 所示。

表 9-1 RS-380SH 型直流电动机特性

电压（V）		空载		最高效率					堵转		
工作范围	正常	速度（r/min）	电流（A）	速度（r/min）	电流（A）	扭矩 mN·M	扭矩 g·cm	输出（W）	扭矩 mN·m	扭矩 g·cm	电流（A）
3～9	7.2	16200	0.5	14060	3.29	10.9	111	16	82.3	839	21.6

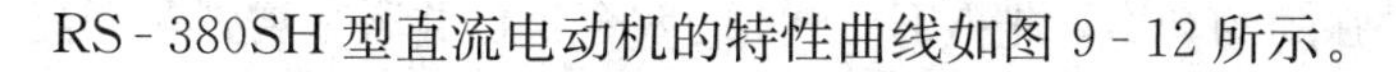
RS-380SH 型直流电动机的特性曲线如图 9-12 所示。

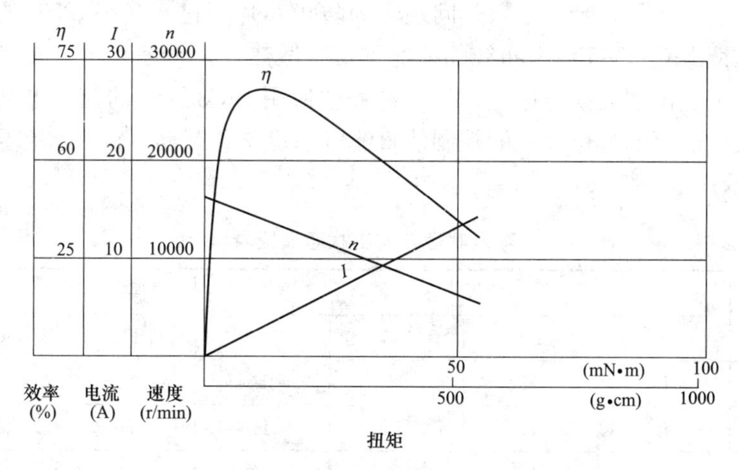

图 9-12　RS-380SH 型直流电动机的特性曲线

2. 电动机的控制

随着计算机进入控制领域，以及新型的电力电子功率元器件的不断出现，直流电动机的结构和控制方式都发生了很大变化，采用全控型的开关功率元件进行脉冲调制（pulse width modulation，PWM）控制方式已成为主流。这种控制方式很容易在单片机控制中实现。

采用专用集成电路芯片可以很方便地组成单片机控制的小功率直流伺服系统。本设计选用的驱动芯片是 H 桥式驱动器 MC33886。其管脚示意图如图 9-13 所示，它的应用电路也很简单，如图 9-14 所示。

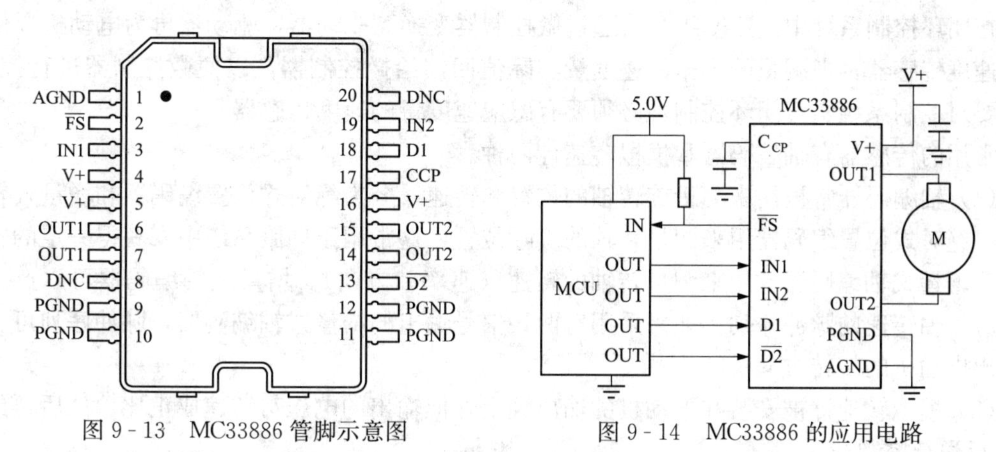

图 9-13　MC33886 管脚示意图　　图 9-14　MC33886 的应用电路

MC33886 的工作特性如下：

（1）5～40V 的连续操作。

（2）可以接受 TTL 或 CMOS 以及与它们兼容的输入控制信号。

（3）PWM 控制频率可以达到 10 kHz。

（4）通过 PWM 的通—断来控制驱动电流的大小。

（5）内部设有短路保护、欠压保护电路。

（6）内部设有错误状态报告功能。

在应用中，为了给小车提供强劲的动力，把MC33886的两个半桥并联来增强驱动能力，但这样做也增加了发热量，带来了散热问题。为防止芯片超过−40～125℃的正常工作温度而出现故障。按照MC33886参考布线的情况下安装散热片。考虑到小车在直线加速区间的末端可能会遇到突然出现的拐弯区间，设计过程中使用MC33886的控制电动机反转来实现制动。行驶过程中可以通过单片机的控制使直流电动机紧急制动。输入状态与输出状态真值表如表9-2所示。

表9-2　　输入状态与输出状态真值表

电动机状态	输入状态				错误报告	输出状态	
	D1	D2	IN1	IN2	FS	OUT1	OUT2
正转	L	H	H	L	H	H	L
反转	L	H	L	H	H	L	H
自由转动	L	H	L	L	H	L	L
自由转动	L	H	H	H	H	H	H
欠压	X	X	X	X	L	Z	Z
过温	X	X	X	X	L	Z	Z
短路	X	X	X	X	L	Z	Z

注　H—高电平；L—低电平；X—高电平或者低电平；Z—高阻。

9.3.6　速度检测模块电路设计

在闭环控制系统中，速度指令值通过微控制器变换到驱动器，驱动器再为电动机提供能量。速度传感器再把测量的小车的速度量实际值回馈给微控制器，以便微控制器进行控制。因此要对控制系统实行闭环控制，必须要有感应速度量的速度传感器。

常用的传感器有轴编码器和模拟转速计两种。

(1) 轴编码器常被用来测量旋转轴的位置和转速，分为绝对式位置编码器和增量式轴编码器。绝对式位置编码器用来测量转轴的实际位置，这常用于伺服系统中来获得一定的转轴位置。增量式轴编码器常用来测量转轴的转速（速率和方向）。增量式轴编码器可以产生直接对应于轴转速的脉冲序列，如果采用有两相信号输出的增量式轴编码器，脉冲序列可直接表示出电动机的旋转方向。

(2) 模拟转速计被安装在电动机的输出轴上，但输出的电压与转速成正比。然后再经过A/D后送给控制器。

1. 速度传感器的安装

一般的轴编码器质量都较大，而整车质量的增加对系统动力性能有较大影响。为了减轻整车的质量，需制作一个轻量化的轴编码器。

轴编码器一般有两种，一种是光学编码器，另一种是利用电磁原理制成的霍尔编码器。霍尔编码器是根据霍尔效应制成的传感器，存在分辨率低、精确度不高的缺点，所以本设计采用光学编码器，也就是红外传感器。

红外传感器有两种方式，反射式传感方式和对射式传感方式。如图9-15所示。

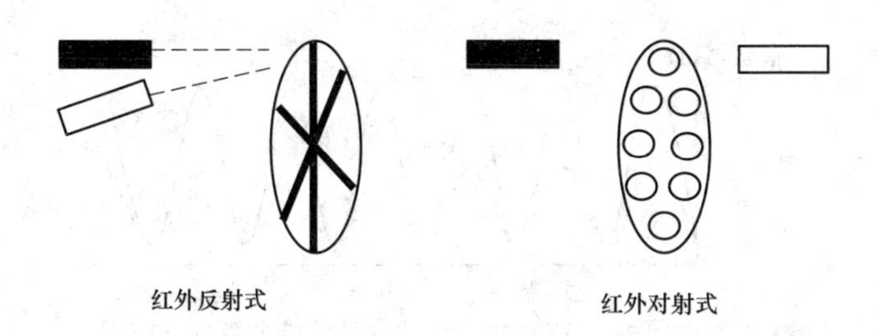

图 9-15 两种红外传感方式

—红外发射管；—红外接收管

在小车控制系统中，小车不会倒车，直流电动机只会沿着一个方向转动，所以不需要辨别它的方向，因此只需要一个光耦即可。基本原理如下：在车体上固定一个对射式红外传感器，为了提高测量值的精确度和分辨率，将码盘安装在电动机轴上，使其处于对射式传感器沟槽之间。车轮转动时，码盘随着车轴一起转动，码盘上的小孔依次通过红外发射器和红外接收器之间，传感器得到与速度有关的一些脉冲信号。红外速度传感器的示意图如图9-16所示。

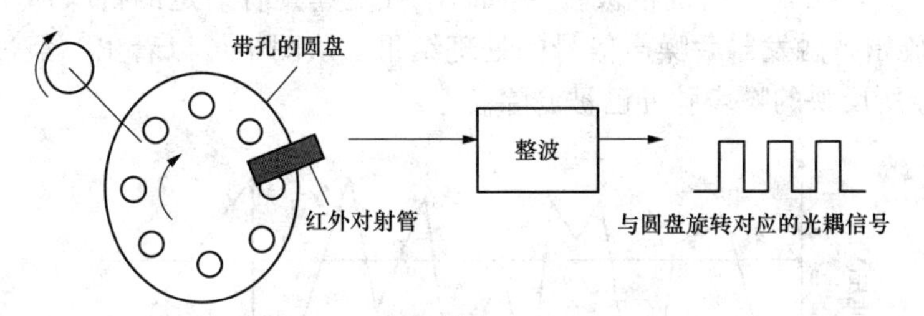

图 9-16 红外速度传感器的示意图

圆盘上孔的个数代表分辨率的高低，孔越多，分辨率越高，电动机也可以控制得更精确。但是孔的数量一定要在红外管的识别频率范围之内，小车系统不需要特别高的速度控制精度，并且过高的分辨率还会带来负面作用。孔是通过中断来捕捉的，当孔从红外管经过的时候，会引起 MCU 的输入捕捉中断，然后计算孔的数目，如果孔太多，MCU 会中断次数也会增加，影响小车控制系统的系统周期，使系统实时性变得更差。因此，设计中要通过反复试验找到最佳的孔数，经过反复测试，最终采用 16 个孔的方案。

2. 输出信号的处理

从传感器直接得到的信号很弱，所以必须经过运算放大器 LM324 放大，放大后的信号并不是由 0V 快速地变化到 5V（即从逻辑 0 到逻辑 1），这种电压信号容易被微控制器处理。实际输出的信号如图 9-17 所示。

如果能够将红外传感器的输出信号数字化，就会使微处理器更容易区分状况的转换，例如许多微控制器仅把低于零点几伏的低压当作逻辑 0 来处理，而把仅高于 3V 左右的电压当作逻辑 1 来处理。但是，红外传感器对转动电动机轴的输出响应为连续变化的电压，这些连续变化的电压并不总是处于微控制器输入管脚所要求的理想电压范围之内，这种情况在有环境光影响的场合更为严重，其结果可能导致微控制器丢失相当多的编码器计数，进而影响到

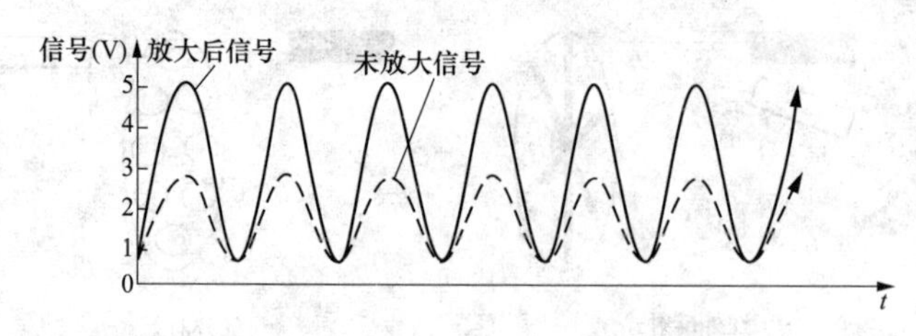

图 9-17　放大后的红外传感器的输出

路程累计和电动机控制的精确性。

改善光电开关输出信号的一条路径是采用电压比较器来处理原始的输出电压。电压比较器是一种比较特殊的电路，它可以将输入电压与参考电压做比较，当输入电压高于或低于参考电压时，其输出状态就发生变化。电压比较器的优点在于输出电压是反映输入电压的方波信号，但是也有缺点，如果输入电压仅仅瞬时地越过阈值电压，接着又立即回落（这通常被称为“噪声”），那么电压比较器也会反映这一噪声。这一缺点可以通过采用施密特触发器替代简单的电压比较器的方法来克服。施密特触发器是一种双阀值的特殊电压比较器，当输入电压高于上阈值（也被称为正向阈值）触发器输出高电平；当输入电压低于下阈值（也被称为负向阈值）触发器输出低电平；当输入电压处于下阈值和上阈值之间的死区时，触发器的状态不发生改变。死区作用也常被称为滞回，可使其具有一定的抗噪声干扰的能力，图 9-18所示采用施密特触发器后噪声信号的处理结果。从图中可以看出，经过施密特触发器后，电压比较器所反映的噪声脉冲已被滤除。

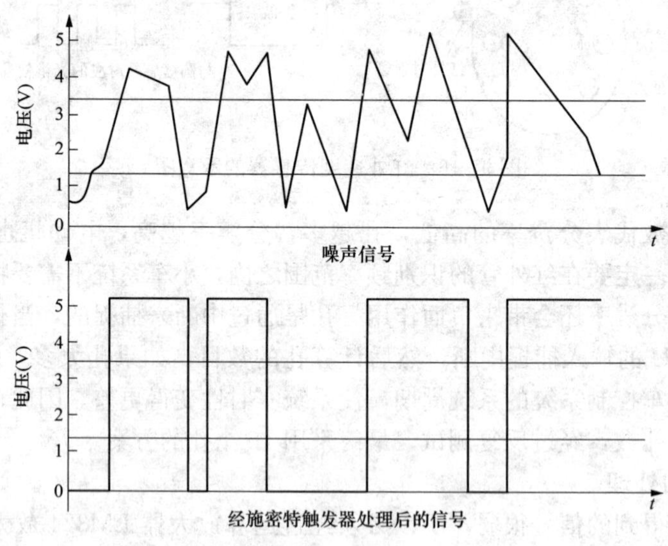

图 9-18　采用施密特触发器后噪声信号的处理结果

3. 速度传感器电路的设计

速度传感器得到的信号经施密特触发器的处理后得到理想的脉冲信号，单片机对脉冲信号进行计数，以实现对车速的检测，电路如图 9-19 所示。用这种方法能很精确地计算出小车在行驶时的车速，实验证明效果很好。

在物理结构上，将该检测装置安装在后轮上，由于前轮主要负责车的转向，所以前轮将会时常左右转动，这样将会影响车速检测的精确性。

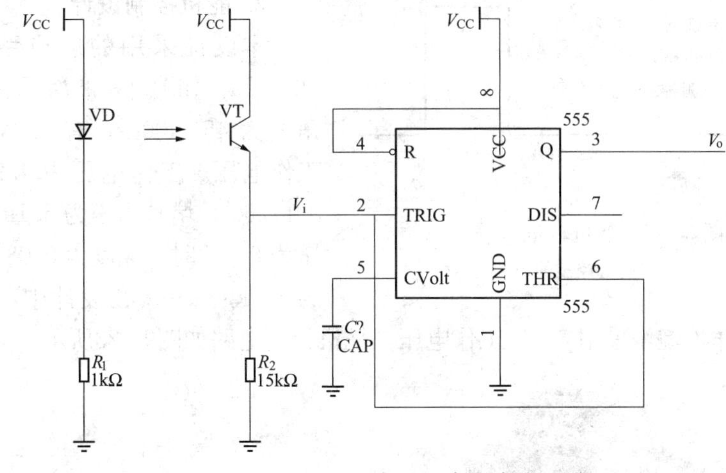

图 9-19 速度检测电路电路图

9.3.7 转向舵机控制模块电路设计

舵机最早出现在航模运动中。在航空模型中，飞机的飞行姿态是通过调节发动机和各个控制舵面来实现的。

1. 舵机的内部结构以及工作原理

(1) 舵机的内部结构。一般来讲，舵机主要由舵盘、减速齿轮组、位置反馈电位计、直流电动机、控制电路板等组成。其中，直流电动机提供了原始动力，带动减速齿轮组，产生高扭力的输出，齿轮组的变速比越大，输出扭力也越大，越能承受更大的重量，但转动的速度也越低。

(2) 舵机的工作原理。舵机是一个典型闭环反馈系统，其工作原理如图 9-20 所示。控制信号由接收机的通道进入信号调制芯片，获得直流偏置电压。它内部有一个基准电路，发出周期为 20ms、宽度为 1.5ms 的基准信号，将获得的直流偏置电压与电位器的电压比较，获得电压差输出。最后，电压差的正负输出到电动机驱动芯片决定电动机的正反转。当电动机转速一定时，电动机带动一系列齿轮组，减速后传动至输出舵盘。舵机的输出轴和位置反馈电位计是相连的，舵盘转动的同时，带动位置反馈电位计，电位计将输出一个电压信号到控制电路板，进行反馈，然后控制电路板根据所在位置决定电动机的转动方向和速度，直到电压差为 0，电动机停止转动。使用单片机对舵机转角控制如图9-21所示。

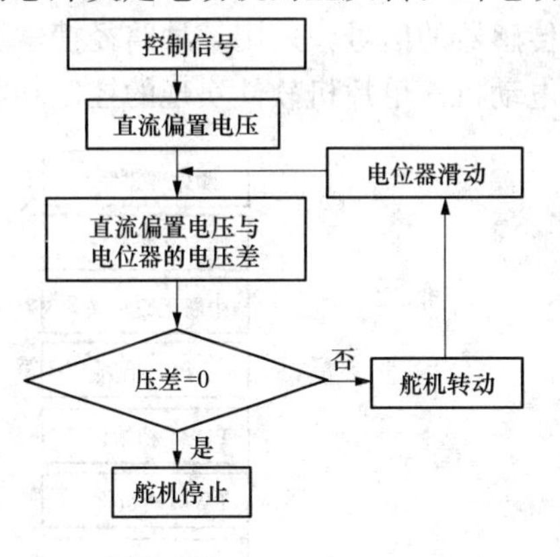

图 9-20 舵机工作原理示意图

舵机的输入线共有三条。中间红色线是电源线，其中一侧的黑色线是地线。这两根线给舵机提供最基本的能源保证，主要是电动机的转动消耗。电源有 4.8V 和 6.0V 两种规格，分别对应不同的转矩标准，即输出力矩不同，6.0V 对应的要大一些，具体看应用条件。另外一根线是控制信号线。

2. 舵机控制设计

本设计采用的舵机型号是 SANWA HS-925，如图 9-22 所示。该舵机的工作角度为 45°/400μs，有 4.8V 和 6.0V 两种工作电压。工作电压为 4.8V 时，速度为 0.11/60°，堵转力矩为 6.1kg·cm；工作电压为 6.0V 时，速度为 0.08/60°，堵转力矩为 7.7kg·cm。在设计中，为了提高舵机的响应速度和工作力矩，采用 6.0V 工作电压。舵机控制电路如图9-23所示。

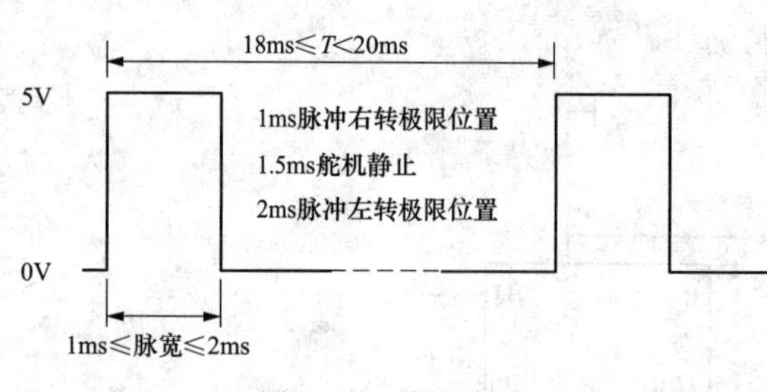

图 9-21　舵机转角

F—单片机对舵机控制的周期

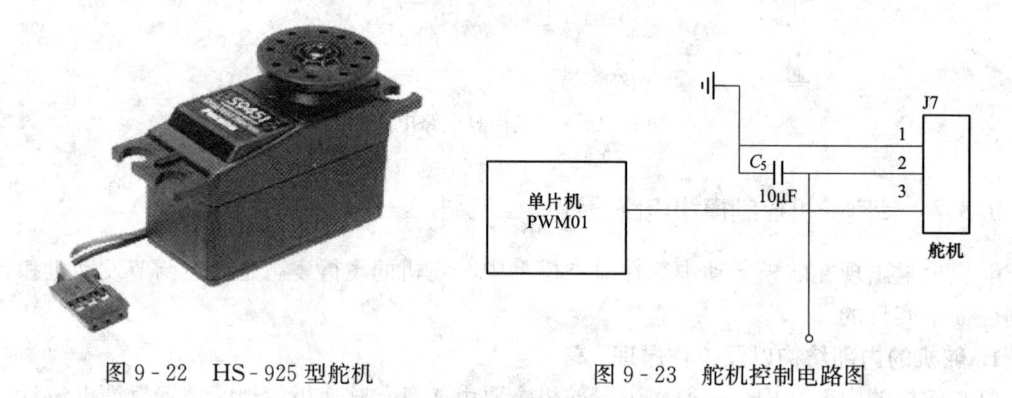

图 9-22　HS-925 型舵机　　　　图 9-23　舵机控制电路图

9.4　系统软件设计

9.4.1　系统软件总体设计

在小车控制系统中，软件系统主要有：CCD 路径识别子程序、后轮驱动电动机控制子程序、转向舵机控制、速度检测子程序等。单片机系统需要接收路径识别电路的信号、车速传感器的信号，采用某种路径搜索算法进行寻线判断，进而控制转向伺服电动机和直流驱动电动机。单片机软件实现的控制功能如图 9-24 所示。

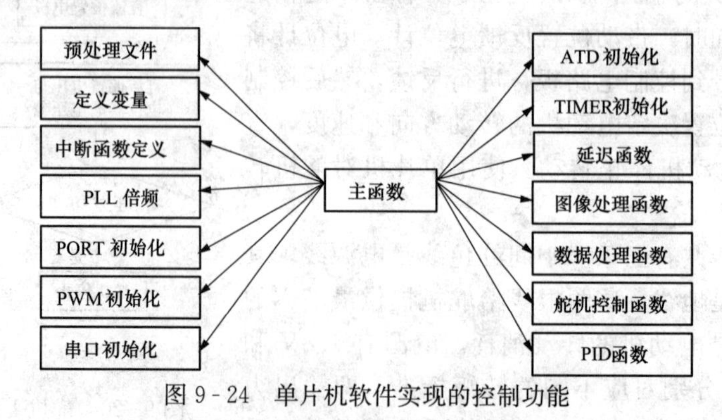

图 9-24　单片机软件实现的控制功能

软件主程序的流程图如图 9-25 所示。

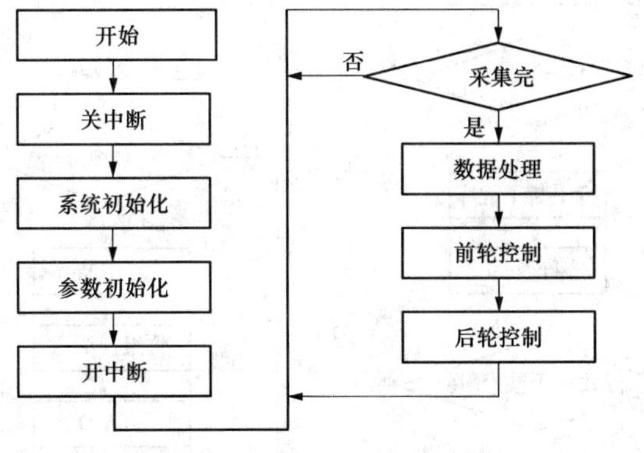

图 9-25　软件主程序流程图

在整个程序设计中，图像采集是一个难点，因为 CCD 摄像头有自己的频率，并且其数据是一直变化的，所以单片机在采集数据时必须与 CCD 摄像头同频率。由于还需要对摄像头分辨率降低，所以设计程序时还需要考虑对每一行数据进行判断，确定此行是否需要采集。在程序设计中，由 LM1881 分离出来的同步行脉冲、场脉冲采用中断方式接收，因此，中断服务子程序将控制 A/D 转换器的开启。图像采集子流程如图 9-26 所示。

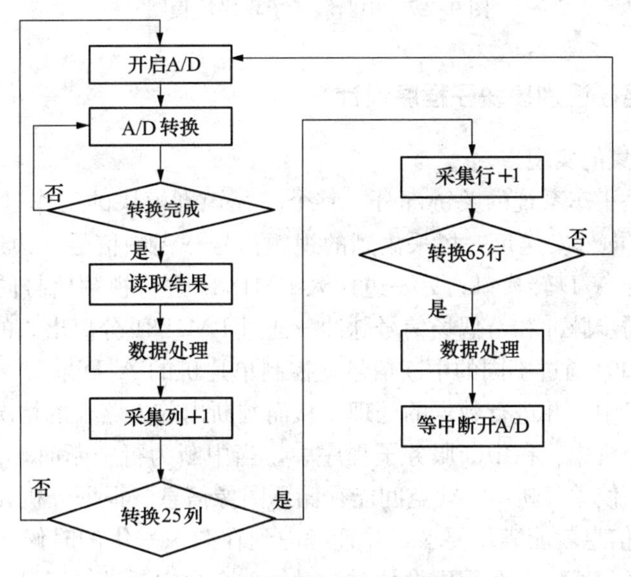

图 9-26　图像采集子流程图

在系统设计中，行、场中断在图像采集过程中起了非常重要的作用。行中断在对降低采集行数起了决定性作用，每一次行中断的产生代表新的一行的开始，它为哪些行需要采集、哪些行不用采集提供了依据。场中断代表了这一张图片的结束，为记录下一张图片提供了依据，也标志着一次前后轮控制的开始。具体的中断服务子程序流程如图 9-27 所示。

根据各个流程图的思路，结合单片机的资源，可以分别对各个子程序的程序进行设计。

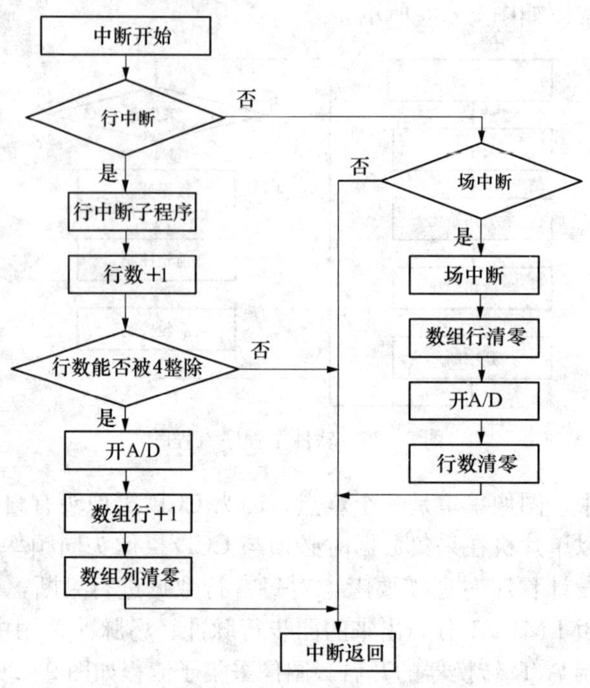

图 9-27　中断服务子程序流程图

9.4.2　CCD路径识别模块子程序设计

1. CCD数据采集的实现

路径识别模块是小车系统的关键部分。整个路径识别模块的工作过程为：CCD摄像头以50Hz的频率一直向外发送每一场采集到的视频信号→视频信号一边通过LM324进行放大后，接入单片机的A/D转换口；另一边接入LM1881进行视频信号同步分离，从中分离出场同步脉冲、行同步脉冲和奇偶场信号脉冲→通过LM1881分离出来的脉冲分别接入单片机的不同I/O中断口，通过不同的中断信号，控制单片机的A/D采集→将有用的信号采集出来，放入一个数组中，并进行数据的处理，从而判断出前方路径的情况。

(1) 降低行数分辨率。在中断服务子程序中，当中断为行中断时，由于需要对CCD进行降低分辨率处理，使单片机RAM空间能存储下图像信息。根据分析，在一场图像中，只需要采集60行图像信息就能满足要求，并且考虑到在图像采集的时候，开始几行和最后几行的图像信息不准确，所以，在程序设计时，对每一个行中断进行记录，但只有每间隔四行信号才采集一行。这样，总共300行的CCD图像，经过降低分辨率后的行数为300/4＝75行。并且，将前8行和后7行的数据进行省略，最后得到60行的数据，节约数据空间的同时，提高系统时实性。

(2) 提高每行数据采集个数

由于CCD输出的信号变化很快，如PAL制式的视频信号，每秒钟输出50帧图像信息（分为奇、偶场），每帧图像有300行，每行图像信号时间约为66μs，其中有效的图像信号约为56μs。相比之下，S12的AD转换器采集速度较低，进行10位AD转换所需要的时间为7μs。这样，采集的图像每行只能有8个像素，水平分辨率很低，完全不能满足所需的要求。在这种情况下，通过对单片机进行超频处理和降低A/D采集精度应该能解决这个问题。经过实验发现，通过PLL锁相倍频能提高单片机的运行频率。锁相环程序设计如下：

```
void PLL_Init(){
  CLKSEL = 0;
  PLLCTLPLLON = 0;          /* Disable the PLL */
  SYNR = 9;                /* Set the multiplier register */
  REFDV = 3;               /* Set the divider register */
  PLLCTL = 112;            /* PLL will lock automatically*/
  while(! CRGFLGLOCK);     /* Wait */
  CLKSELPLLSEL = 1;        /* Select clock source from PLL */
  }
```

采用锁相环倍频后，其总线工作频率为（单片机外部总线频率为8MHz）：

$$PLLCLK = 2 \times OSCCLK \times (SYNR+1) / (REFDV+1)^{*}$$
$$= 2 \times 8 \times (9+1) / (3+1) = 40\ (MHz)$$

同时，通过实验，提高单片机A/D采集速度能增加每行的采集像素。具体的程序设计为：

```
void AD_Init(void){
  ATD0CTL2 = 0xC0; //控制寄存器2：上电,标志位快速清零
  ATD0CTL3 = 0x08; //一个通道转换,非FIFO模式
  ATD0CTL4 = 0x80; //转换精度8位,2个AD转换周期
  ATD0CTL5 = 0x80; //8位精度、右对齐方式,结果数据无符号表示
  ATD0DIEN = 0x00; // 禁止数字输入缓冲
}
```

通过对ATD0CTL4的PRS4、PRS3、PRS2、PRS1、PRS0位设置，可以控制A/D转换的频率。单片机中对A/D采集的频率有要求，A/D分频系数对应见表9-3。通过实际实验发现，即便当前总线频率为40MHz，也能对其2分频，但其转换精度有一定的降低，因此，将A/D的分频系数设置为2分频。

表9-3　A/D分频系数对应表

分频值	分频系数	最高总线频率（MHz）	最低总线频率（MHz）
00000	2	4	1
00001	4	8	2
00010	6	12	3
00011	8	16	4
00100	10	20	5

* 根据想要的时钟频率设置SYNR和REFDV两个寄存器，这两个寄存器专用锁相环时钟PLLCLK的频率计算公式。

续表

分频值	分频系数	最高总线频率（MHz）	最低总线频率（MHz）
00101	12	24	6
00110	14	28	7
00111	16	32	8
01000	18	36	9
01001	20	40	10

通过对A/D采集频率进行设置，算出A/D采集的频率。通过实验可得，在大于60μs的时间里，单片机大约能够采集到30个数据。由于每行的前几个数据存在一定的误差，所以将前5个数据省略掉。

2. 黑线的提取算法

根据摄像头图像的A/D采集，可以提取出赛道的黑线。但是，由于干扰的存在，如何提取赛道的黑线对赛道的真正识别有很关键的作用。在本设计中，由于比赛赛道是在白色底板上铺设黑色引导线，因此干扰不是很大，黑线提取比较容易，所以可直接采用二值化处理。在进行二值化处理时，涉及视频阈值的选择。本系统在视频阈值的选择上采用自适应动态调整的方式，这是因为考虑到CCD传感器易受到环境光线的影响，该方式能够依据环境光线自动调整，为系统提供可靠的二值化阈值。根据自适应方式设置系统的视频阈值ε，采用如下方式进行二值化分割

$$f(x, y)=\begin{cases}1 & u(x, y)>\varepsilon \\ 0 & u(x, y)<\varepsilon\end{cases} \tag{9-1}$$

式中 $u(x, y)$——原始数据；

$f(x, y)$——二值化处理后的数据；

ε——视频阈值。

经过二值化处理后，通过SCI向上位机将数据发送出来，再通过串口助手进行数据接收，在接收到的数据中可以看到，黑色引导线将非常明显地显示出来。

二值化处理后数据如图9-28所示。

9.4.3 后轮电动机驱动模块子程序设计

电动机控制算法的作用是接受指令速度值，通过运算向电动机提供适当的驱动电压，尽快地且尽量平稳地使电动机转速达到速度值，并维持这个速度值。换言之，一旦电动机转速达到了指令速度值，即使遇到各种不利因素的干扰下也应该保持速度值不变。

控制算法（有时也被做控制规则）是任何闭环控制方法的核心。现在已经有各种各样的控制算法，PID控制算法是控制系统中技术比较成熟、应用最广泛的一种控制器算法。它的结构简单，参数容易调整，不一定需要系统的确切数据模型，因此在工业的各个领域中都有应用。

PID控制器最先出现在模拟控制系统中，传统的模拟PID控制器是通过硬件（电子元件、气动和液压元件）来实现它的功能。随着计算机的出现，把它移植到计算机控制系统中来，将原来的硬件实现的功能用子程序来代替，因此称作数字PID控制器，所形成

```
00 00 00 00 01 01 00 00 00 00 00 00 00 00 00 00 00 00 00 00
00 00 00 00 01 01 00 00 00 00 00 00 00 00 00 00 00 00 00 00
00 00 00 00 01 01 00 00 00 00 00 00 00 00 00 00 00 00 00 00
00 00 00 00 00 01 01 00 00 00 00 00 00 00 00 00 00 00 00 00
00 00 00 00 00 01 01 00 00 00 00 00 00 00 00 00 00 00 00 00
00 00 00 00 00 01 01 01 00 00 00 00 00 00 00 00 00 00 00 00
00 00 00 00 00 01 01 01 00 00 00 00 00 00 00 00 00 00 00 00
00 00 00 00 00 01 01 01 00 00 00 00 00 00 00 00 00 00 00 00
00 00 00 00 00 00 01 01 00 00 00 00 00 00 00 00 00 00 00 00
00 00 00 00 00 00 01 01 01 00 00 00 00 00 00 00 00 00 00 00
00 00 00 00 00 00 01 01 01 00 00 00 00 00 00 00 00 00 00 00
00 00 00 00 00 00 01 01 01 00 00 00 00 00 00 00 00 00 00 00
00 00 00 00 00 00 01 01 01 00 00 00 00 00 00 00 00 00 00 00
00 00 00 00 00 00 00 01 01 00 00 00 00 00 00 00 00 00 00 00
00 00 00 00 00 00 00 01 01 01 00 00 00 00 00 00 00 00 00 00
00 00 00 00 00 00 00 01 01 01 00 00 00 00 00 00 00 00 00 00
00 00 00 00 00 00 00 01 01 01 00 00 00 00 00 00 00 00 00 00
00 00 00 00 00 00 00 01 01 01 00 00 00 00 00 00 00 00 00 00
00 00 00 00 00 00 00 01 01 01 00 00 00 00 00 00 00 00 00 00
00 00 00 00 00 00 00 01 01 01 01 00 00 00 00 00 00 00 00 00
00 00 00 00 00 00 00 00 01 01 01 00 00 00 00 00 00 00 00 00
```

图9-28　二值化处理后数据

的一整套算法则称为数字PID算法。数字PID控制器与模拟PID控制器相比，具有非常强的灵活性，可以根据试验和经验在线调整参数，因此可以得到更好的控制性能。在实际应用中，增量式PID算法应用广泛，这是由于增量式算法只需保持前三个时刻偏差即可。

增量式PID算法的优点是：

（1）数字调节器只输出增量，计算机误动作造成的影响小。

（2）手动—自动切换冲击小。

（3）算法中不需要累加，增量只与最近的几次采样值有关，容易获得较好的控制效果。由于式中无累加，消除了当偏差存在时发生饱和的危险。

增量式PID的计算公式为

$$\Delta u(n)=K_p[e(n)-e(n-1)]+Kie(n)+K_d[e(n)-2e(n-1)+e(n-2)] \tag{9-2}$$

式中　$\Delta u(n)$——第n次输出的增量；

$e(n)$——第n次的偏差；

$e(n-1)$——第$n-1$次的偏差；

$e(n-2)$——第$n-2$次的偏差。

根据以上资料，设计PID控制程序为：

```
err[0] = speed - In_speed[0];
err[1] = speed - In_speed[1];
err[2] = speed - In_speed[2];          //速度偏差
speed_chg_chg = (int)(kp * (err[2] - err[1])) + (int)(kd * (err[2] - 2 * err[1] + 
err[0]));  //速度改变量
```

```
  speed_change[1] = speed_change[0] + speed_chg_chg;
  speed_set = speed_old + speed_change[1];          //设定速度
  if(speed_set>250)                                 //最大限制
    speed_current = 255;
  else if(speed_set<0)                              //最小限制
    speed_current = 0;
  else
    speed_current = (char)speed_set;
  PWMDTY5 = speed_current;
  speedold = speed_current;                         //改变偏差
  speedchange[0] = speed_change[1];
  In_speed[0] = In_speed[1];
  In_speed[1] = In_speed[2];
```

本系统经过，大量测试，得出了比较理想的控制效果。

9.4.4 转向舵机控制模块子程序设计

脉冲宽度调制（pulse width modulation，PWM），是利用微处理器的数字输出来对模拟电路进行控制的一种非常有效的技术，广泛应用在由测量、通信到功率控制与变换的许多领域中。本系统中主要通过对PWM的占空比调节实现对前轮舵机转向、后轮驱动速度进行调节。MC9S12DG128B芯片具有PWM功能，能实现8个8位通道，或是4个16位通道的输出PWM控制。输出对PWM周期、占空比和一些寄存器进行设置就能实现PWM的功能。具体的设置如下：

```
void PWM_init(){
  PWMCNT01 = 0;                //计数器清零;
  PWMPOL_PPOL1 = 1;                //电平极性选择。先输出高电平
  PWMPRCLK = 0;                //时钟选择。选择clockA不分频,clockA = busclock;
  PWMSCLA = 20;              //PWM时钟选择。对clock sA进行40分频
//pwm clock = clockA/24 = 1MHz;
//pwm0、1,前轮电动机                 //前轮舵机转向控制初时化
  PWMCTLCON01 = 1;               //选择PWM通道。0和1联合成16位PWM
PWMDTY01 = turn[i];          //turn[i]为舵机转动角度控制
  PWMPER01 = 20000;            //20000/1MHz = 20ms;即50Hz;
  PWMCLK_PCLK1 = 1;          //选择clock sA做时钟源;
  PWME_PWME1 = 1;              //允许PWM1
  return;
}
```

对前轮舵机转向控制时要求PWM的周期为20ms，当高电平宽度为1.5ms时，舵机将转向基准位置；当PWM占空比发生变化时，舵机转动角度将发生变化。变化范围为：高电平最小为1ms，此时舵机相对于基准位置正转45°；高电平最大为2ms，此时舵机相对于基

准位置逆转45°。因此，舵机角度控制参数trun［i］的范围为1000～2000。在此范围内电平与脉冲宽度成线性关系。舵机工作原理如图9－29所示。

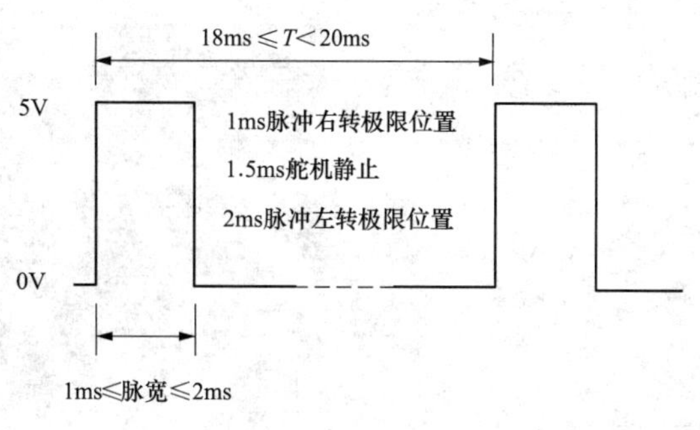

图9－29　舵机控制原理图

T—单片机对舵机控制的周期

9.4.5　速度检测模块子程序设计

采用对射式红外光电传感器对安装在后轮转轴上的自制编码器提取信号，当编码器的一个齿挡住红外传感器发射端的红外光时，接收端不能接收到光信号，输出低电平。由于当小车快速运动时，产生的信号在交替变化。根据电流不能突变的性质，产生的波形不是标准的矩形波，会影响单片机的检测。所以采用555定时器对所提取的信号进行整形，整形后的信号送入单片机，通过单片机输入捕捉功能计算出小车当时的行驶速度，根据反馈回的速度控制输给后轮PWM占空比。速度反馈电路如图9－30所示。

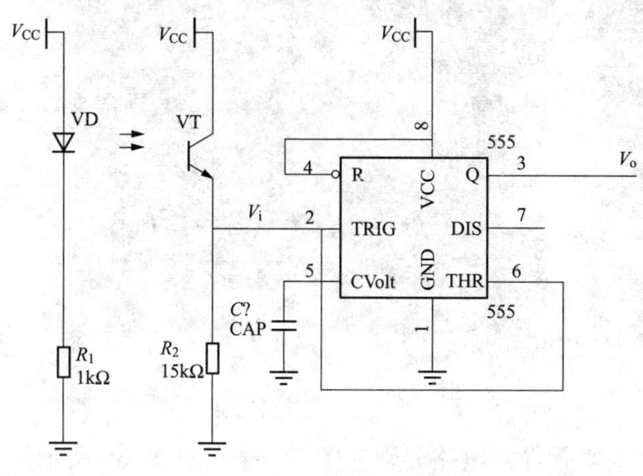

图9－30　速度反馈电路

测速编码器安装在小车后轮的轴上，采用自制的编码盘，将一个圆盘平均分成32等份，再每隔一个齿剪去一部分，做成16个齿。当小车转一圈时，通过编码器将产生1个脉冲，因每个脉冲的精度为

$$x=\pi d/n$$
$$=3.14\times 0.055/16$$
$$=0.011\text{m}$$

式中　d——轮胎的直径，为0.055m；

　　　n——每圈产生脉冲个数，为16个。

所以最小检测精度为0.011m。

9.5　实　验　结　果

9.5.1　硬件结果

硬件设计对一个系统的稳定性有很大的影响。在本设计系统中，充分考虑了系统的稳定性、抗干扰能力、散热的因素，最终通过搭接电路和制板完成了系统的硬件设计，实际焊接的电路板如图9－31所示。

电源管理模块和后轮电动机驱动模块的实际焊接电路分别如图9－32和图9－33所示。

图 9 - 31　实际焊接的小车电路板

图 9 - 32　电源管理模块电路板

图 9 - 33　后轮电动机驱动电路板

速度检测模块和 CCD 路径识别模块的实际焊接电路分别如图 9 - 34 和图 9 - 35 所示。

图 9 - 34　速度检测模块电路板

图 9 - 35　CCD 路径识别模块电路板

9.5.2　软件结果

编译程序界面如图 9 - 36 所示。

下载程序前的擦写 Flash 提示，如图 9 - 37 所示。

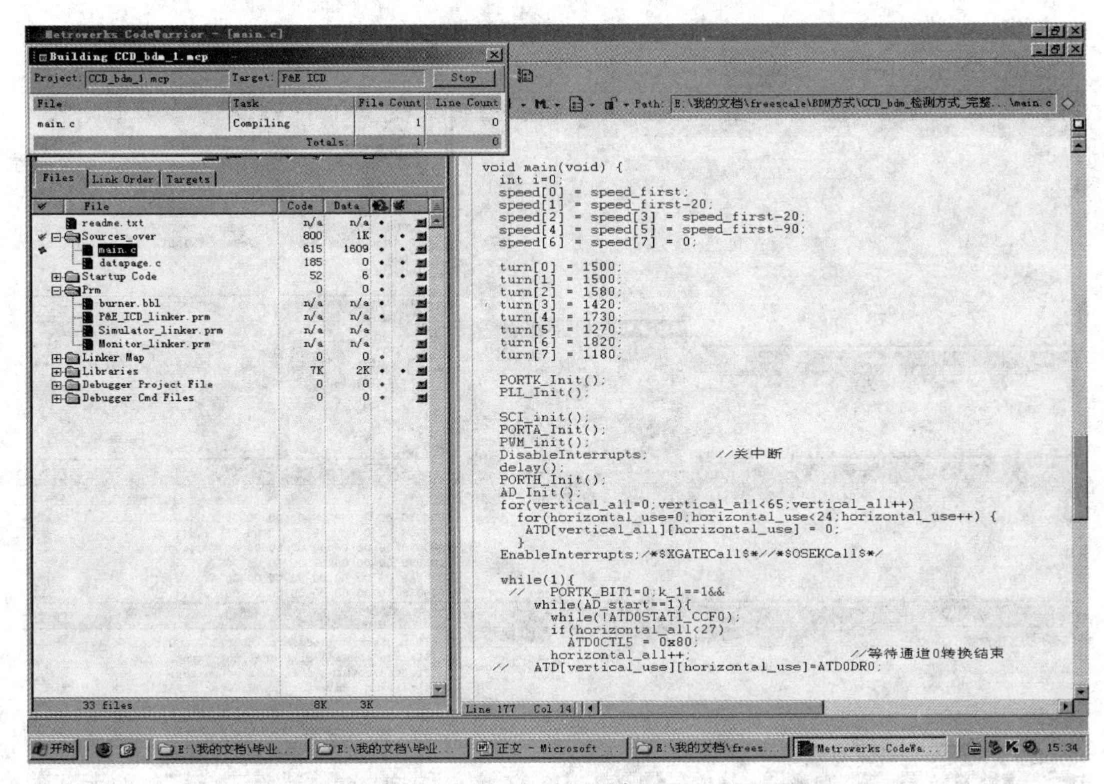

图9-36　编译程序界面

9.5.3　实验数据结果

舵机的控制直接与PWM信号的占空比联系起来，只有知道了舵机转动角度与PWM占空比之间的对应关系后才能对舵机进行很好控制。通过PWM对前轮舵机的控制，能得出相应的转角，其关系如表9-4所示。

表9-4　　PWM占空比与舵机转角对应表

PWM占空比（ms）	1	1.1	1.2	1.3	1.4	1.5	1.6	1.7	1.8	1.9	2
对应角度（°）	−45	−36	−27	−18	−9	0	9	18	27	36	45

在后轮测速模块中，在一定时间内在编码盘上检测到的脉冲个数将于小车的行驶速度对应，通过实验的检测和计算所得，编码盘的读数和小车行驶距离的对应关系如表5-2所示。

表9-5　　行驶距离与脉冲个数对应表

行驶距离（m）	1	1.5	2	2.5	3	3.5
脉冲个数（个）	91	136	182	227	273	318

在进行数据采集和处理的时候，需要对单片机采集的数据进行判断，由于单片机有SCI串行传输功能，所以能将采集的数据发送到上位机观察，图9-38所示为通过二值化处理后，没有去除干扰的图像信息，图9-39所示为经过去除干扰后的图像信息。

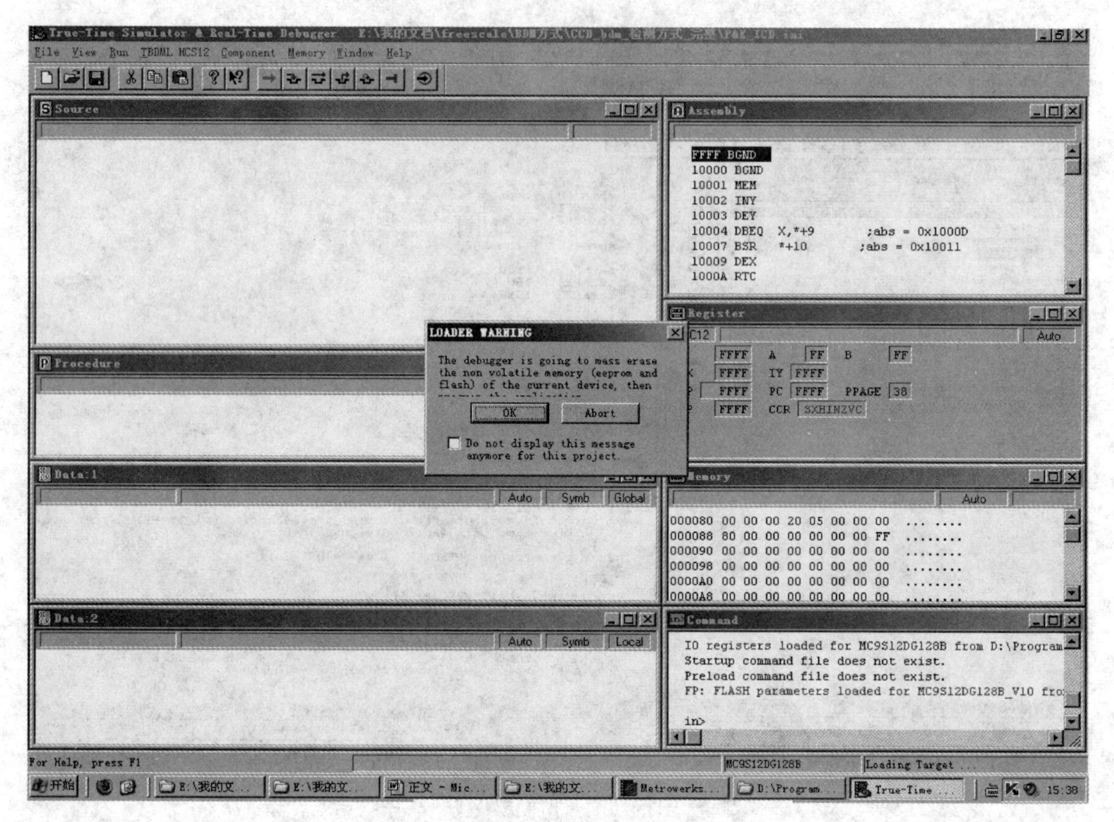

图 9-37　擦写 Flash 提示

01 01 01 00 00 00 00 00 00 **01 01** 00 00 00 00 00 00 00 00 00 00 00 00 00 00 00 01 01 01 00
01 01 01 00 00 00 00 00 00 **01 01 01** 00 00 00 00 00 00 00 00 00 00 00 00 00 00 01 01 01 00
01 01 01 00 00 00 00 00 00 **01 01 01** 00 00 00 00 00 00 00 00 00 00 00 00 00 00 01 01 01 00
01 01 01 00 00 00 00 00 00 **01 01 01** 00 00 00 00 00 00 00 00 00 00 00 00 00 00 01 01 01 00
01 01 01 00 00 00 00 00 00 00 **01 01** 00 00 00 00 00 00 00 00 00 00 00 00 00 00 01 01 01 00
01 01 01 00 00 00 00 00 00 00 **01 01** 00 00 00 00 00 00 00 00 00 00 00 00 00 00 01 01 01 00

图 9-38　未去除干扰处理的图像

00 00 00 00 00 01 01 01 00 00 00 00 00 00 00 00 00 00 00 00
00 00 00 00 00 01 01 01 00 00 00 00 00 00 00 00 00 00 00 00
00 00 00 00 00 01 01 01 00 00 00 00 00 00 00 00 00 00 00 00
00 00 00 00 00 00 01 01 00 00 00 00 00 00 00 00 00 00 00 00
00 00 00 00 00 00 01 01 01 00 00 00 00 00 00 00 00 00 00 00

图 9-39　经过去除干扰处理后的图像

9.6　结　　论

经过研究与实验，通过电路设计、制板、硬件电路焊接、软件设计与调试，最终，小车能根据 CCD 采集的信号，准确地判断出赛道中的黑色引导线。经过实验得知，在 CCD 路径检测和后轮 PID 控制下，小车能稳定地在黑线上行驶，弯道、S 形弯均能很好地通过。

（1）在本系统设计过程中，主要完成了以下工作：

1）通过对CCD资料的查阅和学习，了解了CCD图像输出的原理，并成功完成了图像采集、图像分辨率的降低，并通过串行发送数据将数据信息发送到上位机进行数据的正确性判断。

2）通过对PID控制方法的学习，对PID控制算法有了一定的了解，并成功地将书本知识和实际联系起来，完成了程序PID控制算法的设计。

3）除单片机最小系统外，其他电路均是采用搭接方式或者采用Protel设计制板加工而成，增强了动手能力和电路设计能力。

4）通过查阅资料和老师的指导，掌握了飞思卡尔单片机的软件设计和各功能的应用，提高了自学能力。

（2）由于时间非常紧，在软件细化上还做得不是很好，图像数据处理上还有很多工作可以做。本设计还存在以下不足：

1）小车的细节改装还不够，对车的行驶性能有很大影响。

2）速度不是很快，存在一定的振荡问题。

3）PID响应速度不是很快，没有用MATLAB进行仿真，以进一步确定PID参数值。

4）调试辅助设计做得不是非常多，对小车调试带来了一些困难。

（3）在本系统设计中，还有很多地方可以改进，以使小车的速度更快。

1）在弯道时，通过摄像头的图像信息，可以使小车沿弯道内侧行驶。

2）将小车摄像头搭高一点，使一张图片能包含整个S形弯道信息，再经过图像数据处理，判断出前方是S形弯道后，能直接穿过弯道，节约时间。

3）舵机采用PID控制，从而能使小车更加平稳地行驶，增强小车稳定性。

参 考 文 献

[1] 卓晴，黄开胜，邵贝贝. 学做智能车——挑战“飞思卡尔”杯［M］. 北京：北京航空航天大学出版社，2007.

[2] Dennis Clark.（美）Michael Owings著. 机器人设计与控制［M］. 宗光华，张慧译. 北京：科学出版社，2004.

[3] 邵贝贝. 单片机嵌入式应用的在线开发方法［M］. 北京：清华大学出版社，2004.

[4] 卓晴，王琎，王磊. 基于面阵CCD的赛道参数检测方法［J］. 电子产品世界，2006.

[5] 朝盛. 基于16位单片机MC9S12DG128B智能车系统的设计［J］. 天津工业大学，2006.

[6] 森政弘. 机器人竞赛指南［M］. 北京：科学出版社，2002.

[7] 全国大学生电子设计竞赛组委会. 第五届全国大学生电子设计竞赛获奖作品选编［M］，北京：北京理工大学出版社，2003.

[8] 胡寿松. 自动控制原理［M］. 北京：科学出版社，2001.

[9] 李银山. 对微机数字PID控制几点见解［J］. 辽宁：电大理工，2006.

[10] 胡伟，季晓衡. 单片机C程序设计及应用实例［M］，北京：人民邮电出版社，2003.

[11] 徐科军，马修水，李晓林. 传感器与检测技术［M］. 北京：电子工业出版社，2004.

[12] 童诗白，华成英. 模拟电子技术基础［M］. 北京：高等教育出版社，2001.

第10章　智能交通控制器系统设计

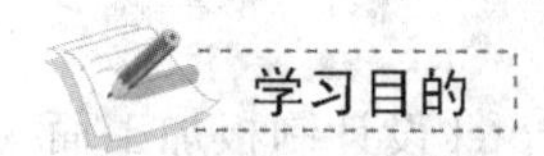
学习目的

通过本章内容的学习，可以使学生对单片机在智能交通控制器中的应用有一个深入的认识，掌握单片机系统设计方法（包括硬件设计方法和软件设计方法）和调试方法。本章重点内容包括单片机最小系统、智能交通显示驱动、串口通信、故障检测模块、系统复位和状态存储模块、测光及调光系统等模块的软硬件设计。毕业设计的学生可以通过本章内容的学习，体会控制器类软硬件设计的过程，了解毕业设计要达到的指标。

10.1　引　　言

10.1.1　智能交通系统概况

随着城市汽车保有量的越来越多，城市的交通拥挤问题正逐渐引起人们的注意。交通信号灯是交管部门管理城市交通的重要工具。目前绝大部分交通信号灯时间都是设定好的，不管是车流高峰还是低谷，交通信号灯的时间都固定不变；还有一些交通信号灯能根据简单划分的时间段来调整时间，但控制起来都不是很灵活，使得城市车流的调节不能达到最优。针对这一弊端，提出了一种全新的交通控制系统——智能交通系统（intelligent transportation system，ITS）。智能交通系统实质上就是利用高新技术（如信息处理技术、通信技术、控制技术、电子技术等）对传统的运输系统进行改造而形成的一种信息化、智能化、社会化的新型系统，可以根据实时车流量对各路口的绿灯时间进行动态调节，可大大加强调节的灵活性和实时性。

ITS是目前国际上公认的全面有效解决交通运输领域问题的根本途径，它是在现代科学技术充分发展进步的背景下产生的。我国也在加大对ITS的投入和发展，结合我国国情建立起大范围、全方位发挥作用的，实时、准确、高效的智能交通系统。

10.1.2　发展智能交通系统的意义

随着人类社会的发展，交通事故、交通堵塞、环境污染和能源消耗等负面问题也日趋严重。日本交通事故的死亡人数从1988年以后连续8年每年达到1万人以上；美国全国每年因交通堵车所浪费的汽油和时间对美国造成的经济方面的损失，估计高达680亿美元；我国道路交通死亡人数每年达10万人左右，直接经济损失近20亿元。因此，提高城市路网的通行能力、实现道路交通的科学化管理迫在眉睫。智能交通系统目的是充分发挥现有交通基础设施的潜力，提高运输效率，保障交通安全，缓解交通拥挤，除基础设施智能化外，城市快速路建设智能交通系统也是不可或缺的一部分。快速路智能交通系统的研究旨在提高快速路的利用率，提高其通行能力，缓解日益严重的交通拥挤情况。研究和实践表明，智能交通系统不但可以解决交通的拥堵，而且对交通安全、交通事故的处理与救援、客货运输管理、高速公路收费系统等方面都会产生巨大的影响。

城市快速路建设智能交通系统的意义主要体现在以下方面：

（1）提高道路本身和地区路网的使用效率。城市高快速路发展智能交通系统可以改善道路交通环境，增加道路交通系统容量。同时，还可以有效提高车辆的行车速度，减少车辆行车延误，提高受控区域的道路服务水平，进而提高地区路网的通行能力。

（2）改善交通环境，减少交通事故和环境污染。主要体现在几个方面：减少交通事故造成的车辆和人身的损失和伤害；减少交通对能源的需求；减少尾气污染，提高空气质量；降低车辆行驶的噪声，减轻噪声污染；节省土地资源。

（3）提高管理部门的服务水平和工作效率。城市高快速路发展智能交通系统的目的就是要使交通管理从被动转变为主动，由适应型向智能型转变，从而形成“高效、舒适、环保”的交通环境。

（4）起到示范作用，推动城市智能交通系统的全面发展。在智能交通系统成为21世纪交通运输发展的历史性潮流的情况下，城市高快速路智能交通系统的规划研究将起到示范作用，对城市智能交通系统的全面发展起到积极的推动作用。

（5）带动相关产业的发展。智能交通系统作为一个新兴的产业，需要汽车制造、通信、信息技术、计算机等相关产业的依托，其发展也离不开相关产业的参与，因此可以为这些行业或企业带来直接的经济效益。同时，智能交通系统的建立促进了周边地区交通环境的整体改善，对该地区经济的全面发展起到一定的推动和促进作用。

（6）进一步促进城市经济，尤其是区域经济的发展。交通运输业的发展对经济的发展具有重要的制约和推动作用。畅通、安全、经济的交通运输是经济迅速发展的有力支持。

10.1.3　本课题提出的背景

为保证交通系统的安全、畅通、有序、快速和提高路网的服务水平，建立交通信号控制系统尤其重要。交通信号控制系统由主车道交通信号控制、入口匝道交通信号控制、出口匝道交通信号控制与相关的平面交叉口交通信号控制四部分组成。

交通信号控制系统的基本框架结构见图10-1。信息采集系统利用雷达监测各个路段的车辆情况并汇总到控制室的中心平台，客户端分析车辆的分布情况，然后发送控制信号到快速路的各个系统的信号机，再由信号机控制信号灯，完成对快速路系统的统一协调控制。主控室中心平台和信号机的通信采用公共专用网络，每个信号机配有固定的IP号，并附加密码保护，保证了信号机和上位机的可靠通信。信号机和信号灯采用RS-485通信，每台信号机可以控制多台信号灯。

交通信号控制系统的设计包括：人机界面设计、信号机设计、控制器设计3个方面。其中人机界面设计主要是方便操作人员把命令传达到固定IP的信号机；信号机自带IP号可接受网络上位机的命令，并按照协议转发控制器的控制信号；控制器既要对上位机的命令执行各种动作、上报自身状态，还要对各种故障做出及时反应。因此，交通信号控制系统设计的重点应是控制器的设计。本设计就是针对控制器的设计提出了硬件和软件的设计方案。

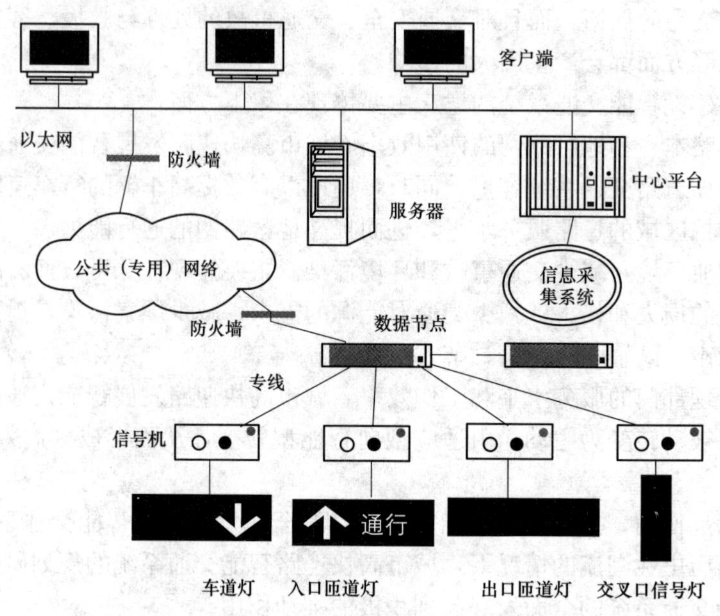

图 10-1 交通信号控制系统的基本框架结构图

10.2 智能交通灯控制器总体设计

10.2.1 控制器总体设计

智能交通灯控制器处于灯板和信号机之间，它是联系信号机和灯板的纽带，负责从上位机接收指令帧，驱动灯板显示，对灯板的状态进行检测，发现错误要进行相应的处理以免造成重大的事故。控制器设计性能的好坏将直接影响交通灯的显示，保证控制器能可靠运行是决定智能交通系统能否正常运行的关键。

控制器采用的控制器核心是 AT89S52 单片机。AT89S52 是一种低功耗、高性能 CMOS 8 位微控制器，具有 8K 可编程 Flash 存储器，系统采用能进行长距离、高速的串行异步通信 RS-485 串行通信方式。为时刻检测灯板是否显示正常，采用 TLC1543 转换芯片对模拟量进行采集，系统的记忆功能则有赖于 X5045 的存储功能。

软件设计是基于 Keil C51 环境下开发的，Keil C51 是 51 系列兼容单片机 C 语言软件开发系统。与汇编语言相比，C 语言在功能上、结构性、可读性、可维护性上有明显的优势，易学易用。

10.2.2 控制器硬件设计

信息采集系统利用雷达监测各个路段的车辆情况并汇总到主控制室中心平台。客户端首先分析车辆的分布情况，然后发送控制信号到快速路的各个系统的信号机。信号机定时发送监控命令，轮巡各个信号灯，信号机发出监控命令后等待信号灯的应答。信号灯处于侦听状态，在接收到地址码后，立即判断是否在呼叫自己，如果不是，则不予理睬；如果是，则继续接收下面的数据。接收完 1 个信号机监控命令后先进行校验，如果校验正确，则解析、接收监控命令，并根据命令做出应答；如果校验不正确，则回送出错信息要求重发。信号机发出的监控命令通过RS-485网络传播，信号灯接收到监控命令后，进行分析并将应答信息再送至RS-485网络，由信号机的RS-485串行通信端口接收。

控制器核心采用AT89S52，系统复位及状态存储模块、灯板触发模块、上位机通信模块、A/D转换模块等组成控制器硬件系统。其中，上位机双向通信模块负责与上位机的RS-485通信；灯板触发模块通过开关器件完成信号灯的亮灭；灯板检测采样模块和A/D转换模块可完成信号灯状态的检测，为控制器的智能化提供支持。

10.2.3　控制器软件设计

系统通电后，首先初始化，设置CPU内部资源，恢复I/O口的断电前状态，使控制器具有断电保持功能；然后等待上位机的命令，如果上位机有命令下传过来则对其进行解释、执行；最后根据系统是否做过标定，决定是否执行检测子程序，如果已经标定则自动检测故障，软件设计的关键在于多种滤波方法的应用、串口监视的灵活设置以及自适应灯板故障检测等。

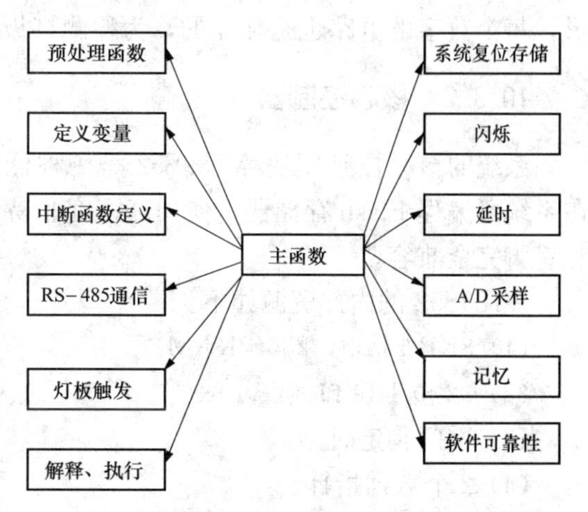

图10-2　软件功能图

设计时，应满足设置看门狗定时，避免程序的死循环；采用数字滤波的方法提高信号灯状态检测的可靠性；采用串口监视子程序提高信号灯控制器与信号机的抗干扰能力，并设置程序陷阱和指令冗余。如图10-2所示是软件功能图。

10.3　硬　件　设　计

10.3.1　硬件系统的整体设计

系统硬件主要由控制核心器AT89S52、电源模块、通信转换、控制信号放大、断电电信号放大与A/D转换、温度传感器及X5045几个部分构成，如图10-3所示。

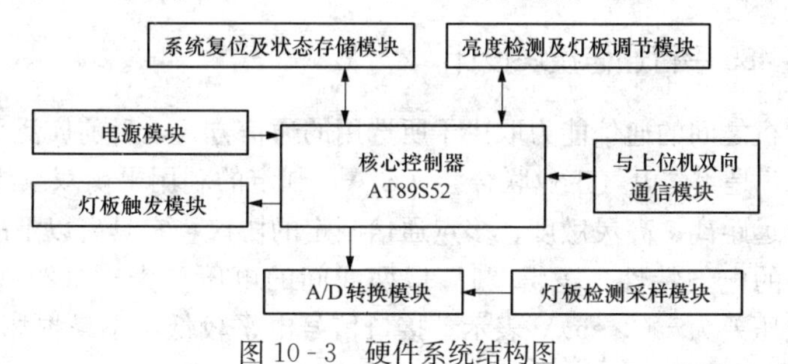

图10-3　硬件系统结构图

设计时充分考虑AT89S52内部资源，对其内部资源进行合理地分配，以达到最优化的设计目的。根据系统的具体要求用P0口驱动灯板图形显示，用P1口驱动数字的显示。P2

口前四个口与X5045芯片相连，后四个口与TLC1543转换芯片相连，控制两个芯片进项数据交换，定时器T1产生串行通信的波特率，复位管脚RST与复位管脚X5045相连，利用X5045上电复位的功能对单片机进行复位。

芯片的工作电压很小，尤其是单片机的输出电压很低，不能驱动灯板的显示，所以需要加入放大装置（例如ULN2003），电压过低则需用运算放大器LM358。有时电压过大会烧坏器件，因此设计时增加光电隔离器件。另外还利用继电器的开关来控制系统总电源。

灯板的图形由三段独立的电路组成，这样当某个图形出现故障时，不至于影响其他的图形，每个数字的电路也是独立的，为检测灯板的状态提供了方便。

10.3.2 核心控制器

系统的核心控制模块AT89S52是一种低功耗、高性能CMOS8位微控制器，具有8K在系统可编程Flash存储器，使用高密度非易失性存储器技术制造，与工业80C51产品指令和管脚完全兼容。

AT89S52的内部资源如下：

（1）8KB Flash，256 BRAM。

（2）32位I/O口线。

（3）看门狗定时器。

（4）2个数据指针。

（5）3个16位定时器/计数器。

（6）1个6向量2级中断结构。

（7）全双工串行口，片内晶振及时钟电路。

AT89S52支持在线编程，即在线写入、擦除和在线下载程序。在线编程的基本原理是，单片机片内的CPU有能力对片内Flash进行写入、擦除操作，用户需以某种方式（一般为串行）将命令和数据传送给单片机可以。单片机的编程接口除完成Flash写入、擦除功能外，还可用于应用程序的调试，甚至可以在应用程序运行时动态地获取CPU寄存器的值、存储器等的瞬态信息。另外，AT89S52可降至0Hz静态逻辑操作，支持2种软件可选择节电模式；空闲模式下，CPU停止工作，允许RAM、定时器/计数器、串口、中断继续工作；掉电保护方式下，RAM内容被保存，振荡器被冻结，单片机一切工作停止，直到下一个中断或硬件复位为止。

10.3.3 RS-485串行通信模块设计

上位机与单片机之间的通信能力取决于所选用的通信方式，目前广泛采用RS-485串行通信方式。RS-485是美国电气工业联合会（EIA）制定的利用平衡双绞线作传输线的多点通信协议，是针对远距离、高灵敏度、多点通信制定的协议，它具有以下的优点：

（1）RS-485的电气特性。逻辑“1”以两线间的电压差为+（2～6）V表示；逻辑“0”以两线间的电压差为-(2～6)V表示。接口信号电平较低，不易损坏接口电路的芯片，且该电平与TTL电平兼容，可方便与TTL电路连接。

（2）RS-485的数据最高传输速率为10Mbps。

（3）RS-485接口采用平衡驱动器和差分接收器的组合，抗共模干扰能力增强，即抗噪声干扰性好。

（4）RS - 485 接口的最大传输距离标准值为 4000ft，实际上可达 3000m。而 RS - 485 接口在总线上是允许连接多达 128 个收发器，具有多站能力，这样用户可以利用单一的 RS - 485 接口方便地建立起设备。

上位机多为 PC 机，串行接口为 RS - 232，需要转换为 RS - 485，设计时采用了 MAX485 接口芯片，硬件电路如图 10 - 4 所示。

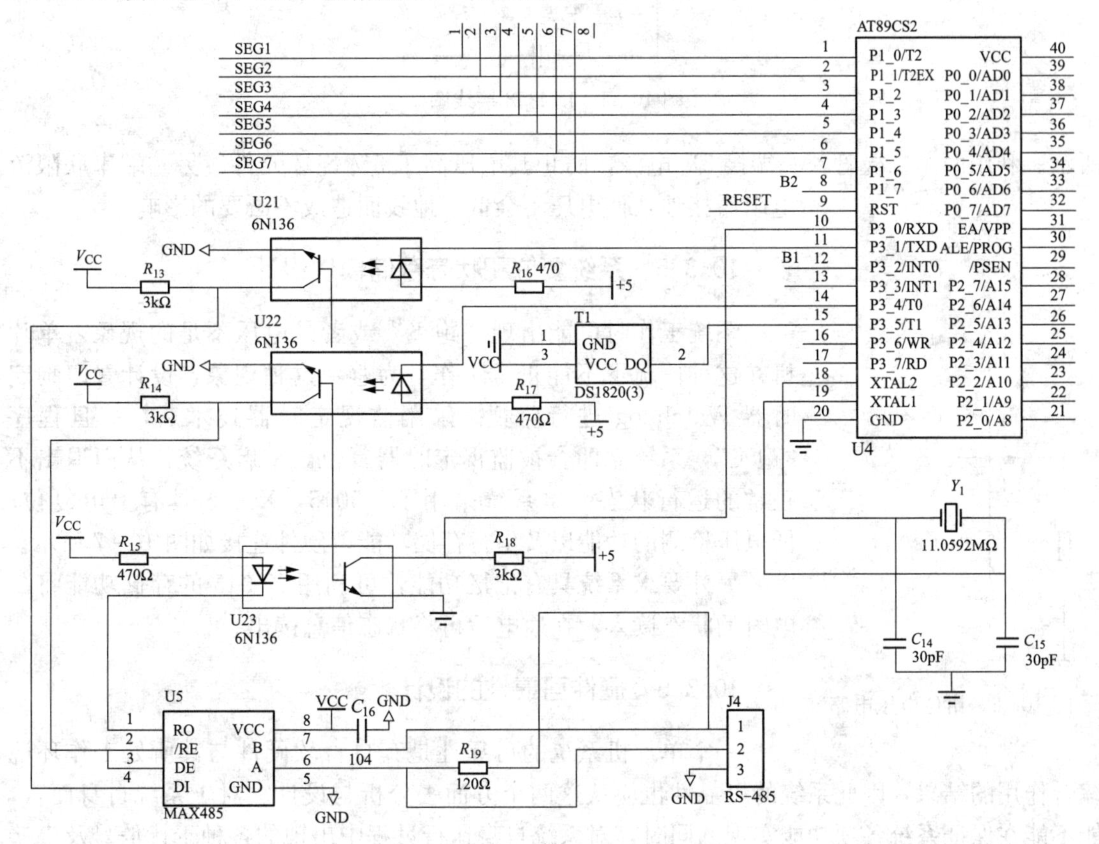

图 10 - 4　RS - 485 通信硬件图

MAX485 的 RO 和 DI 管脚分别与 AT89S52 的 RXD、TXD 引脚相连作为串行数据的输出与输入端，串行通信的波特率是由定时器 T1 设置的，因为 MAX485 工作在半双工状态，所以只需用单片机的一个管脚控制这两个管脚即可。采用 RS - 485 串行通信很大程度上提高了通信的抗干扰能力。

10.3.4　数据采集模块设计

系统运行时因周围环境的变化，可能出现故障，及时检测到故障并进行处理以免造成重大损失，确保系统正常运行是智能交通灯必须具备的功能。系统采集电路中的电压，经 A/D 转换后，输入到 AT89S52 单片机，软件根据输入的值判断系统是否出现故障。经 A/D 转换后的电压十分低，再经 A/D 转换后电压变得更低，因此很容易受到外界信号的干扰，因此设计时利用 LM358 双运算放大器对电压进行放大。LM358 接线如图 10 - 5 所示。

另外，为了保护 LM358，确保电压采集的准确性，可设计一个钳位电压电路如图 10 - 6

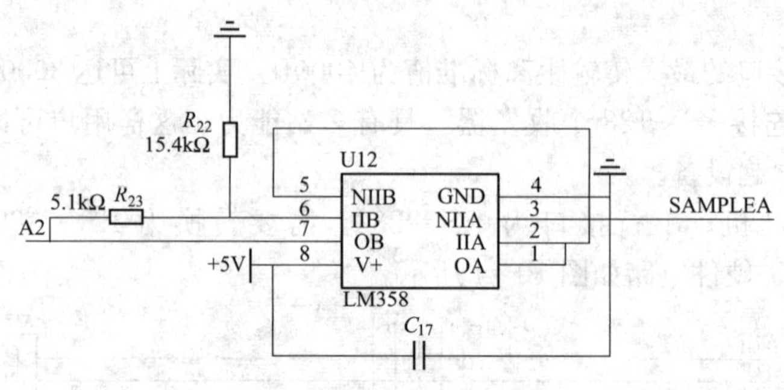

图 10－5　LM358 接线图

所示。利用两个二极管，一端接 5V 电源，防止其电压高于 5V 烧坏元件；另一端串联限流电阻后接地，使电压不会低于地线而造成不必要的影响。

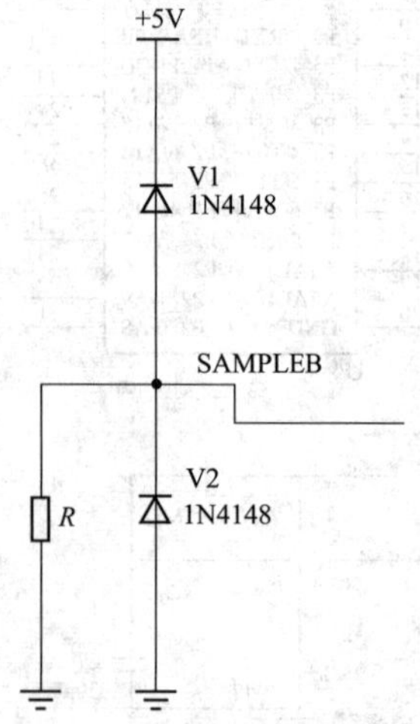

图 10－6　钳位电压电路

10.3.5　系统复位和状态存储模块设计

系统工作时可能出现“跑飞”或者是电压不足的现象，单片机在这种情况下不能正常工作，为避免这种现象，设计看门狗定时器 Watchdog 进行监视。采用监视定时器技术后，一旦程序“跑飞”，系统立即会被监视定时器复位，重启系统，从而退出不正常的运行状态。本系统采用了 X5045，X5045 具有上电复位、低电压检测的功能以及串行存储功能，硬件连接如图 10－7 所示。

另外要求系统具有记忆功能，可利用 X5045 的存储功能将断电时的状态读入，在通电后再将状态信息读出。

10.3.6　硬件可靠性的设计

一个单片机系统的可靠性是其自身软硬件与其所处工作环境综合作用的结果，因此系统的可靠性也应从这两个方面去分析与设计。对于系统自身而言，能不能在保证系统各项功能实现的同时，对系统自身运行过程中出现的各种干扰信号及直接

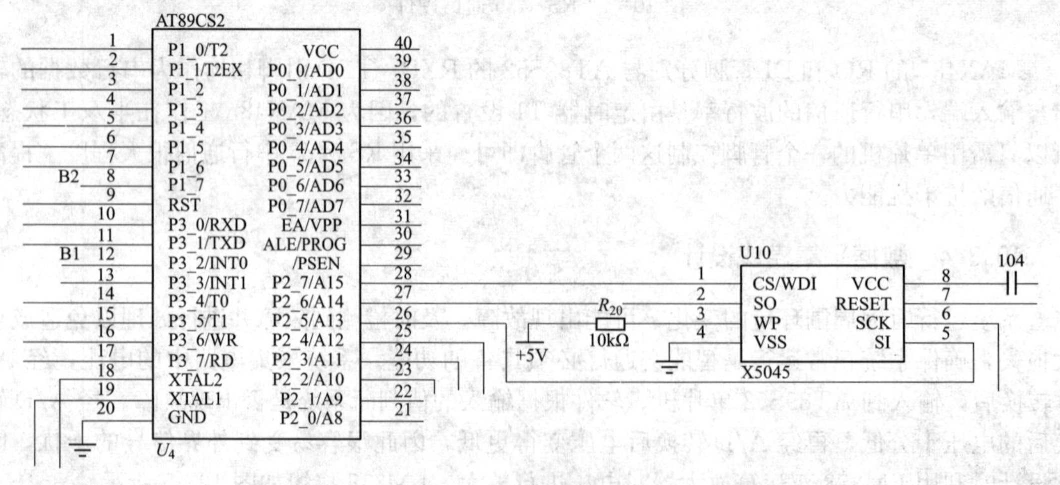

图 10－7　X5045 硬件连接图

来自于系统外部的干扰信号进行有效抑制，是决定系统可靠性的关键。本系统在设计硬件时采取了以下一系列的措施来提高系统的可靠性。

1. 供电系统

为防止从电源系统引入干扰，可采取交流稳压器保证供电的稳定性，防止电源的过压和欠压。使用隔离变压器滤掉高频噪声，使用低通滤波器滤掉工频干扰。

2. 注意印制电路板的布线与工艺

（1）把印制电路板进行了合理分区，将模拟电路区、数字电路区、功率驱动区分开布置，接地线，分别和电源端的地线相连。元件面和焊接面采用了相互垂直、弯曲的走线，避免相互平行以减小寄生耦合，避免相邻导线平行段过长，加大信号线间距。

（2）印制电路板按单点接电、单点接地的原则送电。三个区域的电源线、地线分三路引出，地线、电源线、噪声元件与非噪声元件离得较远。

（3）时钟振荡电路、特殊高速逻辑电路部分用地线圈起来，使周围电场趋近于零。

3. 输入输出干扰的抑制

在远距离传输中，如果直接将信号接到单片机 I/O 上，会产生如信号不匹配等问题，输入的信号可能是交流信号、高压信号、按键等干触点信号；比较长的连接线路也较容易引进干扰、雷击、感应电等，不经过隔离不可靠。因此，需要光耦进行隔离才能接入单片机系统。在本系统中，为了满足高速传输数据的要求，选用的 6N136 光电耦合器。其最主要的特点就是高速，不影响上位机与系统通信，确保信号准确快速到达。

10.4　软　件　设　计

10.4.1　软件总体设计方案

软件设计采用模块化的思想，按照系统完成的功能，将其分为系统初始化模块设计、RS-485 串行通信模块设计、A/D 转换模块设计、系统复位及状态存储模块设计、灯板触发模块设计等，这些功能模块能够互相调用。在调试时，也能方便地对每一个模块进行调试。

智能交通控制器主程序流程如图 10-8 所示。

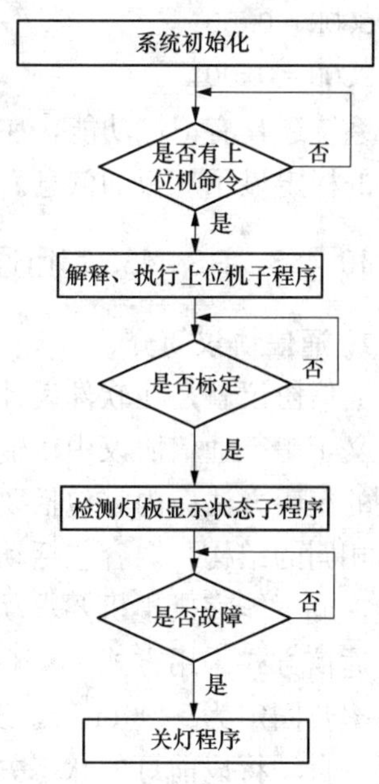

图 10-8　智能交通控制器主程序流程图

（1）系统通电后，首先进行初始化，初始化包括系统初始化和各种芯片初始化。芯片初始化内容包括开中断、设置定时器 T1 和定时器 T2 的工作方式、送定时时间的初值、串行通信的波特率、A/D 转换方式，设置 CPU 内部资源，创建 I/O 接口，恢复 I/O 口断电前状态，使控制器具有记忆功能。

（2）系统等待上位机的命令，如果上位机有命令下传过来则对其进行解释、执行。

（3）根据系统是否做过标定，决定是否执行检测子程序，如果已经标定则自动检测故障。在 A/D 转换过程中，软件设计采用滤波方法来提高系统的转换精度。

10.4.2 系统初始化模块设计

系统初始化模块设计主要是创建接口，读取配置，设置定时器串口的工作方式。首先要对AT89S52单片机进行初始化，对单片机的P0、P1、P2口进行定义，并对这些端口清零或置“1”，相应关掉灯板显示。定时器T0在系统刚通电时，产生激活MAX485进入工作模式的定时时间，然后用来产生30s的定时时间，目的是判断通信是否正常，两种都是工作在方式1（M0、M1分别为1、0）情况下，装入定时初值。定时器T1设定波特率为1200bit/s，设置工作方式为方式2，装入计数初值。设置串口工作方式为方式1。本系统在设计时将P0口用来驱动图形的显示，P1口用来驱动数字的显示，在初始化时软件将创建这些接口。

部分程序如下：

```
P2 = 0x00;          /* P0、P1、P2 分别与图形、数字、A/D、X5045 相连
P1 = 0x00;          将这些端口设备初始化 */
P0 = 0xff;
P3 = 0xff;
TCON = 0x03;          /* 有外部中断申请,启动定时器 0 */
TMOD = 0x21;          /设置定时器 1 定时方式 2,定时器 0 为方式 1 */
TL1 = 0xe8;         /* 波特率为 1200 */
TH1 = 0xe8;
TL0 = 0xc0;         /* 定时时间 3.4ms */
TH0 = 0xf2;
SCON = 0x50;        /* 设置串口工作在方式 1 */
PCON = 0x00;        /* SMOD = 0 */
```

系统还具有记忆功能，在系统初始化时还要还原系统掉电前的状态，主要是根据系统断电前的标定显示灯板的信息。

10.4.3 RS-485串行通信模块设计

1. 通信协议简介

通信协议就是在软件设计时设计者规定的规章，一般与硬件系统相固联。该串行通信协议定义了串行通信协议中传输的信息内容及使用格式，其中包括主机轮询（或广播）格式、主机的编码方法。内容包括要求动作的功能代码、传输数据和错误检验等。从机的响应也是采用相同的结构，内容包括动作确认、返回数据和错误检验等。如果从机在接收信息时发生错误，或不能完成主机要求动作，将组织一个故障信息作为响应反馈给主机。

通信方式采用方式1，10位异步收发，1起始位，8数据位，1停止位，无奇偶校验位。波特率暂固定为1200bit/s。发送控制命令前，不需要发关闭命令，信号灯在接收到控制命令后，自动将以前灯的状态关闭，执行收到的命令。

帧格式采用固定帧长度及格式，帧格式如下（共7字节）：

启动字符	站号	控制域	数据域	帧校验和	结束字符
1 字节，固定为 10H	1 字节，1～255，00 代表全部站	1 字节，上行为 41H，下行为 43H	2 字节	1 字节，站号＋控制域＋数据域，不计进位	1 字节，固定为 16H

灯号 1	灯号 2

灯号 1、灯号 2 各占 1 字节，表示一个信号灯的左侧灯和右侧灯的状态，其中高四位为灯板显示的图形代码，低四位下行时，为命令代码，上行时为状态代码。

（1）左侧灯板显示的图形代码定义：

0——随限速数字同时显示与关闭；

1——限速；

2——左禁行；

3——左并道；

4——左侧所有图形。

（2）右侧灯板显示的图形代码定义：

1——直行；

2——右并道；

3——右禁行；

4——右侧所有图形。

（3）命令/状态代码：

0——用于查询灯的状态；

1——开启；

2——关闭；

3～8——BCD 码（只针对左 1 号灯）代表限速数字；

9——温度过高报警（只报警，不关灯）；

0a——故障（只报错，不关灯）注：不再区分一般和严重故障；

0b——逻辑故障（主动关灯）。

每次主机发命令后，会通过应答帧得到刚发的命令，如果灯存在故障，则把相应的故障向上报给主机。当主机发送站号为 00 的命令时，所有的从机都执行，而不返回。主机发出命令后必有应答，应答帧将命令帧中的控制域改为上行。当从机返回重发标志时，主机重发命令，发 5 次通信失败或主机发令 30s 从机无应答，即告通信失败，信号机要向上报错。

2. RS-485 串行通信的软件设计

PC 机的串行通信接口为 RS-232 或 USB 总线。单片机采用 RS-485 进行串行通信，系统利用 PC 机现有的 RS-232/485 标准转换器来实现转换。转换器一边与 RS-232 标准 9 针接口相连，另一边与 RS-485 总线相连。

为保证通信进行，首先做到单片机的串行口与主控机串行口的设置保持一致，即数据格式一致、通信波特率相同。波特率设置为 1200bit/s。如果是多点通信，每个从机要分配一个地址码。系统中协议有呼叫帧、应答帧和数据帧三种帧格式，呼叫帧由主机发出，应答帧只能由从机发出。当从机收到呼叫帧后，把本机地址和当前状态会发给主机。PC 机与单片机构成的多机通信系统采用主从式结构。系统通电复位后，所有的从机都处于接收地址帧监

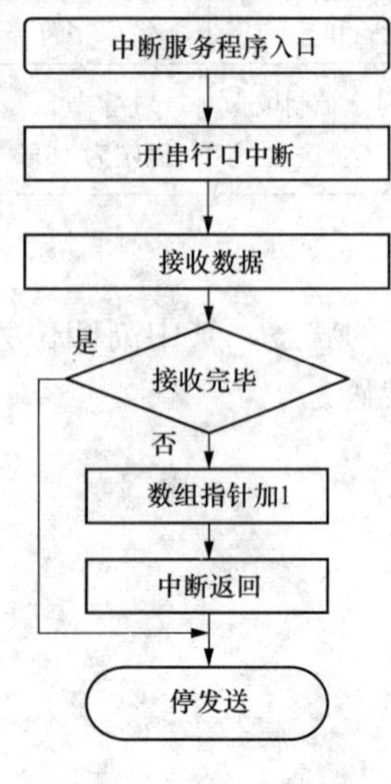

图 10-9 单片机接收指令流程图

听状态。主机向从机发送一帧地址信息，从机接收到地址帧后，将其与本地地址比较，判断是否一致。若与本地地址相符，则进行相应的处理，同时发送应答帧，进入通信状态；若与本地地址不符，则从机继续保持监听状态，若从机发送数据，则必须等到主机轮询本地从机时才可提出请求。主从机以中断方式进行通信。主机是 PC 机利用 ComTools 软件向单片机发送指令帧，单片机接收指令流程如图 10-9 所示。

根据通信协议规定的帧的格式，每帧的第一位是启动字符 10；第二位指定站号模拟灯板默认站号为 01；第三位是表示上行和下行，上行为 41，下行为 43；第四位和第五位表征灯板的状态；第六位是校验和；第七位为结束字符 16。从机接收到上位机的指令后先判断帧的第一位是否为启动字符 10，帧的每一位都是十六进制数。单片机接收到上位机发来的命令帧后要对该帧进行解释、执行，对于不属于通信协议范围内的及时丢弃，并且等待，接收到正确的指令帧后软件根据帧的第四位和第五位进行标定，主要是对标识位进行标定。

上位机发送完指令帧后，单片机返回一个应答帧以便主机判断发送出去的指令帧单片机是否收到了，接收的是否正确。单片机收到指令帧后调用解释子程序，对指令帧进行解析。如果属于通信协议的指令单片机会执行，对于不属于协议范围的指令帧单片机会丢弃，对于校验和不正确的指令帧，单片机要求系统重发。单片机发送子程序如图 10-10 所示。

10.4.4 A/D 转换模块设计

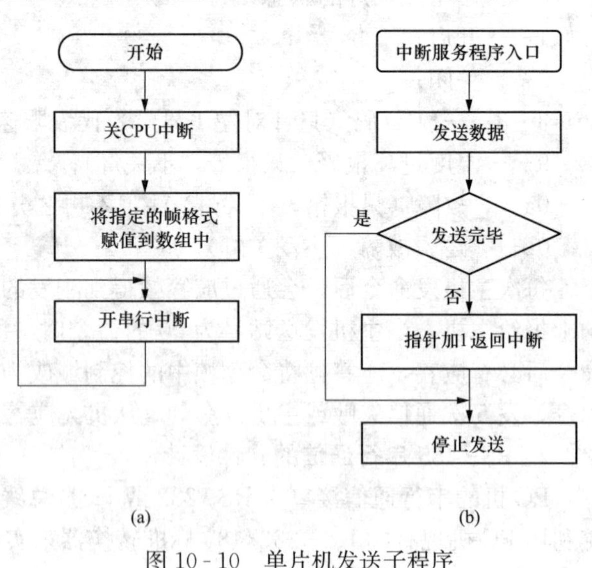

图 10-10 单片机发送子程序

(a) 中断的总概括；(b) 中断过程

系统在工作时由于周围温度的变化、供电电压不稳定等因素的影响，会出现故障。智能交通系统作为一种交通控制系统，如果灯板显示出现错误，向司机传达了错误的信息，会造成交通事故，所以及时检查出灯板显示的错误并关闭，保证灯板显示的准确性是至关重要的。

设计时采用了 TLC1543A/D 转换器，TLC1543 是 COMS、10 位开关电容逐次逼近模数转换器。TLC1543 的工作时序如图 10-11 所示，其工作过程分为两个周期：访问周期和采样周期。工作状态由 CS 使能或禁止，工作时 CS 必须置低电平。CS 为高电平时，I/O CLOCK 端、ADRESS 端被禁止，同时 DATA OUT 端呈高阻状态。当 CPU 使 CS 端变低时，TLC1543 开始转换数据，I/O CLOCK 端、ADRESS 端使能，DATA OUT 端脱离高阻状态。随后，CPU 向 ADRESS 端提供 4 位通道地址，控制 14 个模拟通道选择器从 11 个外部模拟输入和 3 个内部自测电压中选通 1 路送到采样保持电路。同时，I/O CLOCK 端输入时钟时序，CPU 从 DATA OUT 端接收前一次 A/D 转换结果。I/O CLOCK 端从 CPU 接收 10 个时钟长度的时钟序列。前 4 个时钟用于 4 位地址从 ADRESS 端装载地址寄存器，选择所需的通道，后 6 个时钟对模拟输入的采样提供控制时序。模拟输入的采样起始于第 4 个 I/O CLOCK 的下降沿，而采样一直保持 6 个 I/O CLOCK 周期，并一直保持到第 10 个 I/O CLOCK 的下降沿。转换过程 CS 的下降沿使 DATA OUT 引脚脱离高阻状态并启动一次 I/O CLOCK 的工作过程。CS 的上升沿终止这个过程并在规定的延迟时间内使 DATA OUT 引脚返回到高阻状态，经过两个系统时钟周期后禁止 I/O CLOCK 端的 ADRESS 端。

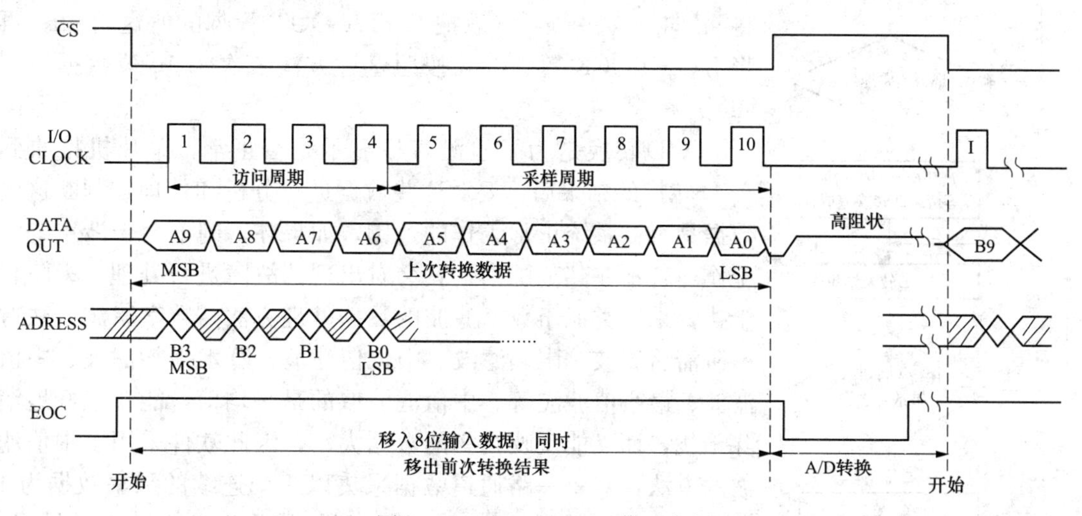

图 10 - 11　TLC1543 工作时序图

在设计时使用 TLC1543 的 8 个通道对数据进行采集，分别是 A0～A7。系统出现故障时，电压值会发生很大的变化，各通道采集到的模拟量是检测的电压值，其中图形检测的是 1/3 段处的电压。采集 0 和其他数字显示时的电压是分开处理的，对应如下：

（1）A0 检测显示右禁行和左禁行的电压。

（2）A1 检测显示右直行的电压。

（3）A2 检测显示数字 0 的电压。

（4）A3 检测显示右并道的电压。

（5）A4 检测显示左圈的电压。

（6）A5 检测显示数字的电压。

（7）A6 检测电源处电压。

（8）A7 检测电压。

TLC1543 的 CS、DATA DOUT、ADDRESS、I/O CLOCK 分别是由管脚 P2.3、P2.2、P2.1、P2.0 提供的。转换通道 channels 存放 TLC1543 通道地址，并且 TLC1453 的通道地址必须写入字节的高四位。而单片机读入的数据是芯片上次 A/D 转换完成的数据，数据采集程序流程如图 10 - 12 所示。在软件设计上根据 TCL1543 的时序图来进行编程。在读 A/D 转换通道时需要 4 个时钟脉冲，可以利用循环语句将 CLOCK 先置“0”、再置“1”的方法。同样在读 A/D 转换结果时需要 6 个时钟脉冲，也可以采用上面的方法。转换过程

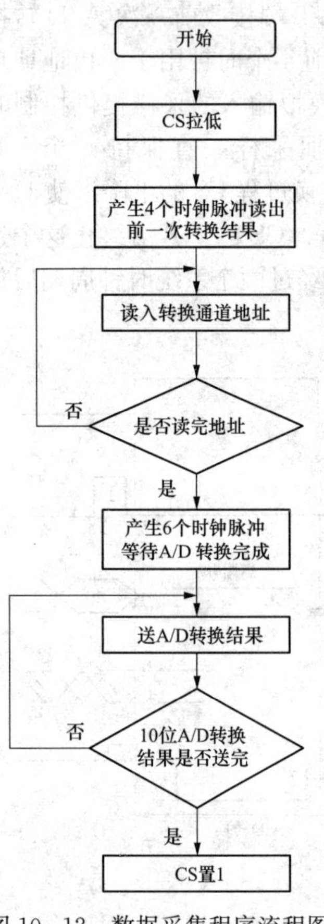

图 10-12 数据采集程序流程图

需要一定时间也就是等待转换结束。可以先将 CS 置“1”，然后再选中 CS。

在存储 A/D 转换结果时，将 10 位的转换结果分为两部分进行存储。al 临时存放前 8 位的 A/D 转换结果。ah 临时存放后两位 A/D 转换的结果。ad 存放的是 A 采集的最终结果。A/D 转换后的 10 位数据是通过 DATA OUT 管脚依次输出到单片机中的。软件先将 I/O CLOCK 置“1”，产生一个上升沿的时钟脉冲，此时 A/D 转换的最高位移入到 DATA OUT 管脚，同时将 ah 向左移一位，然后把 DATA OUT 管脚的值送给 ah，再将 I/O CLOCK 置“0”。按照这种方法依次将 10 位数据送到 ad 中。

A/D 转换是为了检测灯板显示是否正常，单片机接收到 A/D 转换的结果后，要对这些数据进行分析和处理，判断这些数据是否在系统正常工作的范围，如果在，则不会干涉系统的工作，若不在其范围内，就会对出现的故障进行处理。为防止干扰，采用类似于数字滤波的数据处理方法。数字滤波方法有一阶滞后滤波、限幅滤波、中位值滤波、算术平均滤波、中值滤波、最小值滤波等。中值滤波取的是平均值，能够很好地消除干扰，而又能反映真实的数据大小，因此软件采用了中值滤波的方法，对每一路通道数据采集以 4 个连续的采集数据为 1 个小组，连续采集 8 组后，将该平均值作为 1 次采样的结果，作为滤波后的最后的结果。

系统的精度和可靠性很大程度上是由数字滤波来实现的，当单片机检测到某一通道经 A/D 转换后的值低于某个数值或高于某个数值时，软件就会将相应的标志位置位，在灯板触发模块中关掉相应的图形。这其中的一部分值是根据经验或者测试者测量得出来的，有的则是从参考资料中查到的。

图形由三段电压组成，设计时认为，当检测到的电压值小于正常值的 1/3 时，该段不能导通，即系统发生了故障。软件先将这些通道在系统工作正常时 A/D 的数值赋给“ref _ d”，然后检验每次经过 A/D 转换后的结果是否小于正常值的 1/3，这需要检验几次，软件设定是 80 次，即当连续监测到 80 次的 A/D 转换结果都小于正常显示时值的 1/3 则认为系统出现故障。若判断并非系统故障，也要经过 100 次的连续判断才能确定系统并没有出现故障。出现故障时，系统不会关灯，只会向上位机报错。软件会将“0x1a”赋给标志位“checklight [3] ”，向上位机发送故障命令。检测程序如下：

```
void test_digtal(unsigned int ref_d,unsigned int ADresult)
{
  uchar t;
  unsigned int b;
  if(check_light[3]! = 0)
   sample_count4 + + ;
```

```
    b = ref_d;
    if(ADresult<b/3)
      {
        check_light[3] + + ;
        t = 0;
        if(check_light[3]>80)
          {
            light3state = 0x1a;
            Write_onebyte_X5045(light3state,0x0a,0);
            check_light[3] = 0;
            sample_count4 = 0;
            goto exigence;
          }
        }
      else
        {
         if(check_light[3] = = 0)
          {
            t++ ;
            if(t>100)
          {
            ref_d = ADresult;
            t = 0;
          }
        }
      }
    if((sample_count3>100)&&(check_light[3]<80))
      {
        sample_count4 = 0;
        check_light[3] = 0;
      }
  exigence:  ADC = ADC;
    }
```

数字和图形设计的电路原理不一样，A/D 采集到电压值会有很大的不同。灯板显示的数字是表示限速的，这部分出现故障电压变低时，灯板数字表示模糊，司机很难看清数字，因此在设计时如果连续检测到这部分电压过低就关掉总电源。软件先把 G1 置“1”，使得继电器开关打开，从而切断电源。

系统稳定工作时，电压在一定范围内，检测电压过高时，容易将硬件中的某些原件烧坏，此时有必要关掉灯板显示图形。方法是将单片机上提供灯板显示的相应引脚的电平拉高或降低，当检测到A/D转换结果高于某一值时就调用关灯子程序来实现灯板的关闭。软件设定当A0、A1、A2、A4、A7经过中值滤波后的A/D转换结果大于100，就执行关灯子程序。其他通道由于电路设计不一样，所以设定的关灯时A/D转换后的最大值也不一样，这点要注意。

10.4.5 系统复位及状态存储模块设计

1. 系统复位软件设计

单片机在工作时都需要通电复位，以便使CPU及其他功能寄存器处于一个确定的初始状态，并从这个初始状态开始工作。本系统设计时还要求系统具有记忆功能，设计时采用X5045芯片。

X5045是一种集通电复位、看门狗、电压监控和串行EEPROM四种功能于一身的可编程控制电路，有助于简化应用系统的设计，减少电路板的占用面积。

AT89S52有一个RST复位引脚，RST引脚出现两个周期以上的高电平将使单片机复位，X5045通电时会激活其内部的上电复位电路，从而使RESET管脚有效。该信号可避免系统微处理器在电压不足或振荡器未稳定的情况下工作。当U_{CC}超过器件的U_{trip}门限值时，电路将在200ms（典型）延时后释放RESET以允许系统开始工作。工作时，X5045对U_{CC}电平进行监测，若电源电压跌落至预置的最小U_{trip}以下时，系统即确认RESET，从而避免微处理器在电源失效或断开的情况下工作。当RESET被确认后，该RESET信号将一直保持有效，直到电压跌到低于1V。而当U_{CC}返回并超过U_{trip}达200ms时，系统重新开始工作。当系统出现故障时，在可选择超时周期之后，X5045可以完成复位功能，看门狗将以RESET信号做出响应。使用户对断电时的工作状态有所了解，并决定是否继续进行工作，而这部分的信息量很少，只有几个字节（灯板图形状态和数字状态），可以利用看门狗芯片的EEPROM来储存这些信息。

看门狗定时器的作用是通过监视WDI输入来监视微处理器是否激活。由于微处理器必须周期性地触发CS/WDI管脚以避免RESET信号激活而使电路复位，所以CS/WDI管脚必须在看门狗超时时间终止之前受到由高至低信号的触发。程序如下：

```
void Rst_Watchdog(void)
{
    CS = 1;
    CS = 0;
    CS = 1;
}
```

2. 状态存储软件设计

系统记忆功能的实现主要依赖X5045的存储功能，系统每次及时把灯板的状态保存起来，在下次系统通电时再恢复灯板的状态。系统不仅要完成记忆功能，并且还要及时存储一些重要的信息，以便在不同模块之间调用这些状态信息，利用X5045的EEPROM存储功能很容易实现这点。

X5045的存储功能的工作流程如下：X5045单片机首先对写使能锁存器置位，然后发送写操作指令，紧接着由CLOCK信号触发EEPROM的地址和需写入的数据，在输入数据之后置高，一般经 2ms 的延时，则数据被写入 EEPROM 中；也可以通过检测状态寄存器的 WIP 位来判断写操作是否完成，若 WIP 位为高，表示写操作正在进行，需继续检测，一直到 WIP 位变低为止，这时对 X5045 的编程工作即告完成。

在这里，芯片指令被组织成一个 8bit 字节，这些指令中有两条只要直接将指令写入芯片即可。有两条读指令代码用于初始化输出数据，其他的指令还需要一个 8 位的地址以及相关的数据。所有的指令都通过 SPI 串行总线来写入器件，所有指令、地址、数据都是 MSB 先写。

利用 X5045 可以很方便地与各类 CPU 芯片相连。X5045 主要通过一个 8 位的指令寄存器来控制器件的工作，其指令代码通过 SI 输入端（MSB 在前）写入寄存器。其中，WREN 表示设置写使能锁存器（使能写操作），WRDI 表示复位写使能锁存器（禁止写操作），RSDR 表示读状态寄存器，WRSR 表示写状态寄存器（看门狗和块锁），READ 表示从选定的地址开始读存储器阵列的数据，WRITE 表示从选下的地址开始写入数据至存储器阵列（1～16B）；当 CS 变低以后，数据在 SCK 的第一个上升沿时被输入，而数据 SCK 的下降沿输出，在整个工作期间，CS 必须为低。CS、SO、SI、SCK 分别由 P2.7、P2.6、P2.5、P2.4 管脚提供的。本系统 X5045 的读写方法如下。

1）读状态寄存器的方法。首先将 CS 接地，然后送 RDSR 指令，最后状态寄存器的内容在时钟的作用下通过 SO 进行输出。读状态寄存器时序如图 10-13 所示。

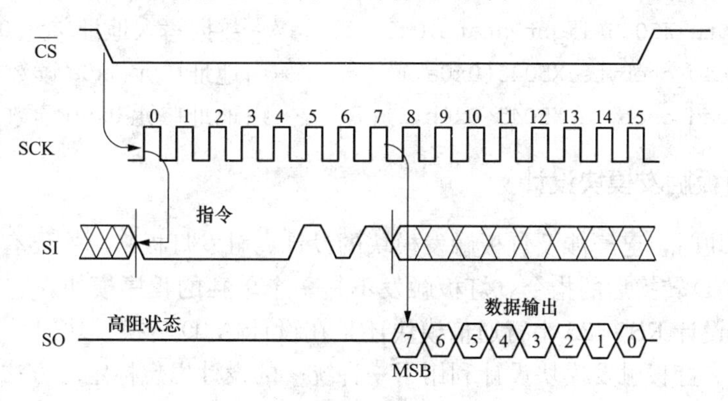

图 10-13　读状态寄存器时序图

对应程序如下：

```
uchar ReadSR_X5045()
{
    uchar cData;
    CS = 0;
    output_onebyte(RDSR);
    cData = input_onebyte();
    CS = 1;
    return cData;
}
```

2）读存储器内容的方法。首先将 CS 址单元的数据通过 SO 线送出，在读完这一字节后，如果继续提供时钟脉冲，则这一地址单元的下一个单元的数据将会被顺序读出，地址将会自动增加。

3）写存储器内容的方法。通过WREN指令置WEI位为“1”，将CS拉低，再将CS拉高，然后再次将CS拉低，随后写入WRITE指令并跟随8位的地址，可以连续写入16B的数据，但是这16个B必须写入同一页。

4）写状态寄存器的方法。首先用WREN命令将WEL置位“1”，先将CS拉低，再将CS拉高，然后再次将CS拉低，接着写入WRSR指令，跟着写入8位数据，写入结束后必须将CS拉至高电平。程序中数据与指令由SI管脚输入，由SO引脚输出，子程序分别为“outputonebyte（uchar cData）”和“inputonebyte（）。”

灯板在断电前的状态包括数字和图形信息两部分，软件中调用“Write_onebyte_X5045”把每次上位机发送指令帧后灯板的数字状态信息做标记将状态信息写入“X5045”的“0aH”地址单元中；把图形信息写入到“0bH”地址单元中，然后在系统初始化时调用“Read_onebyte_X5045”子程序，把地址“0aH”单元和“0bH”单元中的内容读出来。再调用灯板触发模块，驱动灯板触发。软件命令会及时时刻都会将灯板的状态标记写入到X5045中，从而保证每次系统通电后，系统会自动显示上一次灯板掉电前的状态。

具体读写语句如下：

```
Write_onebyte_X5045(light1state,0x0a,1);  /*数据写入地址单元0x0a*/
Write_onebyte_X5045(light1state,0x0b,1);  /*数据写入地址单元0x0b*/
light_1 = Read_onebyte_X5045(0x0a,1);      /*由地址单元0x0a读数据*/
light_2 = Read_onebyte_X5045(0x0b,1);      /*由地址单元0x0b读数据*/
```

10.4.6 灯板触发模块设计

在设计各模块时，已经涉及灯板触发模块的设计。触发灯板来源主要有两个，分别是上位机的指令和A/D转换后的指令。灯板触发不是一个单独的程序模块，它贯穿于整个软件部分，无论是在设计RS-485串行通信模块还是在设计A/D转换模块时，实际上都是在为灯板触发做准备。灯板触发模块设计利用了一种统一的设计思想标定的方法，所谓标定的方法就是当上位机发送完一帧后程序根据帧的内容先将其标志位置“0”或置“1”，再调用另一个专门的子程序根据标志位来驱动灯板显示相应的状态。下面是以RS-485通信子程序的一段程序为例详细解释这种方法。

```
switch(RS485_buffer[3])
            {
              case 0x10:
              case 0x12:
              case 0x13:
              case 0x14:
              case 0x15:
              case 0x16:
              case 0x17:
              case 0x18:
```

```
                    {
                    controllight7flag = 1;
                    }
                break;
    }
```

通信协议中每帧的第四位和第五位是表征灯板具体状态的。在协议中每帧的第四位是13H、14H、15H、16H、17H、18H 时表示限速，灯板相应显示 30、40、50、60、70、80 的数字。当 RS485 _ buffer ［3］ =13H 时标志位 control _ light7 _ flag=1，在另一个子程序 ADJUST 中有以下一段程序：

```
    if(control_light7_flag)
                    {
            if(RS485_buffer[3]!  = 0xcf)
    buffer_next = RS485_buffer[3];
                            if(buffernext = = 0x13)
                            {
                              P1 = 0xc1;
                              Fig5 = 0;
                              Fig3 = 1;
                              light1state = 0x22;
                              Fig2 = 1;
                              light2state = 0x32;
                            }
```

在这段程序中当 RS485_buffer[3]=0x13 时，灯板就会显示 30，并相应地关闭一些图形。按照这种设计思想就可以根据各个标位来完成灯板的显示要求。

在 A/D 转换模块中也利用这种思想。当发现某一通道检测的电压不在允许的范围之内，软件就会相应的将某一位置“1”。当另外一个程序判断标志位为“1”时就会关闭相应的图形来系统的检测功能。

10.4.7　软件可靠性设计

任何系统的可靠性都是相对的，环境对系统的可靠运行非常重要。在一种环境下能够很好工作的系统在另一种环境下可能不稳定。在针对系统运行环境设计系统，应尽量采取措施改善系统运行的环境，降低环境干扰。

1. 数字量输入输出中的软件抗干扰

数字量输入过程中的干扰作用时间较短，因此在采集数字信号时，可多次重复采集，直到若干次采样结果一致时才认为其有效。例如通过 A/D 转换器测量各种模拟量时，如果有干扰作用于模拟信号，就会使 A/D 转换结果偏离真实值。这时如果只采样一次 A/D 转换结果，就无法知道其是否真实可靠，因此必须进行多次采样，得到一个 A/D 转换结果的数据系列，对这一系列数据再进行各种数字滤波处理，最后得到一个可信度较高的结果值。如果对于同一个数据点经多次采样后得到的信号值变化不定，说明此时的干扰特别严重，已经超出允许的范围，应该立即停止采样并给出报警信号。如果数字信号属于开关量信号，如限位开关、操作按钮等，则不能用多次采样取平均值的方法，而必须每次采样结果绝对一致才行。这时可编写一个采样子程序，程序中设置有采样成功和采样失败标志，如果对同一开关量信号进行若干次采样，其采样结果完全一致，则成功标志置位；否则失败标志置位。后续程序可通过判别这些标志来决定程序的流向。

2. 程序执行过程中的软件抗干扰

前面述及的是针对输入输出通道而言的，干扰信号还未作用到单片机本身，单片机还能正确地执行各种抗干扰程序。如果干扰信号已经通过某种途径作用到了单片机上，则单片机不能按正常状态执行程序，从而引起混乱，这就是通常所说的程序“跑飞”。程序“跑飞”后使其恢复正常的一个最简单的方法是使单片机复位，让程序重新开始运行。很多单片机控制的设备中都有设置人工复位电路。人工复位一般是在整个系统已经完全瘫痪、无计可施的情况下才进行的。因此在进行软件设计时就要考虑到万一程序“跑飞”，应让其能够自动恢复到正常状态下运行。

程序“跑飞”后往往将一些操作数当作指令码来执行，从而引起整个程序的混乱。采用“指令冗余”是使“跑飞”的程序恢复正常的一种措施。指令冗余，就是在一些关键的地方人为地插入一些单字节的空操作指令 NOP。当程序“跑飞”到某条单字节指令上时，就不会发生将操作数当成指令来执行的错误。对于 MCS51 单片机来说，所有的指令都不会超过3个字节，因此在某条指令前面插入两条 NOP 指令，则该条指令就不会被前面冲下来的失控程序拆散，而会被完整地执行，从而使程序重新纳入正常轨道。通常是在一些对程序的流向起关键作用的指令前面插入两条 NOP 指令。应该注意的是在一个程序中“指令冗余”不能使用过多，否则会降低程序的执行效率。采用“指令冗余”使“跑飞”的程序恢复正常的条件是：①“跑飞”的程序必须落到程序区；②必须执行到所设置的冗余指令。如果“跑飞”的程序落到非程序区（如 EPROM 中未用完的空间或某些数据表格等），或在执行到冗余指令之前已经形成了一个死循环，则“指令冗余”措施就不能使“跑飞”的程序恢复正常了。这时可以采用另一种软件抗干扰措施，即“软件陷阱”。“软件陷阱”是一条引导指令，强行将捕获的程序引向一个指定的地址，在读地址处有一段专门处理错误的程序。由于“软件陷阱”都安排在正常程序执行不到的地方，故不会影响程序的执行效率。在 EPROM 容量允许的条件下，这种软件陷阱多一些为好。

如果“跑飞”的程序落到一个临时构成的死循环时，冗余指令和软件陷阱都将无能为力。这时可以采用人工复位的方法，使系统恢复正常，但这种方法往往不及时，一般是在整个系统已经完全瘫痪，已造成严重后果，无计可施的情况下才使用的。为让微机自己来监视系统运行情况，可以设计一种模仿人工监测的程序运行监视系统，俗称看门狗（WATCH-DOG），它有如下特征：

1）本身能独立工作，基本上不依赖 CPU。CPU 只在一个固定的时间间隔中和监视系统打一次交道，表明目前“系统尚正常”。

2）CPU 落入死循环后，能及时发现并使整个系统复位。

10.5　系统的调试

10.5.1　硬件的调试

硬件设计是系统成功的关键，在设计中应充分考虑灯板工作环境现有的条件以及经济性，合理地选择硬件原件，同时对硬件的可靠性与精度给予充分的考虑。系统硬件实物图如图 10-14 所示。系统主要分为电源、控制系统和模拟灯板三个部分。

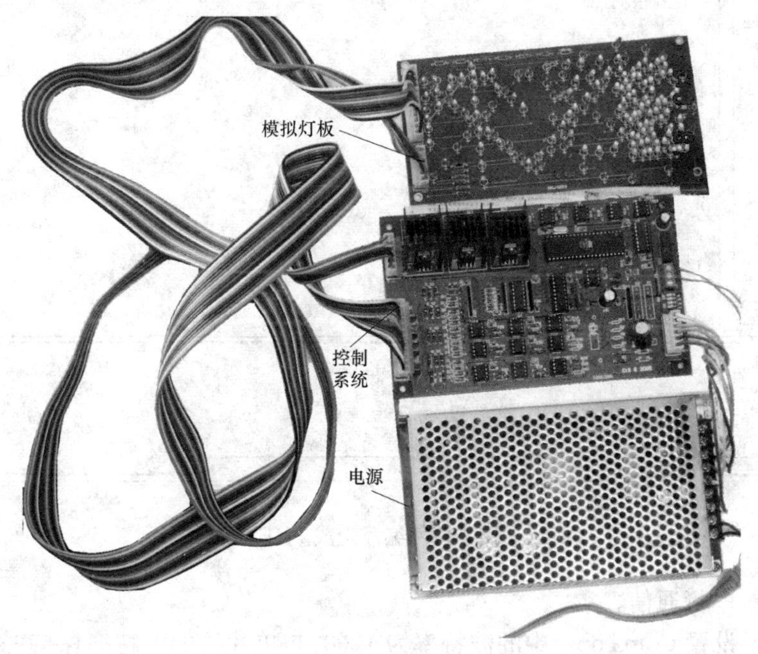

图 10-14　系统硬件实物图

对硬件的要求：系统供电稳定，上电后能正常复位；控制系统运行稳定，各元件没有灼热感；灯板能显示图形和数字，灯光比较柔和，图形显示清楚，数字显示正常。

10.5.2　软件的调试

调试是软件设计中必须要进行的，任何软件的设计都需要进行调试，测试其能否正常的运行。通过调试可以发现软件的逻辑错误以及设计不合理之处，及时修改软件。通过 Keil 软件对程序进行编译生成 .HEX 文件，再将 .HEX 文件通过烧录器烧录到 AT89S52 单片机中，然后通电后调试。

软件编译与烧录程序编译与烧录过程见图 10-15～图 10-17。

1. RS-485 串行通信调试

RS-485 通信的调试要用到串口调试软件 ComTools。ComTools 软件的界面如图 10-18 所示。软件在 PC 机上运行，通过 ComTools 向上位机发送指令帧。调试开始时为了确定 PC 机上的串口是否正常，将串口线上的 TXD 和 RXD 的口短接，利用 ComTools 软件发送字符串，返回值是发送的原字符串，则 PC 机的串行口是正常的。然后将本系统硬件和 PC 机相

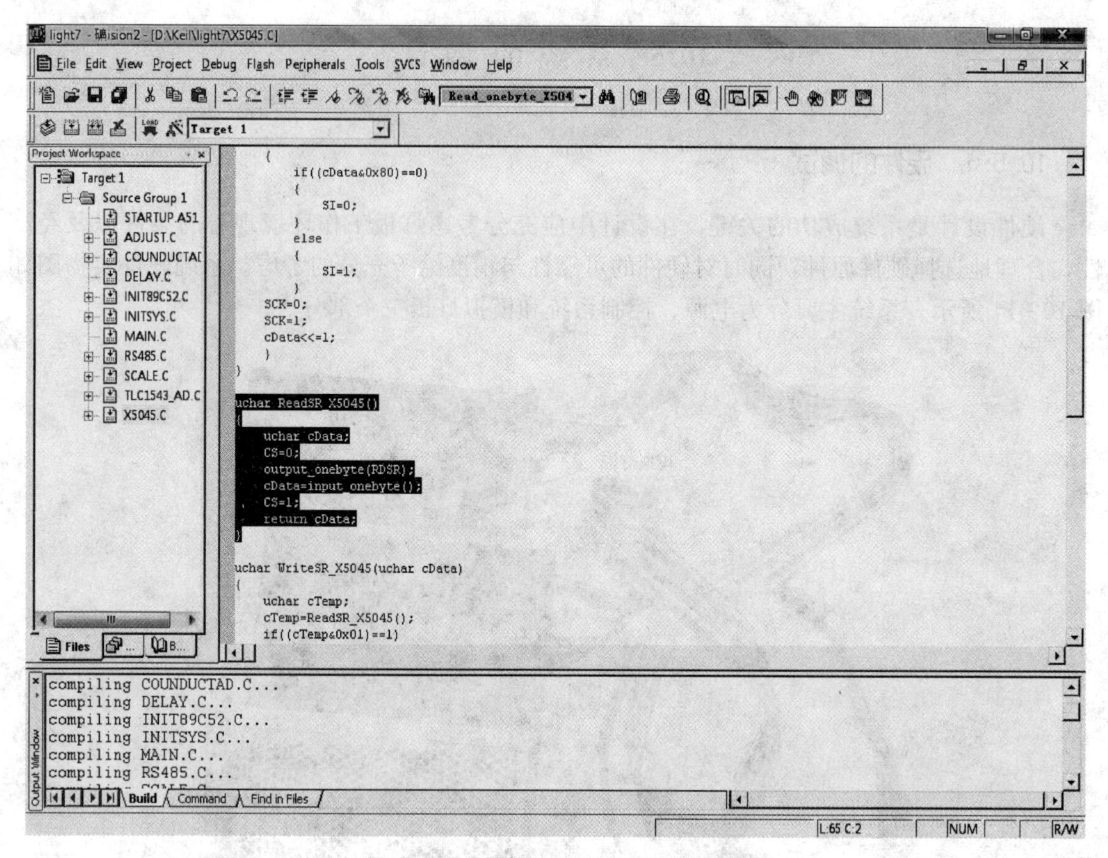

图 10-15　软件编译生成.HEX文件

连调试 RS-485 串行通信。

调试时先要设置 ComTools 中的波特率为 1200，与单片机的波特率保持一致。然后打开"定时发送"选项，写指令，并选择以.HEX 格式发送。软件上方的文本框显示的是向单片机发送的指令，下方的文本框显示的是返回的指令。在写发送指令时，故意写入校验和不正确的指令，来验证通信的正确性。如图 10-19 所示是通信调试界面图。表 10-1 所示是上位机发送的指令和从机返回的指令的对应表。表的前 5 行是校验和都正确的，从返回值看通信正常；表的后 2 行发送的校验和不正确，从返回指令看返回的是重发指令，通信没有问题。

2. A/D 转换调试

系统工作时会遇到一些不可知的问题，导致系统出现故障，及时发现这些故障并上报给上位机有助于提高系统的可靠性。当系统出现故障时，系统中的电压会有所变化，通过检测电压值就可以判断系统是否工作正常。由于 A/D 转换只有在系统出现故障时才会关掉灯板，而事实上很难模拟系统出现故障，可以采用一种巧妙的方法来确定 A/D 转换是否正常：调试时利用 RS-485 现有的通信协议基础上稍做修改，将 RS-485 串行通信后返回的值改为经 A/D 转换后各通道的数值。当关闭某些图形时会引起检测出的电压变化，那么通信返回的值就会有很大的变化，从而确定 A/D 转换是否正常。因为本系统中用到的 TLC1543 的 8 个转换通道，而通信协议中每帧只有 7 位，所以要经过两次变化程序才能确定 8 个转换通道是否工作正常。第一次程序要测试前 7 个通道是否工作正常，第二次只要测试出第 8 个转换通道是否正确就行了。

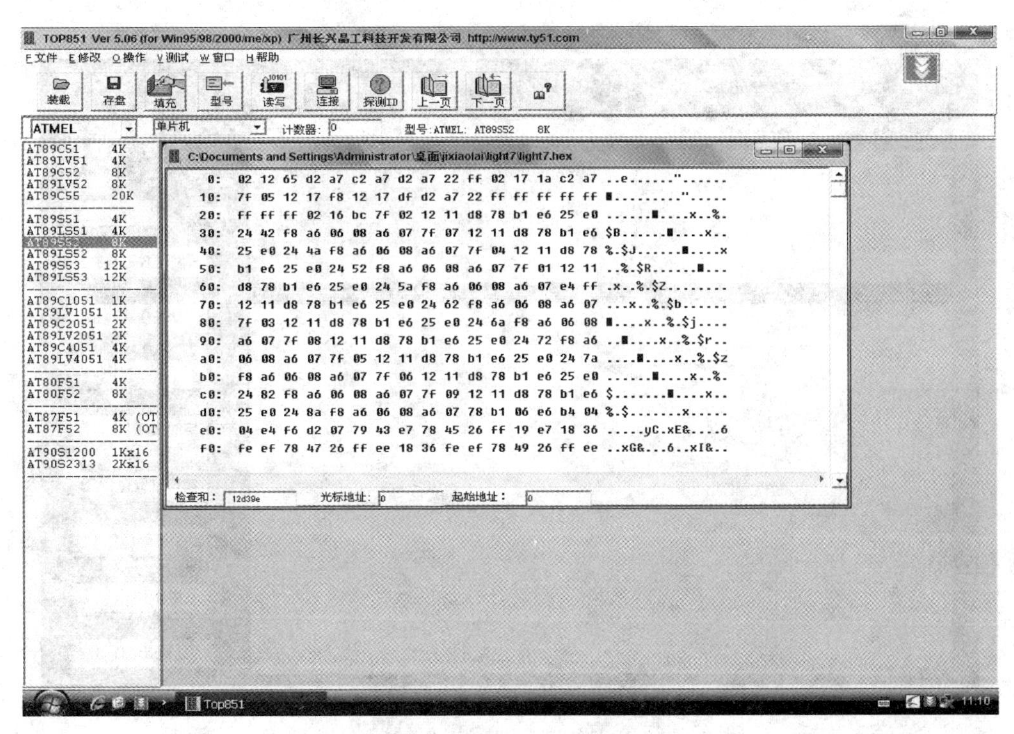

图 10-16　烧录软件界面

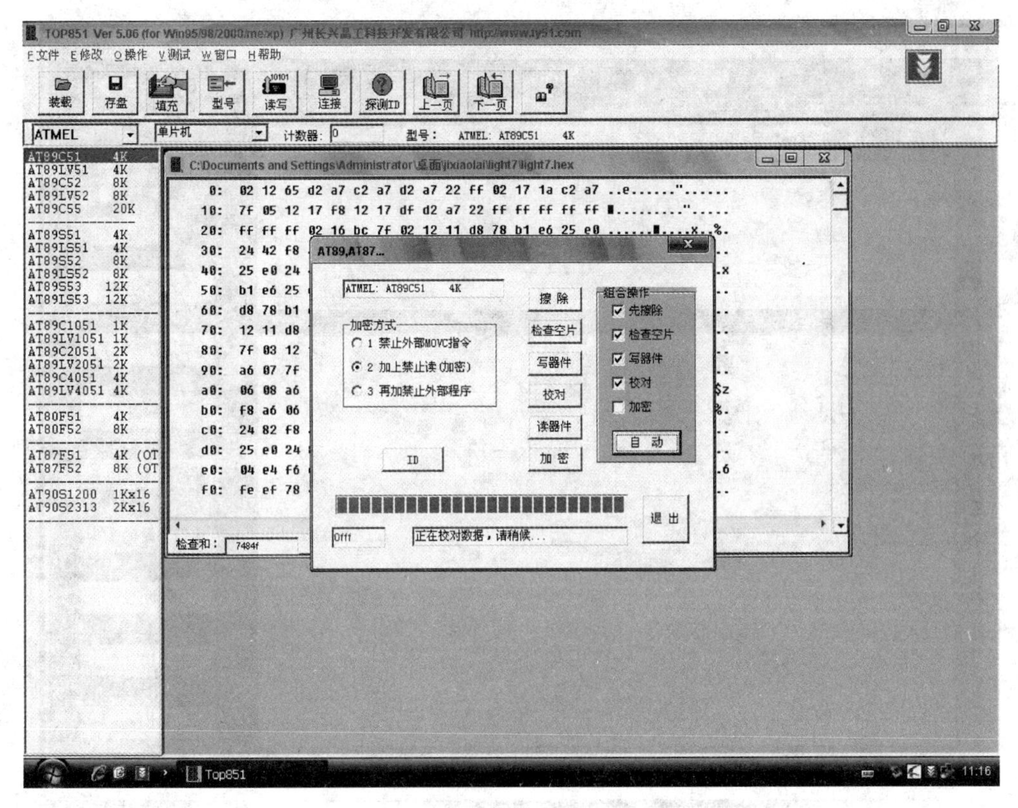

图 10-17　.HEX 文件烧录到 AT89S52 过程图

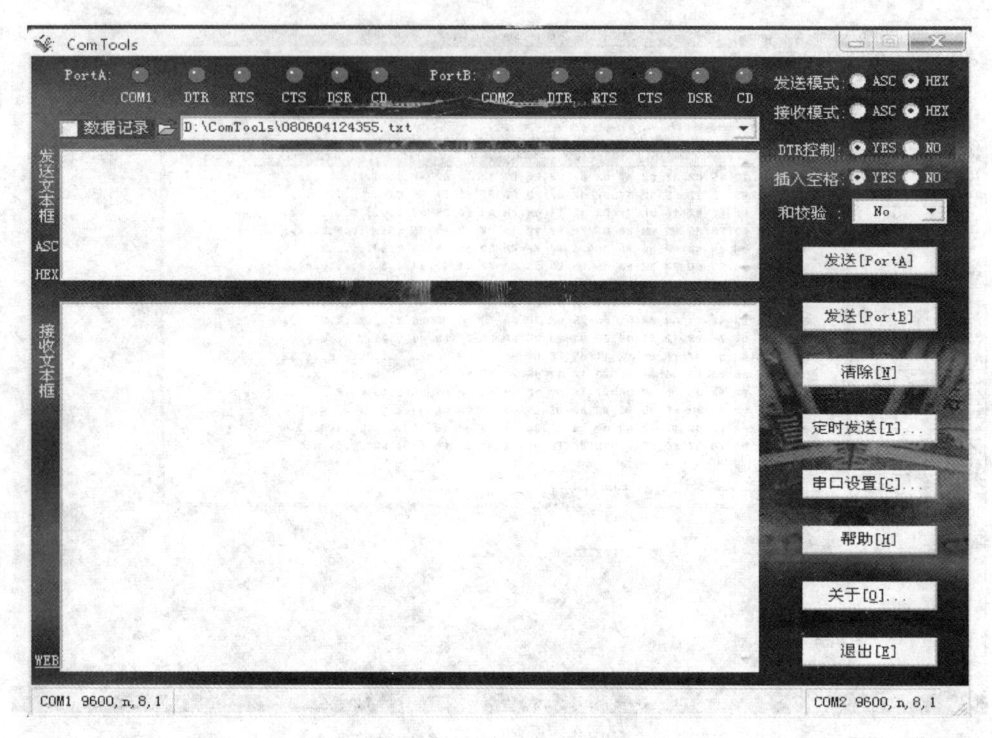

图 10 - 18 Com Tools 界面

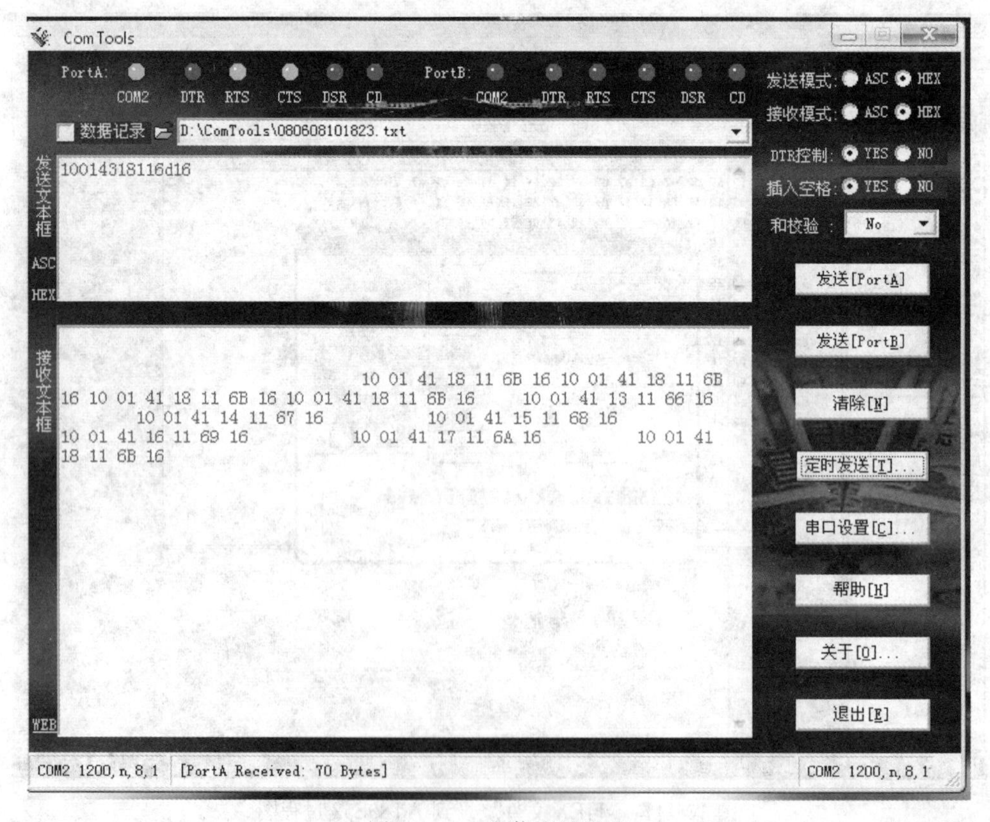

图 10 - 19 通信调试界面

表 10-1　上位机发送和从机返回指令

上位机发送的指令	从机返回的指令	上位机发送的指令	从机返回的指令
10 01 43 13 11 68 16	10 01 41 13 11 66 16	10 01 43 31 31 a6 16	10 01 41 31 31 a4 16
10 01 43 14 12 69 16	10 01 41 14 12 67 16	10 01 43 18 11 6a 16	10 01 41 cf cf e0 16
10 01 43 15 11 6a 16	10 01 41 15 11 68 16	10 01 43 17 11 6a 16	10 01 41 cf cf e0 16
10 01 43 21 21 86 16	10 01 41 21 21 84 16		

将 A/D 转换的前 7 个转换通道的值赋给 RS-485 通信返回帧的程序。把 A0～A7 通道的值赋到了 RS-485 _ bufefer 的数组中，并相对应，串行通信的返回帧就会显示这些 A/D 转换通道的值。

依次验证 A0～A7 转换通道工作是否正常，对比表见表 10-2。表中的第 2 列分别列出了灯板的前后两次发送的指令，第 3 列是灯板显示结果，第 4 列是返回帧。对比前后两次的返回帧可以看出每一帧第几位有比较大的变化，从而确定该通道是否工作正常。例如先发送第一条指令“10014321218616”，灯板上相应地显示左禁行、右并行，再发送第二条指令“10014322218716”，灯板上会相应地只显示右并行。前后两次显示只有左禁行不同，而返回帧只有第一位发生的较大的变化，由此可以确定 A0 通道转换正常。

表 10-2　通 道 检 测

检测通道	发送指令帧	灯板显示结果	返回帧	结果
A0：左禁行	10014321218616	左禁行右并道	3d0408077a0745	正常
	10014322218716	右并道	a0040608760745	
A1：右禁行	1001433131a616	左并道右禁行	3c040772090745	正常
	1001433132a716	左并道	9d04080f080745	
A3：右并道	10014321218616	左禁行右并道	d4040722090845	正常
	10014321228716	左禁行	d905085c090845	
A4：左并道	1001433131a616	左并道右禁行	d1040808240745	正常
	1001433231a716	右禁行	d20407095b0646	
A5：数字 0	10014313116816	显示 30	0c214609893f44	正常
	10014314116916	显示 40	0c23490a883745	
A2：数字 0	10014316116b16	显示 60	0b23970989e445	正常
	10014313116816	显示 5	0b23c0088be344	
A4：左圈	10014313116816	显示 30 不显示圈零	0c224d09690843	正常
	10014314116916	显示 40 显示圈零	0c214e09293946	
A6：电源电压	以上发送的指令	无	以上的返回帧	正常

A1 通道测试的是右直行，在灯板显示时右直行是与数字一起显示的，所以在显示数字时 A1 通道的转换是基本不变的，对应的返回帧的位也是基本不变的。A2 通道测试的是数字 0 的显示，在程序中 0 也是与其他数字一同显示的，这个通道的测试需要修改程序，使得当灯板显示 50 限速时，后面的 0 不显示，利用这种方法就可以测试出该通道工作是否正常；A3 通道既检测右并道又要检测圈零，而圈零总是与数字一起显示的，测试该通道与 A2 通道相同；A4 通道既检测左并道又要检测圈零，而圈零总是与数字一起显示的，测试该通道也可以利用上面的方法。在显示数字 30 时，使得圈零不显示。A5 通道测试的是数字的显示，可以显示出限速 30、40；A6 测试的是电源处的电压，在每次系统正常工作时该通道检测的电压基本不会有太大的变化。由于周围环境的温度无时无刻不在变化，所以即使不改变灯板的状态，A/D 转换的结果都会有微小的变化。

由于其他的通道已经判断出来，A1 检测的是右直行，从显示 30、40、60 数字看返回帧对应的位是基本不变的，所以认为该通道是正常的，至此 A0 - A6 转换通道测试完毕。在测试第 8 个通道 A7 时也是利用上面的方法，得出该通道也是正常的。

在测试某一通道 A/D 转换时利用前后两次图像显示的不同，只让其中的一个变量发生变化，然后观察返回帧的哪一位变化比较大，从而可确定其相对应的转换是否正常。

3. 灯板触发的调试

这部分的调试比较复杂，因为灯板触发模块是嵌套在各个模块之中的，如果某个环节出错了可能会涉及整个程序的修改，为了确定能够确实实现通信协议，要把通信协议上的指令发送一遍，观察灯板显示是否正确。

（1）验证数字触发是否正确，表 10 - 3 是发送指令与对应的数字显示。

表 10 - 3　　数字触发验证

发送的指令	灯板显示的内容	发送的指令	灯板显示的内容
10014313116816	30 左圈 右直行	10014316116b16	60 左圈 右直行
10014314116916	40 左圈 右直行	10014317116c16	70 左圈 右直行
10014315116a16	50 左圈 右直行	10014318116d16	80 左圈 右直行

（2）图形显示及其闪烁的调试见表 10 - 4。从表中可以看出灯板图形显示正常，说明程序没有问题。

表 10 - 4　　图形显示及闪烁调试表

发送的指令	灯板显示的内容
1001433131a616	左并道右禁行
1001433231a716	左并道变为禁行绿色箭头闪烁
1001433131a616	
1001434231b716	
10014321218616	左禁行右并道

续表

发送的指令	灯板显示的内容
10014321228716	右并道变为禁行绿色箭头闪烁
10014321218616	
1001432142a716	
10004342119616	启动全部信号灯显示直行箭头闪烁
10004342129716	
10014318116d16	
10024317116d16	

10.6　结　　论

通过电路设计、制版硬件电路焊接、软件设计与调试，最终智能交通系统能够实现对快速路每一条车道、出口匝道、人口匝道的有效控制：电子限速标志与车道信号灯结合成一体，实现对快速路某一条车道车速的诱导；系统整体有机配合启动，关闭正常，通信稳定可靠，对灯板控制灵活；能实现故障检测的功能。

本系统在设计过程中主要完成了以下内容：

（1）通过查阅有关智能交通系统的资料，翻译了大量的芯片资料，了解智能交通系统的功能，设计方法，完成了课题所要求的完成任务。

（2）设计系统硬件时采用光电隔离，提高信号机和信号灯控制器的电磁兼容性；合理设计 PCB 电路板以提高其抗干扰性，具体包括硬件滤波、电容去耦、合理接等措施，并利用 Protel 软件绘制电路图。

（3）利用单片机 C 语言设计的模块化思想，将总体框架细化成几个功能模块，对各模块进行了编写，利用 X5045 的存储功能，实现了系统的记忆功能。

（4）设置看门狗定时，避免程序的“死循环”；采用数字滤波的方法提高信号灯状态检测的可靠性；采用串口监视子程序提高信号灯控制器与信号机的抗干扰；并设置程序陷阱和指令冗余。

（5）通过调试和不断修改程序，系统灯板显示正常，运行良好。

（6）通过查阅中英文资料和教师指导，掌握 AT89S52 单片机的软件设计和各功能的应用，提高了自学能力和英语水平。

参　考　文　献

[1] 高波. 对我国智能交通系统发展的几点思考 [J]. 第三届中国城市智能交通论坛.

[2] 杨东援. 深圳市智能交通系统建设综述. 城市交通 [J]，2007，5（5）：13-14

[3] 李阳，李亮玉，杜玉红. 快速路智能交通系统研究 [J]. 天津工业大学，2007，5（26）：87-88.

[4] 俞佳飞，城市高快速路先行建设智能交通系统之我见 [J]. 交通科技，2007，4 (20)：107 - 108.

[5] 王幸之，钟爱琴. AT89 系列单片机原理与接口技术 [M]. 北京：北京航空航天大学出版社，2004.

[6] 马忠梅，籍顺心. 单片机的 C 语言应用程序设计 [M]. 3 版. 北京：北京航空航天大学出版社，2003.

[7] 孔庆彦，王革非. 最新串行通信接口程序设计 [J]. 哈尔滨师范大学自然科学学报，2003，5 (19)：77 - 79.

[8] 孙媛，王水清，杜成涛. PC 机与多单片机串行通信程序设计 [J]. 微处理机，2003，2 (10)：40 - 45.

[9] 谢春萍，陈铁军. 基于 RS - 485 的多机串行通信系统的设计 [J]. 玉林师范大学学报，2006，5 (15)：18 - 25.

[10] 严天峰. 串行 A/D 转换器 TLC1543 及其应用 [J]. 单片机与应用，2003，5 (18)：12 -20.

[11] 牛余朋，成曙. 单片机数字滤波算法研究 [J]. 中国测试技术，2005，6 (31)：98 - 99.

[12] 朱宇光. 单片机应用新技术教程 [M]. 北京：电子工业出版社，2000.

[13] Xicor. X5043/X5045 CPU Supervisor with4K SPI EEPROM [M]. Xicor Inc. 2001：1 - 20.

[14] 代慧芳. 涂时亮. 单片微机软件设计技术 [M]. 重庆：科学技术文献出版社重庆分社，1988.

[15] 卢存伟，钱捷. 微机原理及应用系统设计 [M]. 南京：河海大学出版社，1992.